韧性城市与生态环境规划丛书

韧性城市规划方法与实践

深圳市城市规划设计研究院股份有限公司　组织编写

杜　菲　雷　婧　俞　露　主　　编

韩刚团　刘应明　陈子宁　江　腾　副主编

U0262596

中国建筑工业出版社

图书在版编目(CIP)数据

韧性城市规划方法与实践 / 深圳市城市规划设计研究院股份有限公司组织编写；杜菲，雷婧，俞露主编；韩刚团等副主编. -- 北京：中国建筑工业出版社，2024. 9. --（韧性城市与生态环境规划丛书）. -- ISBN 978-7-112-30414-1

Ⅰ. X92；D676.53

中国国家版本馆 CIP 数据核字第 20240GR293 号

责任编辑：朱晓瑜　李闻智
责任校对：赵　力

韧性城市与生态环境规划丛书
韧性城市规划方法与实践
深圳市城市规划设计研究院股份有限公司　组织编写
杜　菲　雷　婧　俞　露　主　编
韩刚团　刘应明　陈子宁　江　腾　副主编
＊
中国建筑工业出版社出版、发行（北京海淀三里河路9号）
各地新华书店、建筑书店经销
北京红光制版公司制版
北京圣夫亚美印刷有限公司印刷
＊
开本：787毫米×1092毫米　1/16　印张：22　字数：464千字
2025年2月第一版　　2025年2月第一次印刷
定价：**78.00**元
ISBN 978-7-112-30414-1
（43764）

丛书序言

改革开放以来，我国经历了世界历史上规模最大、速度最快的城镇化进程，城市发展波澜壮阔，伟大成就举世瞩目。然而，这一迅猛的发展伴随着来自气候变化、生态损伤、环境污染等多方面挑战，对城市的可持续发展及规划建设提出了巨大挑战。党的二十大报告中明确提出，要"坚持人民城市人民建、人民城市为人民，提高城市规划、建设、治理水平，加快转变超大特大城市发展方式，实施城市更新行动，加强城市基础设施建设，打造宜居、韧性、智慧城市"。

近年来，极端天气呈多发态势。2023 年 7 月底，"杜苏芮"台风给福建造成重大灾害；随后受"杜苏芮"台风残余环流影响，北京市及周边地区出现灾害性特大暴雨天气，给北京、河北等地造成重大影响；同年 9 月上旬，受"海葵"台风残余环流影响，深圳市普降极端特大暴雨，打破了深圳 1952 年有气象记录以来七项历史极值。如何减缓自然灾害，保障城市稳定运行，是城市规划建设者亟需考虑的问题。在城市化建设高度聚集和流动性的环境下，监测预警、防灾减灾、应急救援等方面的建设滞后，将导致城市应对外部冲击的敏感度能力不足。因此，建造在各种情况下均能安全、稳定、可靠、持续运转的韧性市政基础设施，是支撑城市安全运转的重要需求。近年来，国家高度关注城市的安全与韧性，"韧性城市"被写入《"十四五"规划和 2035 年远景目标纲要》，建设韧性城市已成为社会各界共识。

在过去的七年间，深圳市城市规划设计研究院股份有限公司市政规划研究团队，出版了《新型市政基础设施规划与管理丛书》《城市基础设施规划方法创新与实践系列丛书》《新时代市政基础设施规划方法与实践丛书》三套丛书，在行业内引起了广泛关注。三套丛书所涉及的综合管廊、低碳生态、海绵城市、非常规水资源利用、排水防涝、5G、新型能源、无废城市等，都是新发展理念下国家推进的重要建设任务。高质量发展是当前我国经济社会发展的主题，是中国式现代化的本质要求。相较前三套丛书，本套丛书紧扣城市基础设施高质量发展的内涵，以建设高质量城市基础设施体系为目标，从以增量建设为主转向存量提质增效与增量结构调整并重，响应碳达峰、碳中和目标要求，推动城市高质量发展。

我们希望通过本套丛书的出版和相关知识传播，能有助于城市规划从业者和管理者更加科学和理性地理解并应对城市面临的挑战，推动城市走向更为韧性、宜居和可持续的未来。城市是人类文明的舞台，而我们每个人都是城市的规划师。让我们共同努力，为建设更美丽的城市、创造更美好的生活而不断探索。

中国工程院院士，美国国家工程院外籍院士，发展中国家科学院院士　曲久辉

2023 年 12 月

丛书前言

习近平总书记在党的二十大报告中全面系统地阐述了中国式现代化的科学内涵。中国式现代化是人口规模巨大的现代化、是全体人民共同富裕的现代化、是物质文明和精神文明相协调的现代化、是人与自然和谐共生的现代化、是走和平发展道路的现代化。现代化是人类社会发展的潮流，城镇化作为经济社会发展的强劲动力，推动新型城镇化高质量发展是中国式现代化的必经之路。走中国特色、根植于中国国情的新型城镇化道路，是探索中国式现代化道路的生动实践。

2020年10月，习近平总书记在发表的重要文章《国家中长期经济社会发展战略若干重大问题》中指出，在生态文明思想和总体国家安全观指导下制定城市发展规划，打造宜居城市、韧性城市、智能城市，建立高质量的城市生态系统和安全系统。2020年11月，《中华人民共和国国民经济和社会发展第十四个五年规划和2035年远景目标纲要》提出了建设宜居、创新、智慧、绿色、人文和韧性城市；2022年6月，《"十四五"新型城镇化实施方案》印发，提出坚持人民城市人民建、人民城市为人民，顺应城市发展新趋势，建设宜居、韧性、创新、智慧、绿色、人文城市。

在中国式现代化总战略指引下，我们需要深入地实施具有中国特色的新型城镇化战略。打造宜居、韧性、创新、智慧、绿色、人文城市是对新时代新阶段城市工作的重大战略部署。"生态城市""低碳城市""绿色城市""海绵城市""智慧城市""韧性城市"等一系列的城市建设新理念陆续涌现。韧性城市建设与生态环境保护工作成为城市规划建设发展的重要内容。通常广义上的韧性城市，是指城市在面临经济危机、公共卫生事件、地震、洪水、火灾、战争、恐怖袭击等突发"黑天鹅"事件时，能够快速响应，维持经济、社会、基础设施、物资保障等系统的基本运转，并具有在冲击结束后迅速恢复，达到更安全状态的能力。建设真正安全可靠的"韧性城市"，需要多管齐下，不断提升城市的经济韧性、社会韧性、空间韧性、基础设施韧性和生态韧性。生态环境规划则是模拟自然环境而进行的人为规划，其目的是人与自然的和谐发展，有计划地保育和改善生态系统的结构和功能。持续改善环境质量，是满足人民日益增长的美好生活需要的内在要求，是推进生态文明和美丽中国建设的必然选择。

当前，学界对于"韧性城市"的相关研究如火如荼。中国知网数据显示，与"韧性城市"相关的论文由 2003 年的 2 篇，增长到 2019 年的 87 篇，到 2023 年增长到 473 篇。而"生态环境规划"的相关研究亦持续受到学界关注，每年相关论文数量都超过 7000 篇，到 2019 年更是达到 1.7 万篇。尽管相关的研究层出不穷，但是目前韧性城市理念在我国还是处于学界高度关注、公众知晓不足的状态，北京、上海等超大城市编制了韧性规划，但并未形成具体的实施方案，离落地实施尚有较大距离。未来，中国的新型城镇化是中华民族开创美好生活方式的绝佳机遇，但是与之相伴的，是不容忽视的危机和隐患：安全与发展的危机、生态与环境的危机、管理与治理的危机。为厘清韧性城市与生态环境规划的底层逻辑，需打破专业壁垒，对城市管理者、规划设计人员以及民众进行韧性知识的"文艺复兴"，因此，对韧性城市规划及生态环境规划方法、理论和路径的探索也就有了现实的必要性。

基于上述缘由，我们策划了《韧性城市与生态环境规划丛书》，以开放式丛书形式，主要围绕"韧性城市"及"生态环境"两大主题，从城市规划建设及管理者的角度出发，系统阐述韧性城市及生态环境规划的方法、理论、路径及案例。本套丛书共计七本，分别为《海绵城市建设效果评价方法与实践》《韧性城市规划方法与实践》《市政基础设施智慧化转型探索》《城市新型竖向规划方法与实践》《生态保护修复规划方法与实践》《市政基础设施韧性规划方法与实践》《夏热冬暖地区区域能源规划探索与实践》。丛书以开放式的选题和内容，介绍韧性城市和生态城市建设过程中的新机遇、新趋势、新方法、新经验，力争成为展现深圳市城市规划设计研究院股份有限公司（以下简称"深规院"）最新研究成果的代表作，为推进中国式现代化和新型城镇化做出时代贡献。

深规院是一个与深圳市共同成长的规划设计机构，自成立以来已 34 年。34 年来，深规院伴随着深圳从一个小渔村成长为超大城市，见证了深圳的成长和发展。市政规划研究院作为其下属的专业技术部门，一直深耕于城市基础设施规划和研究领域，是国内实力雄厚的城市基础设施规划研究团队之一。近年来，我院紧跟国家政策导向，勇攀技术前沿，深度参与了韧性城市、综合管廊、海绵城市、低碳生态、新型能源、内涝防治、智慧城市、无废城市、环境园、城市竖向等基础设施规划研究工作。

对于这套丛书，我们计划在未来 2～3 年内陆续出版。丛书选题方向包括韧性城市、生态城市、海绵城市、智慧城市、城市安全、新型能源等。作为本套丛书的编者，我们希望为读者呈现理论、方法、实践相结合的精华，其中《韧性城市规划方法与实践》展现了深规院在新疆、浙江、深圳等地的实践成果；《市政基础设施韧性规划方法与实践》展示了深规院在深圳市域、片区层面对基础设施韧性提升的理论和实践；《生态保护修复规划方法与实践》揭示了当前国内最新的生态保护修复规划的理论与实践；《海绵城市建设效果评价方法与实践》是编制团队在深圳市多年的实践经验的总结和提升。

本套丛书在编写过程中，得到了住房和城乡建设部、自然资源部、广东省住房和城乡建设厅、广东省自然资源厅、深圳市规划和自然资源局、深圳市生态环境局、深圳市水务局、深圳市城市管理和综合执法局、深圳市应急管理局等相关部门领导的大力支持和关心，得到了相关领域专家、学者和同行的热心指导和无私奉献，在此一并表示感谢。

感谢曲久辉院士为本套丛书写序！曲院士是我国著名城市水环境专家，是中国工程院院士、美国国家工程院外籍院士、发展中国家科学院院士，现为中国科学院生态环境研究中心研究员，兼任中华环保联合会副主席、中国环境科学学会副理事长、中国可持续发展研究会副理事长、中国城市科学研究会副理事长、国际水协会（IWA）常务理事、国家自然科学基金委工程与材料科学部主任等。曲院士为人豁达随和，一直关心深规院市政规划研究团队的发展，对本套丛书的编写提出了许多指导意见，在此深表感谢！

本套丛书的出版凝聚了中国建筑工业出版社朱晓瑜等编辑们的辛勤工作，在此表示由衷的敬意和感谢！

《韧性城市与生态环境规划丛书》编委会

2023 年 12 月

本书前言

韧性一词最早可以追溯到 19 世纪物理学领域的拉丁语"Resilire",用来描述材料在外力作用下产生弹性形变,再恢复到原状的特性。衍生出的"Resilience"在 20 世纪 70 年代以后被广泛应用于工程学、生态学,再到社会、经济、城市领域。中文将其译为"韧性"或"刚韧性"。韧性城市,是在高质量发展背景下,基于复杂城市系统的特性和城市灾害损失风险的构成与特征,提升城市抗风险扰动能力,统筹发展与安全的新型城市发展理念。广义的韧性城市建设,是指从提升城市系统韧性视角,健全韧性制度、塑造韧性环境、夯实韧性经济、发展韧性技术、营造韧性社会。狭义的韧性城市建设,是指充分发挥城市规划对风险和发展的前瞻性、对空间布局和资源配置的引导性,动态提升复杂城市系统要素、结构、功能抵御风险扰动的能力,以此减少灾害损失,缩短复原时间,最终实现降低城市灾害损失风险水平。物固有以安而生变兮,亦有以用危而求安。无恃其不来,恃吾有以待之。韧性城市建设主张使城市从遭受风险扰动、承受灾害损失和投入灾后恢复的被动循环中,通过调整和增强自身防御能力,适应风险扰动,并通过学习预判和防御新的风险扰动,逐步走向主动的风险管理。韧性城市建设,是适应更为复杂的风险形势、回应新时代高质量发展要求的必要手段,也是提升人民的获得感与安全感、实现人地和谐的有效途径。

广义的韧性可以说是一种基于系统论的发展理念,拓宽了基于还原论的传统灾害管理视野,加快了全球在系统性防灾减灾方面的探索进程。从 1971 年 12 月联合国救灾办事处(UNDRO)设立,历经"国际减轻自然灾害十年"运动和仍在持续推进的"联合国国际减灾战略"行动,全球减灾战略迅速发展和成熟,提出了《建立更安全世界的横滨战略和行动计划》《2005—2015 年兵库行动纲领:加强国家和社区的抗灾能力》《2015—2030 年仙台减轻灾害风险框架》等一系列具有里程碑意义的减灾战略和行动计划。加上《2030 年可持续发展议程》《新城市议程》等,诸多顶层行动纲领均高度重视社会经济的脆弱性,不断强调人类行为在减少社会遭受自然灾害和灾害脆弱性方面的关键作用,持续重申需要从地球系统科学视角出发全球协同行动,以减少自然灾害对人类造成的伤亡及对社会经济发展造成的负面影响。每个国家作为小系统，社区作为毛细网络，应在理解灾害风险的基础上减少灾害风险，加强治理，提高减灾、备灾能力，并在恢复重建中让灾区"重建得更好（Building Back Better）"。以美国和日本为代表的灾害防御先进国家，其灾害管理工作经历了重心前移的转变过程，即从以预警预报、减灾工程和应急救助为核心的传统灾害管理，到重视建构韧性城市战略、国土强韧化计划等顶层设计，系统布局"制度—环境—经济—社会—技术"综合施策。

与全球其他国家类似，我国早期的灾害管理也是以气象预报预警、大江大河治水治沙，以及赈灾等政策、技术和活动为核心，治理重点和方式带有强烈的条块分割的体制机制印记。随着我国城镇化进程明显加快，人口、资源、财富、设施显著集聚，城市结构的合理性、建构筑物的安全性、基础设施的可靠性等短板日渐凸显。面对快速增长的承灾体及其脆弱性，规划管控、防灾减灾和应急体系不甚匹配，时常发生的自然或人为灾害损失事件，暴露出日益复杂的城市系统安全基础薄弱、风险管理水平与城市发展需求不协调等问题。随着我国经济转向追求高质量发展，在全球气候变化和灾害风险形势不断加剧的大背景下，城市高风险、农村不设防，成为以新安全格局保障新发展格局的紧迫命题。然而，受限于条块分割体制下系统性思维和路径的欠缺，综合防灾减灾也一直没有做到真正的统合，规划、建设、管理各阶段的风险管理也没有实现真正的底线思维。在这个关键的发展探索瓶颈期，系统性的防御体系和安全的底线管控对策呼之欲出。

2019 年，我国人均 GNI（国民总收入）首次突破 1 万美元大关，达到中高收入国家水平。仓廪实而居安思危，国家"十四五"规划和 2035 年远景目标纲要首次提出"建设更具韧性的城市"，党的二十大强调"提高城市规划、建设、治理水平，加快转变超大特大城市发展方式，打造宜居、韧性、智慧城市"。韧性城市建设已成为我国从追求经济高速增长向高质量发展阶段转变的战略要求、时代诉求和有力抓手之一，这一战略转向颇具时代深意。紧接着，在国家层面、各省市密集编制或出台的各行业发展规划、政府工作报告、各级国土空间规划中，安全韧性一跃成为备受关注的关键词之一。各省市也先后发布了关于开展安全韧性城市建设的指导意见，并以此作为推进工作的纲领性指引。我国的韧性城市建设工作，进入了新纪元，韧性城市规划作为前瞻和引导城市资源配置的重要手段，理应是探索实践的排头兵。然而，面对政策的明确要求和城市韧性发展的具体诉求，一方面，各地对规划源头减灾的重视程度仍旧不足；另一方面，常见的以概念、模型、评估方法等为核心的理论研究也显得捉襟见肘，实际指导作用不显著。各地在落实国家要求的摸索实践中，常出现顶层设计缺失、策略碎片化、措施空心化等问题，规划的源头减灾作用并未得到充分发挥，也反映了韧性城市规划推进建设实施的理论、方法和路径都不够明晰。

韧性城市规划在发展起步阶段，各地的实践情况也各有不同，但确实存在一些共性的误区或者问题，对规划的发展和实践的引导有着重要的影响。例如，韧性是一个发展理念，韧性规划在韧性城市建设中的定位，是统筹性的发展规划还是专项的空间规划，抑或是两者都需要；空间类韧性规划的组织编制主体、审批流程如何，与其他规划是什么关系；空间类韧性规划的编制内容应包含哪些，如何强化规划对建设实施的指导作用，等等。深圳市城市规划设计研究院股份有限公司韧性城市规划工作团队，结合近年来多项实践案例，总结面向指导建设实践的韧性城市规划理论模型、工作思路与技术方法，希望能为我国韧性城市规划建设工作的长远、健康发展贡献绵薄之力。

深圳市城市规划设计研究院股份有限公司是国内较早关注和开展城市安全相关研究和规划实践的专业技术团队之一，从 2000 年初深圳市水战略、深圳市橙线规划与橙线管理规定以及交通公共安全风险评估等涉及城市生命线系统的安全问题开始，到系统性的消防发展和空间规划、综合防灾规划等自然灾害和事故灾难防御性规划，再到承担应急管理部"十四五"重点规划课题"'十四五'应急避难场所规划布局研究"、住房和城乡建设部科技计划项目"高度建成环境下城市避难空间体系韧性增强技术研究"、深圳市政府重大调研课题"城市安全管理的体制机制与政策创新研究"等国家部委、省市级课题，奠定理论和技术基础，并率先将安全韧性理念引入各层级国土空间规划实践，陆续编制了地区、市、区、重点片区多级城市安全与韧性专项规划，展开了涵盖宏观、中观、微观，涉及规划、建设、管理全流程的顶层设计和规划技术研发。期间与韧性科学社群合作伙伴牵头组织召开湾区自然灾害系统性风险高峰论坛和灾害风险综合防范与韧性能力建设讲习研讨班，与来自日本、美国、新西兰以及我国应急管理领域专家学者和应急管理部门、气象部门、高校及科研院所、规划设计机构等行业 200 余名代表开展研讨，并多次组织技术团队赴日本防灾推进国民大会展开深入调研交流，并作为唯一的国际民间代表团，受到日本内阁府大臣官房审议官（国家自然灾害风险管理负责人）的高度重视。经过长期的磨炼、广泛的交流，逐渐打磨形成了系统性的韧性城市规划编制技术路径和工作方法。

本书内容分为基础研究篇、规划方法篇和实践案例篇，由杜菲、雷婧、俞露共同担任主编，由韩刚团、刘应明、陈子宁、江腾担任副主编，负责大纲编写、组织协调以及文稿汇总与审核等工作。本书凝结了 20 多位团队成员的心血和智慧，其中基础研究篇主要由杜菲、韩刚团、陈子宁、孙哲禹、雷婧等负责编写；规划方法篇主要由杜菲、雷婧、陈子宁、江腾、孙哲禹、贝思琪、曹艳涛、夏煜宸、李家诺等负责编写；实践案例篇主要由江腾、雷婧、陈子宁、贝思琪、彭剑、樊思佑等负责编写。附录主要包括基本概念和术语以及相关标准及修订情况，主要由孙哲禹、樊思佑进行收集和整理。在本书成稿过程中，雷婧、陈子宁、孙哲禹、贝思琪、夏煜宸等负责完善全书图表制作工作，杜菲、雷婧、陈子宁、孙哲禹、樊思佑、刘莹、聂婷等多位同志配合完成了全书的文字校审工作。彭剑、朱安邦等参与内容讨论或提出了很多宝贵意见。在此表示深深的感谢！

　　本书是编写团队多年来韧性城市规划理念探索研究与规划项目实践工作的系统总结与提炼，希望通过本书与各位读者分享我们的理念、方法与实践经验。韧性理念内涵深刻，韧性城市的外延也实在广博，韧性城市的规划建设还处在意识萌芽和加速发展的早期，受作者经验、人力、物力、时间所限，书中疏漏乃至错误之处在所难免，敬请读者批评指正。所附参考文献如有遗漏或错误，请直接与出版社联系，以便再版时及时补充或更正。

　　本书的出版也凝聚了中国建筑工业出版社工作人员的辛勤工作，在此表示万分的感谢！最后，谨向所有帮助、支持和鼓励完成本书的家人、专家、领导、同事和朋友致以最真挚的谢意！

《韧性城市规划方法与实践》编写组
2024 年 3 月

目 录

第3篇 实践案例篇

第1篇
基础研究篇

近年来，诸多名词出现在大众视野里，如防灾减灾、风险管理、应急管理、韧性建设等，各自内涵与外延的弹性很大，一方面，反映了来自全社会各个领域的广泛关注；另一方面，也反映了对本质关系理解和策略逻辑上的模糊。本书以城市灾害风险的特征开篇，叙述人类如何从风险管理的发展历程中不断认知城市发展的风险，并逐步提升应对能力，进而阐述韧性城市理念的诞生及其内涵。我们对韧性城市的理解不应仅停留在一个理念上，而应深刻理解其原理和相应的策略逻辑，并充分认识到这个舶来理念在我国特有的体制机制、发展阶段和建设水平下的建设重点和过程。

各种愈加频繁的灾害事件，迫使韧性城市建设工作快速进入"摸着石头过河"的焦急状态。城市规划是从公共卫生风险的应对中应运而生的综合性学科。由于城市本身是一个复杂系统，系统视角和底线思维是韧性城市与生俱来的要求，因此，韧性城市建设是一个需要系统性谋篇布局、久久为功的工作，而不是大干快上的纯建设行为。本篇也基于对国际韧性城市建设经验的分析，提出了韧性城市建设应从规划的顶层设计开始系统布局，并研究了国际韧性城市建设的规划实践，分析了韧性城市建设对规划的要求、韧性规划当前面临的困境与挑战、反映出的问题，以及可能的发展方向。期望与读者共同从韧性城市的基本原理出发，对我国韧性城市建设的策略逻辑及发展进行深度思考。

第1章　城市风险与韧性城市建设

1.1　城市与风险管理

1.1.1　风险与城市灾害风险

1. 风险

风险是当今社会和学术各界广泛使用的术语，其定义和概念在不同专业领域内有所区别。按照《辞海》的解释，风险是指可能发生的危险；《韦伯英文词典》将风险定义为遭受伤害、损害和损失的可能性；从风险发展过程考察，包括环境、医学、建筑工程等在内的自然科学领域，以及包括贸易、保险、金融、财务、投资等在内的经济领域风险理念，带动了风险概念的衍生（表1-1）。

不同行业对风险的定义　　　　　　　　　　　　　　　　表 1-1

行业领域	风险的定义
经济领域	在经济活动发生的过程中，由于一些不可抗力或者决策上的失误而导致收益未能达到预期，出现了一定偏差的情况
保险领域	衡量一个保单所能带来的可能损失（理赔费与保费之差）及其概率
统计领域	实际结果与预期结果的离差度
灾害领域	一个事件的发生概率和它的负面结果之和
……	……

在国际标准组织发布的《风险管理术语》中，风险被定义为不确定性对目标的影响。通常用事件发生的可能性和事件后果（包括情形的变化）的组合来表示风险。因此，一般性风险的概念化公式可以表示为式（1-1）：

$$风险 = 事件发生的可能性 \times 事件后果 \tag{1-1}$$

事件发生的可能性是指客观事物存在或者发生机会的多少或大小，这种损失或收益的可能性可以用概率来度量；事件后果则是考虑实际结果和预期结果的偏离。

风险是无处不在、无时不有的，具有客观性和普遍性，是不能也不可能被完全消除的。风险是不以人的意志为转移并超越人们主观意识的客观存在。虽然人类一直希望认识和控制风险，但直到现在也只能在有限的空间和时间内改变风险存在和发生的条件，降低其发生的频率，减少损失程度，从而在一定程度上降低风险。

2. 灾害风险

全球灾害风险呈现上升趋势。在过去的二十年间，每年报告的灾害事件都有明显增加，上一个五年中因灾死亡或受灾影响的人口数量比前一个五年有所上升。按目前的趋势发展，到 2030 年，全球每年发生的灾害数量可能会从 2015 年的约 400 起增加到 560 起，预计在整个《2015—2030 年仙台减轻灾害风险框架》的规划周期内将增加 40%。IPCC 第六次评估报告指出到 2030 年将出现热浪增加的现象，洪水和干旱会更加严重，极端日降水事件将增加 7%。根据当前趋势，到 21 世纪 30 年代初，全球升温将超过《巴黎协定》中提出的平均最高温度目标 1.5℃，这将进一步加快灾害事件的发生速度和严重程度。

1）灾害风险的定义

联合国减少灾害风险办公室（United Nations Office for Disaster Risk Reduction，UNDRR）将灾害风险定义为自然或人为灾害与脆弱条件之间的相互作用造成有害后果或预期损失（死亡、伤害、财产、生计、经济活动中断或环境破坏）的可能性。灾害则是潜在的风险变为现实的结果。联合国国际减灾战略（United Nations International Strategy for Disaster Reduction，UNISDR）将灾害定义为一个社区或社会功能被严重打乱，涉及广泛的人员、物资、经济或环境的损失和影响，且超出受到影响的社区或社会能够动用自身资源去应对的后果。

灾害风险的内涵既包含负面的后果，即破坏和损失，同时也包含事件发生的概率。一个系统、社会或社区在特定时期内可能发生的潜在生命损失、伤害或被摧毁或损坏的资产概率，能够通过致灾因子（Hazard）、暴露性（Exposure）、脆弱性（Vulnerability）和能力（Capacity）的函数确定。因此，灾害风险可以表示为式（1-2）：

$$灾害风险（Disaster\ Risk）＝致灾因子（Hazard）×暴露性（Exposure）$$
$$×脆弱性（Vulnerability）/能力（Capacity） \tag{1-2}$$

联合国政府间气候变化专门委员会（Intergovernmental Panel on Climate Change，IPCC）在 2021 年对灾害风险的定义进行修订，灾害风险的核心定义在于"潜在的不良后果"，即结果对人员、系统或资产产生负面影响的可能性，可表示为式（1-3）：

$$灾害风险（Disaster\ Risk）＝发生概率（Likelihood）×影响程度（Impact） \tag{1-3}$$

2）灾害风险的类型

传统上将灾害分为突发事件（如台风、地震或山洪灾害）或缓发事件（如干旱、咸潮入侵或荒漠化），其影响会持续数月或数年。尽管大多数致灾因子是由自然因素导致，但有些致灾因子如空气污染等，则主要是人为因素造成的。

进一步针对灾害特点，UNISDR 有效地将灾害风险分为极端型或广布型。

首先，极端型灾害风险与大规模事件有关，通常会对大城市或人口稠密地区造成影响，代表性的极端型灾害风险包括宇宙大爆炸、板块分裂与冰河期、天体碰撞与物种灭绝以及火山喷发等。138亿年前的宇宙大爆炸在极短的时间内发生了巨大的变化，太阳系和地球相继诞生。2.5亿年前，超大陆、泛大陆在分裂时发生了大规模的火山活动，有毒的火山气体覆盖了地球，进一步导致了物种灭绝。科学家推测在约22.2亿年前、7亿年前、6.5亿年前均出现过时间较长的冰河期。在冰河期，一部分的人类或许能够依靠科学技术的力量存活下来，但是大多数的生物都将走向死亡。在6500万年前，一颗直径为10～15km的天体撞击了墨西哥尤卡坦半岛，导致了恐龙灭绝。在这一类灾害中，发生频次相对较高的是火山喷发。放眼海外，2.5万年前新西兰的陶博火山、75万年前印度尼西亚的托瓦火山、63万年前美国的黄石火山等都是著名的火山喷发灾害发生地。火山喷发，火山灰覆盖土地，农作物无法采摘，居住和生活都将受到影响。同时，火山喷发也会导致气候变化影响到全世界。

其次，广布型灾害风险则是指在分散地区出现的高频局部事件，反复造成中小规模影响。其中，代表性的广布型灾害风险有地震灾害、公共卫生与传染病、台风暴雨等。与以百年为单位的火山喷发灾害风险相比，地震灾害风险的频率要高得多。而且即使是超大地震，其影响范围也是有限的。以日本为例，受活动断层影响日本大约每10年就会发生一次大的破坏性地震。同地震灾害一样，公共卫生与传染病灾害风险的频率也相对较高，包括14世纪的贝斯特，19世纪的霍乱，20世纪的西班牙流感、获得性免疫缺陷综合征（AIDS）、埃博拉病毒病、中东呼吸综合征（MERS）、严重急性呼吸综合征（SARS）和寨卡病毒病、COVID-19等，大约每10年发生一次。相比地震和公共卫生事件，台风和暴雨等气象灾害则更为频繁，台风和暴雨及由此带来的泥石流每年都会发生。其他典型的广布型灾害风险还包括中小型季节性风暴、洪水和干旱等。

3）灾害风险的特征

（1）不确定性

灾害风险是各种不确定因素综合的产物，不确定性是灾害风险的本质特征和关键要素。尽管风险是一种客观存在，但是不确定性决定了它的出现只是一种可能，这种可能变为现实还有一段距离，还要取决于其他相关条件。由于客观条件的不断变化以及人们对未来环境认识的不充分，人们对灾害事件发生的时间、地点、强度和后果等不能完全确定。灾害风险的不确定性使人们可以利用科学的方法对特定灾害事件的发生频率、强度和分布范围等进行预测，从而正确识别、评估和管理灾害风险。

（2）复杂性

大多数现有的预测灾害风险的方法都是基于历史数据和观察，假设过去是对现在和未来的合理指导。然而，地球是一个由相互关联的系统组成的复杂网络，庞大的人口数量、不断变化的气候和气候之间的动态联系，要求我们重新审视过去和未来风险之间的关系。灾害事件是风险积累过程的实现，这些过程被视为"风险驱动因素"，包含了大量相互依赖和递归的社会过程，由于难以识别和量化因果关系、对数据的合理解释存在高度可变性和模糊性等原因，使人们对风险进行科学建模具有挑战性。因此，灾害风险是复杂的。

（3）连锁性

连锁性是指灾害风险及灾害风险所在领域之外的因素相互依赖和相互影响的趋势。一是复合性增大。网络安全、地下空间、大型建筑等新兴形态带来的风险与传统风险累加，在连锁效应之下强化并放大了风险范围。二是叠加性增大。单一灾害风险的偶然爆发可能会导致其他风险接踵而至，也可能激发蛰伏的潜在风险，形成叠加趋势。三是扩散性增大。在全球化进程中，人员、物资、资本、技术和信息等城市要素跨域流通，诸多风险跨区域、跨境扩散后往往产生辐射和示范效应，导致扩散路径和影响范围难以预测。

3. 城市灾害风险

在韧性城市的研究中，我们更加关注城市背景下的灾害风险。联合国副秘书长兼联合国人居署执行主任麦慕娜·莫哈德·谢里夫表示，城市化仍然是 21 世纪一个强有力的重大趋势。根据联合国人居署《2022 年世界城市报告：展望城市未来》，2021 年城市人口占全球人口总数的 56％，到 2050 年，预计将增长至 68％（图 1-1）。同时，建设韧性城市必须成为未来的核心。

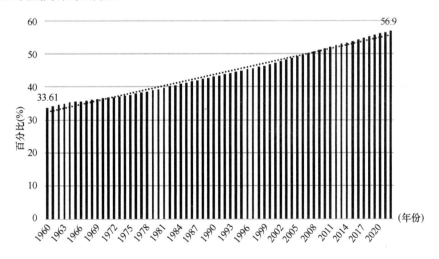

图 1-1　1960—2022 年城镇人口在全球总人口中的占比

图片来源：世界银行（IBRD·IDA）. http：//data. worldbank. org. cn/indicator/
SP. URB. TOTL. IN. ZS？ end＝2022&skipRedirection＝true&start＝2022&view＝ba，24-06-2020

城市发展与灾害风险相伴而生，充满不确定性。随着城市化进程的快速推进，风险也日益复杂多样，城市规模的巨型化和城市人口的复杂化等因素，加剧了城市地区的暴露性和脆弱性，超大、特大城市更易成为各类风险的聚集地和重灾区。受气候变化和极端天气事件影响，城市灾害风险持续增加，城市安全受到严重威胁。因此，城市灾害风险防御已经成为当今城市规划领域备受关注的核心议题之一。

1）城市灾害风险的定义和成因

城市灾害风险是灾害风险的一个特定方面，是指在城市环境中可能发生的各种灾害事件对城市造成潜在损失的程度。它更专注于城市环境中可能发生的灾害事件，如地震、洪水、内涝、地面沉降等，并在一般灾害风险的基础上，考虑了城市特有的地理、社会和经济等因素，如土地利用、人口、经济、关键基础设施等。

城市灾害风险的成因主要包括以下四个方面：

（1）城市化伴随的灾害损失

人口不断向城市涌入、城市向外蔓延和城市中心的高密度开发是城市灾害风险增加的主要原因，包括高坡度住宅土地的开发造成地基受损、悬崖下土地的开发造成土石崩塌、土地细密分割造成建筑物之间空隙不足、火灾蔓延的危险性增加、长距离通勤造成灾害发生后回家困难以及家人分离的危险等。

（2）人工空间创造的灾害风险

现代的城市中存在众多依赖现代建筑技术所形成的人工空间，如地下街、摩天大楼、填海人工地等。当这些人工空间因灾害而遭受破坏或停止运转时，便会造成人员被困，并可能引发拥挤踩踏事故而导致大量的人员伤亡；建筑物坍塌会导致使用者被困于密闭空间甚至导致被困人员死亡；因运输道路被阻断而造成经济上的巨大损失，等等。

（3）生命线设施失灵带来的损失

生命线设施是指供水、污水、电力、城市燃气、铁路、电话（通信）、广播、垃圾处理设施等城市运转所必需的基础设施设备。灾害会造成这些设施无法运转，从而使得整个城市功能瘫痪，无法维持正常的服务功能。灾害条件下需确保生活、经济活动所必需的最低限度的供给，以保证生命线设施功能的正常运转，这不仅对其他应急响应活动影响较大，对稳定和恢复经济、社会活动也具有重要意义。

（4）构筑物造成的灾害损失

城市空间中存在大量高层建筑玻璃帷幕、招牌等构筑物，地震摇晃、海啸、火灾烧毁、山体滑坡、山崖崩塌、地基液化等情况均有可能引起构筑物的倒塌和破损，进而造成次生灾害损失。例如，在1995年的阪神淡路大地震中，87.8%的死亡是由于建筑物和家具类的倒塌所致。

2）城市灾害风险类型

根据突发公共事件的发生过程、性质和机理，国家突发公共事件总体应急预案将突发公共事件主要分为以下四类：

①自然灾害，主要包括水旱灾害、气象灾害、地震灾害、地质灾害、海洋灾害、生物灾害和森林草原火灾等。

②事故灾害，主要包括工矿商贸等企业的各类安全事故、交通运输事故、公共设

施和设备事故、环境污染和生态破坏事件等。

③ 公共卫生事件，主要包括传染病疫情、群体性不明原因疾病、食品安全和职业危害、动物疫情以及其他严重影响公众健康和生命安全的事件。

④ 社会安全事件，主要包括恐怖袭击事件、经济安全事件和涉外突发事件等。

此外，城市灾害风险还包括长期慢性风险（图 1-2），主要包括气候变化风险等。持续的温室气体排放将导致全球变暖，而全球变暖的每一次加剧都将增加多重并发灾害发生的可能性。受全球变暖影响，极端气候逐渐频繁。持续的全球变暖将进一步加剧全球水循环，包括全球季风降水、极湿和极干天气等，复合热浪和干旱预计将变得更加频繁发生，由于海平面的相对上升，预计到 2100 年，在所有验潮仪位置的一半以上至少每年发生一次百年一遇的极端海平面事件。

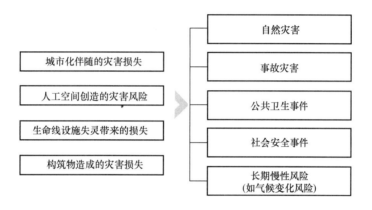

图 1-2　城市灾害风险成因及类型

3）城市灾害风险损失特征

城市灾害风险造成的损失具有持续性和波及性两大特征。其中，持续性是指城市功能无法发挥的时间长度；波及性是指与城市功能相关联的损失，包括直接波及损失和间接波及损失。

① 直接波及损失是指受灾区域的损失通过机能、空间上的网络等以物理方式传递至其他区域或组织产生的损失。比如在空间上的互联网中断、铁道网络中断和信息网络中断等。

② 间接波及损失是指在社会经济体系中有关通过信息和资讯等传递的损失。狭义上讲，其仅包括因需求减少导致的生产量减少和由交通中断导致的机会损失和时间损失。

1.1.2　风险管理的发展历程

1. 风险管理的概念及分类

现代风险管理的概念是指根据评估或感知到的风险，减少不利潜在后果发生的可能性和程度的计划、行动、战略或政策。通过应用减少风险的政策和战略，预防新的灾害风险、减少现有的灾害风险、管理剩余的风险，有助于减少灾害损失和加强复原力。

为更好地理解风险管理，首先需要明确其前提，即认知风险存在的情景是开展风险管理的前提。由于风险具有不确定性，因此不是每一个潜在的不利后果都值得被描述为"风险"，风险存在的情景直接影响决策者对风险的认识、管理和决策。例如，在任何一天，离开房屋无疑都有可能导致不利后果，但在大多数正常情况下，不会因此说离开房屋是需要管理的"风险"。然而，在某些情景下，例如在疫情期间或台风暴雨期间，将离开房屋作为风险加以管理可能更合适。

从历史经验来看，过去减灾的重点是应急响应，但在20世纪末，人们越来越认识到只有减少和管理危害、暴露和脆弱性的条件，我们才能防止损失和减轻灾害的影响。由于我们无法降低自然灾害的严重程度，减少灾害风险的主要机会就在于减少脆弱性和暴露程度。要减少风险的这两个组成部分，就需要确定减少风险的根本驱动因素，特别是与城市不良的经济条件、城市发展的选择和做法、环境退化、贫困和不平等以及气候变化有关，这些因素造成并加剧了暴露程度和脆弱性。解决这些潜在的风险驱动因素将减少灾害风险，从而保持发展的可持续性。

风险管理依据管理的风险类型的不同，分为前瞻性风险管理、纠正性风险管理和补偿性风险管理（剩余风险管理）。

① 前瞻性风险管理是指通过风险管理手段设法避免出现新的或增加的灾害风险。前瞻性风险管理的重点是解决未来可能出现的灾害风险，通常比救灾和响应成本更低。例如，通过编制土地利用规划或综合防灾减灾规划，将暴露的人员和资产重新安置在远离危险区域的地方。

② 纠正性风险管理是指通过风险管理手段消除或减少已经存在的、现在需要管理和减少的灾害风险，以减轻或限制危害和相关灾害的不利影响。例如，以防灾减灾为导向改造关键基础设施，如修建防洪堤、植树稳定斜坡以及执行严格的土地使用和建筑施工规范等。

③ 补偿性风险管理（剩余风险管理）是指通过风险管理手段加强个人和社会在面对无法有效减少的剩余风险时的社会和经济复原力。通过将特定风险的财务后果正式或非正式地从一方转移到另一方的过程，家庭、社区、企业或国家当局在灾害发生后从另一方获得资源，作为交换，他们补偿性地把社会或财务收益提供给另一方。补偿性风险管理包括各种不同的融资工具，例如国家应急基金、信贷、保险和再保险等手段。

2. 古代城市与风险管理

人类要生存发展就必须同危及自身生存的各种灾害作斗争，趋利避害并逐步创造适合自己生存的安全空间，同自然灾害抗争是人类生存发展的永恒课题。

我国的灾害研究由来已久。正史中的"纪""传""五行志"等都记录了许多自然灾害资料。南宋的郑樵曾在其巨著《通志》中专列"灾祥略",对宋代以前的灾害事件做了一次系统的整理;清人高士奇在《左传纪事本末》中将春秋时期的灾害专列一篇《春秋灾异》;清人编撰的《古今图书集成》中有《庶征典》也对历史上出现的灾害和灾异进行了整理。这些都充分说明了历代学者重视灾害研究,贯彻了以鉴后世的指导思想。

中国自古以来重视灾害研究的主要原因有以下几个方面:首先,中国地域辽阔,气候带复杂多样,自然灾害发生数量堪称世界之最;其次,我国以农业社会和农耕文明为基础,对气候的依赖性高,易受灾害影响;再次,早期国家存亡与自然灾害发生息息相关,"洛竭而夏亡,河竭而商亡"的情况屡见不鲜。

"以史为镜,可以知兴替。"在中国这样一个大国里,历代灾荒不断发生,在今后相当长的时期内也不能避免。历史时期人类对灾害的认识、防灾减灾和救灾经验,是值得认真总结的宝贵财富。因此,古代城市与风险管理的研究对于城市韧性建设具有特殊的意义,以历史映照现实,远观未来。

现有文献大多以政治史为路径开展灾害史研究,其主旨是通过分析灾害与政治、制度等方面的关联与相互影响,将灾害作为一把钥匙来理解和把握相关历史时期下国家能力和制度建设的成效。针对韧性城市建设特点,本书将从灾害特征、救灾思想和风险防范措施三个方面,对国内外古代城市与风险管理进行梳理和研究。

1)中国古代城市与风险管理

经济史家傅筑夫曾言,一部《二十四史》几乎无异于一部灾荒史。一部中华文明史,就是一部自然灾害连绵不断的历史,也是一部中华民族持续应对严重自然灾害频繁挑战的历史(表1-2)。

中国历代灾害频率统计表(单位:年)　　　　　　　　　表1-2

朝代/时期	周朝	秦汉	三国两晋	南北朝	隋朝	唐朝	五代	两宋	元代	明朝	清朝	民国
持续时间	867	240	200	169	29	289	54	487	97	276	296	—
旱灾	30	81	60	77	9	125	26	183	86	174	201	14
水灾	16	76	56	77	5	115	11	193	92	196	192	24
风灾	—	29	54	33	2	63	2	93	42	97	97	6
地震	9	88	53	40	3	52	3	77	56	165	169	10
蝗灾	13	50	14	17	1	34	6	90	61	94	93	9
歉饥	8	14	13	16	1	24		87	59	93	90	2
霜雪	7	9	2	20	—	27		18	28	16	74	2
雹灾	5	35	35	18	—	37	3	101	69	112	131	4
瘟疫	1	13	17	17	1	16		32	20	54	74	6
地燃	—	—	2	—	—	—		—	—	—	—	—
灾害合计	89	395	306	315	22	493	51	874	513	1001	1121	77

系统梳理中国古代城市的灾害史,可以发现中国古代城市灾害具有三种典型特征:

一是灾害种类逐渐增加。威胁到农业生产的水灾、旱灾和虫灾是中国古代最主要的自然灾害，其比重占到了一半以上。《管子》一书中对当时的自然灾害种类进行过总结："水，一害也；旱，一害也；风雾雹霜，一害也；厉，一害也；虫，一害也。此谓五害。五害之属，水最为大。五害已除，人乃可治。"二是灾害发生范围极大。东汉时期的旱、蝗、疫之灾甚至超越了东汉国界，灾害蔓延严重打击了匈奴，匈奴也因此而衰落。三是灾害损失程度极为严重。光武帝时期，灾种以水、旱、蝗、震、疫为主，虽然灾害发生频次不高，但灾害损失程度极为严重、人口短期内大量减少。据统计，西汉末年全国人口 5900 多万，而到东汉光武帝建武中元二年，全国人口仅有 2100 多万，减少了 3800 多万。自然灾害无疑是导致人口短期内大量减少的主要因素之一。

综合分析中国古代灾害成因，主要有两个：其一，人口规模的增加。从远古时期到近现代，我国人口数量不断增加，这一趋势反映了聚落和城市的规模和密度的加大。人口数量的增加促进了人们对土地和空间的改造，筑城造廊活动加剧了对天然植被的破坏，进一步引发了大规模的自然灾害。其二，沿河沿江的居住形式。大量人口聚集起来沿河沿江而居、开垦农田，这是特大恶性水灾的主要成因。这种情形于长江、汉江、黄河表现得尤为突出。例如在西汉时期，大量人口聚居在黄河两岸，沿黄河大堤开垦农田、种植庄稼，导致了在黄河泛滥决口，造成了极其严重的后果。

在明确了中国古代城市灾害风险特征和成因的前提下，通过系统梳理相关时期的历史资料和文献，总结形成了我国古代城市的风险管理思想启示。

古人在筑城造廊的活动中处处考虑到了灾害的影响，运用经验并结合实际，对"天、地、人"三者的关系进行了深入的思考，并直接反映在对城市与人的安全性思考上。中国传统风险管理思想大体上可以分为远古三代、春秋战国、秦汉、魏晋隋唐、宋元、明清六个阶段，其高潮分别出现在战国、两汉、北宋和清代。

（1）从被动到主动

中国古代城市不同阶段风险管理思想和手段各有不同，古人早期以被动救灾为主，随着抗灾经验的积累，其风险管理思想逐渐转变，到春秋时期则开始以主动防灾为主。

邓拓总结历代风险管理思想有消极和积极之分。消极思想认为灾害是上天的惩罚，早期主要通过每年的祭祀活动来祈祷神灵保佑风调雨顺。消极思想指导下的风险管理手段以被动救灾为主，进一步可以细分为遇灾治标和灾后补救两种。遇灾治标包括赈济、调粟、养恤、除害四项；灾后补救则包括安置、豁免等。

而积极思想则认为灾害是自然之法则，应防患于未然。积极的风险管理手段可以进一步细分为两种，即改良社会条件的理论和改良自然条件的理论。改良社会条件的理论，可以主要概括为重农与仓储两方面；改良自然条件的理论，可以概括为水利和林垦两方面。主要风险管理手段包括积谷备荒、治水备荒、灾荒预测等。

汉代的失德天谴思想与修德弭灾行为经过理论上和实践上的强化，形成了一种系统的传统救灾体制，一直影响到清末民初。失德天谴思想认为天灾与人事之间存在因果报应关系。修德弭灾行为（通过提升个体的道德、修养、品行等消弭灾害的发生）则是在与祝祷禳灾行为（通过祈求福运降临以致灾害消除）的斗争中出现的应对灾异的表现。修德弭灾体现了风险管理手段由神本主义向人本主义的转变，意味着德政有亏，需要反躬自省，将灾害出现的原因和救灾措施的重点转向了人类自身，强调是人类自身的过失招致灾异，只有通过反省改正才能消弭灾异。

风险管理思想由被动走向主动的关键时期是春秋战国，荀子是灾害自然思想的代表人物。他主张："天行有常，不为尧存，不为桀亡，应之以治则吉，应之以乱则凶"（大自然的规律永恒不变，它不为尧而存在，不为桀而灭亡。用导致安定的措施去适应它就吉利，用导致混乱的措施去适应它就凶险）。荀子认为自然界变化引发的灾害后果很大程度上是人的错误行为招致的，强调"高者不旱，下者不水，寒暑和节，而五谷以时孰，是天之事也。若夫兼而覆之，兼而爱之，兼而制之，岁虽凶败水旱，使百姓无冻喂之患，则是圣君贤相之事也"（使高地不干旱，洼地不受涝，寒暑和顺适宜，而庄稼按时成熟，这是自然界的事情。至于普遍地庇护老百姓，普遍地爱抚老百姓，全面地管理老百姓，即使遇到饥荒歉收旱涝年岁，也使老百姓没有受冻挨饿的祸患，这便是圣明的君主、贤能的宰相的事情）。他认为天下丰穰之事非由人力决定，人类只能积极准备，加强自身承受自然变化的能力以减少灾害损失，主张"修堤梁，通沟浍，行水潦，安水藏，以时决塞，岁虽凶败水旱，使民有所耘艾"（修理堤坝桥梁，疏通沟渠，排除积水，修固水库，根据时势来放水堵水；即使是饥荒歉收、涝灾旱灾不断的凶年，也使民众能够继续耕耘有所收获）。

随着风险管理手段的逐步发展，灾前的备灾之策得到广泛的讨论和强调，主动防灾先于被动救灾的重要性日益得到重视。明末祁彪佳所撰《救荒全书》共分八章，起首以"举纲章""治本章""厚储章"为前三章，重点论述主动的风险管理对策和手段；随后针对灾时紧急状态设置"当机章"和"应变章"；针对灾后救济设有"广恤章"和"宏济章"；针对灾后重建设置"善后章"。康熙年间在全国颁行的《钦定康济录》，同样也明确设有"先事之政""临事之政"和"事后之政"。

魏禧在《救荒策》中进一步明确了将主动防灾作为先事之策、置于前端的原因。"救荒之策，先事为上，当事次之，事后为下。"先事之策，"米价未贵，百姓未饥，吾有策以经之，四境安饱而吾无救荒之名，所谓美利不言是也"；当事之策，"米贵而未尽，民饥而未死，有策以济而民无所重困，所谓急则治标是也"；至于"事后之策"，则是"米已乏竭，民多殍死，迁就支吾，少有所全活，所谓害莫若轻是也"。

（2）从工程到制度

先秦时期更为重视工程技术方面的防灾救灾手段。许多聚落中排水系统的修建、水井的挖掘、城址的兴修、大型水利工程的建设是这一时期防范自然灾害的重要措施。在农业生产过程中，种植多种作物并掺杂播种，以防绝收；数量众多、形制多样的粮仓和粮窖的建立也是早期风险管理的主要手段。

汉代积贮救灾思想和备荒仓储体系与先秦相比更加全面、系统，强调农业是国家经济的根本，也是备灾、救灾的根本。主要措施有：提高农民地位，不断赐爵鼓励著籍是一种重要手段；轻徭薄赋，藏富于民，保证农民基本的再生产的时间和物资条件；顺应时令、因地制宜合理安排农业生产。

此外，汉代普遍重视通过制度手段开展风险管理。汉代有因灾减俸的制度，即灾害发生后国家减少政府人员的工资。一方面，节约开支积累救灾物资；另一方面，也表示国家与灾区同甘共苦。同时，在体制机制上明确政府个别职能部门的防灾救灾责任，如汉代的大司农主要负责筹集、运送救灾物资，侍御史负责救灾期间的治安、法纪的监管等。无过错责任是指在灾害发生时，国家君主、最高长官三公和灾区主要官员都要承担行政责任，无论他们有没有明显的行为过失。

除了汉代针对灾后的制度建设，风险管理制度手段也逐步向灾前预防过渡，如早期的风险评估和规划。宋代通过将水则碑立于渠道的关键地段，观测水位变化并测量水位，记录并监测水患及其影响以达到预防洪涝灾害的目的。北宋时，江河湖泊已普遍设立水则碑，主要河道上已有记录每日水位的水历。在乾隆时期，"所占之地益增，则蓄水之区益减，每遇潮涨，水无所容，甚至漫溢为患"，表明人们已经认识到侵占河流滩地进行生产会引致水患并产生巨大影响和损失，因此下令让百姓远离了高风险地区。

（3）从单灾种到灾害链

随着风险管理的发展，中国古代对灾害的理解也逐步深刻。相比于早期针对单灾种如水灾或旱灾的防范措施，灾害链的思想逐步占据主导地位。依据统计数据，干旱与蝗灾的统计关系非常良好，史书上通常把旱蝗并列一起记载。另外，地震会导致河流决口造成水灾，大地震到来之前往往有旱灾，故旱灾、洪涝、地震三大自然灾害有着内在联系。灾害学上把这种时间前后相继、成因相互关联而相继发生的灾害现象叫作灾害链。此外，水灾引发疾疫，水旱相交引发蝗灾，蝗虫随水而生，遇旱而昌，遇风愈炽，遇雨而灭，也是灾害链思想逐步引起重视的重要证据。

（4）综合系统工程

《周礼》的"荒政十二条"是对先民此前经验的系统性概括，从灾前的"委积""养民"，到灾中、灾后的"聚民"，构成一套完整的风险管理系统。它的最终目标是"聚万民"，也就是防止百姓离散、维护社会的稳定与团结。具体做法包括"散利"（散放救灾物资）、"薄征""缓刑"、"弛力"（放宽力役）、"舍禁"（取消山泽的禁令，开放资源）、"去几"（停收关市之税）、"眚礼"（省去吉礼的礼数）、"杀哀"（省去凶礼的礼数）、"蕃乐"（收藏乐器，停止演奏）、"多婚"以及"索鬼神"（向鬼神祈祷）等，涉及政治、经济、军事、法律、宗教、人口、礼制等各个方面，把风险管理作为一个综合性的系统工程来对待。

2）外国古代城市与风险管理

自有历史记载以来，大规模的自然灾害对社会造成了重大影响，地震、火山爆发、公共卫生事件等灾害直接影响和改变着世界历史的进程。

庞贝古城（Pompeii）作为历史上一个重要而又繁荣的人类定居点，在经济和文化上都是古罗马的中心。庞贝古城还建有一个大型港口，港口昼夜繁忙，为整个那不勒斯湾（Bay of Naples）及更远的地方提供服务。意大利靠近欧亚板块和非洲板块的分界线，常发生 7 级地震。公元 62 年的地震对庞贝和赫库兰尼姆（Herculaneum）都造成了巨大的破坏。这些城市还没有从这场灾难中恢复过来，17 年后维苏威火山（Mount Vesuvius）爆发，汹涌的火山灰和熔岩将庞贝古城掩埋在火山沉积物中。维苏威火山爆发于公元 79 年 8 月 24 日，火山灰碎片、浮石和其他火山碎片开始倾泻到庞贝，迅速覆盖了这座城市超过 9 英尺（3m），导致许多房屋的屋顶倒塌。8 月 25 日上午，火山碎屑物质和加热气体涌向城墙，很快就使居民窒息。随之而来的是更多的火山碎屑流和火山灰雨，增加了至少 9 英尺的碎片。居民或是在自己的房子里躲避时丧生，或是在试图逃往海岸的过程中丧生，或者是在通往斯塔比利亚或努切利亚的道路上丧生。

在地震和火山爆发之后，瘟疫和传染病成为外国古代城市面临的关键风险。14 世纪中叶，黑死病在亚洲、欧洲等地大暴发，几千万人死于这场瘟疫。这场灾害事件延续了多年，同时也从经济、政治、军事、宗教、文化等诸多方面，改变了欧洲乃至世界的文明进程。16 世纪，天花使得阿兹特克（Aztecs）首都人口从原来的 30 万锐减到 15 万，也进一步导致了阿兹特克和印加文明没落。17 世纪，战争、歉收、饥荒和瘟疫的流行席卷德国，导致人口急剧下降。1665 年，正值伦敦暴发瘟疫，约 1/4 的伦敦人丧生。

1755 年 11 月 1 日，葡萄牙大西洋沿岸发生里斯本地震。这是一次发生在欧亚板块和非洲板块交界处的地震，是一场超过 8 级的特大地震。在葡萄牙首都里斯本，由于强烈震动，大部分建筑物倒塌，海啸和大火造成 6 万～10 万人死亡。里斯本地震造成的巨大损失导致葡萄牙的经济遭受毁灭性打击，社会发生巨变，世界进入战争的黑暗时期。

但同时，里斯本地震后的重建也是城市规划和抗震建筑的开始。里斯本地震对地震学领域产生了深远的影响，也标志着现代地震学的诞生。在灾难的阴影下，里斯本展现了惊人的复苏力，里斯本迅速采取了行动，聘请了建筑师和工程师来重建城市。里斯本市被重建为一个拥有大广场和宽阔街道的防灾城市。建筑在建造过程中注重抗震、防火，采用标准化、预制化，以降低成本、缩短工期。

从外国古代城市的灾害特征来看，早期风险管理手段并不完善，巨灾造成的损失极大且难以挽回，例如人口的大量减少、经济遭受毁灭性打击，甚至国家、种族和文明的没落等。伴随着城市化进程，城市人口和财富的不断聚集，随之出现的城市灾害和隐患也不断增多，造成的损失也越来越严重，城市风险由此增加。

3. 近现代城市与风险管理

1）阶段一：公共卫生危机与城市空间改造

随着 18 世纪 60 年代工业革命的开始，近现代城市逐步发展成型，风险管理也迈入新阶段。从工业革命以后，城市就已经确立了其在人类社会发展中的主导地位。工业革命导致的新型工业城市像雨后春笋一样迅速生长出来。现代城市的面貌开始逐步形成，城市真正成为经济生产与人类生活的中心与重心。

然而，工业革命所带来的新型生产要素、社会结构、生活形态和社会需求等变革，在人类历史上是前所未有的。这些变革在给城市带来繁荣的同时，也引发了一系列建设中的矛盾。例如，英国伦敦的地价在工业革命后急剧上涨，许多普通居民无法负担高昂的房价，只能居住在拥挤且条件恶劣的环境中。城市结构的混乱进一步导致了交通拥堵和公共卫生设施的匮乏。1831 年，伦敦的人口已达到约 180 万，但城市的排水系统却远远无法满足需求，导致了多次污水泛滥和传染病疫情的发生。特别是在 19 世纪，城市环境的恶化导致霍乱在欧洲各地肆虐。

为遏制霍乱暴发、应对公共卫生危机，伦敦政府通过加强立法、建立卫生机构、治理城市水源与供水改革、城市公共空间改造等措施，从体制机制建设、系统城市规划、基础设施改造等多维度开展风险管理。首先，政府加强了立法工作，通过制定严格的卫生法规来规范城市的卫生管理。1848 年，英国政府颁布了《公共卫生法》，这是世界上第一部公共卫生法。该法规定了城市必须建立卫生委员会，负责监督和管理城市的卫生状况。此外，该法还规定了城市必须建设排水系统、垃圾处理设施等基础设施，以确保城市的清洁和卫生。其次，政府建立了专门的卫生机构，如伦敦卫生局等，负责城市卫生的日常监督和管理、监测疾病的流行情况、发布公共卫生警报并指导市民采取预防措施。同时，他们还负责检查食品、饮用水等的质量，确保市民的健康安全。为了治理城市水源和改革供水系统，政府投入了大量资金。以伦敦为例，政府建设了泰晤士河净水厂等工程，通过过滤、消毒等步骤提高了饮用水的质量。这一措施对于遏制霍乱等水传播疾病的蔓延起到了至关重要的作用。此外，政府还进行了城市公共空间的改造，以改善居民的居住环境。随着城市化的快速推进，大量人口涌入城市，城市空间变得拥挤不堪，居住环境恶劣。在这样的背景下，政府意识到，仅仅依赖公共卫生法规的制定和卫生机构的建立是远远不够的，还需要对城市的空间布局进行大规模的改造，特别是公共空间的改造，以从根本上改善居民的居住环境。通过建设公园、广场等绿地，为市民提供了休闲和娱乐的场所的同时还减少了疾病的传播。这些措施的实施也取得了显著成效，在 19 世纪中后期，伦敦的公共卫生状况得到了极大改善，霍乱等疾病的发病率大幅下降。

2）阶段二：火灾与建筑街区不燃化改造

19世纪，火灾重创了美国芝加哥和日本东京，成为推动防灾城市建设与建筑街区不燃化改造的重要契机。1871年10月8日，芝加哥经历了一场史无前例的大火。这场大火造成约300人死亡，摧毁了约3.3km²的城市面积，其中包括17000多座建筑物，超过10万居民因此无家可归。长期炎热、干燥、多风的气候以及城市中普遍采用的木结构建筑是火灾造成巨大损失的根本原因。当时，芝加哥超过2/3的建筑完全由木材制成，大多数房屋和建筑物的顶部都覆盖着高度易燃的焦油或木瓦屋顶。更为严重的是，城市的所有人行道和许多道路同样由木头制成，这无疑加剧了火势的蔓延。

随后芝加哥迅速展开重建工作，通过建筑法规改革、建筑街区不燃化改造及规划、建筑技术创新等手段打造一座全新的防火城市。火灾发生后，芝加哥立即修订了建筑法规，禁止使用易燃材料建造房屋，要求用砖、石头（大理石和石灰石）等防火材料建造新建筑物，推动了建筑物的不燃化改造。在原先的火灾区域内，大部分商业建筑和其他建筑得以重建，它们大多采用砖、石头或赤陶土等防火材料，确保了城市的安全与稳固。在重建工作中，芝加哥采用了更加科学的城市规划理念，拓宽了街道，规划了绿地，以减少火灾的发生和蔓延。同时，建筑技术的创新也进一步推动了城市的发展。重建过程中，芝加哥建筑师开始采用铁框架和箱式结构的新技术，这标志着现代摩天大楼时代的开始。

在芝加哥大火发生之后的一年，一场起源于日本东京和田仓门（现皇居外苑）的火灾在强风的助长下迅速蔓延，席卷了丸之内、银座、筑地等东京中心地区，造成了巨大的破坏。这场大火烧毁了约95hm²的地区，不仅造成了大量财产的损失，也暴露了当时木结构建筑易燃的问题。

灾后，东京都政府果断购买了被大火完全烧毁的地区，并进行了重新规划和投资建设，拓宽城市街区道路以防止火灾及其蔓延，以建造一座具有不可燃建筑物的现代城市为目标。以银座为例，明治政府将银座的重建工作聚焦于两大方面：一是改善街道环境，加宽道路宽度，优化交通布局，打造人性化的步行空间；二是推行建筑不燃化改造，要求新建房屋必须采用砖砌结构，并参照西式建筑风格进行设计和建造（图1-3）。

（a）《江户名将图绘》　　　　　　　（b）《东京第二名胜银座街的砖石图》

图1-3　江户时代的银座和明治、大正时期的银座

同时，通过法令的颁布规定了砖的质量、尺寸、外观和施工方法。重建后的银座大街宽达 27m，道路被明确划分为车行道和人行道，沿街打造的西式两层楼街景成为城市的新名片。人行道部分采用砖铺，并设有煤气灯照明，路边还种植了樱花、松树和枫树等植物，增添了城市的绿意与生机。此外，银座的街道布局也经过精心规划，按照以前的街区规模创建了被称为"八间"和"五间"的道路，形成了整齐划一的网格状结构。凭借砖砌建筑和街道维护，银座大街重生为日本第一条砖砌街道，砖砌街道作为"文明和启蒙"的象征而广受欢迎。

3）阶段三：地震与防震减灾对策

1923 年 9 月 1 日，日本关东地区发生了一场规模空前的特大地震，其震级高达 7.9 级，震源范围横跨神奈川县西部至房总半岛南部，主要集中在关东南部地区，给日本带来了巨大的灾难。据统计，关东大地震造成了巨大的人员生命及财产损失。其中，超过 10.5 万人死亡或失踪，超过 11 万间房屋被彻底摧毁，21 万间房屋化为灰烬。日本银行估算，东京市的经济损失高达 52.75 亿日元，这相当于当时日本国民生产总值的 1/3（表 1-3）。

日本大地震受灾情况比较　　　　　　　　　　　　　　表 1-3

	关东大地震	阪神大地震	东日本大地震
发生日期	1923 年 9 月 1 日 午前 11 时 58 分	1995 年 1 月 17 日 午前 5 时 46 分	2011 年 3 月 11 日 午后 2 时 46 分
地震规模	7.9 级	7.3 级	9.0 级
死亡/失踪	10.5 万人 （烧死占九成）	5500 人 （窒息、压死占七成）	1.8 万人 （溺亡占九成）
完全毁坏/烧毁的住宅	29 万栋	11 万栋	12 万栋
经济损失 （经济规模比）	55 亿日元 （37%）	9.6 万亿日元 （2%）	16.9 万亿日元 （3%）
主要复兴方法和特征	通过 3000 项的土地区划、道路及公园整备等项目，重建成为现代复兴的典范	大规模的临时住宅整备 市区再开发 NPO 法案	伴随着土地区划整理集体向高地迁移
当时的经济规模	149 亿日元	522 万亿日元	497 万亿日元
当时的国家预算	14 亿日元	73 万亿日元	92 万亿日元

注：1. 关东大地震时为 GNP，其余为 GDP；

2. 表格引用自日本内阁府于 2023 年发布的《令和五年防灾白皮书》。

同时，关东大地震引发的火灾、海啸和山体滑坡等次生灾害是造成巨大损失的重要原因。尽管地震导致的房屋倒塌直接造成了 11000 人死亡，但这仅占总死亡人数的 10%。事实上，地震发生在午餐时间，恰逢台风在日本海移动，进而引起大风，东京和横滨两地密集的木结构房屋因此发生了大规模的火灾。这场大火一直持续到 9 月 3 日上午，约 44％ 的城区面积被毁，而高达 90％ 的死亡人数是由火灾造成的。此外，地震引发的海啸同样威力惊人。强烈的海啸从伊豆半岛席卷而来，冲向相模湾和房总半岛沿岸，在热海、伊东和镰仓等地造成了 200～300 人的死亡。更为严重的是，海啸还导致丹泽等地区发生了大规模的山体滑坡，共造成 700～800 人死亡。这场地震不仅因其规模和破坏力震惊了日本，更成为日本系统构建防灾抗震对策体系的关键转折点。

关东大地震引发了日本防灾措施的重大变化。这场毁灭性的灾难使得日本在防震减灾规划、建筑物抗震标准、应急疏散避难体系、疏散演习以及气象信息监测预警等方面的防灾措施取得了飞速进展。

① 帝都重建计划：关东大地震后，日本迅速成立帝都重建研究所，制定了以大规模道路改善和土地调整为核心的重建计划。国家政府主导土地整理、道路、桥梁等基础设施的重建，而东京市政府则注重城市内部的小型公园、卫生和教育设施的建设。约 58％ 的重建预算用于街道和道路修复，以确保交通网络的迅速恢复。此外，政府还投资了约 2200 万日元用于防止火势蔓延和建设疏散场所的公园，以减少火灾损失并为市民提供安全的避难空间。这些措施共同提升了城市功能和安全性。

② 加强建筑物抗震标准：关东大地震后，日本高度重视建筑物抗震标准，通过修订建筑法规、制定详细抗震设计规范、严格把控建筑材料质量、实施建筑抗震分类和引入现代抗震系统，显著提升了建筑抗震能力。日本于 1924 年修订了《市街地建筑物法》，在世界上首次引入了抗震法规，制定了第一个抗震建筑标准。《市街地建筑物法》明确要求建造房屋时必须考虑抗震设计，采用"静力震度法"进行设计。随后，日本颁布了《建筑基准法》和《建筑基准法实施令》，并经过多次修订，逐步提高建筑物的抗震标准。

③ 设置避难场所并开展疏散演习：关东大地震的惨痛教训让日本深刻认识到城市应急疏散避难体系的不足。地震前，日本的疏散中心和应对措施参差不齐，难以覆盖所有受害者。震后，政府迅速行动，在各地设立避难所，并与公共设施和学校紧密结合，为市民提供了安全的避难空间。靖国通、昭和通、墨田、滨町、锦糸等公园和钢筋混凝土小学的建设，奠定了城市应急疏散避难体系的基础。这些重建的公园和建筑均经过严格的防火、抗震处理，确保在灾害发生时能够发挥最大效用。此外，政府还重视避难路线的规划与安全，并定期开展避难演习，显著提升了市民的灾害应对能力。

4）阶段四：台风与防灾法律体系建立及规划制定

1959 年 9 月 26 日，伊势湾台风登陆贵岐半岛，其破坏力自近岐延伸至东海地区，波及之广，破坏之烈，是昭和时代的三大台风之一。这场灾难造成了高达 5098 人的死亡和失踪，仅爱知县和三重县的损失便高达 5050 亿日元，其破坏程度远超阪神·淡路大地震与东日本大地震。

面对如此惨重的损失，日本政府随即于 1961 年出台了《灾害对策基本法》。该法系统地整合了减灾计划制定、灾害预防对策、灾时应急以及灾后恢复等各个环节，明确了国家和地方公共团体的职责与权限，建立起国家、地、市三级减灾行政机构，对制定支持减灾的财政等必要的救灾对策作出基本指导。《灾害对策基本法》作为日本防灾法律体系的核心，为防灾规划提供了法律基础和指导原则。

《灾害对策基本法》的出台不仅是对伊势湾台风等历史灾难的深刻反思，更是对日本风险管理法律体系的全面革新。在此之前，日本的灾害管理法律虽已有所建立，如《灾害救助法》等，但多侧重于特定灾害的应对，在内容上局限于特定灾害领域范围，不同组织之间难以协调，防灾方法也较为单一，缺乏系统性和整体性。《灾害对策基本法》的出台，则是对这些法律的一次全面整合和提升，实现了灾害管理法律体系的系统化。此外，该法还带来了风险管理理念的深刻转变。在理念上，以"防止灾害发生"的事前措施取代了传统的灾害后对策。同时，该法还推动了灾害对策的多样化，不再局限于某一种灾害的单一应对，而是综合考虑各种灾害的共性与特性，制定更为全面和有效的防灾减灾措施。《灾害对策基本法》全面、系统地推进了日本风险管理体制的发展，是日本灾害管理体制建立的重要前提和基础。

5）小结

近 50 年来，风险扰动因素愈加复杂多变，台风暴雨等灾害频发，国内外风险形势急剧变化且日趋严峻。根据 1970—2019 年的记录（图 1-4），全球范围内灾害数量增加了五倍，虽然死亡人数减少了近三成，但是由天气、气候和水等极端事件造成的经济损失增加了七倍。近 50 年间平均每天都有一场与天气、气候或水害相关的灾难发生，造成每天 115 人死亡、2.02 亿美元的损失。根据统计数据，全球有 44％的灾害与洪水有关，17％与热带气旋有关。在人员损失方面，热带气旋和干旱是最普遍的灾害，分别占 1970—2019 年因灾死亡人数的 38％和 34％。在经济损失方面，38％与热带气旋有关，而各类洪水占 31％。

联合国减少灾害风险办公室（UNDRR）负责人水鸟真美（Mami Mizutori）指出，自 2015 年《仙台框架》颁布以来，全球在灾害风险管理方面取得一定进展，越来越多的政府建立或升级了国家损失核算系统，越来越多国家制定了减少灾害风险战略。然而，目前的进展仍然是微弱且不足的。随着城市经济社会系统与自然生态系统的日益复杂化，调适自然环境与社会环境，减缓风险冲击与扰动的意义愈发重大。传统的城市抵御灾害、风险管理的思路逐步暴露出局限性，在此基础上亟须引入一种更灵活、更具适应性的思路以应对不确定的风险挑战。随着"韧性"作为一种新的理念被广泛地研究和应用，韧性城市正是在这一背景下应运而生的风险管理新理念和新范式。

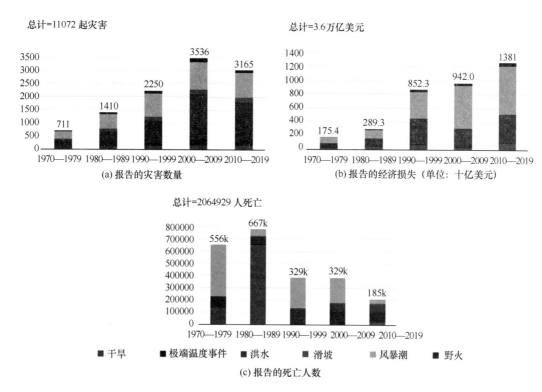

图 1-4　按灾种和十年期划分的全球灾害数量、经济损失、死亡人数

图片来源：世界气象组织极端天气、气候和水造成的死亡率和经济损失地图集（1970—2019 年）

1.2　从风险管理到韧性城市

1.2.1　国际韧性城市建设的理念与实践

1. 国际韧性城市建设理念演进

从词源上看，"韧性"来源于拉丁词汇"Resilio"，意为"受挫折后恢复原状"。韧性概念随着时代的演进被应用到了不同的学科领域。1858 年，韧性概念首次被引入工程领域，威廉·J. M. 兰金（William J. M. Rankine）首次正式使用"韧性"一词来描述钢梁的强度和延性。20 世纪 50 年代，韧性一词开始在心理学中使用。随后，生态领域学者开始将韧性理念应用于生态平衡和生态干扰管理研究，强调生态系统在变化或冲击下自我恢复和重组的能力。在 20 世纪 90 年代末，韧性概念逐渐从自然生态学领域过渡到社会科学领域。

城市规划作为社会科学领域的重要分支，戈德沙尔克较早地将韧性理念应用于城市及社区研究。2002 年，戈德沙尔克提出了韧性城市的概念，指出韧性城市是一个由物质系统和人类社区组成的可持续网络，并从国家灾害政策、城市系统的基础和应用研究、高等教育项目，以及城市规划、设计、建设行业的积极配合四个方面对韧性城市建设作出了论述。

随着学术界对韧性认知的深度逐步提升，韧性的内涵和外延不断发展完善。韧性在静态、动态以及演进的视角下分别具有不同的目标和系统特征。因此，可以按研究视角分为三种不同类型的韧性（表1-4）。

韧性理念比较   表 1-4

研究视角	特征	目标	定义
静态视角	单一稳态	恢复初始的稳定状态	韧性是系统受到扰动偏离既定稳态后恢复到初始状态的速度
动态视角	两个或多个稳定状态	塑造新的稳定状态 强调缓冲能力	韧性是系统改变自身结构之前所能够吸收的扰动的量级
演进视角	抛弃了对平衡状态的追求	持续不断地适应 强调学习力和创新性	韧性是和持续不断的调整能力紧密相关的一种动态的系统属性

① 静态视角：韧性被视为一种恢复原状的能力，强调在既定平衡状态下的稳定性。在静态韧性的概念下，系统有且只有一个稳定状态，且系统韧性的强弱取决于其受到扰动脱离稳定状态之后恢复到初始状态的迅捷程度。静态视角下的韧性强调保持稳定的能力，确保系统有尽可能小的波动和变化。

② 动态视角：韧性不仅能使系统恢复到原始状态的平衡，而且可以促使系统形成新的平衡状态。在动态视角的前提下，系统既有可能达成之前的平衡状态，也有可能在越过某个门槛之后达成全新的一个或者数个平衡状态。动态视角下的韧性强调该系统生存的能力，而不考虑其状态是否改变。

③ 演进视角：韧性系统的发展包含了四个阶段，分别是利用阶段、保存阶段、释放阶段以及重组阶段。演进视角下韧性不应该仅仅被视为系统对初始状态的一种恢复，而是复杂的社会生态系统为回应压力和限制条件而激发的一种变化、适应和改变的能力。

对比之下，演进视角下的韧性相比于前两者更符合复杂城市系统的特征和发展目标，更适宜成为城市韧性研究的重要基准。

进一步从演进的视角看，韧性城市可以分为四个阶段：第一阶段是脆弱体城市，即无法应对脉冲冲击的城市，如庞贝古城等很多城市均因为无法抵抗外部灾害的冲击而走向消亡；第二阶段是生存类城市，即在脉冲冲击中有生存能力，但在灾后却不具备学习能力的城市；第三阶段是学习型城市，即具备脉冲冲击后的学习和反思能力，但时间长久后，尤其是应对长周期大冲击的灾难，在隔代以后就被遗忘；第四阶段是文明治理城市，即不仅具有学习和反思能力，更能够把这种学习和反思转化为城市治理制度和治理能力，是最具有韧性和进入高度文明的城市。其中，文明治理城市作为韧性城市建设的最高目标，具有以下三个典型特征：其一，强调城市系统的多元性，表现在城市系统功能的多元性、受到冲击过程中选择的多元性、社会生态的多样化以及城市构成要素间多尺度的联系等；其二，城市组织具有高度的适应性和灵活性，不仅体现在物质环境的构建上，还体现在社会机能的组织上；其三，城市系统要有足够的储备能力，主要体现在对城市某些重要功能的重叠和备用设施建设上。

2. 国际韧性城市建设实践探索

随着人口与生产力不断向城市高度集聚，人类在享受城市化所带来的便捷的同时，也面临着随之而来的城市公共安全问题与风险，城市安全问题和韧性城市建设备受国际社会关注，防灾减灾战略的制定和韧性城市建设行动的倡导奠定了韧性城市发展和实践的重要基础和方向。

1）联合国救灾办公室

20 世纪 60 年代，联合国逐步注意到自然灾害产生的严重影响，并在 20 世纪 70 年代末和 80 年代初期，联合国开始参与到一些发展中国家的自然灾害救助案例当中。其中的标志性事件是 1971 年在联合国大会秘书处成立联合国减少灾害风险办公室（UN-DRR），用于全球防灾减灾和救灾工作的倡导和协调工作。1987 年，联合国大会第 96 次全体会议通过了《国际减轻自然灾害十年》决议，将 20 世纪 90 年代确定为国际减灾十年（International Decade for Natural Disaster Reduction，IDNDR）。1994 年，首届世界减灾大会在日本横滨召开，专门就减少灾害风险和社会问题进行了讨论。1999 年，联合国组织的国际减灾十年活动论坛于瑞士日内瓦召开，全面总结了国际减灾十年的成就，并共同商议制定了 21 世纪减灾行动计划，为下一阶段的减灾工作提供检验和技术支持。

2）世界减灾大会与国际减灾十年行动

1994 年，日本横滨召开了首次世界减灾大会，通过了《建立更安全世界的横滨战略和行动计划》。这是有关减少灾害风险的首个国际框架并承认了可持续发展与减少灾害风险之间的相互联系，其为后续的国际减灾工作奠定了坚实基础。

2005 年，第二届世界减灾会议在日本神户市兵库县举行，会议通过了《兵库宣言》和《2005—2015 年兵库行动纲领：加强国家和社区的抗灾能力》。该纲领确定了 2005—2015 年的世界减灾战略目标和行动重点，强调应使减灾观念深入到今后的可持续发展行动中，并提出需要在全球范围内进一步加强国家和地方抗灾能力。

2015 年，第三届世界减灾大会在仙台召开，通过了《仙台宣言》和《2015—2030 年仙台减轻灾害风险框架》，旨在加强全球范围内的灾害风险管理和减灾能力。该框架预期了未来 15 年全球减灾工作的成果和目标，明确了 7 项具体目标、13 项原则和 4 项优先行动事项，在综合减灾理念创新、战略优化、规划实施和监督评价等方面具有重要借鉴意义，该框架目前已经成为当前联合国主要成员国防灾减灾的重要指导性文件。

　　综上所述，可以看到国际减灾的发展趋势逐步从呼吁国际合作，到明确减灾的优先行动领域并设定全面系统的减灾目标，这也进一步表明了国际社会在减灾领域的逐步深入探索和承诺的增强，以及对灾害风险管理的综合性和系统性认识的提升（表1-5）。

与城市韧性有关的国际宣言及行动纲领　　　　　　　　　　表 1-5

通过年份	名称	核心目标	优先行动领域
1994 年	《建立更安全世界的横滨战略和行动计划》	呼吁国家、地区及国际合作，以减少自然灾害造成的损失，在共同利益、主权平等和共同责任的基础上建立一个更安全的世界，以拯救人类生命，保护人类和自然资源、生态系统和文化遗产	① 治理：组织、法律和政策框架； ② 风险确定、评估、监测及预警； ③ 知识管理和教育； ④ 减少基本风险因素； ⑤ 做好有效的应对策略和恢复的准备
2005 年	《2005—2015年兵库行动纲领：加强国家和社区的抗灾能力》	① 更有效地将灾害风险因素纳入各级的可持续发展政策、规划和方案中，同时特别强调防灾、减灾、备灾工作，以降低脆弱性； ② 在各级特别是在社区一级发展和加强各种体制、机制和能力，以便系统地加强针对危害的抗灾能力； ③ 系统地将减少风险办法纳入受灾害影响社区的应急准备、应对和恢复方案的设计和落实活动中	① 确保减少灾难风险成为国家和地方的优先事项并在落实方面具备坚实的体制基础； ② 确定、评估和监测灾难风险并加强预警； ③ 利用知识、创新和教育在各级培养安全和抗灾意识减少潜在的风险因素； ④ 在各级加强备灾工作
2015 年	《2015—2030年仙台减轻灾害风险框架》	① 到 2030 年大幅降低全球灾害死亡率，力求使 2020—2030 十年全球平均每 100000 人死亡率低于 2005—2015 年水平； ② 到 2030 年大幅减少全球受灾人数，力求使 2020—2030 十年全球平均每 100000 人受灾人数低于 2005—2015 年水平； ③ 到 2030 年使灾害直接经济损失与全球国内生产总值的比例下降； ④ 到 2030 年，通过提高抗灾能力等办法，大幅减少灾害对重要基础设施的损害以及基础服务（包括卫生和教育设施）的中断； ⑤ 到 2030 年大幅增加已制定国家和地方减少灾害风险战略的国家数目； ⑥ 到 2030 年，通过提供适当和可持续支持，补充发展中国家为执行本框架所采取的国家行动，大幅提高对发展中国家的国际合作水平； ⑦ 到 2030 年大幅增加人民获得和利用多灾种预警系统以及灾害风险信息和评估结果的概率	① 理解灾害风险； ② 加强灾害风险治理，管理灾害风险； ③ 投资于减少灾害风险，提高抗灾能力； ④ 加强备灾以作出有效响应，并在复原、恢复和重建中让灾区"重建得更好"

3）韧性城市项目

为了让全球减防灾工作更具有可操作性，联合国减少灾害风险办公室（UNDRR）与合作伙伴在 2010 年 3 月发起"创建韧性城市"（Making Cities Resilient，MCR）的全球倡导运动，通过地方政府的配合，其在推进城市防灾减灾方面取得了相当大的成功。活动倡导通过分析和行动计划，来系统性防灾减灾、发展城市韧性、提高城市对系统性问题及其联系的认识和理解、建设地方能力、提高认识和兴趣、创建或加强利益相关方伙伴关系。MCR 活动第一期为期十年，超过 4347 座城市加入这一运动，与未进行过此类灾害风险宣传的城市相比，加入 MCR 活动的城市在防灾减灾方面取得了更大的进展。

2013 年，洛克菲勒基金会发起全球 100 韧性城市项目，以帮助更多城市提高应对 21 世纪日益增长的物理、社会和经济挑战的韧性。通过设立首席韧性官来领导韧性城市建设工作、为建立韧性战略提供专家支持、提供解决方案以帮助城市实施韧性战略，以及通过建立全球网络促进韧性城市学习能力等手段提高城市韧性水平。经过六年多的城市韧性运动，全球 100 韧性城市项目已经制定了 50 多项整体韧性战略，其中概述了 1800 多项具体行动和举措。此外，洛克菲勒基金会还支持开发了城市韧性指数（CRI）用于指导韧性城市建设工作，围绕 4 个维度和 12 个目标构建了城市韧性的定义。全球 100 韧性城市项目在帮助城市韧性制度化和实施解决方案方面取得了重要进展。

2021 年，新一轮面向 2030 年的全球城市韧性创建活动（MCR2030）开始，这成为联合国在全球韧性城市话语建构中最主要的工作。MCR2030 的最终目标是确保城市在 2030 年前实现包容、安全性、韧性和可持续性。MCR2030 的具体目标包括两方面：一方面是更多城市承诺减少当地灾害/气候风险，并且建设韧性城市，使更多城市实施防灾减灾、气候变化应对和/或韧性计划，并采取行动增强城市韧性，明显改善其可持续性；另一方面是在全球和地区范围内，增强侧重于韧性的伙伴关系，为韧性路线图沿线的城市提供协同合作与支持。目前，MCR2030 已经涉及 86 个国家和地区，已有 1677 个城市加入 MCR2030，覆盖的人口数量超过 5 亿。

此外，世界银行、宜可城—地方可持续发展协会、国际标准化组织等多种社会主体也积极组织和开展韧性城市相关项目，如气候变化适应型韧性城市项目（Climate Resilient Cities）、韧性城市大会（Resilient Cities Congress）等，进一步促进和推动了韧性理念和韧性城市的发展和落地。

4）代表性韧性城市建设体系

在国际社会的倡导和推动下，世界各国也广泛开始了韧性城市建设实践，下文选取其中具有代表性的日本和美国展开介绍韧性城市建设体系，并分别选取东京和纽约作为韧性城市建设的典型案例进行分析。

（1）日本

日本位于环太平洋火山带，由于其地理位置特殊，受地震、火山爆发等灾害影响十分严重。此外，受地形、气象等诸多条件影响，海啸、台风、暴雨、暴雪等自然灾害也给日本带来了严重威胁。在自然灾害中保护国土安全和人民的生命、身体和财产安全是日本最重要的课题之一。因此，在不断吸取大规模灾害的教训的基础上，依据《灾害对策基本法》的规定而建立和完善的综合性、计划性的灾害管理体制是日本综合性国家危机管理和韧性建设的重要保障。

日本灾害管理体制的形成大体经历了以下四个阶段：

首先是萌芽阶段（1946—1995 年）。早期阶段，大规模的自然灾害导致的巨大生命财产损失催生了日本灾害管理体制的萌芽。在 1946 年的南海地震（里氏 8 级）以及 1959 年的"伊势湾台风"袭击发生后，日本政府的灾害管理方式逐渐由原来的被动抵御转向注重灾前预防和灾后救助。两次大规模灾害的发生成为灾害管理法律形成、体制初步建立的重要契机。1947 年出台的《灾害救助法》是有关灾害对策最初建立的法律制度。随后，1961 年出台的《灾害对策基本法》，明确了防灾组织及责任、防灾计划、灾害预防、灾害应急以及灾后重建的各项标准，是日本灾害管理体制建立的重要前提和基础。

其次是生成阶段（1995—2011 年）。在这一阶段，阪神·淡路大地震的发生促进了日本在防灾领域内对法治保障和体制机制两方面的完善，系统性的灾害管理体制初具雏形。1995 年，日本发生的阪神·淡路大地震暴露了当时灾害管理体制下防灾主体职责不清晰、防灾机制不健全等问题。针对暴露出来的典型问题，日本开展了一系列对《灾害对策基本法》的针对性修订工作。同时，作为强化灾害信息传递以及灾害初期应对体制的具体措施，日本政府设立了内阁危机管理总监、内阁情报集约中心以及官邸危机管理中心等职位和机构。

再次是提升阶段（2011—2013 年）。2011 年，东日本大地震发生之后，日本政府主要从三个方面对灾害管理体制进行重新审视和改革。第一，要加深对地震、海啸、核泄漏事故引发的复合型灾害的认识并增加相应对策。第二，要提升大规模灾害事件中行政组织跨地区灾害应对能力。第三，要进一步完善对灾民的援助机制，如跨区避难、应急临时住宅、对援助者的关心、心理干预、受灾者援助制度、震灾垃圾的处理、灾区志愿者的管理等。基于此次灾害事件的经验教训，日本在这一阶段采取系列措施，包括修订防灾法律制度、完善灾害管理行政组织、增强跨域应对能力、增加防灾经费投入等，使得日本灾害管理能力和水平进一步提升。

最后是韧性建设阶段（2013 年至今）。在既有灾害管理体制的基础上，2013 年日本出台《国土强韧化基本法》，标志着日本灾害管理新阶段的开始。在韧性建设阶段以前，日本经历了大量的大规模自然灾害，每次都遭受了巨大的损失，在很长一段时间内都不得不采取恢复重建的"事后对策"。以东日本大地震为例，作为观测史上最大的 9 级大地震和最高溯上高度超过 40m 的大海啸，虽然有防波堤等设施减缓了海啸的影响，但未能完全阻止海啸的发生，仍然造成了很多人死亡或失踪。但是，基于日常防灾教育的避难行动反而在灾时拯救了更多生命。这进一步证实了过去以"防护"为出发点、以基础设施建设为主的防灾对策效果是有限的。

与之前的阶段相比，国土强韧化则是作为对灾害的事前准备，以构筑安全、安心的国土、地域、经济社会为目标，做最坏的打算，最大限度地保护生命，使经济社会不受致命性损失，将损失降到最低并迅速恢复"强韧与柔韧"。以"事前对策"为主、结合硬件和软件措施的国土强韧化发展已经逐步成为日本韧性建设的关键和核心。

国土强韧化是指通过建设能够抵御地震、海啸、台风等自然灾害的国家和地区，实现即使发生大灾害也能保护人员、最大限度地减少损失、维持经济社会稳定、迅速恢复重建的目标。在行政体制方面，根据《国土强韧化基本法》，国土强韧化推进本部负责国土强韧化建设的相关工作。本部长是内阁总理大臣，副本部长是内阁官房长官、国土强韧化担当大臣以及国土交通大臣，本部人员是除本部长和副本部长以外的所有国务大臣。国土强韧化措施的作用对象范围很广泛，不仅涉及行政管理者，同时也涉及企业、地区、个人；不仅涉及硬件方面，软件方面的措施也包括在国土强韧化中。

在日本韧性建设过程中，东京因其核心的地理位置、高水平的城市定位以及面临日趋严峻复杂的灾害风险，是日本韧性城市建设的重点任务。由于气候变化的影响，日益严重的洪水和风暴、地震、火山爆发、生命线中断以及传染病等灾害随时可能发生，威胁东京的城市安全。为了在这样的灾害中保护人民的生命和生活，东京于 2022 年 12 月以"100 年后也安心"为目标设立了"东京强韧化项目"，致力于提高东京的灾害准备水平，到 2040 年使东京成为韧性和可持续发展的城市。

"东京强韧化项目"主要包括四个方面的措施：一是与多样主体的合作。通过开展针对跨区域课题的合作、根据地区实情的合作、促进事业者强化生命线等对策的合作、通过城市居民的自助的合作等，促进行政机关、企业、市民等与韧性城市建设相关的多主体紧密合作、共同施策。二是为项目推进开展宣传。积极传达项目的意义和内容，与市民和企事业单位等共享危机意识。为了进一步强化自救、互助、公助，实施有效的普及、启发，以关东大地震发生 100 周年为契机制作多种宣传内容，继续推进防灾宣传。三是利用数字转换技术措施。从最大限度地提高硬件方面的准备效果出发，与数字转换措施叠加，提升协同效果，如利用卫星数据事前把握风险、推广城市数字孪生技术、通过无人机或人造卫星等掌握受害情况、活用 AI 技术等。四是活用具有自然功能的绿色基础设施。绿色基础设施是将自然环境所具有的功能活用于适应气候变化、保护生物多样性等具体问题的思考方式。今后东京将充分利用具有防灾减灾等各种功能的绿色基础设施，提高项目效益。

（2）美国

美国是韧性城市建设的先行者和践行者。2006 年，卡特琳娜飓风重创美国，导致1800 多人死亡，经济损失超千亿美元，一种更能抵御风险、恢复力更强的城市管理方式亟待探索。2012 年 10 月的桑迪飓风袭击了美国东海岸，由于缺乏应有的充分准备，城市遭受了建筑大面积破坏、电力中断、公用事业服务中断和大规模洪水，造成近 800座建筑被摧毁、200 万用户断电、8.4 万用户失去天然气服务以及 97 人丧生，数千人流离失所，造成了 190 亿美元的经济损失。

在经历了两次重大自然灾害后，美国深刻反思城市的脆弱性，充分吸取了自然灾害带来的经验教训，韧性作为一种先进的城市安全理念逐渐演变为美国各大城市的重要发展策略。近年来，美国各界在韧性城市建设方面进行了积极探索。在地方政府以及社会组织的积极推动下，共有 26 个美国城市加入了全球韧性城市网络。这些城市位于美国不同区域，包含大、中、小不同等级，分别面临气候变化、经济衰退、社会冲突、设施老化等多种安全威胁。通过推动不同城市的韧性建设，美国在早期为世界不同类型的城市开展韧性建设提供了大量经验。

在韧性城市建设探索过程中，美国普遍形成了以设立专门职能机构、制定城市规划和政策文件、实施韧性项目等措施为主的韧性城市建设体系。以纽约为例，纽约作为沿海城市，在全球气候变暖背景下，城市周围海平面上升，大西洋沿岸的风暴风险加剧。同时，人口增长、基础设施老化和日益不稳定的环境都加剧了纽约的城市脆弱性。为应对一系列挑战，以适应不断增长的人口、提高所有纽约人的生活质量以及应对气候变化，纽约市长恢复与韧性办公室、纽约市长气候韧性办公室等专职机构相继成立，为韧性城市建设提供机制保障。在韧性规划编制方面，纽约先后编制了《更葱绿、更美好的纽约》《更强大、更具韧性的纽约》《一个纽约：建设强大且公正的城市》《一个纽约2050：建设一个强大且公正的纽约》四个城市总体规划、《纽约金融区和海港气候韧性总体规划》等片区尺度韧性规划以及《社区应急规划》等社区尺度应急规划，通过多尺度的韧性规划统筹引领韧性城市建设工作。以 2015 年发布的《一个纽约：建设强大且公正的城市》为例，韧性理念逐步从规划原则发展到城市建设的各领域。规划提出了四个具体的发展愿景，分别为增长和繁荣的城市、公正和公平的城市、可持续的城市以及有韧性的城市，并为四大目标愿景提出 200 余条全新举措和 80 余项细化新指标和目标。这些措施涵盖基础设施韧性、经济韧性、社会韧性和制度韧性四个维度：第一，在基础设施韧性方面，加强应急准备和规划，调整区域基础设施系统；强化海防线以应对全球变暖带来的洪水和海平面上涨，为重要的沿海保护项目吸引新资金。第二，在经济韧性方面，重点监督建筑、电力、运输和固体废物四大关键行业的温室气体排放，以应对气候变化。第三，在社会韧性方面，加强并完善社区组织，强调社区在应急行动中的基础性作用。第四，在制度韧性方面，调整政府部门应对洪水、气候变化、空气污染等突发事件的应急方案，完善专项计划与相关制度设计。在 2019 年发布的《一个纽约 2050：建设一个强大且公正的纽约》中，韧性建设逐步升级，韧性理念逐步融入八大发展战略，并在理念引导下提出了 30 项具体的实施措施。

3. 国际韧性城市建设经验总结

1）优化顶层设计引领韧性城市建设

建立顶层统筹的综合型安全韧性管理体制。整合单灾种分散管理的模式，建立顶层统筹型的综合防灾管理模式。例如东京的知事直管型危机管理体制；纽约市长负责制的应急管理体制。

为韧性城市建设实践提供立法保障。以日本为例，1961 年出台的《灾害对策基本法》是综合性、计划性的减灾体系的关键节点，也是日本灾害预防、灾害紧急应对和灾后重建的根本大法。2013 年出台的《国土强韧化基本法》中明确了国家、地方公共团体、企业和国民等不同主体在推进国土强韧化过程中各自的职责。

贯彻韧性城市建设的底层逻辑和体系框架。日本国土强韧化理念强调，为了应对大规模地震灾害、气象灾害、火山灾害、基础设施老化等国家危机，在中长期明确的展望下持续稳定地推进防灾减灾、国土强韧化建设。在明确的目标下，通过评估有关领域的现状，以保护公民的生命、身体和财产免受大型自然灾害的影响，最大限度地减少大型自然灾害对人民生活和国民经济造成的影响。同时，国土强韧化建设明确了规划在韧性城市建设过程中的地位，不同层级强韧化规划的基本理念、基本方针、制定和实施的技术路径，都具有相同的底层逻辑并一以贯之，进一步保障了日本韧性城市建设的落实。

2）强化韧性规划手段的源头管控效能

通过编制多灾种综合、偏重前端防灾减灾的规划，并制定多层级传导、多维度对策、多主体落实的韧性提升和评价指标体系，促进城市韧性水平提升。

韧性城市规划明确了减少灾害风险的总目标和其他具体目标，以及为实现这些目标而采取的相关行动。这些行动应以《2015—2030 年仙台减轻灾害风险框架》为指导，并在相关发展规划、资源分配和实施方案制定中加以考虑和协调。同时，规划应通过细化指标，增强韧性规划的落地性和可操作性。明确规定实施的时限和责任以及资金来源，并尽可能将其与可持续发展和适应气候变化等战略联系起来。

3）制定系统综合的韧性策略与对策

韧性城市建设关注系统性的综合解决方案，实现城市的经济、社会、生态、组织等层面韧性的综合发展，包括制定综合考虑多种灾害风险的规划，如国土强韧化地域计划等，此外，还应考虑对多领域进行综合施策，如强韧化建设强调从 7 个对策领域出发重点化施策，包括行政机能（警察、消防等）；健康、医疗、福利；信息通信；经济、产业；教育文化；环境；城市建设。通过综合化的策略指导当地决策不断提升韧性水平。

　　4）重视基层社区层面的韧性行动

　　鼓励公众参与韧性建设，建立"自助—互助—公助"的协同机制。通过构建居民、企业灾时自我保护的自助，地区社会互相救助的互助，以及国家、地方公共团体机构的公助三者相结合的应急网络，盘活社会资本在灾害管理中的关键作用。

　　以社区为基础的灾害风险管理，促进可能受影响的社区参与地方-级的灾害风险管理。这包括社区对灾害、脆弱性和能力的评估，以及社区参与地方减少灾害风险行动的规划、实施、监测和评估。地方对灾害风险管理的做法是承认和利用当地传统的知识和做法，以补充灾害风险评估中的科学知识，并以此来规划和实施地方灾害风险管理。

1.2.2　国内韧性城市建设基本情况

　　面对高度不确定的复合型灾害风险冲击，传统基于经验思维的被动减灾策略已经愈发难以满足新时代城市安全发展的诉求。随着韧性理念在国际上被大量应用于城市规划建设领域，其在21世纪初也被引入我国，增强城市韧性成为我国城市治理等相关领域研究者与实务工作者的共识。

　　1. "韧性城市"建设的开端

　　2008年汶川地震被视为我国防灾减灾工作的关键转折。国务院为指导和保障灾后恢复工作颁布了《汶川地震灾后恢复重建条例》《汶川地震灾后恢复重建对口支援方案》等系列政策法规。2009年，经国务院批准，将每年5月12日确定为全国防灾减灾日。2010年，我国第二个"防灾减灾日"的主题为"减灾从社区做起"，为增强全民防灾减灾意识、提高公民在危急时刻的自救互救本领，面向全国举办了2010年"中国人保—全国防灾减灾知识大赛"和防灾减灾日科普宣传活动进社区等活动。通过举办专题展览、组织街头咨询、张贴海报标语、印发科普读物等方式，向公众普及有关地震、海洋、气象、森林火灾、沙尘暴、干旱等灾害的科普知识。同时，国家减灾委办公室颁布了新修订的《全国综合减灾示范社区标准》，当时正在编制的《国家综合防灾减灾规划（2011—2015年）》也把进一步加强城乡社区防灾减灾能力建设作为一项重要任务来谋划。

　　1）抗震防灾"韧性城市"

　　2016年，为做好"十三五"时期城乡建设抗震防灾工作，住房和城乡建设部根据《中华人民共和国国民经济和社会发展第十三个五年规划纲要》和《住房城乡建设事业"十三五"规划纲要》制定《城乡建设抗震防灾"十三五"规划》，在此规划中提出抗震防灾"韧性城市"建设的理念。探索以提高承灾体抗震能力为重点的韧性城市建设，研究建立韧性城市风险评估、生命线工程抗震安全保障、应急处置和恢复等技术体系。

　　2）国家安全发展示范城市

　　2018年，为强化城市运行安全保障，有效防范事故发生，国务院安全生产委员会牵头开展"安全发展示范城市"建设，并于2020年9月发布《国家安全发展示范城市建设指导手册》。

2. 探索"韧性城市"建设的关键内容

1）框架和行动

2011 年，我国河南宝丰、河南洛阳、四川绵阳、海南三亚、陕西咸阳以及青海西宁，入选了联合国减少灾害风险办公室（UNDRR）开展的"让城市更具韧性"竞选计划。此外，四川德阳、湖北黄石、浙江义乌以及浙江海盐四座城市，先后入选 2013 年洛克菲勒基金会启动的"全球 100 韧性城市"项目，其中湖北黄石的一系列韧性建设行动得到了高度评价，主要做出了以下几点实践行动和成效：

2015 年 9 月、10 月黄石市先后成功召开了"全球 100 韧性城市国际研讨会（中国·黄石）"以及韧性城市建设专家组全体成员第一次会议，并成功加入"10％韧性承诺"计划（即城市承诺把每年全市预算的 10％用来支持已制定的韧性建设目标和活动）。2016 年，黄石市通过多方调查评估和研讨会，形成了《黄石市韧性建设初步评估报告》，确定韧性建设水系统、经济系统和生态宜居系统三方面是黄石市韧性城市建设的重点领域，并得到"全球 100 韧性城市"的认可，同时黄石市的做法和经验被日本的富山市、印度尼西亚的三宝垄市所借鉴。2017 年，黄石市因为韧性城市建设工作成效显著，受邀参加"中欧城市可持续发展论坛"，会上正式加入"中国国际城市发展联盟"，成为首批会员。同年，受国家发展改革委城市发展中心的邀请参加在四川成都召开的首届"国际城市可持续发展高层论坛"，并在《城市与减灾》杂志策划的"韧性城市"专刊中，分享了黄石市韧性城市建设的政策制度、组织管理和实施推进等方面的经验。

2）城市总体规划

2017 年和 2018 年，北京和上海率先将韧性城市理念纳入城市总体规划。《北京城市总体规划（2016—2035 年）》提出从生态空间、城市水资源和防灾减灾能力三个方面强化城市韧性；《上海市城市总体规划（2017—2035 年）》提出构筑城市生态安全屏障，不断提升城市的适应能力和韧性，建设韧性生态之城，使上海成为引领国际超大城市绿色、低碳、安全、可持续发展的标杆，并首次在规划中建立留白机制，面向不确定性发展。此后，广州将韧性城市理念纳入城市国土空间总体规划，成都和西安将韧性城市理念写入政府工作报告。

3）安全韧性的重要指标

为推动建设没有"城市病"的城市，促进城市人居环境高质量发展，2020 年 6 月，住房和城乡建设部选取上海、天津和黄石等 36 个城市，以"防疫情、补短板、扩内需"为主题，将"安全韧性"作为八项核心指标之一，开展 2020 年城市体检工作，查找城市发展和城市规划建设管理存在的问题和短板。其对"安全韧性"的定义是"反映城市应对公共卫生事件、自然灾害、安全事故的风险防御水平和灾后快速恢复能力"，采用城市建成区积水内涝点密度、人均避难场所面积、城市二级及以上医院覆盖率和人均城市大型公共设施具备应急改造条件的面积等八个指标，构建城市安全韧性体检指标体系。

3. 实施"韧性城市"建设的关键行动

2020 年 11 月，党的十九届五中全会通过的《中共中央关于制定国民经济和社会发展第十四个五年规划和二〇三五年远景目标的建议》首次提出建设"韧性城市"。之后，韧性城市建设被广泛推广应用，北京、深圳等地先后出台关于加快推进韧性城市建设的指导意见，推动韧性城市建设落地实践。浙江、安徽、南京、成都等地也均以政府工作报告、城市总体规划等形式强调了韧性城市建设的重要性。

2021 年 10 月，北京发布《关于加快推进韧性城市建设的指导意见》，要求把韧性城市建设放在更加突出的位置，逐步将各广场、学校等适宜场所确定为应急避难场所。指导意见中提出"到 2025 年，韧性城市评价指标体系和标准体系基本形成，建成 50 个韧性社区、韧性街区或韧性项目，逐步将各类广场、绿地、公园、学校、体育场馆、人防工程等适宜场所确定为应急避难场所，形成可推广、可复制的韧性城市建设典型经验；到 2035 年，韧性城市建设取得重大进展，抗御重大灾害能力、适应能力和快速恢复能力显著提升"的目标，北京韧性城市建设进入新的发展阶段。

2023 年，深圳市也发布了《深圳市推进自然灾害防治体系和防治能力现代化建设安全韧性城市的指导意见》，要求市、区人民政府负责本行政区域自然灾害防治工作，建立健全自然灾害防治工作机制，提高自然灾害防治信息化水平。市、区、街道自然灾害防治工作体系，要实行统一指挥、分级负责、属地管理为主的管理体制。明确应急管理部门、街道办事处承担的自然灾害防治具体工作和职责，加速推动安全韧性城市建设进程，提升城市应对重大风险灾害的抵御、防范、适应和快速恢复能力，提出到 2035 年，基本建成安全韧性城市。

1.3 韧性城市建设的思考与谋划

每个文明的发展史都是一部与灾难斗争和共存的历史。中华文明源远流长，走到今天这个时代，经历了数不尽的风雨，也积累了无数宝贵的经验教训。近现代以来，建立在工业文明基础上，伴随着也承载着人类生产力的指数级跃升的城市——人类文明的集合体，已呈现出前所未有的规模和复杂性。甚至，面对数字化、信息化和 AI 化的当下和虚拟技术的未来，以实体空间为物理基础的城市又将面临什么风险，何去何从，无人知晓。然而有一点是可以肯定的，只要城市的核心还是人，那么应对万千变化，始终提升自身面对扰动和冲击的能力，作为穿越时代之舟，守护人的安全，就是城市千百年来永恒不变的命题。

为什么在当下这个历史节点，如此强调韧性城市建设呢？"安全的城市"说起来是一个古老的话题，从《管子·度地》提出立国要消除水灾、旱灾、风雾雹霜灾、疾病和虫灾五种自然灾害就可以看出。而现代城市面临的，除了高度聚集、规模和复杂程度均不可同日而语的承灾体，更有近 200 年来在人类作用影响下剧变的地球环境和复杂多变的自然灾害风险，灾害影响形势已不容乐观。另外，经历了以经济建设为中心的高速增长阶段，我国刚刚步入以高质量建设为目标的生态文明时代，有大量的"课"需要补。在向第二个百年奋斗目标大步迈进的历史节点上，防灾减灾与韧性城市规划建设是由我国的基本国情决定的，是"人民至上、生命至上"的执政理念的根本要求，是重大的政治任务。

2023 年，我国城镇化率达到 66%，但户籍人口的城镇化率还不足 50%，这意味着我国城镇对人口聚集以及经济、文化、社会等活动的承载，还有很大的空间，也还有很长的路要走。对比发达经济体 80% 以上的城镇化水平，不仅存在量的差距，也存在质的差别。我国地理环境差异巨大的、人口分布向经济高度发展的城市及城市群集聚，超大特大城市与大、中、小城镇在物理环境和经济、社会文化发展水平上也有不小的差异和差距，这些都是韧性建设需要直面的复杂且现实的问题，也是有着西方文明底色的现代城市发展理论和实践也无法全然完美应对的局面。因此一方面，加快转变超大特大城市发展方式，建设韧性城市，是保障我国核心经济载体抗扰动、提升全天候竞争力的重中之重。另一方面，实事求是发现我国的问题，并且充分发挥东方文明的优势，以中国特色的方式方法解决问题，从根本上提升我国城市规划、建设和治理水平，回应从高速增长阶段转向高质量发展阶段关于韧性建设的要求与时代的诉求。

本节在前文总结国内外韧性城市实践经验的基础上，对新时期韧性城市建设的发展趋势进行研判，并针对这些新的变化，提出当下我国韧性城市建设事业发展的路径方向与关键要点。

1.3.1　新时期韧性城市建设发展趋势研判

以下从韧性城市风险防范对象、韧性建设诉求、韧性建设策略以及韧性建设主体四方面阐述编者团队对新时期韧性城市建设发展趋势的认识。

1. 风险防范对象变化：从单一风险到灾害链和系统性风险

由于我国长期以来"条块分割"的管理体制，使得城乡的灾害防御和防灾减灾工作，在很长的一段时间里带有强烈的"条块分割"色彩。抗震、防洪、消防、人防、安全生产等防灾减灾的工作板块，是曾经常识性的技术工作组织的分野边界，也是一种便于"高效"管理工作组织的"还原论"视角。

尽管在每个专业领域内部，其防灾减灾的管理、技术及建设工作均要素全面、触类旁通，例如新中国成立以来重中之重的水利大计，便充分结合各领域科学技术进步的优势，以"系统论"途径在抑制水患并利用水利这个"跷跷板"问题上取得了出色的平衡，为国家社会经济跨越式发展做出了丰功伟绩。但当我们将视角从大型减灾工程建设转移到某一个具体的城市，会发现面对城市这个日益复杂的巨系统，既有基于还原论的分析途径又力有不逮。现代城市灾害损失一般有四个成因：一是城市化伴随的灾害损失，由于人口的增加和城市区域的扩大所伴随的用地开发，以及既有城市区域的高密度开发等原因造成的人地关系、人城关系矛盾；二是人工空间的创造和灾害风险，现代的城市中有地下街、摩天大楼、填海人工地等众多依赖现代建筑技术所形成的人工空间，当这些人工空间因灾害而遭受破坏或是停止运转带来的一系列影响；三是城市构筑物造成的灾害损失；四是城市供电、燃气、供水、通信、道路铁路等支撑城市运行的生命线基础设施系统中断带来的损失。同时，由于现代城市灾害损失不仅包括直接损失，其间接的损失也越来越为人们所熟知，在全球化背景下，在城市及其连接的现代性功能的加持之下，其严重程度和对社会经济系统的冲击，远远超过了直接损失。

因此，对单一灾害成灾机理及潜在影响的解读，已无法客观反映其可能产生风险的内涵、外延及其要素之间复杂的相互作用。而单一灾害应对作为公共资源配置的基本操作单元，对城市防灾减灾能力的提升，也与防范目标和风险损失控制预期之间存在不小的差距。

城市规划建设领域的防灾减灾工作，对这个问题就有着直观的反映。传统的灾害管理领域以监测预警、减灾工程建设和应急救灾为核心，传统的规划建设领域中防灾减灾分割为抗震、防洪、消防、人防、地质灾害防治、气象灾害防治、重大危险源安全规划、重大传染病防治等各类灾害的防御。但一方面，承灾体在变化，随着城镇化进程持续加速，生产生活要素高度聚集，城市成为人和物高密度集聚、高频次互动的复杂巨系统。另一方面，风险及其可能产生的影响在变化，各类灾害常诱发一连串的次生灾害，多灾事件并发，多种灾害叠加形成的群发性和链式传递效应对城市造成的破坏和影响加剧。同时，灾害风险除直接造成严重人员伤亡和财产损失外，还通过供应链、生产链、信息链等新型传播载体极大地放大灾害损失，风险迅速扩散，并可能演变为巨大的系统性风险。

全球气候变化背景下，全球极端天气常态化导致世界各国重大灾害频发。2021年2月，美国得克萨斯州突发寒潮，约400万居民被迫停电、停水，陆运、空运交通严重受阻。2021年7月，欧洲多地出现极端高温天气和极端强降雨。2021年7月，我国河南省遭遇历史罕见特大暴雨，发生严重洪涝灾害，特别是7月20日郑州市遭受重大人员伤亡和财产损失。2023年，受冷暖空气和台风共同影响，河北、广东、北京等多地出现大暴雨天气。联合国减少灾害风险办公室（UNDRR）发布的《联合国全球减少灾害风险评估报告——我们的世界正身处险境：转变治理体系，创造具有恢复力的未来》（简称《联合国第6期减灾评估报告》）指出，相较于1970—2000年，2021—2030年的极端温度事件预计增长近两倍，灾害事件将增加40%（图1-5、图1-6）。

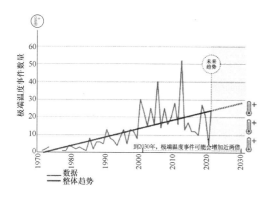

图 1-5　极端温度事件数量统计预计增长

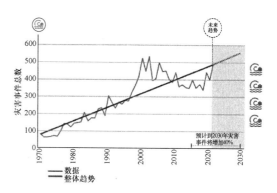

图 1-6　灾害事件数量统计预计增长

图片来源：《联合国第 6 期减灾评估报告》Global Assessment Report on Disaster Risk Reduction Our World at Risk：Transforming Governance for a Resilient Future 2022. https：//www.undrr.org/gar/gar2022-our-world-risk-gar. 20-12-2023

　　显然，以抵御单灾种风险与常规风险冲击为目标的传统防灾减灾经验难以应对当前系统、多样的非常态风险冲击。韧性城市的风险防范对象已由过去单一、确定的自然灾害风险，转变为多元、动态的系统风险，尤其是重大自然和社会突发事件带来的风险冲击。由此可见，以单一风险为防御核心的防灾减灾风险管理方式方法已不再适用。韧性城市建设不可能再局限于应对单灾种的冲击，区别于以往的防灾减灾工作，韧性城市建设，要开始着眼于构建整体性的风险应对系统。

　　2. 安全发展诉求变化：从静态防御标准和灾后救助到动态防御和全周期风险管理

　　2016 年 7 月 28 日，习近平总书记到唐山市考察，强调坚持以防为主、防抗救相结合，坚持常态减灾和非常态救灾相统一，努力实现从注重灾后救助向注重灾前预防转变，从应对单一灾种向综合减灾转变，从减少灾害损失向减轻灾害风险转变，全面提升全社会抵御自然灾害的综合防范能力。从风险防范对象的变化可以预判，过去以静态防御和重救灾、轻减灾为导向和特征的风险管理方法经验，一方面，其防御风险的能力水平有限，所需面对的是动态的风险波动和城市快速更新的发展速度；另一方面，传统的灾前预防与灾后救助在单次灾害风险中发挥作用有限，不利于城市在长期风险扰动中保证功能可持续运作，同时也不利于城市在一次次风险中进行学习和转型。因此总体来看，将难以适应频繁突破历史极值、新旧交织的系统性风险防范的客观要求，也难以满足新时期高质量发展时代对城市统筹发展与安全的主观诉求。

　　由此可见，要降低城市承担的发生重大不可预知灾难的可能性和压力，韧性城市建设需要从静态的灾前标准预防、灾后救灾救助向动态的全周期风险治理转变。全周期风险治理包括了平时减灾、灾前备灾、灾中应灾、灾后恢复四个阶段，每个阶段都需要做好相应的准备。

　　平时减灾阶段，诉求是系统体检，减轻灾害风险。在灾害发生前充分摸排，检索风险源头，对潜在风险提出应对措施。该阶段的韧性城市建设首先需要科学高效识别风险，随着数据监测、模拟相关技术不断革新，可以预见运用城市智慧系统实时动态收集并分析全时空的风险数据将成为精准预判风险的重要工具；在此基础上，践行风险源头治理，通过韧性规划统筹引领，通过空间资源的配置，提升城市的安全韧性水平和平灾转换能力，是韧性城市建设发展的重要课题。

灾前备灾阶段，诉求是系统强化，减轻损失风险。预判灾害风险即将发生或是处于初期可控阶段，在城市平灾功能转换的过渡阶段，需要重视灾害风险监测预警、初期快速响应力量的建设，健全应急预案体系、充实物资储备体系，加强国民安全教育，对可能发生的灾害风险进行演练，是城市应对不确定风险必不可少的常态化工作。通过将平时阶段准备的预案、物资、人员等力量快速组织起来，提前准备响应，尽可能将灾害风险扼杀在萌芽阶段。

灾中应灾阶段，诉求是系统应对，减轻灾害损失。这包括应对风险的应急管理与机动响应，重在救援处置统筹能力的提升。要保障救援响应速度和能力，离不开专业救援队伍和社会应急力量的建设，在应急人员配置、装备保障、管理平台建设等方面共同发力，找准灾害风险链条最大限度阻断风险扩散的节点，在最短时间内降低灾害风险影响。

灾后恢复阶段，诉求是安全升级，优化韧性水平。不仅是城市灾后复原，更是城市为应对未来更大不确定风险积累经验，提高城市的学习力和转型力。因此，该阶段的韧性城市建设不仅是城市物理空间的恢复重建，更需要从韧性城市建设顶层运行架构反思，总结在灾难应对中的主要教训，为进一步提升城市安全防范措施提供依据。

3. 韧性建设策略变化：从预警、工程、救助到全领域系统性综合应对

1995 年日本发生阪神·淡路大地震，在经历高速经济增长的 30 年中，日本在防灾减灾方面，也选择了基于工程技术迅速发展的高成本、高技术的刚性强防御路线，整个社会对工程技术所能达到的高度产生了前所未有的信赖。大地震的发生导致大量工程基础设施的毁坏、交通中断，使得包括官方在内的整个社会，都无法在短时间内依靠工程设施做出迅速的灾害应对和救助，延误了时机。日本内阁府 2003 年出版的《防灾白书（平成 15 年）》中记载了灾后的统计数据，在 1995 年阪神·淡路大地震获救的约 3.5 万人当中，有 2.7 万人是得益于近邻而获救的，只有约 8000 人是警察、消防、自卫队等官方救援力量救出的。因此，2005 年在日本兵库县举办的联合国防灾世界会议中，在强调刚性防御的同时，也首次将非结构性措施纳入优先行动纲领中，提出社区是灾害防救体系中最基础、最重要的一环。这是一个重要的转折点。

党的二十大指出，我国已从以追求经济建设为中心的时代，进入以追求高质量发展为中心的新时期，尤其是超大特大城市，要统筹发展与安全，将建设韧性城市作为新时期转变发展方式的三大战略之一。因此，直面城市发展变化的风险防范对象，需要充分

回应安全发展诉求的变化，韧性城市建设注定要从以监测预警、减灾工程和灾后救助为核心的传统策略，走向全领域的系统性策略体系。

系统性策略体系的核心目标，是竭尽全力保全民众的生命和财产安全，维持和保全社会体系。这可以分为两方面，首先是结构性对策，即工学对策，强化构成城市物理系统各要素抵御灾害的能力。结构性对策是最基本的，但并不完备。不仅是因为现阶段能力和技术的局限性，也因为城市社会是依靠不同的要素相互影响而整合起来的系统。因此，就需要非结构性对策，即需要社会学的对策来补齐。也就是说，在强化各物理系统要素的同时，也必须强化城市系统社会要素之间的关联。这种关联可能是信息、制度，或是组织。

在系统性风险面前，仅依靠工程性措施提升的风险抵御水平有很明显的局限性，韧性城市建设策略需要从单维转变为多维，构建工程性措施与非工程性措施相结合的全领域综合应对体系。同时需要指出的是，韧性城市建设的非工程性措施也不等同于应急管理，其内涵涉及城市系统除物理空间外的制度、环境、经济、社会、技术等各个领域及其要素间的相互关系。

4. 韧性建设主体变化：从政府主导到多元主体广泛参与

传统上的灾害风险治理主要依靠政府单方的力量。然而，风险因素的复杂化决定了现代灾害风险治理已经越来越超出单一政府力量的应对能力范围。同时，随着韧性城市建设策略体系从预警、工程、救助走向全领域系统性的综合策略体系，韧性城市建设工作对主体的需求也产生了巨大的变化。越来越多的实践经验证明，韧性城市建设在政府的主导之下，离不开多方力量的共同努力。因此，韧性城市建设需要构建一个网络型的主体系统，涵盖政府、社会组织、企业、基层社区和民众等多方力量。

一是政府。政府作为灾害风险管理的主导力量，是由中央政府和地方政府构成的统一体系。其中，中央政府作为韧性治理的顶层设计者，在韧性治理的统筹协调、重大决策等方面发挥着至关重要的作用。地方政府则主要承担着上传下达、具体落实的重要责任，是韧性城市建设的核心组织者与实施层面的监督者。

二是社会组织。社会组织是韧性治理的重要支持力量。与其他主体相比，社会组织具有专业性、公益性和志愿性等特征，可以基于专业的力量提高风险治理的科学性，基于资源链接能力在风险治理中协助政府等主体发起各种应急行动，以及基于立足基层社会的优势加强与公众的风险沟通、增强公众对风险的认识和引导公众对风险治理的参与，及时补充其他力量的不足。

三是企业。企业一方面是社会经济组织的一类基本单元，是贯彻韧性城市建设工作的一个基本渠道，同时也构成了韧性治理力量的重要来源。随着社会主义市场经济的不断发展，越来越多的企业既具有参与韧性治理的物质资源、专业经验和技术优势，又具备参与韧性治理的社会责任感。

　　四是基层社区。基层社区是韧性治理主体网络的关键节点，处于上传下达的中间位置。社区的应灾能力会影响到居住其间的个体的应灾能力，外部的灾害应对措施通常需要通过社区才能最终抵达到个体。响应联合国"国际防灾十年（IDNDR）"运动，我国在 2010 年的"防灾减灾日"重点呼吁，社区作为社会的基本构成单元，是群众工作、生活的重要场所，是防灾减灾的前沿阵地。减灾从社区做起，以社区为平台开展防灾减灾工作，可以有效整合各类基层减灾资源，落实各项减灾措施，增强社区的综合减灾能力，从而最大程度地减轻灾害损失。

　　五是民众。一方面，民众的生命、财产安全是韧性城市建设的终极保护对象。另一方面，民众作为城市中的行动者，其灾害风险意识、灾害应对能力及其参与社会防灾减灾事务的意愿等，都是城市韧性水平的重要基础，对城市的灾害防御能力和韧性水平有直接的影响。因此，民众是最基础的主体，也是规模最为庞大、作用最为显著的主体。

1.3.2　重视韧性顶层架构，坚持规划源头引领

1. 重视韧性顶层架构

　　目前，韧性城市建设具有风险防范对象复杂化、安全发展诉求深层化、韧性建设策略全面化、韧性建设主体多元化的特点。在这个动态发展的过程中，如果从政府主动作为的角度去审视城市治理的发展，仍然能够发现一些战略上的提升空间。例如如何更加高效、精确、全面认知变化中的风险防范对象；如何结合城市发展目标战略，以底线思维回应统筹发展与安全的韧性建设诉求；如何在纵向灾害防御对策架构之上，横向统筹研发，以更加符合客观情况，同时具有可操作性的韧性建设策略；以及如何调动全社会各类主体参与积极性，激活闲置社会资源的专业能量。

　　这每一个问题探索下去都是一个庞大的领域，同时，提升到城市韧性治理意义上的韧性城市建设，更是一个系统性的战略建构问题。因此，重视强化顶层设计，搭建韧性城市建设的顶层架构，是深化对象认知发展、强化全周期风险管理诉求研究、优化全领域防御策略体系、打造全主体参与的政策环境，从底层逻辑提升韧性城市建设工作推进效能跨越式发展的关键点，强调韧性顶层架构要坚持规划的源头引领。

2. 建构韧性制度环境

　　具有战略高度和良好适应性的制度环境建构是韧性城市建设高效、高质量推进的基础和关键，是韧性城市建设关键要点得以取得突破性进展和长足进步的决定性条件，是韧性城市建设事业所有具体事务、计划得以确立并平滑推进的根本依据。此处从狭义视角，分析当前我国现代化治理体系与治理能力目标下韧性城市建设顶层设计的规划路径，以及韧性发展的制度保障与工作组织。

　　顶层设计的规划路径。统筹发展与安全，以新安全格局保障新发展格局，是我国由经济高速增长阶段进入高质量发展阶段的重要战略转型导向之一。规划改革后，国民经

济社会发展规划和国土空间规划，成为保障国家战略有效实施、促进国家治理体系和治理能力现代化的两大核心支柱与统筹抓手。因此，落实总体国家安全观、建设韧性城市，作为新时期战略目标，应全面纳入两大规划，对新时期防范对象、发展诉求各方面的变化予以慎重研判和回应，通过各级国民经济社会发展规划全面分解、落实战略部署，通过各级国土空间规划谋篇布局、落实全域全要素的安全韧性管控要求。将发展战略与空间保障组成一套"组合拳"，建构韧性发展的战略基础。

韧性发展的制度保障与工作组织。在两大规划的战略指引下，具体的韧性城市建设是一个系统工程，牵涉城市建设各行各业，工作全面庞杂、专业化程度高、提升周期长，统筹难度大。因此，一方面必须重视制度统筹，保障制度体系引导良好秩序的规范化工作局面。结合城市底数与发展目标，构建涵盖各级、各类主体的战略行动纲领、法规政策体系、韧性规划体系、标准规范预案体系等在内的制度支撑体系，确保韧性城市建设工作达成全要素系统管控和全周期赋能。另一方面要发挥各行业部门的专业协作，共同探索韧性城市顶层架构，需要建立工作组织框架，解决责任主体问题。建立"责、权、事统筹分工—审查监督—绩效考核"的全主体协同、全流程闭环的统筹分工协作框架，明确各级、各类责任主体的责、权、事，建立强力统筹与充分分工协同相结合、政府主导与全社会参与相结合的工作组织制度，强化审查监督与绩效考核机制，在此基础上，推进韧性城市建设工作合法合规、前瞻引导、切实推进，以及长效融入各阶段、各领域、各部门发展管理工作，是保障韧性建设工作有效推进的有效途径和制度抓手。

3. 强化韧性策略体系

根据联合国减少灾害风险办公室（UNDRR）对于风险的定义，风险的大小一方面取决于致灾因子的危险性、承灾体的暴露度与其脆弱性，另一方面，取决于防灾能力的高低。因此，从风险的本质讲，韧性，是不断降低致灾因子危险性，并降低暴露在危险中的承灾体总量及其脆弱性，同时不断提升城市的防灾能力。从这个意义上讲，系统性的策略则应当包含以下几个方面：降低致灾因子的危险性，治理灾害风险隐患；降低暴露在危险中的承灾体总量，优化、调整、腾挪城市用地，实现用地安全布局；降低承灾体脆弱性，包括城市物理空间的脆弱性和社会经济的脆弱性；提升城市的防灾能力，包括提升制度建设与规划计划及其实施水平、城市物理系统中防灾资源的优化配置、社会个体及整体防灾能力的提升、经济体系抗扰动能力及经济保障水平的提升、城市防灾减灾技术的进步等。

近年来，在我国各种灾害高风险区域和重要经济区域以及开发程度高、人口和资源等都高度聚集的城市，逐步进入存量规划时代。一方面，各要素间相互关联的作用机制复杂，牵一发而动全身；另一方面，资源要素密集，腾挪难度大、成本高。因此，在我国全面进入以高质量发展为目标的存量规划时代的进程中，韧性建设任务复杂而艰巨。

因此，要实现城市系统韧性水平提升，韧性城市建设策略需要构建覆盖全领域的韧性建设顶层框架与配套体系，涉及制度建设、物理韧性、社会韧性、经济保障，以及科技赋能等方面。统筹韧性建设策略，是提升韧性城市建设水平首要的战略性问题。而统筹强化韧性策略体系建设，一是需要发展规划对韧性城市建设策略体系的全面战略部署，统筹发展资源向有利于韧性建设全面推进的方向投放，改变以往以预报预警、减灾工程和灾后救助为核心的灾害管理路径，转向建构包括制度建设、经济社会、科技赋能等非工程性措施在内的全面韧性策略体系，为全面落实安全高质量发展战略要求厘清头绪。二是需要国土空间规划对韧性城市建设策略体系的全面落实融入，改变以往仅以底线思维守住安全低限的做法，力保经济增长的发展导向，转向追求安全韧性、高质量发展，在统筹国土全域全要素发展中，以系统思维统筹国土空间的科学安全发展布局、谋划优化落实安全资源的系统配置，实现国土安全、健康、韧性与可持续发展。

4. 坚持规划源头引领

韧性规划体系建设作为韧性城市建设的顶层架构的一部分，发挥着源头引领韧性城市建设的重要作用。从国际实践看，美国、日本、荷兰等多灾国家均重视韧性城市规划编制。我国当前韧性规划编制处于全面启动和探索阶段。发展规划目前仍处在"综合防灾减灾规划"的阶段，但从内容上来看，对新时期韧性建设发展的趋势有一定程度的回应。在国土空间规划中，相关内容正处在从"综合防灾规划"向"安全韧性规划"过渡的时期。规划编制中逐步体现出对韧性城市理念的考量。总体来讲，虽然韧性城市建设已成为新时期三大发展战略之一，但由于这个战略理念内涵与外延甚广，涉及部门甚多，在既有条块格局中，尚未明确形成相应的统筹机制和规划体系。但面对逐渐加剧的风险形势、多样化的诉求与加速的发展，韧性发展理念的战略统筹势在必行，相关的理论体系、技术方法、实践应用都在积极探索中。而规划对韧性城市建设的战略策略引领、空间资源统筹配置，以及政策法规的传导实施，是从源头统筹发展与安全的起点，也是关键点。

第 2 章　韧性城市，从规划开始

城市作为一个复杂巨系统，其韧性建设一方面需系统性地将城市土地、空间、设施等全要素纳入考量，另一方面需从规划、建设、管理的全周期着手管控。其中，规划作为城市发展周期的前端环节，能从前瞻指引和顶层统筹的维度，从源头推进防灾减灾与韧性建设工作，这是城市韧性品质全面提升的关键抓手。因此，本章将以城市规划为切入点，介绍国际和国内韧性城市发展中的规划实践，思考规划如何实现韧性城市建设诉求，以及应对现阶段韧性城市规划的困境与挑战，进而面向未来，提出对我国韧性城市规划的展望。

2.1　国际韧性城市发展的规划实践

人类聚落，是人类聚集并适应或改造不适宜居住的自然环境，形成的物质与经济社会系统。而城市是人口、经济和产业高度集聚的产物，是人类聚落发展的高级形态。无论中外，城市的形成与发展史，都是一部人类与自然灾害共存共生的斗争史。

古代文明时期，为了减轻自然灾害的影响，5000 年前古埃及人建造出第一座大坝，在其他古文明中，古罗马和美索不达米亚人用混凝土和黏土等更好的材料建造大坝。在更近的时代，减灾侧重通过建筑规范、洪泛区管理和水坝、防洪堤等工程性措施实现。随着工业化发展，城市因聚集了大量的人口变得不堪重负，卫生情况急转直下，霍乱等传染病多发。此时的城市已是一个复杂系统，灾害的防治已经无法依赖单一的工程手段。为解决这一难题，城市规划作为综合性城市治理管控手段应运而生，被引入城市公共卫生的治理中。19 世纪的伦敦就是一个典型案例。彼时的伦敦通过城市规划，开展了改造下水道系统、增加城市街道与绿地、更新城市中的贫民区等系列行动，有效地改善了城市卫生与安全问题。

在工业化浪潮和西方移民的影响下，美国城市快速发展。此时的美国城市与国际上其他快速城镇化的区域一样，面对着包含城市卫生、洪涝等自然灾害，以及火灾等事故灾难在内的系列难题。面对这些考验，美国利用其后发优势，充分借鉴了欧洲城市的防灾手法，开始了本土化的韧性城市发展，以灾害为契机逐步演变出了以城市规划为主导的、更具系统性的韧性城市实践路径。大西洋的彼岸，灾害多发的东亚国家日本在学习西方先进经验后进行了本土化适应，形成了由工程先行，到专项规划统筹韧性发展，再到以国土强韧化概念贯穿各级、各类规划的演变路径。

因此，在深入探讨韧性城市规划的发展与实践时，本节特别选取了韧性规划发展体系相对成熟的美国和日本作为核心研究对象。为了拓宽视野并增强案例的多样性，本节还纳入了新加坡和英国伦敦的韧性城市规划案例。通过详细分析他们如何从历次灾难中汲取教训，实现理念的根本转变、法律制度的不断完善以及技术创新的持续迭代，得以窥见韧性城市规划的多元发展路径，为我们未来的规划工作提供了重要的参考和借鉴。

2.1.1 美国韧性城市发展的规划实践

以 1950 年的《减灾法案》（Disaster Relief Act of 1950），以及 2000 年的《减灾法案》（Disaster Mitigation Act of 2000）为关键时间节点，回顾美国的韧性城市发展历程，可以发现，美国历史上的灾害管理随着每次经历的重大灾害，通过制定法规、构建职能机构，交叉引入韧性城市规划，呈现里程碑式的推进。发展至今，美国已经形成了国家、地方政府、社区多级韧性规划体系。为了深入探究不同尺度下韧性城市规划的技术要点与实践应用，本节将聚焦于纽约这一核心城市，通过分析其在城市、片区和社区三个不同尺度上的韧性规划案例，揭示韧性城市规划在不同层面上的策略要点。

1. 美国韧性城市规划发展历程

在 1950 年以前漫长的时期里，灾害的治理主要以应急救助为核心，同时也通过堤坝工程建设降低灾害影响，以及从增加公园绿地的角度优化城市环境，以降低公共卫生事件的风险，均体现了在城市布局、建设上对于预防灾害影响的考量。但从总体来看，这一时期的做法还不具备系统性。

1950—1999 年，美国不仅以应急行动规划指引应急救助，重心也从应急救助向前端的灾害防治延伸，密集出台了系列政策，以期通过保障防灾减灾规划的编制与实施实现源头减灾。同时，美国政府意识到单一系统防灾的局限性，转而从土地利用与管理等更前端的角度，通过合理运用城市规划工具箱，以土地利用规划、分区规划、限制洪泛区的土地利用等方法推动城市防灾减灾。

2000 年至今，综合性的减灾规划在编制上与城市总体规划衔接不畅、在实施中效力不足等弊端显现，限制了减灾规划的统筹引领效能。随着韧性理念在规划领域的引入，部分城市在总体规划中融入韧性思想，将其体现在城市土地利用和设施布局等多个维度，防灾减灾规划与城市总体规划的融合逐步加深。

1) 1950 年以前：灾害管理思路从救助转向防治，出现单灾种、工程性防灾对策

在这个阶段，美国的灾害管理由灾害驱动，人们持宿命论看待自然灾害，将其作为自然秩序的一部分来接受。受这一理念的影响，美国政府在 20 世纪 30 年代之前并未大量参与灾害救助。1803 年，新罕布什尔州的朴次茅斯遭遇严重火灾，美国国会通过了第一部与灾害相关的法案并向受灾地区提供援助，在此后颁布了超过 100 部相似的灾害救助法案。

由于多次受洪水侵扰，美国联邦政府逐步意识到防灾减灾的重要性，以法案推动了

洪涝防治措施的实施。1850 年，联邦政府发布了《沼泽法案》（the Swamp Land Act of 1850），将密西西比河沿岸的部分湿地委托给各州建造必要的堤坝等防洪排涝设施。随着《防洪法案》（the Flood Control Act of 1917）的通过，美国试图通过科学、工程和规划等措施预防灾害或是在灾害发生时减轻灾害影响。

在这一阶段，美国政府在灾害管理方面的工作，从仅被动地提供灾后救助转向了主动以法案推动工程性的防灾减灾对策制定与实施，由此开启了美国灾害防控的发展道路。但纵观美国灾害管理历史，彼时的灾害防治对策仍处于较为初期的探索阶段。首先，主动性的灾害防治对策多针对洪涝、火灾等单一灾种，系统性较弱。其次，受限于政策有一定程度上偏重灾后救助，以及规划等具有前瞻性、指引性的顶层设计的缺失，许多本就灾害多发的受灾地区被重复资助，而政府宽松的资助让这一类高风险地区缺乏改变现状、加强防灾减灾建设的动力，这种"被动等待救援"的心态不仅阻碍了地区自我恢复能力的提升，也造成极大的资源浪费。最后，美国政府的灾害管理职能尚未统一，存在多头管理的现象，限制了灾害管理形成统分有序、高效管理的格局。

2）1950—1999 年：以法案推动韧性城市规划建设

进入 20 世纪 90 年代，美国经历了频繁的自然灾害。随着受灾次数的增多，一方面，次生、衍生与多灾种耦合致灾的情况显现，针对单一灾种的防治难以有效减轻灾害影响。另一方面，洪涝等部分灾害以地理空间形态划分，并不受行政区划的限制，因此，单体工程性的防灾减灾设施所能实现的灾害防治效力不够理想。

为了更加系统、高效地开展灾害管理工作，美国政府通过颁布多项政策法案的方式，推动了专职机构的成立和相关规划的编制，详见表 2-1。

美国 1950 年至 1999 年间灾害管理相关法案节选　　　　　表 2-1

序号	发布时间	法案名称	主要内容	目的/作用
1	1950 年	《减灾法案》（The Disaster Relief Act of 1950）	授权联邦政府通过提供财政救助以支持州和地方政府的灾害救助工作，将赈灾写入联邦政府的永久职责范围	针对多灾种管理，但强调灾后救助
2	1974 年	《减灾法案》（修订版）（The Disaster Relief Act of 1974）	① 限制了灾害援助成本，并迫使个人和社区共同承担生活在灾害易发区的责任；② 直接推动了美国联邦应急管理局（Federal Emergency Management Agency，FEMA）的成立	标志着美国进入灾害援助监管阶段，促进了灾害管理从救助转向防治，并且强化了美国灾害管理的统筹协调能力
3	1988 年	《斯塔福德法案》（The Robert T. Stafford Disaster Relief and Emergency Assistance Act）	① 规范化了防灾减灾的投入，授权地方政府可以将联邦政府资助款的 10% 用于防灾减灾。例如用于征收损坏的房屋设施，又如将居民永久性搬出环境脆弱度高的地区；② 地方在遇灾后可以官方宣布受灾并向联邦政府申请灾害救助金。若州政府接受了援助资金，则需在一定时间内编制减灾规划	① 推动了以规划统筹指引灾后恢复策略制定与落实；② 为"减灾拨款计划"（Hazard Mitigation Grant Program，HMGP）等一系列灾害恢复项目的制定与实施奠定了基础

相较于 1950 年之前的灾害管理方式，美国延续了法律先行的思路，以法案的颁布推动了美国联邦应急管理局的成立、防灾减灾规划的编制以及防灾减灾资金的保障，整体呈现由后端救助转向前端防治、由单体工程转向系统规划、由面向单一灾种转向综合防灾的局面。灾害防治的思路也从专注于灾害的应对变为以规划统筹指引高风险区域用地管控，实现了从源头落实灾害防控。但是在法案影响下，这一时期的规划多为各地在灾后为申请美国联邦灾害救助金而编制，追其本质仍是一个反应性程序。

3）2000 年至今：韧性城市规划与城市总体规划深度融合

美国各级政府长期以来一直致力于公共安全和未来发展相关的规划。但国会认识到有必要通过一种新的规划，也就是减灾规划，以帮助州、部落和社区了解并减轻他们面对灾害所受的影响，详见表 2-2。

美国《减灾法案》（Disaster Mitigation Act of 2000）分析表　　　　表 2-2

法案名称	主要内容	意义	局限性
《减灾法案》（Disaster Mitigation Act of 2000） 前身法案 《斯塔福德法案》（The Robert T. Stafford Disaster Relief and Emergency Assistance Act）	① 设立了灾前减灾项目：旨在为各级政府提供灾前编制减灾规划的资金； ② 要求灾前编制减灾规划：要求州、地方和印第安部落在灾害之前编制减灾规划，并以此作为申请联邦灾害援助资金的先决条件	① 正式确立了注重灾前减灾规划的转变：国会正式承认灾害管理始于减灾规划，减灾规划从原来的灾后为获得救助款项编制、侧重灾后恢复重建逐步转变成为灾前编制、重视灾害防治； ② 为应急管理提供有力抓手：应急管理人员开始以减灾规划为指导，更广泛地与住房和基础设施、社区发展等部门的人员建立灾害管理合作关系； ③ 切实降低灾害损失：美国联邦应急管理局在 2007 年的一项研究结果证实了这种主动灾害应对的重要性，即在减灾方面每投资 1 美元，就可以避免 4 美元的灾害损失。随着城市发展，防灾减灾附加值增高，这个数字已经变成了每投入 1 美元用于减灾就可以防止 6 美元的灾害损失	① 在本质上仍然鼓励反应性灾害管理：要求减灾规划编制厅使用历史受灾情况作为预判未来灾害事件的基础； ② 规划编制专业性欠佳：防灾减灾需通过空间和设施等要素落实，但大部分减灾规划由应急管理部门主导编制，少有规划专业人员参与； ③ 规划之间衔接性不足：减灾规划由联邦政府和下设机构审批，但州和地方政府有权管控土地利用规划，导致减灾规划与其他规划兼容度不高、落地性不足

《减灾法案》（Disaster Mitigation Act of 2000）的出现，直接推动了减灾规划的编制，并强调了减灾规划关注的重心从灾后恢复转向灾前防治。然而，减灾规划虽提出空间和设施的韧性提升策略，但通常并不具有直接指导土地利用、设施建设、公共投资等作用。美国某些州的法规中明确了城市总体规划须包含灾害防治要素，但绝大部分州并未对此作出规定，因此减灾规划常独立于总体规划编制。用地规划是城市总体规划的核心，也是城市减灾的关键措施之一。通过对土地利用进行管控，合理地规避灾害易发区内的开发建设，可以从根本上降低灾害对人类生产生活的影响。

随着极端灾害的增多和城市系统的发展，城市面临的灾害风险增大且日益复杂。根据美国国家海洋和大气管理局的数据，2016—2019 年，美国已经面临 44 次"十亿美元的灾难"。独立编制的减灾规划已无法完全承载对于城市防灾减灾空间和设施的指引。

而美国联邦应急管理局作为减灾规划的编制管理部门，受制于职能范围，一定程度上限制了减灾规划中综合对策的落实。

为了实现以规划统筹指引，推动城市韧性提升对策落地、落细，美国的各级减灾规划如今与总体规划的衔接更为紧密，减灾规划逐渐从应急管理部门"回归"传统城市规划系统。近年来，越来越多的地方在总体规划中增加了减灾相关章节。在纽约等部分地方的城市总体规划中，甚至将防灾减灾、韧性建设作为主旨思想贯穿整个规划，韧性城市理念逐步深入人心。

2. 美国各级政府的韧性规划

1）国家层面

面向多样性人群，美国国家层面的韧性规划框架旨在为全国韧性规划的编制提出基础的技术要求，引导各地方结合自身韧性提升诉求，标准化编制规划。美国作为一个移民大国，人民种族、肤色、宗教、国籍、性别、年龄、经济情况多样性特征显著。相较于发展良好的社区和高收入人群，服务不足的社区及特定身份群体聚集区往往基础设施薄弱、资源较少、对减灾投资的支持较少，可能会加剧灾害的影响。在人民多样性带来的多样化韧性需求的基础上，气候变化使灾害事件更频繁、更强烈、更具破坏性，这为美国的韧性建设带来更大的难题。仅在 2020 年，美国就发生了 22 起天气和气候灾害事件，总损失超过 10 亿美元，相比之下，超过 2011 年和 2017 年记录的 16 起灾害。

在这样的韧性发展诉求推动下，美国国家层面提出了要构建一个全社会都具备灾害预防、防护、减灾、应灾和复原能力的安全韧性国家。如图 2-1 所示，美国在国家韧性总目标之下确立了五个提升国家韧性的关键领域，对应各领域制定了规划框架，辅助各主体协同推动韧性建设，并提出了 32 项核心任务。

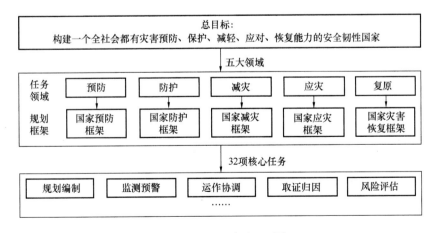

图 2-1　美国国家防卫系统

其中的规划编制是 32 项核心任务的第一项，也是五个提升国家韧性建设的关键领域均涉及的一项任务，在五个国家规划框架中均有体现。以《国家减灾框架》（National Mitigation Framework，以下简称《减灾框架》）为例，《减灾框架》中提出减灾是一个系统性过程，而减灾规划是减少灾害损失，打破灾害破坏、重建和重复破坏循环的长期战略基础。规划通过将风险分析和对地方能力评估纳入社区优先事项和决策的工具，能有效整合跨部门、跨学科资源，建立多主体之间的韧性共识，辅助高效推进国家韧性提升。《国家灾害恢复框架》（National Disaster Recovery Framework）同样指出，灾前和灾后的规划是在地方、区域/大都市、州、部落、领土、岛屿地区和联邦各级精心策划、周密实施韧性建设的先决条件。该框架对于规划的编制提出了要组建规划团队、充分评估地区建设现状与韧性诉求、确立切实可行的韧性目标、制定行之有效的韧性提升策略等要求。

在国家目标与系列框架的指引下，美国联邦应急管理局作为美国灾害管理领域的政府部门，发布了《美国联邦应急管理局战略规划（2022 年—2026 年)》（FEMA Strategic Plan），如图 2-2 所示。该规划围绕以人为中心，提出了公平治理、气候适应、全局韧性的三大战略目标。

规划建立了以人为本的韧性建设思想原则，通过加强韧性策略对于各类社区的考虑，根据对未来风险的评估，更加贴合不同社区和个人的需求分配既有资源；强化对气候变化情境下未来风险的理解，对应开发工具和项目，提高国家预测、准备和适应未来气候条件的能力；优化美国联邦应急管理局机构建设，构建多主体共建共治格局，以期建立一个更公平、更具韧性的国家。

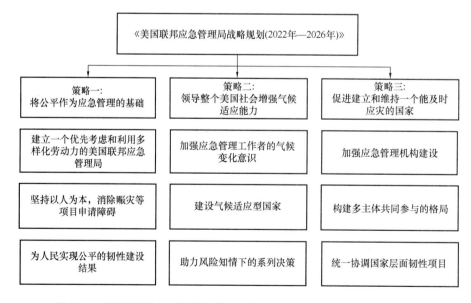

图 2-2 《美国联邦应急管理局战略规划（2022 年—2026 年)》关键策略

根据美国联邦应急管理局公布的规划实施报告，美国联邦应急管理局在 2022 年（即规划的首年）将 40%（5.1 亿美元）的灾前拨款项目经费投入到了经济发展较弱的区域，拨款 1770 万美元用于协助 3 个地处灾害多发区部落的搬迁和减灾项目，并扩大了一些防灾减灾补助项目的适用范围，囊括了更多的低收入地区，使直接获得联邦技术援助的社区数量增加了一倍。

2）州级减灾规划

美国联邦应急管理局要求州政府编制州级的减灾规划，并发布了《州级减灾规划编制指南》（State Mitigation Planning Guidance）、《多灾种减灾规划指南》（Multi-hazard Mitigation Planning Guidance under the Disaster Mitigation Act of 2000）、《州级减灾规划政策指南》（State Mitigation Planning Policy Guidance）等文件作为指引，以提升州级减灾规划编制的规范性。美国州级的减灾规划分为两类，分别为标准版州级减灾规划（Standard State Mitigation Plan）和加强版州级减灾规划（Enhanced State Mitigation Plan），两类规划的区别与规划主要内容详见图 2-3。

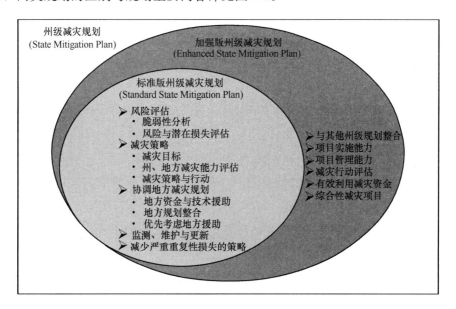

图 2-3　美国州级减灾规划框架与主要内容

截至 2023 年 12 月 31 日，美国的 50 个州、哥伦比亚特区，以及美属萨摩亚、关岛、北马里亚纳群岛、波多黎各和美属维京群岛均编制并审批通过了州级减灾规划。其中共有 14 个州获得了美国联邦应急管理局批准的加强版州级减灾规划，包含加利福尼亚、密苏里、宾夕法尼亚、科罗拉多、内华达、南达科他、北达科他、佛罗里达、北卡罗来纳、华盛顿、佐治亚、威斯康辛、爱荷华、俄亥俄。此外，各州须每 5 年更新一次州级减灾规划，并通过专项资金、培训和技术支撑，支持各地方政府编制地方减灾规划。

3）地方减灾规划

美国联邦应急管理局于 2022 年 4 月发布了《地方减灾规划政策指南》（Local Mitigation Planning Policy Guide），作为《联邦法规》（44 Code of Federal Regulations）第201部分中适用法规和减灾规划法规的官方政策说明文件，以指引地方政府制定、更新和实施当地减灾规划，同时指引美国联邦应急管理局和州政府的有关官员审查和批准地方减灾规划。

该指南提出了一个重要的"社区韧性"（Community Resilience）概念。社区韧性是指社区为预期的灾害做好准备、适应不断变化的情境、承受破坏影响并迅速从破坏中恢复的能力。为提高社区韧性，指南围绕备灾（包括预防、保护、减灾、响应和恢复）和减少社区压力源（可能削弱社区的潜在社会、经济和环境条件）等要素，提出了地方减灾规划的编制内容和要点。

根据指南，地方减灾规划需包含规划过程、危害识别和风险评估、减灾战略和策略、规划维护与更新、规划实施等内容，并依据各州要求纳入额外的州级要求。和州级减灾规划一样，《联邦法规》也要求了地方减灾规划每5年更新一次，每次更新需要说明更新的原因，例如重大灾害事件、风险的重大变化、人口和地区发展的重大变化等。如果地方灾害风险等因素没有发生重大变化，地方政府则可以简化更新程序，仅在原有减灾规划的基础上精细化调整更新。

除了《地方减灾规划政策指南》，美国联邦应急管理局也发布了《地方减灾规划手册》（the Local Mitigation Planning Handbook）、《将综合减灾融入地方规划》（Integrating Hazard Mitigation into Local Planning-Case Studies and Tools for Community Officials）等编制手册以指导各地方政府编制合规的地方减灾规划。截至2023年12月31日，美国共有25100个地方政府和239个部落政府已采用或已批准待采用地方减灾规划。据统计，美国84%的人口居住在了有减灾规划覆盖的区域。

3. 纽约韧性城市规划案例

1）案例概况

纽约地处美国东北部大西洋西岸，是美国东海岸的核心城市之一。纽约市作为沿海城市，受到了全球气候变暖背景下城市周围海平面上升、大西洋沿岸风暴加剧等影响。同时，人口增长、基础设施老化和日益不稳定的环境都加剧了纽约的脆弱性。为应对一系列挑战，以适应不断增长的人口、提高所有纽约人的生活质量以及为应对气候变化，纽约市成立了市长恢复与韧性办公室和市长气候韧性办公室等专职机构，为韧性规划的编制提供机制保障。为探索不同尺度下韧性城市规划的技术路径要点，作者针对纽约市、曼哈顿下城和社区三个尺度分别选取具有代表性的韧性规划并开展案例分析。

2）城市尺度韧性规划解析

2007年至今，纽约市在气候变化的大背景和极端灾害扰动的情况下，为应对不同的城市发展阶段问题，发布了4版涉及防灾减灾与韧性城市的总体规划（表2-3）。

美国纽约市级减灾规划列表

表 2-3

年份	规划名称	编制背景	规划意义
2007	《更葱绿、更美好的纽约》	为应对系列挑战，适应不断增长的人口、提高所有纽约人的生活质量以及为应对气候变化	① 提出气候韧性理念：明确以规划手段应对气候变化挑战； ② 强调多元主体联合：启动全市适应气候变化战略规划进程，与市、州和联邦机构合作创建一个政府间特别工作组来推动规划编制和实施； ③ 重视风险分区与承灾体识别：提出要保护纽约市重要基础设施，更新洪泛区地图，保护易受水浸影响的地区，与弱势社区合作，针对特定地点制定气候变化规划和策略等
2013	《更强大、更具韧性的纽约》	飓风"桑迪"的出现暴露了纽约湾区城市在沿海风暴和海平面上升中的脆弱性，政府意识到仅靠救援和重建工作不足以应对"下一个桑迪"，纽约市迫切地需要在提高城市韧性方面采取更多面向未来的准备措施	① 以应对气候变化为主题：该规划由市长和可持续发展办公室主导编制，核心主题之一为吸取飓风教训、应对气候变化； ② 标志着韧性城市建设全面展开：该规划在防灾减灾的基础上，强调了城市的系统性韧性
2015	《一个纽约：建设强大且公正的城市》	纽约进入发展新阶段，所面临的城市问题增多，韧性在城市规划中的含义由城市安全领域扩展到了城市综合治理等更多维度	① 将韧性提到城市总体规划层面：规划提出了四个具体的发展愿景，其中一项为建设韧性的城市，并对应提出 200 余条举措； ② 强调全维度韧性：规划措施涵盖基础设施韧性、经济韧性、社会韧性和制度韧性四个维度
2019	《纽约 2050：建设强大公平的城市》	纽约作为一个多元化都市，长期存在资源匹配不公平的挑战，这一现象在灾害中尤其凸显	① 扩大了韧性的内涵：规划将韧性理念融入城市的住房、基础设施、工作、教育、低碳等多个方面，提出了 8 大发展战略，30 项实施措施； ② 强调了适应气候变化：规划的 8 大发展战略之一为适应气候变化，提出到 2050 年实现碳中和，强化社区、建筑、基础设施和滨水区域韧性等策略

　　在纽约市以防灾减灾和韧性城市为主题的 4 版城市总体规划中，《更强大、更具韧性的纽约》是纽约市在 2013 年在飓风"桑迪"之后，以城市更好地适应气候变化影响和极端气候事件为目标编制的，是纽约市韧性城市规划的一个关键转折点。因此，以下将围绕《更强大、更具韧性的纽约》这一关键规划文本进行深入分析。

（1）规划背景

2012 年发生的飓风"桑迪"是纽约有史以来遭受的最严重的自然灾害之一，灾难导致 40 多人失去了生命，110 万儿童一周无法上学，近 200 万人遭遇断电，每天有 1100 万游客受影响，近 9 万栋建筑处于淹没区，全市经济损失达 190 亿美元。经测算，海平面和海洋温度的上升意味着到 2050 年，像"桑迪"这样的飓风可能造成纽约市大约 900 亿美元的损失，几乎是这次灾害所造成损失的 5 倍。随着纽约从飓风"桑迪"造成的破坏中恢复，纽约在 2012 年 12 月提出了重建和恢复能力特别倡议（the Special Initiative for Rebuilding and Resiliency），并要求制定城市规划，为纽约的基础设施、建筑和社区提供额外的保护，以减轻纽约市受到的气候变化影响。在此背景下，《更强大、更具韧性的纽约》规划应运而生。

曼哈顿下城的高水位事件如图 2-4 所示。

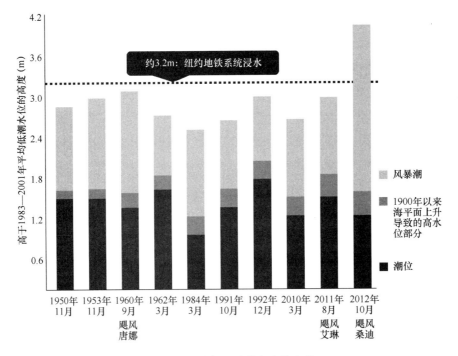

图 2-4 曼哈顿下城的高水位事件

图片来源：《更强大、更具韧性的纽约》

https://www.nyc.gov/site/sirr/report/report.page

（2）主要规划内容

该规划在建设一个更强大、更具韧性的城市愿景下，以适应气候变化为主题，提出了多维度的战略方向、面向治理的体系和保障措施（图 2-5）。通过一系列措施的实施，该规划希望实现在滨海区域，冲向海岸线的海浪被近海防波堤或湿地削弱，从而为脆弱社区提供有效保护；在其他区域，设有永久和临时的防洪墙、防潮门和其他保护设施，以及更多的绿色基础设施和新建的灰色基础设施，以保护社区免受风暴潮和内涝影响。同时，规划希望实现整个城市的电力、电信、交通、给水排水、医疗和其他网络保持基本不间断运行，或者在发生预防性关闭或局部中断时迅速恢复服务。规划将所有的策略分为近期实施和未来建议实施两个阶段。经规划测算，仅通过实施落实策略中的海岸保护和主要电力、建筑的保护，就可以使纽约在 2050 年即使遭遇类似"桑迪"级别的风暴，其预期损失也会比保持现状减少 25%，即超过 220 亿美元。

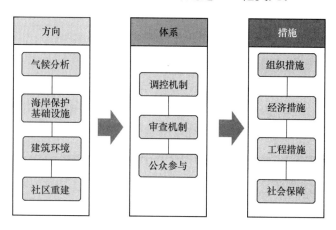

图 2-5　《更强大、更具韧性的纽约》韧性规划技术路径

　　规划针对海岸保护、医疗保健、建筑、灾害保险、基础设施、液体燃料、交通、公园、水与废水、电信和其他关键城市网络共 11 个方面提出了 37 条韧性提升策略、250 余项具体举措（图 2-6）。此外，规划还对于纽约市遭受"桑迪"重创的地区，提出了重建计划以指引这些地区的灾后重建工作。

　　（3）规划特点

　　一是精细化的模型评估灾害风险。规划通过应用数学气候模型，精细化开展多主体、多领域评估，其中重点考虑了海洋灾害的类型、对建筑和基础设施等承灾体的潜在影响以及脆弱人群的分布等关键要素。在此基础上，规划分析借鉴了美国住房和城市发展部资助的城市滨水区适应性策略（UWAS）研究中海岸线相关的三个部分：一是对现有土壤数据的广泛审查并绘制城市海岸的潜在地质地图。地质地图能证明牙买加湾及周边社区、斯塔顿岛东岸、曼哈顿下城、东哈莱姆区等区域的低洼地形，从而明确此类地区容易受到持续的洪水侵蚀；也能评估在风的影响下，海浪在不同地质环境中的可能的发展距离，从而评估风暴潮对于不同区域的影响范围。二是使用航空摄影和其他数据对整个城市的海岸线进行检查，以确定部分地区是否已经使用海岸结构（如护岸、舱壁或码头）加固，或者处于更自然的岩石、沙质、沼泽状态，从而有助于规划识别易受风浪影响的区域并针对性地提出防治措施。三是评估适用于观察到的不同类型地区的沿海复原措施，通过划分高地、海岸线和水中等类别，评估各类措施的适用性、实施障碍、

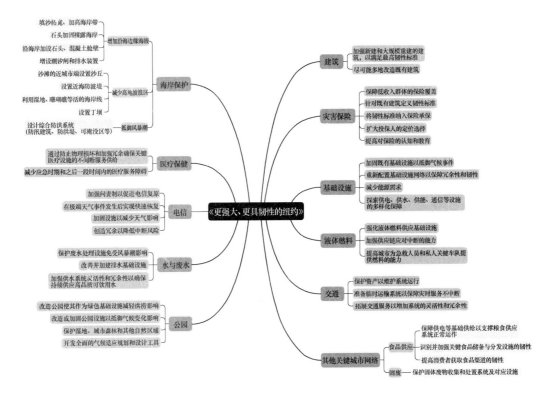

图 2-6　《更强大、更具韧性的纽约》韧性规划策略体系

经济效益、潜在后果等因素。

二是全维度、阶段性提出规划要求。规划从海岸保护、医疗保健、建筑等 11 个方面提出了加强韧性的策略和措施。在此基础上，针对各个维度按照不同行政辖区分别提出了韧性规划和社区重建的具体工程项目，将所有的项目分为近期和远期两个阶段，并将各项目的位置落到图面上，有助于规划的各个实施主体明确各自的规划任务。同时，规划明确了规划中韧性项目的审查机制和保障措施等要求，进一步促进了各项目的落地、落细、落实。

三是全主体参与实现协同共建。自 2012 年 12 月启动重建和恢复能力特别倡议（SIRR）以来，当地利益相关者明确了布鲁克林—皇后区滨水区在气候变化方面所面临的风险以及应对这些风险的合理方法。参与主体方面，主要包含了联邦、州和地方各级民主选举的官员，社区委员会代表，社区组织、公民团体、信仰组织和其他社区利益相关者。参与形式方面，主要通过规划编制期间举办的多次正式和非正式的对话、研讨会开展。期间，超过 1000 名纽约人参加了有关会议，会上重点讨论了影响社区韧性的因素，并就社区未来的发展交流了想法、明确了社区提升的优先事项，为辅助规划编制中的诸项策略方向提供了支撑。

3）片区尺度韧性规划解析

曼哈顿下城是纽约市交通系统、经济和市民生活的核心，每天有超过 415000 名坐地铁和 PATH 列车的乘客、93000 名坐渡轮的乘客穿过。该片区作为美国最大的商业区之一，是城市和地区经济的中心（图 2-7）。其韧性规划对于我国当前多个城市正在快速推进的新城建设有重要参考意义，因此本节将重点分析围绕曼哈顿下城韧性提升的《纽约金融区和海港气候韧性总体规划》。

图 2-7　纽约曼哈顿下城地图（示意图）

图片来源：《纽约金融区和海港气候韧性总体规划》

https：//www.nyc.gov/site/lmcr/progress/financial-district-and-seaport-climate-resilience-master-plan.page

（1）规划背景

近几十年来，曼哈顿下城已经转变为一个复合用途社区，既是一个居住社区，也是一个商业区、交通枢纽和文化目的地，为居民、学生、工人和游客提供全天候的服务和便利设施。同时，曼哈顿下城作为一个不断变化和发展的滨海区域，持续面临着人口增长和气候变化等挑战。在这个背景下，由纽约市长气候韧性办公室和纽约市经济发展公司主导，城市各方利益相关者参与，共同编制了《纽约金融区和海港气候韧性总体规划》。

（2）主要规划内容

该规划旨在围绕保护曼哈顿下城、融合气候韧性设施与城市，以及提升公共滨水区品质三个目标，制定新建防洪排水基础设施、新建韧性水上设施、提升滨海区域交通可达性、减少对东河生态的影响、改善现有公共区域、创建多层级滨海开放空间、提供社区服务等刚弹性结合的对策（图 2-8），促进曼哈顿下城韧性水平的整体提升。

规划的整体技术路径共分为四部分（图 2-9）。第一，针对防洪、排水、应急通道、生态以及海事等设施开展分析，评估了关键设施系统现状情况。第二，针对现状问题梳理列举各项韧性解决方案，并对每个潜在方案进行了深入分析。第三，根据技术可行性以及公众反馈确定韧性方案。第四，提出了以潮汐防洪与沿海风暴应对为重点的韧性提升方案以及实施方案。

（3）规划特点

一是定位核心问题，精准制定韧性对策。总体规划成功的关键要素之一是在现状分

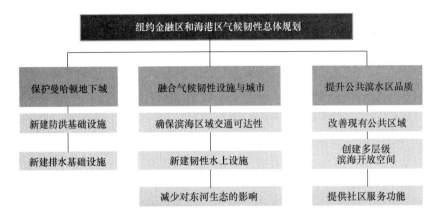

图 2-8　《纽约金融区和海港气候韧性总体规划》韧性规划内容板块

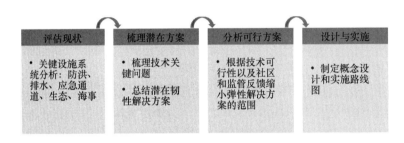

图 2-9　《纽约金融区和海港气候韧性总体规划》韧性规划技术路径

析阶段，明确了区域的韧性核心难点是防洪排涝，并针对此难点开展了广泛的情景分析和技术研究，包含现有功能分析、未来需求情境分析、建设技术难点分析、建设管控要求分析等，最终提出了综合的、可靠的、技术上可行的防洪系统对策作为韧性规划体系的重点部分。

　　二是面向实施，探索高度建成空间韧性提升对策。作为城市高度建成的金融中心区，曼哈顿下城多个社区在韧性提升方面面临挑战，尤其是地势较低、在沿海风暴期间易受海洋灾害影响的金融区和南街海港（Seaport）社区。但该社区基础设施多样，建有地铁隧道和车站、车辆隧道、地下公用设施和高架公路等设施，限制了在现有土地上新建韧性设施的可能性。加之滨水区有限的空间、活跃的渡轮、船只交通和其他海上作业，使得在该区域建设防洪系统成为难题。规划针对这一问题，提出的提高滨水区域交通可达性、新建韧性水上设施、减少河岸生态影响等，这些措施将气候韧性设施与城市空间巧妙融合，为滨海高度建成区域的安全韧性规划提供了参考。

　　三是多元共建，以统分有序的格局促进规划编制与落实。2019 年秋季，纽约市经济发展公司（NYCEDC）和市长气候适应能力办公室（MOCR）启动了一项为期两年的公共规划过程，汇集了城市机构、当地专家和跨学科团队，并成立了曼哈顿下城气候联盟（CCLM），多方参与编制了该规划。规划编制完成后，纽约市与曼哈顿下城社区的社区组织、代表和个人密切合作，以保障规划切实反映利益相关者对滨水区的共同愿景。该规划的最终成功取决于广泛的社区支持，且技术具有可行性，并制定了明确的实施途径。

4）社区尺度韧性规划解析

社区韧性规划是韧性规划体系的关键环节。纽约市面临风暴潮、洪水、龙卷风、地震、高温、火灾等多灾种风险，以及灾害所引发的基础供电供水中断、交通中断等次生灾害。这些紧急事件中，龙卷风、地震等为可预测事件，即在灾害发生前一定时间内会有预警，而火灾等则为不可预测事件。社区作为行政区划的"最后一公里"，在各类紧急事件，尤其是不可预测事件中可以发挥快速摸底社区需求、调度当地资源、及时衔接外部资源等关键的响应作用。而社区尺度的韧性规划作为社区管理者、志愿者、居民等多类群体平时备灾和灾时应灾的重要指引文件，起着关键

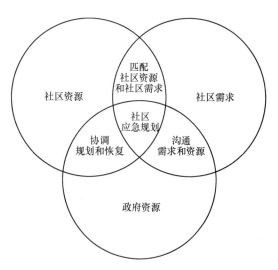

图 2-10 《纽约社区应急规划》（Community Emergency Planning in NYC）规划理念

图片来源：《纽约社区应急规划》
https://www.nyc.gov/assets/em/downloads/pdf/community_toolkit/community_planning_toolkit_2019.pdf

的摸底、平衡社区需求、社区资源和政府资源的作用，能切实引导多方主体高效预防和应对紧急情况，提高社区韧性（图 2-10）。

（1）规划背景

纽约市为了落实《更强大、更具韧性的纽约》和《一个纽约：建设强大且公正的城市》等市级规划部署，推进韧性社区建设，发布了《纽约社区应急规划》（Community Emergency Planning in NYC）等指南以指引社区编制韧性规划。在飓风"桑迪"之后，纽约城市规划部门（Department of City Planning）准备了防洪分区文本修正案，并于 2013 年 10 月通过。该修正案根据美国联邦应急管理局的新洪水地图（标注了一个更大的洪泛区）更新了防洪分区。同年，纽约市在美国住房和城市发展部（HUD）的资金支持下，启动了覆盖西切尔西、哈丁公园、洛克威公园等 11 个社区的韧性社区计划，直接与洪泛区的社区合作，基于对沿海洪水风险的新分区，重新审视土地利用、分区和开发问题，确定每个社区具体的社区韧性提升策略。除了分区和土地利用的变化，研究还确定了通过基础设施投资和其他政策、项目来提高抗灾能力的策略。

西切尔西社区是纽约市韧性社区计划中的社区之一，于 2016 年 5 月发布了《韧性社区西切尔西》（Resilient Neighborhood West Chelsea）规划。西切尔西社区由西 14

街、西 29 街、第十大道和第十二大道围合，社区内有居住、商业、办公、仓库，以及
290 余家画廊和艺术相关企业，地标有高线公园、哈德逊河公园的一部分和切尔西码
头。西切尔西社区在"桑迪"飓风中遭受了严重破坏，虽然直接受到洪水影响的居民较
少，但画廊区域受到了严重的打击，画廊空间和大量艺术品受损。如图 2-11 所示，根
据美国联邦应急管理局发布的洪水保险费率初步地图（2015 Preliminary Flood Insur-
ance Rate Maps，PFIRMs），西切尔西社区易受到沿海洪水的影响，社区 290 座建筑和
3110 座住宅单元（约占该社区住宅单元总数的 70%）地处年发生洪水概率为 1% 的
区域。

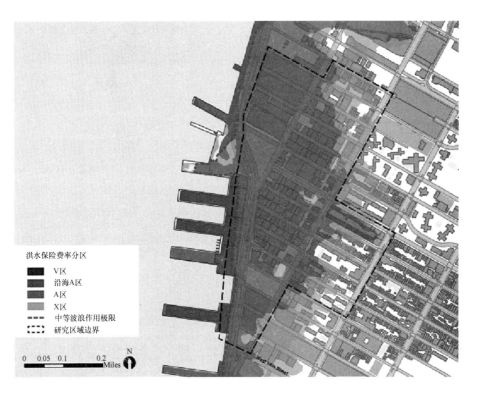

图 2-11　纽约市西切尔西社区的洪水保险费率初步地图（PFIRMs）
图片来源：《纽约市城市规划部抗灾社区洪水风险地图集》
https：//dcp. maps. arcgis. com/apps/MapJournal/index. html？appid＝
297e2b203dc2445987b6c404a6ec018c

（2）主要规划内容

为了兼顾规划方法的一致性和每个社区的特殊性，纽约市规划部门制定了一个四步
走的规划流程（图 2-12）以指导每个社区因地制宜地编制社区韧性规划。

在这一技术路径下，该规划识别出西切尔西社区主要有三项韧性难点：一是社区内
存在较多旧建筑，易受到洪水影响但难以直接通过抬高等方式加强韧性，需要特别制定
改造策略。二是社区内有历史街区，韧性提升行动需充分与历史建筑保护相关法规协

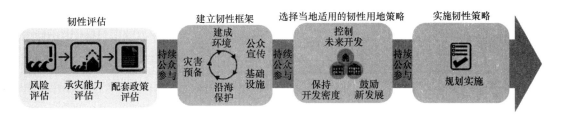

图 2-12　纽约市西切尔西社区韧性规划技术路径

图片来源：《韧性社区西切尔西》

https：//www. nyc. gov/site/planning/plans/resilient-neighborhoods/west-chelsea. page

调。三是社区内大量的画廊、餐厅和商店等商业空间位于一楼，且在每年有 1% 的概率遭受洪灾，易受到风暴潮和极端天气影响，须为企业提供有关的信息和工具以实现韧性提升。

基于风险评估，规划划分出了西切尔西特别区、历史街区和画廊区，并针对每个区域提出了韧性目标和策略，包括：保持西切尔西特别区的高度活力，保护历史街区的历史建筑在不破坏其历史完整性的情况下更具韧性，提高画廊区的灾害防御及恢复能力。

（3）规划特点

一是考虑社区内各区域特点，分区制定韧性策略。该规划在充分调研西切尔西社区内用地、建筑等分布和特征的基础上，结合历史灾情识别了部分商业区域置于一层，易受洪水影响。基于风险评估，规划针对社区内的商业和空间特征，划分出了画廊区和历史街区，提出了具有可操作性的韧性提升策略。

二是联动相关利益主体，汇集多方力量制定更具科学性的韧性策略。该规划在编制的每个阶段均融入了公众参与环节。在策略制定阶段，重点针对历史街区对接了地标保护委员会，针对画廊区对接了纽约市文化事务部、应急管理部和企业服务部，协同制定了各分区的韧性策略。

三是明确面向实施的改造工具和示例，促进规划落地、落细、落实。规划中针对不同分区的韧性提升，选取了各区的典型案例，以效果图的形式详细标注了韧性提升措施在片区和单体建筑上的布局，使画廊企业可以依据此规划，并结合自身建筑需求对应优化。

2.1.2　日本韧性城市发展的规划实践

日本位于环太平洋火山带，由于其地理位置特殊，是灾害多发、频发的国家，主要自然灾害包含火山喷发、台风、海啸等，灾害种类多样。城市内部木质建筑密集，火灾危险性高，加之部分城市人口密度高，整体具有灾害防范难度高、救灾避难难度大的特点。为降低灾害影响，提高城市韧性水平，日本以法规先行的方式指引韧性规划的发展。至今，日本已经形成了从国家到地方的多级国土强韧化规划体系，将城市的韧性规划上升到了前所未有的高度。

日本在历次灾害后，通过法律法规引领韧性规划的发展（图 2-13）。日本城市防灾相关法律主要围绕三个目的制定：其一是城市开发，整建各种基础设施以激活城市经济活动、提高生活便利程度，实现土地高效利用。相关法律有《城市规划法》《市区再开发法》和《土地区划整理法》。其二是防灾，旨在更新和整建灾害抵抗力脆弱的区域，相关法律有《关于促进密集街区的防灾街区整备法》等。其三为居住环境的整建，主要是为了整治战后从荒废期开始复兴、在毫无统合制约情况下所形成的恶劣住宅环境，主要法律为《不良住宅地区改良法》。

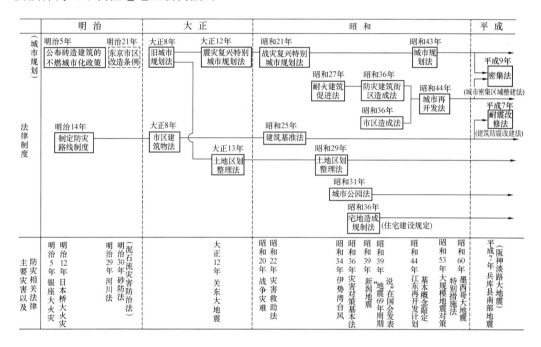

图 2-13　日本城市防灾相关法律的发展过程

图片来源：梶秀树，冢越功 . 城市防灾学：日本地震对策的理论与实践［M］. 北京：电子工业出版社，2016.

日本的城市规划制度以《城市规划法》为根本，依托于《建筑基准法》《城市再开发法》《土地区划整理法》《城市公园法》等土地利用管制、城市规划、城市设施建设管理的法律，详见表 2-4。

日本城市规划的内容与防灾城市规划相关事项列表　　　　表 2-4

序号	内容	详细内容
1	市区、城市街区调整区域	整建、开发、保护的方针
2	地域地区	高层住宅引导地区、高度利用地区、特定街区、防火区域、准防火区域、景观地区等（以上出自建筑基准法），风致地区（城市规划法），临港地区（港湾法），历史风土特别保存地区（古都保存法），绿地保全地区（城市绿地保护法），生产绿地地区（生产绿地法）

序号	内容	详细内容	
3	城市设施	交通设施、公共空地、供给设施、处理设施、水路、教育文化设施、交通福祉设施等	
4	城市街区开发规划	土地区划调整规划（土地区划整理法）	市区再开发规划（城市再开发法）
		城市新住宅街区开发规划（新住法）	新城市基础设施整建规划（新城市基盘法）
		工业用地兴建规划（首都圈、近畿圈相关法律）	住宅街道区域整建规划（大城市法）
5	促进区域	城市街区再开发（城市再开发法），土地区划调整（大城市法）、城市住宅街区整建（大城市法），基地业务城市整建土地区划调整（基地城市法）	
6	闲置土地转换利用促进区域	城市规划法第 10 条第 3 款、第 58 条第 4～11 款	
7	预定区域	城市规划法第 12 条第 2 款	
8	地区规划等	地区规划（城市规划法）	住宅地有效利用地区规划（城市规划法）
		地区更新规划	防灾街区整建规划（防灾街区整备促进法）
		道路沿线地区规划（干线道路沿道整备法）	村落地区规划（集落地域整备法）

表格来源：梶秀树，冢越功.城市防灾学：日本地震对策的理论与实践［M］.北京：电子工业出版社，2016.

日本韧性城市发展的规划实践整体呈现为三个发展阶段：

第一阶段，明治时代至 20 世纪 60 年代，日本韧性相关法规和规划强调国土基底的保护和安全，多针对单一灾种防治和救助，重点围绕火灾、风灾和水灾进行了防灾减灾与应急救援方面的规划。

第二阶段，20 世纪 70 年代至 21 世纪 00 年代，日本城市高速发展，经济高速增长期推动了城市韧性的发展，韧性策略从基于国土基底的灾害防治逐步转为侧重对于城市空间的强化，强调生产、生活基础设施的建设改造，形成了城市防灾空间框架。日本在这一阶段强调国土保护与综合防灾，法规先行，推动了防灾减灾规划向综合性转型，形成了以防灾基本计划、防灾业务计划、地域防灾计划以及地区防灾计划四种类型为主的防灾规划体系。

第三阶段，21 世纪 00 年代至今，日本遭遇了 2011 年的"3·11"东日本大地震后，政府将增强城市韧性提升到了更高层面，提出了建设"强大而有韧性的国土和经济社会"的总体目标。通过法规引领规划的路径，日本政府在防灾规划体系的基础上，构建了多级的韧性国土强韧化规划体系。韧性理念得以更加深入、全面地贯穿规划。

1. 日本韧性城市规划发展历程

1）明治时代至 20 世纪 60 年代：强调国土基底的保护和安全

明治时代以前，日本的城市防灾对策多针对城市火灾。以江户城为例，江户城依靠放火抵御外敌，因此虽然常遭受火灾，但战国时代的从政者并未在规划和建设阶段考虑城市的防火能力。1657 年人称"振袖火事"的明历大火灾烧毁了江户城约 60% 的区域，超过 10 万人罹难，是江户城历史上最惨烈的一次火灾。这次火灾之后，幕府实施了大规模的城市改造计划，其核心为规划建设"防火空地"和"防火土堤"以防止火灾蔓延和热辐射的传导，从而提升城区防火能力。

明治时代到昭和时期的第二次世界大战期间，日本处于追赶世界列强的时期。这一时期的日本为了急速推动现代化建设和备战第二次世界大战，重心集中在发展上。此时的防灾对策制定与实施强调国土保护，多集中于降低特定类型的灾害风险影响。防洪方面，国土保护规划布局了水坝以充分利用森林资源并提供电力保障。《河川法》（1896 年）、《砂防法》和《森林法》（1897 年），促进了区域防洪能力的提升。防火方面，1872 年东京市中心的银座大火推动的"银座砖造建筑街计划"，1880—1881 年东京神田一带的多起火灾推动的《防火路线及屋顶限制规则》，1888 年发布的《东京市区改造条例》均对城区火灾防治作出了指引。1919 年，《城市规划法》和《街区建筑物法》的出台，直接推动了政府开展"防火区域"的划定，将以"线"为主的防火对策扩展到了"面"。

1945 年以来，第二次世界大战结束后的日本由于供给战时所需，开展了大量的森林采伐和矿产挖掘活动，对国土基底造成了严重的影响，战后每年都会发生罹难者超过 1000 人的自然灾害。为了解决这一困境，日本政府愈发强调国土保护和安全。1950 年，《国土综合开发法》出台，规定了在进行国土开发的同时，每年从国家预算中分配 8%～10% 用于制定防灾相关对策。1954 年的《土地区划整理法》实施范围达 40 万 hm²，相当于全国市区用地面积的 1/3，要求在公共设施尚未整建的一些区域内，由每一个土地所有者提供少量的土地，并将这些土地其中一部分变卖作为计划资金的一部分，其他的土地则作为整建道路和公园等公共用地，以实现改善环境、保障交通安全、防止灾害发生的目的。

1959 年 9 月，伊势湾台风造成了战后最严重的水灾和人员伤亡，直接成为城市治水策略的转折点。以此次灾害为契机，政府推动了根本性的城市治水策略，于 1960 年颁布了《治山治水紧急措施法》，又于 1961 年发布了《灾害对策基本法》。在《灾害对策基本法》出台前，《河川法》《砂防法》以及《森林法》是日本灾害防范与应对的主要法律，多针对具体灾害种类。《灾害对策基本法》的出台不仅保留了原有灾害管理法律的完整性，同时对防灾规划的编制、防灾体制的建立等方面作出了明确的规定，使日本灾害管理体系系统化发展。在《灾害对策基本法》的指引下，日本构建了以防灾基本规划、防灾业务规划、地域防灾规划以及地区防灾规划四种类型为主的防灾规划体系。其中，防灾基本规划（Basic Disaster Management Plan）由中央防灾委员会制定，是防灾领域的最高规划；防灾业务规划（Disaster Management Operation Plan）由指定的行政机关或公共机关根据防灾基本规划编制；地域防灾规划（Local Disaster Management Plan），由都道府县及市町村的防灾会议根据地区的实际情况制定的防灾规划；地区防灾规划（Community Disaster Management Plan）是以市町村内的地区内居住者及事业者为主体自主制定的规划。

2）20 世纪 70 年代至 21 世纪 00 年代：侧重城市空间基盘韧性强化

20 世纪 70 年代日本经济快速发展，其他城市建设的目标优先级高于防灾。在这样背景下发生的 1995 年阪神·淡路大地震，在木造建筑密集区域中造成了惨重的损失，唤起了日本政府对以防灾为目的独立法律制度必要性的认识。阪神·淡路大地震之后，政府制定了《受灾市区复兴特别措施法》，划定"受灾市区复兴推进区域"作为针对灾后复兴的城市规划区域，标志着日本将防灾重心从国土保护转移至城市空间的韧性提升。从城市整建的角度，该法案不仅以防灾为目的，而且综合了城市开发、居住环境整治多个领域。

此后，日本政府于 1995 年颁布了《建筑防震改建法》，于 1997 年颁布了《密集街区防灾街区整备促进相关法律》（以下简称《密集街区整备法》）。《密集街区整备法》中对于城市的开发和防灾作出明确规定，包括防灾区域的划定、防灾公园的建设以及火灾蔓延阻隔带的整建等，进一步划定了"防灾街区整建地区"，明确了密集市区整建的城市规划区域，从而推动了城市规划在引导密集区域防灾建设方面的作用。

3）21 世纪 00 年代至今：提出国土强韧化概念

2011 年，日本遭遇了"3·11"东日本大地震后，政府转变了灾害防治与应对战略，提出了建设"强大而有韧性的国土和经济社会"的总体目标。为促进这一目标的实现，于 2013 年出台了《国土强韧化基本法》，为强韧化规划的编制和实施提供了具有强大约束效力的法律框架，确保了规划的地位和严肃性。

除立法外，日本还设立专职机构着手推动了规划的编制，以规划促进落实各项韧性措施。日本政府成立了内阁官房国土强韧化推进办公室。该办公室于 2014 年发布了《国土强韧化规划》，规定了其为日本规划体系中的最上位的法定规划，具有很强的前瞻性和引导性。其他规划有义务和《国土强韧化规划》相衔接，及时修正不一致的内容。

《国土强韧化基本法》规定日本地方公共团体需制定当地的国土强韧化规划。各地的《国土强韧化规划》大多沿用国家级《国土强韧化规划》的结构与内容，并结合当地特征与韧性提升诉求进行调整。截至目前，日本从国家到地方编制了多级《国土强韧化规划》，构建了较为完善的韧性城市规划体系。

2. 日本各级政府的韧性规划

1）国家层面

《国土强韧化规划》（表 2-5）是日本最上位的法定规划，规划内容反映于国家其他规划的修订和政策的推行，是推进事前防灾减灾以及其他有助于迅速恢复重建的措施的重要框架。该规划约每 5 年修订一次，以保持时效性。

《国土强韧化规划》核心信息列表   表 2-5

规划目标	主要内容	规划实施
① 最大限度地保障国民人身安全； ② 维持国家和社会重要功能的不间断运作； ③ 最小化国民财产和公共设施的损失； ④ 迅速恢复重建	① 基本考量：目标理念、政策方针； ② 脆弱性评价的框架和步骤：45 项需规避的严重事态假定； ③ 主要推进方针：12 个不同结构组织、3 个横向议题； ④ 策略构建：提出了国土强韧化细化策略和修正完善的方法	① 编制年度计划：日本国土强韧化推进本部每年编制《国土强韧化年度计划》，其中明确了规划的年度落实目标、推进方针和主要推进措施等内容； ② 构建 PDCA 模式：该计划通过定量指标管理规划推进进度，并通过 PDCA 模式（即规划、执行、检验、修正）循环稳步推进实施

以《国土强韧化规划》为指引编制的防灾规划还有《防灾基本规划》和《防灾业务规划》。这三类规划均提出了应对灾害的对策，但具有以下几点不同之处（图 2-14）：在所针对的灾害类型方面，《国土强韧化规划》并非总结每类风险及其应对措施，而是系统性预判风险，提出最大限度上降低突发事件扰动的对策。《防灾基本规划》和《防灾业务规划》是多个单灾种风险与对策的集成规划。在对策制定方面，《国土强韧化规划》着眼于国土利用和经济社会系统的强韧性，从无论发生何种灾害都能应对的视角出发制定包含强韧化行政机能、地区社会和经济、城市建设和产业政策等方面的对策。《防灾基本规划》和《防灾业务规划》识别了地震、洪水等风险，并对应制定了地震灾

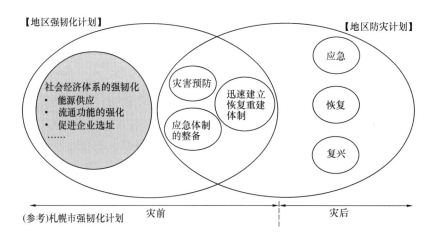

图 2-14　日本国土强韧化规划与防灾规划的比较

图片来源：《国土强韧化地区计划制定指南基本篇（第六版）》
https：//www.cas.go.jp/jp/seisaku/kokudo _ kyoujinka/tiiki.html

害对策和海啸灾害对策等内容。在所应对的灾害阶段方面，《国土强韧化规划》旨在推动全流程的灾害应对，其中包含防灾减灾、灾时应急和恢复重建的对策。《防灾基本规划》和《防灾业务规划》主要涉及灾害发生后的救灾应对。

2）都道府县

《国土强韧化地域规划》由都道府县或市町村制定和修改，是推进区域国土强韧化相关政策的综合性基本规划（图 2-15）。其内容包括目标明确、风险识别、脆弱性评估、对策讨论并重点化、优先顺序等。此类规划是沿袭国家基本规划的制定流程而制定的。根据《国土强韧化基本法》，与国家强韧化计划和其他国家规划的关系一样，地域计划是地方各类规划的指针，地方规划需从国土强韧化的角度进行必要的修改，确保其与《国土强韧化规划》保持延续性。

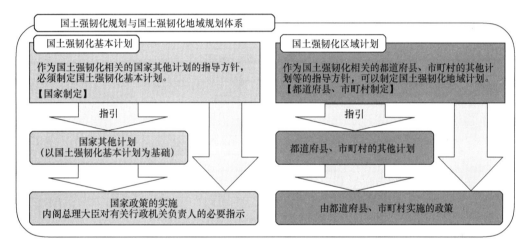

图 2-15　日本国土强韧化规划与国土强韧化地域规划的关系图

图片来源：《国土强韧化地区计划制定指南基本篇（第六版）》

https：//www.cas.go.jp/jp/seisaku/kokudo _ kyoujinka/tiiki.html

除此之外，与国家级规划相似，地区也有《地域防灾规划》和《地区防灾规划》作为《国土强韧化地域规划》的补充和延伸。《地域防灾规划》一般由日本各地方政府依据《防灾基本规划》，并结合本地区的灾害特征编制。由于灾害的跨区域特性，部分《地域防灾规划》由跨行政区域的防灾委员会编制，以受灾影响范围为界，针对两个或以上都道府县和市町村区域的全部或一部分跨行政区域制定。为鼓励和促进社区居民和其他利益共同体本着自助、互助的原则积极参与灾害管理活动，自下而上提高本地区的韧性水平，部分社区编制了《地区防灾规划》。此类规划可以由居民团体共同向市灾害管理委员会提出编制建议。

3. 东京韧性城市规划案例

1）案例概况

东京地处日本本州岛中东部沿太平洋之海口，多次遭受大规模的风灾水灾、地震、火山喷发、传染病等灾害影响。东京人口约占日本总人口的 10％，是世界上人口和建筑密度最高的城市之一，集中了多种产业、信息、交通网、企业机构等。这种集聚是东京的巨大优势，一旦遭遇大规模自然灾害，也将成为东京的巨大弱点。根据 2019 年《经济学人》的调查研究，东京被评为世界上最安全的城市，其韧性规划具有重要的研究意义。

本节将重点介绍东京与其中央区的韧性规划，所选取的案例为国土强韧化理念推行后的《东京国土强韧化地域规划》和《中央区国土强韧化地域规划》（图 2-16）。

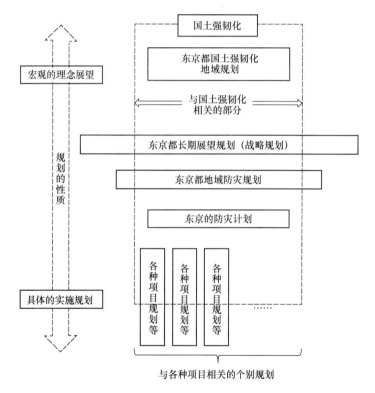

图 2-16 东京韧性城市相关规划的关系图

图片来源：《东京地域防灾规划》

https://www.bousai.metro.tokyo.lg.jp/taisaku/torikumi/1000061/1013021.html

2）东京韧性规划解析

（1）规划背景

2012 年 4 月东京防灾会议公布的《首都直下地震等东京受灾设想》表明，东京在遭遇直下地震情况下可能导致 9700 人死亡、147600 人受伤、304300 栋房屋受损、517 万人无法归家。此外，还可能出现因道路受灾和交通堵塞导致物资运输至受灾地区时效受限、物资供给不足，火力发电设施受灾停止运行导致电力供应不稳定，受灾时手机和固定电话语音通话和短信发送被大幅度限制等情况，致使东京出现大面积混乱。

东京作为日本的首都，是国会等政治中枢，内阁官房、内阁法制局、内阁府等行政中枢，以及中央银行及主要金融机构等经济中枢的聚集地。如因大规模自然灾害致使首都功能受阻，将严重影响应急响应效能，并可能加剧灾后的混乱程度和持续时长。

为了减轻巨灾扰动，提高城市韧性建设治理水平，东京在 2014 年 12 月制定了作为今后 10 年东京规划大方针的《东京长期展望规划》，同时编制了规划期至 2020 年的《东京地区防灾规划》。东京防灾会议根据灾害对策基本法第 40 条制定了包含多种灾害预防、应对和恢复全流程管理对策的《东京地域防灾规划》。随着国土强韧化理念的出现，东京从强韧化的观点重新审视既有的韧性措施，于 2016 年 1 月发布了《东京国土强韧化地域规划》这一综合性顶层规划将现行的各类防灾规划进行有机整合，作为今后防灾对策与措施的指南针。

（2）主要规划内容

《东京国土强韧化地域规划》的内容主要包含评估风险、设定目标、评估脆弱性和制定推进方针共 4 部分。首先，针对东京的地域特性、风险等开展总体风险识别与突出风险评价，分析近年来常见的地震、风灾水灾、火山灾害等灾害。其次，为了使强韧化这一目标更具可操作性，设定了人员安全、首都功能保障、重点产业可持续和城市系统快速恢复 4 个基本目标，并进一步细化拆解为 8 个推进目标。再次，对现行政策的应对能力进行分析和评价，开展情景化的脆弱性评估。针对 8 个推进目标，规划设定了 45 个最坏事态情景及 7 个对策领域，包括行政机能（警察、消防等）；健康、医疗、福利；信息通信；经济、产业；教育文化；环境；城市建设。最后，规划以脆弱性评估为基础，制定了面向全领域、分项施策的推进方针。其中包含了表示各项措施完成度和进度的管控指标，以促进规划对策的落实（图 2-17）。

（3）规划特点

一是综合考虑多种灾害影响，情景化分析潜在风险损失。区别于针对地震、水灾等单灾种编制的地域防灾规划，《东京国土强韧化地域规划》统筹考虑了灾害之间的次生和耦合效应，构建了多个具象化的风险分析场景，系统研判了在各类灾害情景下城市可能存在的风险，为规划提出全维度、精细化的韧性提升对策体系提供了有力的支撑，确保了规划策略能应对各类常态和非常态风险挑战。

二是围绕国土强韧化，系统识别城市中受影响的空间设施。该规划突破旧有防灾规划以灾害为研究对象的特点，转为以国土空间为核心研究对象，探索各类灾害情景对城市人员、建筑、设施等承灾体的潜在影响。通过将灾害防治和韧性提升的关注点从不可避免的灾害本身转移到可以改变优化的国土空间上，保障规划所提出的韧性提升对策更

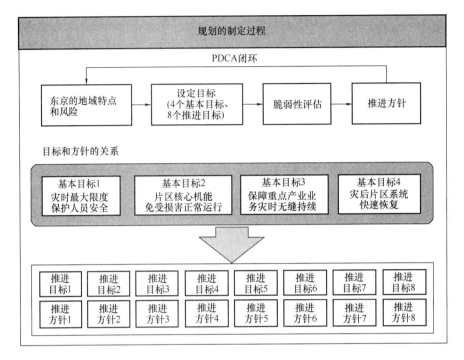

图 2-17   《东京国土强韧化地域规划》技术路径

加贴合城市巨系统的实际,提高了策略的针对性和可实施性。

三是构建常态化推进模式,保障规划的动态更新校核。该规划延续了日本《国土强韧化地域规划》中提出的 PDCA 模型(规划、执行、检验、修正),要求按照《东京国土强韧化地域规划》内容每年制定一份年度实施计划,每 5 年修订一次规划,并动态更新规划指标。通过执行 PDCA 的闭环流程,不断检验和修正《东京国土强韧化地域规划》内容,提升规划的前瞻性、有效性和实用性,确保了规划能够及时响应城市发展的新需求和新挑战。

3)片区尺度韧性规划解析

(1)规划背景

东京中央区位于东京 23 区的中心区域,四面环水。该区东侧以隅田川为界,与墨田区及江东区相邻,西侧以旧汐留川为界,与千代田区及港区相邻,北侧以神田川及旧龙闲川为界,与千代田区及台东区相邻,南侧临北部湾。中央区面积为 $10.115km^2$,占东京总面积的 0.46%。

《中央区国土强韧化地域规划》是《国土强韧化地域规划》《东京国土强韧化地域规划》体系下的区级国土强韧化规划,对于东京中央区的《中央区基本规划 2018》和《中央区地域防灾规划》等规划有统筹指导的作用(图 2-18)。

(2)主要规划内容

作为区级国土强韧化规划,该规划严格延续了上级强韧化规划的编制思路、技术路

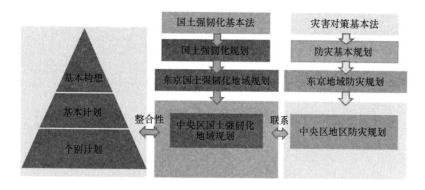

图 2-18　《中央区国土强韧化地域规划》与其他相关规划的关系图

图片来源:《中央区国土强韧化地域规划》

https://www.city.chuo.lg.jp/a0010/bousaianzen/kikikanri/
kokuminhogo/kokudokyoujinka_sakutei.html

径和编制方法,采用了 PDCA 模型,通过设定强韧化目标、构建灾损情景、分析脆弱性、制定应对策略、明确规划重点等步骤,推进规划的编制(图 2-19)。在规划编制的

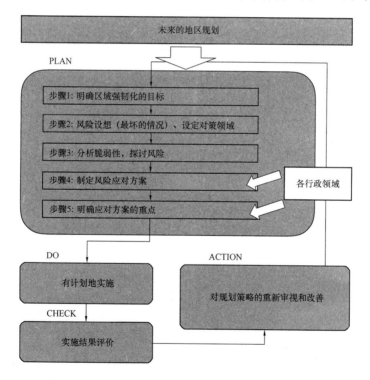

图 2-19　《中央区国土强韧化地域规划》技术路径图

图片来源:《中央区国土强韧化地域规划》

https://www.city.chuo.lg.jp/a0010/bousaianzen/kikikanri/kokuminhogo/kokudokyoujinka_sakutei.html

基础上,以制定年度实施计划等方式推动规划有序落地,定期检查和确认规划各项措施的达成情况,实现规划实施效果的科学评价,并根据实施情况审视、更新规划,提高规

划的时效性和实用性。

2.1.3 其他城市规划发展与经验案例

1.《一个韧性的新加坡》

1）规划背景

新加坡是一个地处赤道附近、气候炎热潮湿、降水丰沛的热带城市国家，也是地域面积狭小、人口稠密、建设强度高的岛国。50 年前，刚刚独立的新加坡面临着贫民窟过度拥挤、卫生条件差、基础设施不足，无法满足不断增长人口的需求等问题。此外，20 世纪 60—70 年代的洪水、2013 年的雾霾以及 2013 年的乌节路山洪等灾害也为新加坡维持可持续发展带来了难题。通过长期和综合的规划与发展，新加坡的韧性水平持续提升。随着全球化和城市化的发展，新加坡与全球联系日益紧密，人口密集、土地和资源有限，危急时刻容易演变成更大的问题，城市挑战日益复杂。

2015 年新加坡国家环境局（NEA）编制的《新加坡第二次国家气候变化研究》（Singapore's Second National Climate Change Study）指出，气候变化带来的海平面上升会导致海水侵蚀与土地流失，威胁着新加坡的国土安全。据预测，新加坡雨季与旱季的降水量差异将持续扩大，迫使淡水资源不足的新加坡建设跨季节的水资源调蓄系统；更加频繁的强降水事件也对雨洪管理能力提出了挑战。此外，全球升温将加剧高密度城市的热岛效应，城市需善用地表水体资源，调节局部微气候，并提出可靠的高温应对方案。

新加坡国家发展部和环境与水利部于 2008 年成立了宜居城市中心，其使命是提炼、创造和分享宜居和可持续城市的知识。宜居城市中心与洛克菲勒基金会发起的 100 个韧性城市联合，于 2018 年发布了《一个韧性的新加坡》（A Resilient Singapore）规划。

2）主要规划内容

《一个韧性的新加坡》利用了新加坡宜居性（图 2-20）和 100 个韧性城市的研究框架，提炼了新加坡城市韧性转型的关键原则，围绕气候和人口变化的关键挑战编制了系列韧性提升对策。规划首先识别了新加坡的两大挑战：气候变化和人口变化。其中气候变化方面主要包含海平面上升的趋势和地势低洼的岛国特性之间的冲突、气温上升带来的疾病传播与生物多样性危害、强降雨增加导致的山洪暴发、干燥月份降水不足导致的干旱等。人口变化的难点主要包含老龄人口增多和移民人口等。针对这两大风险，新加坡提出了建设兼具多功能的韧性基础设施，释放街道作为临时公共空间的潜力，建设稳健、多元、可持续的供水系统，提高新加坡人民应对气候变化的意识和行动，建设更具包容性的蓝绿空间，建立促进提升社区凝聚力的空间和平台等 16 条策略。

3）规划特点

一是制定综合性、战略性、长期性的韧性规划。《一个韧性的新加坡》体现了新加

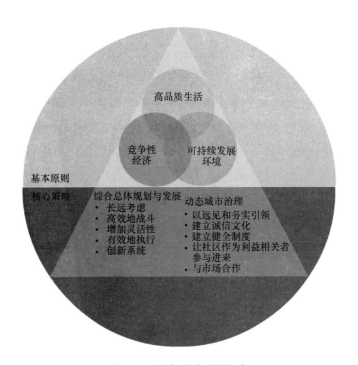

图 2-20　新加坡宜居性框架

图片来源：《一个韧性的新加坡》

https：//www.clc.gov.sg/research-publications/publications/books/view/a-resilient-singapore

坡构建宜居性框架的关键原则，确立了未来 40～50 年新加坡在土地使用、交通体系等
与韧性高度相关方面的发展。规划中的策略都转化为城市总体规划这一更具细节性与落
地性的法定规划，用于指引新加坡未来 10～15 年的韧性发展。

二是明确了每个韧性干预措施的利益反馈。该规划在提出韧性策略的基础上，分析
研判了各项策略的预期效果，为规划的实施落实决策提供有效支撑。例如，提出了建设
滨海堤坝和碧山昂茅桥公园这一策略的多重效益，包括增加淡水储备、改善雨水排水、
减少洪水、减轻城市热岛效应、改善生物多样性、创造娱乐空间和提高社区凝聚力等。

三是明确韧性策略的现状与实施方式。为确保规划策略能作用于所需实现的目标和
所需解决的韧性问题，各项策略均与具体的目标和问题对应。此外，规划中针对各项韧
性策略，量化评估了其当下的执行情况，并明确了各项策略的利益相关者，以助于规划
的落实。

2.《伦敦城市韧性战略规划 2020》

1）规划背景

在伦敦两千年的历史中，经历了瘟疫、火灾、恐怖袭击等灾害。今天的伦敦作为一
个拥有 890 万居民、经济占英国经济产出 23％的首都城市，面临着前所未有的挑战。
作为一个多元化、开放和充满活力的城市，伦敦必须做好应对气候变化、城市化、人口
快速增长、社会不平等以及与经济一体化和互联互通相关风险带来的问题的准备。

在这样的背景下，伦敦市长萨迪克·汉（Sadiq Khan）提出韧性应当成为伦敦这座城市的核心，认为伦敦之所以能幸存并繁荣，依靠的是其强大的抵御外部冲击、适应变化和应对动荡的能力。为了提高伦敦韧性水平，使城市系统更好地运作以最大化降低灾害扰动并更快、更有力地恢复，伦敦市政府发布了《伦敦城市韧性战略规划2020》（London City Resilience Strategy 2020）。

《伦敦城市韧性战略规划2020》侧重于2020—2050年城市所面临的长期韧性挑战，通过投资城市恢复力建设，让伦敦为应对预期的冲击和压力以及不可预见的挑战做好准备。该战略规划是伦敦发展长期整体韧性的起点，整合了不同领域的政策，强调了韧性建设方面的既有成效，并提出了进一步发展韧性建设的策略和具体的项目，旨在使韧性成为政府决策的核心。

2）主要规划内容

《伦敦城市韧性战略规划2020》首先分析识别了伦敦市在韧性城市建设方面的机遇与挑战。该规划从最大化利用资源提升城市韧性的角度，从人的适应力、地方的复原力和政府的韧性治理三个维度提出了共21条韧性提升行动计划。人的适应力维度主要为提升伦敦社区的韧性，韧性行动计划包含加强急救、管理极端高温、利用可持续水资源、维护粮食安全、强化风险预警、开展情景规划与应急演练。地方的复原力维度主要为发展伦敦自然环境和基础设施的韧性，韧性提升计划包含推动可循环水系统、城市复合功能、数据共享、网络安全、基础设施韧性、零碳设施、建筑韧性、商业韧性的建设。政府的韧性治理维度主要为将韧性融入城市治理中，韧性行动计划包含颁布韧性政策、建设韧性政府、开展反恐工作、管控长期风险、量化灾害损失成本、加强政策的数据支撑、为无现金的社会做准备。

3）规划特点

一是以详细易懂的策略说明促进多主体共同执行。面对需要解决的各项挑战，《伦敦城市韧性战略规划2020》针对逐条韧性策略，提出了策略制定的初衷、执行方案、预期效果，使没有规划背景的各韧性相关政府部门、社群组织、公众等读者能迅速了解规划的意图，并明确自己需要执行、落实的任务。

二是以资金和时间计划保障项目有序推进。规划策略对应的各个项目处于不同发展阶段，因此，规划中标明了各项目的预期完成日期、资金保障来源、外部合作伙伴名单等内容。针对暂时无法确定具体推进方式的项目，也标明了下一步工作的方向。

2.2　国内韧性城市发展的规划实践

我国幅员辽阔，从东至西跨越五个时区，由南往北跨越热带、亚热带、温带和寒带，地貌复杂、气候多样。我国致灾因素较多，承灾体相对脆弱，是世界上自然灾害多发的国家之一。灾害整体呈现五个特征：一是灾害种类多、出现频次高、成灾因素复杂；二是分布广、季节性和地域性强；三是灾害具有复合性和次生性，多灾并发、连发现象严重；四是灾害造成的损失程度加剧；五是人为灾害日趋严重。

与美国、日本等世界上主要的发达国家在灾害防治方面相似，我国以不同发展阶段的矛盾与需求为导向，不断调整规划体系，指引城市韧性建设。我国在韧性城市发展中的规划实践，经历了从针对单一灾害的防治与应急规划，走向提高城市整体设防的综合防灾减灾规划，强化了我国城市基本的抗灾与应急能力；又在高质量发展的政策引领下，从有局限性的综合防灾减灾规划，走向基于国土大安全观、寻求城乡人居环境韧性水平提升的韧性城市规划，拓展了规划在城乡韧性提升上的前瞻性和引导性。

2.2.1　综合防灾减灾规划

我国作为世界上少数几个灾害多发的国家之一，为了使城市能有面对地震灾害和气象灾害等高度不确定性风险的能力，构建了工程建设与应急救灾相结合的灾害管理方式，并编制针对单一灾种的规划。虽然在单灾种规划中也考虑了次生灾害影响，但暂未对灾害并发或连发的综合成灾机制进行系统性的研究，防灾规划也尚未形成综合减灾的态势。

改革开放以来，我国城市化进程加快，城市的发展侧重时效性与经济性，对城市规划建设的安全和韧性品质考量较少。我国大部分城市人口、设施、资源高度密集，运行系统日益复杂，而且不同程度地存在城市结构不够合理、建筑和基础设施老化及标准低等问题，城市安全风险逐渐暴露。加之城市安全管理水平与现代化城市发展要求不适应、不协调的问题比较突出，城市应对和适应自然灾害的能力不强、事故灾难频发，造成人员伤亡和财产损失的风险不断增大。尤其是高度建成的大城市和超大城市，安全与韧性水平普遍亟待提升。

为了推动我国城市区域基本抗灾能力的提升，我国规划领域的防灾减灾体系逐步形成综合性体系。从针对单灾种进行防灾减灾规划，转变为整合多个灾种的综合防灾减灾规划，一定程度上解决了规划之间衔接难、落地难的问题。

1. 综合防灾减灾规划的发展背景

传统的灾害管理注重监测预警、减灾工程建设和应急救灾。然而，受限于现阶段对复杂自然系统有限的认知和科学技术水平，很难做到精确预测灾害及其影响。减灾工程虽然在一定程度上效果显著，但长远来看不仅维护成本高，而且无法完全消除风险，反而会造成"绝对安全"的假象，使人们降低警惕性，忽略了这些工程本身都可能存在损坏的风险。应急救援不仅难以保证时效性和公平性，甚至会造成人们对灾害的轻视和对救援的依赖，导致缺乏采取必要防灾和自救措施的积极性。

我国灾害管理工作虽起步较晚，但已经呈现逐步转向规划和土地利用等防灾减灾政策手段的趋势。20世纪以来，西方近代城市规划理论与方法传至中国，城市安全与韧性也成为其中一个备受关注的问题。1929年，国民政府在定都南京之后编制了《首都计划》，其中，对南京市的防洪排涝制定了策略。

规划对源头减灾起到的前瞻和引导作用备受重视。进入21世纪，我国防灾减灾体制逐步形成，城乡规划也逐渐开始对防灾减灾进行探索。2011年，国务院发布了《国家综合防灾减灾规划（2011—2015)》，通过明确目标、设置主要任务、制定重大项目清单和保障机制，对自然灾害的防治做出了指导。2018年，《关于推进城市安全发展的意见》指出"坚持安全发展理念，加强城市安全源头治理，严密细致制定城市经济社会发展总体规划及城市规划、城市综合防灾减灾规划等专项规划"。北京、南京、厦门、重庆、汕头等地在中央的指引下，编制了综合防灾规划。

这一时期，逐渐形成了与城市安全相关的系列规划，快速推动了我国城市区域基本抗灾能力的提升。其中，综合防灾减灾规划是我国城乡规划法中规定的城市总体规划、镇总体规划的强制性内容，与抗震防灾规划、人民防空规划、防洪排涝规划和消防专项规划等单项规划相互协调，为规划提供安全方面的专业支撑。

2. 综合防灾减灾规划的主要内容

综合防灾减灾规划的主要任务是根据城市自然环境、灾害区划和城市定位，确定城市各项防灾标准，明确各项防灾减灾设施的等级和规模；科学布局各项防灾措施；充分考虑防灾设施与城市常用设施的有机结合，制定防灾设施的统筹建设、综合利用、防护管理等对策与措施。

根据《国土空间综合防灾规划编制规程》，国土空间综合防灾规划范畴包含避灾、防灾、减灾、救灾等主要规划内容。国土空间综合防灾规划的主要目的是，对主要灾害危险源空间分布及其影响范围做出现状评估和规划预判，针对主要灾害确定防灾规划目标和防灾标准，对各类防灾空间和防灾设施进行空间布局，通过对主要灾害的避让、隔离、缓冲、防护以及应急疏散救援等空间规划措施，提升全域综合防灾能力。

3. 综合防灾减灾规划的局限性

虽然综合防灾减灾规划相较于单灾种规划已经拓宽了灾害应对种类，涵盖了自然灾害、事故灾难、公共卫生、社会安全等全灾种防治，但仍存在局限性。一是停留在静态评估风险。综合防灾减灾规划是一个相对静态的概念，在灾害等应急事件发生之前就进行评估，以此为基础制定灾害的防范与应急对策。二是停留在物理空间建设。综合防灾减灾规划以制定防灾标准、确定设施规模布局、统筹空间防灾减灾建设为目标，重视城市物理空间的防灾减灾水平，主要通过防灾减灾专项规划中的基础设施配置与空间网络布局实现城市安全的物理保障，而对于城市规划、建设、管理全周期的灾害防治与应急管理考量较少。三是对于非常态风险考量不足。综合防灾减灾规划多以各类灾害的防治标准为参考，重视常态风险的防范与应急，对非常态的、极端的灾害风险考量较少。面对全球气候变化、非常态风险频发的当下，综合防灾减灾规划亟待更新迭代以适应新形势下的新挑战。

2.2.2　韧性城市规划

我国城镇化进程进入转型期，过往四十年里人口、经济、基础设施的快速集聚，使得日益复杂的城市运行系统呈现出安全基础薄弱、风险管理水平与城市发展需求不协调等特征。在全球气候变化、极端灾况频发的风险形势下，提升城市安全韧性水平的重要性与紧迫性愈发凸显。

为了全面强化城乡灾害综合应对能力，提升抗灾韧性，国家和地方出台了系列政策标准，为高质量韧性建设发展指明了方向。在政策的指引下，韧性城市规划应运而生。韧性城市规划由综合防灾减灾规划发展而来，基于对城乡安全风险的综合前瞻，引导城乡空间和要素的体系性优化、安全设施的系统和科学配置，以及统筹制定综合治理和整备策略，以期为单元化风险精细管理打下空间、设施和对策基础。

1. 韧性城市规划的发展背景

统筹发展与安全是贯彻总体国家安全观的必然要求。党的十八大以来，党中央和国务院高度重视城市安全和发展问题。2015 年中央城市工作会议指出，抓城市工作，要把安全放在第一位，并把安全工作落实到城市工作和城市发展的各个环节、各个领域。中国共产党第十九次全国代表大会报告指出，健全风险防范化解机制，从源头上防范化解重大安全风险。

增强城市安全韧性是我国城市发展新趋势。在统筹发展和安全的指导思想下，《中华人民共和国国民经济和社会发展第十四个五年规划和 2035 年远景目标纲要》首次提出"建设韧性城市"，韧性城市建设成为国家重要发展战略。中国共产党第二十次全国代表大会报告指出，坚持人民城市人民建、人民城市为人民，提高城市规划、建设、治理水平，加快转变超大特大城市发展方式，实施城市更新行动，加强城市基础设施建设，打造宜居、韧性、智慧城市。贯彻总体国家安全观，推进国家安全体系和能力现代化，以高水平安全保障高质量发展是新时期国家的重要战略方向。安全韧性城市建设既是党中央和国务院的要求，也是城市安全和可持续发展的根本诉求。

加强顶层设计，坚持规划引领，是建设韧性城市的关键。将韧性城市建设要求贯穿于城市规划、建设、管理各个环节，制定韧性城市战略规划和韧性城市专项规划，发挥规划引领作用，是国际韧性城市建设的基本经验。我国各城市也已全面开展新时期韧性城市规划编制工作。2016 年，北京发布的《北京城市总体规划（2016—2035 年）》明确提出要强化城市韧性，北京成为全国首个将韧性理念纳入城市总体规划的城市。2017年，《上海市城市总体规划（2017—2035 年）》将建设可持续的韧性生态之城作为城市发展指标。2021 年，北京印发了《关于加快推进韧性城市建设的指导意见》，并且同步编制了《北京市韧性城市空间专项规划》，积极推动韧性城市建设。2023 年，深圳印发了《深圳市推进自然灾害防治体系和防治能力现代化建设安全韧性城市的指导意见》，提出统筹提升安全韧性空间的要求。

新时期国土空间规划和城乡安全发展都对规划提出了更全面、更科学和更深入的要求。优化国土空间的开发利用，应当以国土安全为大前提和重要基础。在国土空间规划体系的新视角和新要求下，建设韧性国土，需要突破传统综合防灾减灾规划的局限性，回溯风险和韧性的本源。通过理论反思，建构和完善新的综合安全规划方法和技术体系。这些方法和技术，要能够在不同尺度和层面上，对国土自然基底存在的灾害风险进行综合评估和全面治理；并通过不断优化城乡空间结构、建构筑物、基础设施，以及灾害风险管理体系的抗灾能力，全面提升我国城乡人居环境的抗灾韧性。

2. 韧性城市规划的主要内容

2022 年发布的《国土空间综合防灾规划编制规程》指出，国土空间综合防灾规划是统筹涉及国土空间利用保护的各项防灾减灾规划的综合性规划，是保障国土空间安全开发、支撑国土空间规划、增强国土空间整体韧性的规划，可以视为韧性城市规划的一种。

依据《国土空间综合防灾规划编制规程》，各级国土空间综合防灾规划（即韧性规划）一般包括灾害风险综合判识、防灾策略和标准制定、国土空间防灾安全格局构建、防灾空间和防灾设施规划布局，以及空间管控和规划传导五个板块的任务和内容。从各层级来看，省级规划更加侧重防灾减灾的区域协调，提出原则性、关键性的空间防灾策略；市、县级规划更侧重面向防灾安全格局构建、防灾空间和防灾设施以及重大灾害治理项目规划布局与规划管控；乡镇级规划以及详细规划中的综合防灾规划，重点则是防灾空间和防灾设施的落实以及平灾结合设计。

具体来讲，韧性城市理念下的国土空间综合防灾规划，在城乡综合风险全面评估的基础上，根据综合风险的防护需求，协调和管制土地用途，优化空间布局，整合和统筹安全服务设施配置，完善应急保障基础设施，并针对城市综合风险治理制定系统性的综合策略，体现"综合性、全域性、空间核心"的规划特点，助力筑牢国土空间的安全韧性底线。

3. 综合防灾减灾规划与韧性城市规划的对比

韧性城市规划，强调在新的安全战略下，面向国土空间规划，以整体安全观为指引，构建安全的国土基底、空间格局和运营体系。

从规划范畴上来看，传统的综合防灾减灾规划仅关注城市，而韧性城市规划将规划范畴拓展到灾害风险更大、脆弱性更高但防灾能力更弱的乡村。从应对灾种来看，综合防灾减灾规划以消防、防洪、人防、抗震等灾害为核心；而韧性城市规划根据研究的地域不同，关注包括自然灾害、事故灾害、公共卫生等在内的全要素风险。从规划要素来看，综合防灾减灾规划重视灾害的防治工程建设；韧性城市规划将规划重点从灾害回归城市空间，侧重解决各层级国土空间的防灾安全格局、防灾空间设施、重大灾害治理项目规划布局以及规划管控问题，具有面向全域和重要区域、注重规划管控的特点。从防御思路来看，前者以防灾减灾工程对抗自然风险为核心；韧性城市规划则转变为基于综合风险评估，发展包括土地用途管制、综合治理、统筹规划和精细管理等在内的综合对策体系。从技术路线上看，前者以汇总各灾种工程设防标准，并根据经验布局防灾设施为主；而韧性城市规划的核心技术方法包括基于综合风险评估的土地用途管制，基于分区设防的空间布局优化，协调统筹各灾种、各专业需求，基于单元化精细管理配置安全服务设施，以及完善应急保障基础设施等。

4. 韧性城市规划的意义

韧性城市规划将城市的复杂性和未来风险的不确定性纳入考量，实现了从过去静态综合防灾减灾规划到动态韧性城市规划的转变。综合防灾减灾规划制定的目的是为城市在未来发展道路上面对灾害风险扰动，提供清晰的愿景与行动指导。由于此类规划多是基于静态的风险评估制定，侧重防灾减灾设施建设，在面对具有高度不确定性的未来、不可预测的风险和城市系统的动态性和复杂性时，尽管适用于实现前期目标，但如何指导实现远期目标仍具有挑战性。将韧性思维融入城市规划，面向动态不断发展的城市，朝着理解和适应城市规划中的复杂性和不确定性方向出发，编制适应性的韧性城市规划，能在一定程度上弥补综合防灾减灾规划线性、静态的短板。通过分析长期范围内的未来变化和风险，对应制定长期的韧性提升对策方案，韧性城市规划为适应不确定性和复杂性提供了更多的可能性。

韧性城市规划将灾害防治拓展至城市全维度的韧性，优化了城市的韧性治理方式。韧性城市规划研究在统筹城市综合防灾原有内容的基础上，增加了适应气候变化、维护公共卫生安全等其他风险灾害应对内容，并将灾害的防治融入城市空间治理。例如，在环境层面统筹城市居住、工作、游憩和交通等功能协调发展，免受灾害或其他城市功能的影响；选择较好的地段用于居住区建设，通过地理环境设计、服务设施配套来提升人居环境；有计划地确定居住地和工作地的关系，实现产城融合；通过社区规划实现不同阶层的社会群体融合发展，避免阶层分化和社会隔离，实现城市社会的和谐发展；通过功能空间的有序组织与安排形成合理的时空行为空间，提高通勤效率和改善交通水平。又如，在经济层面大力发展多元化经济和创新型经济，打造更具柔韧性的经济结构。在治理层面，将城市规划的工程和技术语言逐步向政策与管理语言转变，发挥城市规划作为城市治理工具的重要职能；通过组织领导、决策部署、响应预案、风险评估、社会管理、公众参与及公共服务等提高城市对灾害和风险的调控水平，增强城市韧性。通过将韧性理念全面拓展至城市各个维度，城市作为一个巨系统，其韧性水平得以综合性、系统性、全面性提升。

新时代贯彻落实建设韧性城市的战略发展理念，要充分发挥好规划源头引领作用，首先需要梳理韧性城市建设对规划的要求，即如何利用空间资源配置的抓手，引领和满足韧性城市建设的发展诉求。结合国际韧性城市规划实践经验和国内规划实践经验，总结韧性城市规划当前面临的困境与挑战，以及其反映出的短板与不足，提出韧性城市规划的发展展望，帮助读者从韧性城市规划的整体要求与挑战出发，对韧性城市规划发展方向进行系统和有针对性的思考。

2.3　韧性城市规划的思考与探索

2.3.1　韧性城市建设对规划的要求

城市空间是人类主要的生产、生活平台，城市中的生态空间同时也是其他物种的生存空间。城市空间形成的过程，是人类将不适宜居住的自然空间改造为适宜人类生存的人工空间的过程。所以就其本质来讲，在现阶段人类的工程技术和经济水平基础上，城市空间自然本底所存在的风险仍旧不容忽视。尤其是随着城市化进程的加快，城市逐渐成为多种类别复杂要素与多重关系复杂交织的巨系统，其承灾体本身的暴露性与脆弱性也伴随系统的复杂化而更为显著。因此，韧性城市建设对规划的要求，将从规避本底风险的用地安全开始，涉及巨系统（巨系统是指组成系统元素的数目非常庞大的系统）的分级管控、韧性资源的合理投放，以及系统基层的资源调动。

1. 追求降低风险，统筹与权衡土地资源安全利用

韧性城市建设要为风险的综合治理提供整体部署和策略引导，首先要保障各项措施和活动开展的用地空间的安全性。安全的用地能从源头降低风险治理成本，提高土地开发收益，保障城市精明增长目标的实现。要综合权衡风险治理投入与土地利用效益，需要韧性城市规划前瞻性地为用地规划提供安全技术支持。

安全技术支持应体现在两个方面：一是用地灾害危险性评估。国土空间规划改革后，其"双评价"中的开发适宜性评价，本底的灾害评价是其中一个重点要素，用来识别现状风险以及城镇建设的不适宜区。落实到城市尺度，韧性规划应在上位规划指引下、区域范围的灾害风险评估基础上，充分细化评估规划范围内的地震、地质、洪涝潮等灾害风险，前瞻性地预测风险的潜在影响范围、强度、分布等，为发展规划或综合空间规划的科学决策提供支撑。二是在此基础上，通过制定政策疏解高风险范围内既存的资源投放，引导资源向更低风险的用地上聚集，降低和化解存量风险。同时，通过用地开发的安全管控以及韧性设施的合理布局等规划措施，减少和控制新增风险，实现对安全发展的提前谋划和精细把握，最大限度地为城市统筹发展与安全提供最切实的引导和支撑，帮助城市各类发展资源的安全投放与科学布局。

国际上通过灾害风险建模，预测灾害风险作用在地区上的各类损失，作为用地安全规划依据的做法已较为普遍，可以作为国内用地安全管控的经验借鉴。如在《纽约金融区和海港气候韧性总体规划》中，将不采取风险治理措施而导致的用地风险损失模拟预测作为用地规划安全统筹的依据，结合图 2-21 的纽约金融区和海港洪涝风险预测结果，预测灾害风险导致该地区的累计损失达 203.3 亿美元，其中，直接损失达 84 亿美元，受灾居民整体搬迁费用达 17 亿美元，建筑损失达 25 亿美元，企业的间接损失和诱发的经济影响损失达 67 亿美元，海运损失费用达 7.7 亿美元，社会混乱损失费用达 2.6 亿美元。结合预测数据，通过韧性规划用地空间引导，实现风险损失、风险治理成本、土地开发收益的最佳权衡。国内目前对城市开发过程的风险逐步重视，以降低风险为目标的用地安全管控是一个还在探索中但很有应用前景的领域。

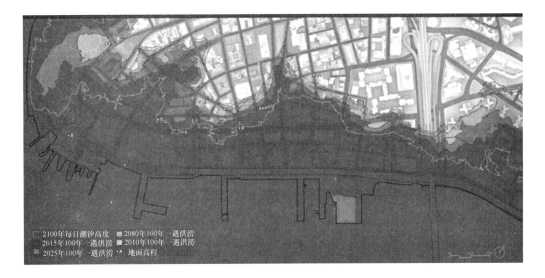

图 2-21　纽约金融区和海港洪涝风险预测结果

图片来源：《纽约金融区和海港气候韧性总体规划》

https：//www. nyc. gov/site/lmcr/progress/financial-district-and-
seaport-climate-resilience-master-plan. page

2. 追求精明发展，保障发展目标安全的分类管控

根据发展阶段和建设水平不同，安全韧性保障也相应各有侧重，韧性城市规划需要充分掌握安全保障的重点目标，以对应施策。从地区发展阶段看，在新区建设中，安全韧性建设可以从全局谋划，韧性规划可以从地区全局规划起步阶段同步推进，充分发挥安全前瞻支撑作用；在建成区的安全韧性建设中，韧性规划则要充分结合旧城改造的规划计划，进行局部的韧性改造提升。从地区建设水平角度看，在重点发展片区，安全韧性建设水平需要和高水平发展定位相匹配，提标建设、提质升级通常是韧性规划的目标定位；在相对欠发达地区，安全韧性建设水平需要与当地的发展建设水平相契合，韧性规划找准优先需解决的重点问题，分期建设、逐步提升是关键。

　　针对不同的安全韧性建设阶段，规划要找准地区的重点发展目标，才能更好地提出相契合的规划对策。以重点发展片区为例，在探索城市现代化转型阶段中，各城市通过打造能提高城市竞争力和辐射带动作用的重点发展片区，提升人口、产业的承载力，倾斜城市重点资源投入，以实现城市竞争力的提升。由此可见，重点发展片区的各类承灾体相较于其他地区暴露性更大，且经济附加值更高，一旦风险防线被突破，直接和间接损失巨大；相反地，在灾害风险冲击中仍然保障片区的正常运行，在其他地区受冲击中断运行时，重点发展片区的风险劣势将会转变为发展竞争优势。在此背景下，韧性规划需要保障片区具备足够的自身应灾水平，关键时刻能利用内部资源第一时间遏制风险，并与片区周边地区建立协同应灾机制。

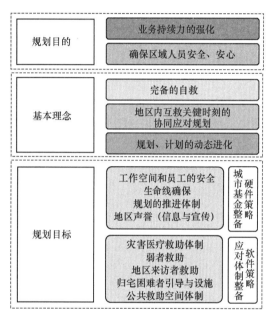

图2-22　《大丸有地区都市再生安全确保规划》的韧性发展理念

　　当前国际上已有针对重点片区开展的韧性城市规划案例，如日本大丸有片区作为日本东京的经济中枢，为保障片区企业业务可持续和大规模人员安全，于2014年编制了《大丸有地区都市再生安全确保规划》，确立了大丸有作为韧性BCD（Business Continuity District，业务持续地区）要保障日本经济中枢机能和大规模人员安全，形成具有国际竞争力的韧性防灾城区的规划定位，并以建立系统完备的风险应对体系为导向制定规划目标、基本理念（图2-22）。国内重点片区开展韧性城市专项规划的尚在少数，而能保障韧性规划能与片区整体规划同步推进的更在少数。深圳在重点片区建设中已认识到安全韧性保障的重要性，如深圳湾超级总部基地、前海合作区海洋新城、西丽高铁新城等企业总部基地、新兴产业基地、高铁站城枢纽发展片区已陆续开展韧性城市专项规划编制，统筹推进韧性发展理念融入规划建设进程。

　　3. 追求最佳效益，合理配置与精准投放韧性资源

　　在利用规划手段分类把握韧性理念落实战略方向的基础上，韧性城市建设要求规划充分发挥自身的统筹引导能力，对资源配置做到合理、精准投放，在提升城市韧性水平的同时，注重提高资源利用效能。韧性城市规划作为规划体系中关注安全韧性资源配置的专项规划，应协同其他相关规划，共同以总体规划、详细规划为依据，科学协调资源配置需求，纳入规划整体布局，这是韧性城市建设在空间和硬件保障方面得以落地实践

的直接抓手和有效途径。

城市规划本身具有显著的公共政策属性，韧性城市建设对规划的要求，更凸显了公共利益导向。这就要求韧性城市规划必须以公共的安全利益为核心，积极协调和引导各利益主体的行为，并通过政府强制力保障城市空间使用和资源配置的公共利益。因此，韧性城市规划需要具备以下特性：

（1）战略性。应对风险扰动和灾害侵袭，韧性城市规划不仅要战略前瞻城市未来发展目标下可能接受的损失程度，还要在此基础上引导各类城市资源配置和服务供给，为城市应对灾害与保护公众提供完善的支撑。

（2）协调性。韧性城市建设涉及城市复杂系统的众多领域，贯彻韧性发展理念，需要规划充分发挥顶层设计与统筹效能，协调各相关领域，协同构建更具安全发展效益的韧性要素供给体系，以实现重点突出、效能均好的安全服务供给。

（3）层次性。与国土空间总体规划与详细规划同步，韧性城市规划根据编制层次的不同，应注重规划目标、策略、实施路径的层次性。通过各层级韧性城市规划构建高效的韧性发展策略以及安全资源要素的传导体系，在不同层级建构战略目标、明确策略方向体系、细化落实资源要素传导要求，并逐步实现资源精准落地。

（4）匹配性。韧性资源的使用，与城市管理的行政层级匹配，是城市规划和建设落实中韧性资源配置的关键前提。因此，不宜单纯从技术角度追求韧性资源空间布局的科学性，而应在充分考虑行政管理范围和层级机制的基础上，分析存量资源的分布特征以及增量资源的高效配置。

（5）机动性。韧性城市规划中，韧性资源的配置落实往往不是新建设施，而是前瞻引导建构具有"平急两用"可能的设施体系。因此，在满足韧性水平的要求下，应重点挖掘各类存量设施的机动性，完善其平时使用功能和应急使用功能的结合，打造既具备日常运营功能，又具备应急响应能力的"平急两用"设施系统，一方面完善建构韧性资源供给体系，另一方面提升存量资源利用效能，这是统筹发展和安全、平衡设施成本收益的有效途径。

4. 追求融合发展，挖潜规划的基层韧性治理效能

对于应急阶段，已有学者就我国现有应急管理过于宏观，无法在第一时间做出响应的情况，针对提高救援真空期救助实效提出单元化应急管理，即为减轻灾害损失和影响，对一定范围内的社会要素，按照其地域特征进行划分，并以划分出来的独立单元为基础进行的应急管理活动。近些年为人们所熟知的"综合减灾社区"便是单元化应急管理的实际行动。基层社区作为城市的基本组成单元，在调动社会资源、发挥社会成员协同应对风险上处于关键位置。

然而，基层社区的韧性建设存在两个困境：一是由于没有事先规划，基层社区在应急救助、物资储备等方面常面临空间、设施供需不匹配的问题，影响基层安全应急行动

能力。如何打通基层韧性治理需求与空间规划资源配置的通道成为亟待解决的问题。二是在我国统一领导、综合协调、分类管理、分级负责、属地管理为主的应急管理体制中，基层街道只是行政管理的末端，社区更是社会有机体最基本的内容，其形式较为松散。在突发灾况下，尽管自下而上的迅速反应是及时、有效救灾的保障，但自上而下的命令才是资源调配的关键指引。基层社区在资源组织协调、人员转移安置、设施平灾功能转换等方面存在实际困境。

部委改制后，在自然资源事权统一整合的战略背景下，空间规划已经成为新时代空间治理能力现代化的重要抓手，韧性规划的目标不仅局限于安全用地保障和韧性资源的配置，更需要挖掘其在基层风险治理、文化培育等方面的潜力。作为能发挥源头引导作用的专业规划，韧性城市规划在编制过程中需要充分结合基层韧性治理的实际需要，在规划前期深入联合群众了解居民实际生活，科学考虑安全单元资源配置、场所功能转换和运行方式、功能指向清晰明确的服务设施等，并将韧性文化培育融入社区居民的日常行动场所中，为基层韧性治理精细化提供多元支撑。

2.3.2　韧性城市规划当前的困境与挑战

1. 存量规划时期用地安全的调控举步维艰

高速增长阶段，城市开发建设对用地安全方面的重视程度不足。全国范围内水体、积雪、火险区等分布地域广，国土基底条件决定了风险分布地域广。据统计，全国约70％以上的城市、50％以上的人口分布在气象、地震、地质、海洋等自然灾害高风险地区。[数据来源：徐姚. 强化科技资源部署提升自然灾害防范能力 ［N］. 中国应急管理报，2022-3-6（4）.］

尽管城市规划建设通过各专业全面的工程设防，并采取大量的防灾工程等措施，保障了大规模建设阶段的基本安全，但从目前我国城市建设总量在风险区的分布来看，安全问题实在是不容乐观。更加重要的是，我国目前城镇化率已走过快速建设阶段，根据国家统计局 2024 年发布的新中国成立 75 周年经济社会发展成就系列报告，2023 年末我国常住人口城镇化率达 66.16％，已进入存量时代，超大特大城市以及大中城市等已完成大规模建设。

对于这个时代来讲，韧性城市建设面对的是高度建成的既定事实。想要在这样的条件下，对存量环境坚持统筹发展和安全，实现高质量的韧性提升，将面临前所未有的难度和挑战，需要的是科学化、精细化，绣花一样地下功夫。一方面，要解决时代遗留的安全问题，探索如何在城市存量改造中调整腾挪高风险用地上既存的开发建设，找到韧性提升的切实路径，同时平衡好经济可行和风险治理成效；另一方面，针对新增建设，要转变单一目标的建设思路，充分发挥韧性规划的协调保障能力，形成基于风险评估、主动规避风险的适应性规划方法，保障新增建设不新增风险。

2. 高度建成环境韧性资源的完善难觅良机

城市建成区具有生产要素高集聚性、高流动性、高开放性等属性，是各类传统和非传统安全风险的"高发地"。随着城市化进程的持续深入，我国已由高速增长阶段转向高质量发展阶段，城市高度建成区的安全韧性提升意义重大。城市建成区受制于现状条件，城市资源整体调整难度大，而韧性城市建设作为系统性工程，仅仅借助个别设施的改造升级难以提升整体韧性水平。北京、深圳等超大城市都在探索建成区安全韧性提升的有效路径，希望能够找到系统谋划的重要实施抓手。

城市更新作为新型城镇化下城市发展的重要手段，意味着对城市空间结构进行重新布局，对土地资源进行重新开发，对区域功能进行重新塑造，对建筑进行改造提升等，可以提高城市韧性和适应性。然而，考虑到提高城市韧性这个纯公共利益主题，往往意味着额外的资源和投资投入却没有直观的经济回报，也意味着在城市更新本就复杂的利益统筹中，又加入一个"难缠"的因素，在当前的城市更新实践中，韧性提升话题往往容易被忽视。如何实现韧性规划建设与城市更新融入协同以至实施落地，是韧性城市建设中面临的重要难点，暂时还缺乏实际的制度、机制指引，以及相关技术路径和标准指导。因此，目前韧性城市规划与更新规划的融合还不全面，更新行动对于韧性品质提升的效果还不显著。要切实在更新中落实韧性品质提升，仍需重点解决制度、标准、技术、经济补偿机制和实施保障机制等关键问题。通过找准更新与韧性项目的共同发力点，搭建两者之间的桥梁，是未来在中微观层面全面提升韧性品质的关键平台，巨大社会效益和长远的经济效益备受期待。

3. 既有体系惯性下韧性效益面临目标博弈

在土地集约利用要求下，城市开发建设项目的土地投入与产出受到重点关注，资金和资源投入需要全面权衡社会经济效益。然而，由于韧性城市建设的公益性与长效性，一方面，它的效益是长期而非短期的，另一方面，它的效益是间接而非直接的。也就是说，它所能带来的真实效益，不是直接增加经济产出，而是保障面临灾害扰动和侵袭时尽可能减少对社会经济系统的冲击，降低因灾造成的经济损失，社会损失，以至于生命损失，以及缩短恢复所需要的时间，从而达到降低累积损失量的目的。正是因为如此间接，韧性建设的重大作用还未被全面认知。韧性系统越是出色，灾后损失越小，经济社会受冲击的观感就越是不明显，韧性建设的作用越可能得不到重视与肯定。这个明显的悖论，说明城市既有决策体系中惯常使用的投入—产出模型，并不直接适用于对韧性建设的决策评价。

这就造成了韧性建设在城市规划建设决策中，往往无法与其他发展目标受到同样的重视而纳入一个决策体系中。对于投资者来说，难以对韧性的效能进行常规衡量，况且韧性建设还需要与城市景观等其他目标进行综合权衡，在某些思维惯性中，就会产生不必要的冲突。例如在街区中设置消防站、在公园中设置避难设施等，按照惯性思维，会被归类到邻避设施中，认为会给城市景观带来消极影响。其实不然，有助于城市韧性增强的各类韧性设施，完全可以通过规划条件的精细管控、用心的建筑或环境设计，兼顾高品质和安全的特性，国际上此类案例屡见不鲜。但在国内的规划、建设过程中，这类的目标权衡中的冲突贯穿规划编制过程，往往直接影响规划在多目标统筹上的质量和实施落地的可能性。

4. 基层治理困境中韧性建设的多学科挑战

基层是社会治理的"最后一公里"，也是与复杂问题直面交锋的前线。基层的韧性建设和治理工作，远不只是防灾减灾和安全韧性建设技术的问题。想要充分挖潜基层的韧性治理效能，其核心的体制机制、人才储备、财政保障、技术支撑、社会支持等各方面要素缺一不可。这就涉及政治学、管理学、工学理学、社会科学、经济学，甚至法学等诸多研究领域，从根本上讲，需要这些学科共同努力，久久为功。

从城市规划的专业角度来看，推动基层街道和社区从后发应急管理到主动风险防范的转变，需要规划对于韧性资源的统筹配置。但现阶段，规划在韧性城市建设上的实践存在一个问题，规划系统性参与韧性城市建设暂时没有清晰的分级指引和管控路径，作为规划体系中的专项规划之一，可以深入到控制性详细规划层面，但再向下就难以发挥作用。就基层街道和社区而言，韧性建设尚有大量工作需要规划统筹和决策，否则就会陷入基层只有应急管理，没有韧性建设的局面，现实正是如此。在基层街道社区，空间风险评估、应急资源配置、韧性改造实施等空间性工作，与安全文化培育、治理效率提升、气候变化适应等社会性工作，亟须全面系统的统筹协调，形成基层韧性建设一盘棋的总体韧性治理格局。

规划师下沉进社区，是近年来新兴的创新制度。在基层韧性治理这个课题上，一方面，需要充分理解基层治理结构，对应社区工作组织划分应急资源配置单元，为社区组织架构前瞻部署韧性资源；另一方面，要充分了解居民对韧性建设的需求，将吸纳社区居民参与韧性社区规划编制作为了解民意的手段，提高社区居民的参与感，培育居民自组织能力。

2.3.3　我国韧性城市规划的发展展望

上文梳理了韧性城市建设对规划的要求，也提出了作者团队对当前韧性城市规划困境与挑战的认识，反映了目前城市治理体系中的一些问题。一是前期由于对我国城市发展所处阶段的韧性发展诉求认识不足，导致政策制度对安全韧性建设重视程度不够；二是现阶段国家将韧性建设提升为高质量发展三大战略之一，而相应的治理体系与决策机制尚未健全、规划体系与管控手段尚在优化中、技术理论与实践指引不足，以及综合性人才与多主体合作发展不足等，都是转型期韧性城市建设面临的现实起点。因此，借鉴国际韧性城市建设的先进经验，提出作者团队对我国韧性城市规划发展方向的一些看法，与读者探讨。

1. 健全多层级的韧性规划体系

韧性是关系到城市系统各方面的发展理念，韧性发展战略的落实，是一个系统性工作。作为统筹引领城市发展的城市规划，需要全面回应韧性城市建设从顶层设计到基层治理的多层次工作统筹需求，结合城市体检和国土空间规划体系，健全多层次、一竿子插到底的韧性规划体系。从法规政策、技术标准规范、编制审批、实施监督各方面，理顺韧性规划统筹韧性城市建设的实践路径，细化韧性规划的规划管控的监督检查机制，借鉴道路安全审计制度，探索城市发展的"安全审计制度"，强化韧性城市建设规划管控抓手的系统性、科学性、可操作性。

2. 强化科技助推韧性规划发展

在数字赋能推动国土空间智慧治理的时代，韧性规划应充分结合自身的多学科融合特征，全面发展各类风险治理技术的应用场景，在规划中提前谋划，以技术赋能韧性治理的落地应用，作为数字化韧性空间治理子图层，全面融入国土空间规划"一张图"数字化空间治理体系。尤其是在物联网、大数据、云计算、人工智能等新技术快速发展的数字化网络时代，韧性规划对风险的前瞻、对资源的配置，天然需要数字科技的加持。切实结合规划需要，利用好数字化网络，在韧性规划的风险评估、运营策略等阶段创新实践，是韧性规划未来需要重点关注的方向。

3. 扩展开放融合韧性规划内涵

从传统的灾害管理，到综合防灾减灾，再到韧性城市建设，规划的理念和策略顺应时代发展需求，不断地更新与完善。面对气候变化以及城市发展的诸多新形势，未来韧性城市建设也会不断演变，将拓展到韧性城市治理、韧性社会凝聚、韧性文化培育、韧性科技发展等各个领域。无论如何变化，韧性规划作为盘点和统筹城市物理空间建设和资源配置的专业，始终需要保持对变化的敏感性和对城市发展的引领性，不断为更安全、韧性、可持续的城市前瞻引导和统筹谋划。因此，为了充分发挥韧性规划统筹抓手的作用，韧性规划的使命及其内涵也会在不断的开放融合中得到长足的发展。

第 2 篇

规划方法篇

韧性城市建设是一种新型、统筹性的城市发展理念，涉及领域广、专业性强。其特性决定了规划的前瞻、统筹和引导至关重要。 也是由于此特性，目前规划的编制方法、编制内容及工作边界与深度尚无明确、详细的具体规定。 但从韧性建设的需求来看，一方面，在总体规划层面，需要韧性规划对规划区域的韧性发展进行全面统筹；另一方面，在详细规划层面，需要韧性规划提出安全与韧性建设要求与方案，并衔接规划及相关专项规划落地。 这样的需求使得韧性城市规划工作具有较强的复杂性和较大的编制难度，特别是在当地基础研究薄弱的情况下。

本篇从韧性城市规划工作的定位出发，明确工作任务及其与相关规划的关系，基于四大工作原则，提出韧性规划的理论基础与技术框架，并在此基础上就总体规划和详细规划两个层次提出编制指引。 对于具体的编制工作，阐明了前置本底调查的要点、综合风险评估的方法、"面—线—点"韧性空间布局的管控和规划要求，以及韧性运营阶段的相应对策要求。 实际应用还应结合本地特点因地制宜，提升韧性城市规划编制的合理性与实用性。

第3章　韧性城市规划工作总论

要充分发挥韧性城市规划在韧性城市建设中的前瞻和引导作用，将韧性规划的成果切实落到城市规划建设中，需要系统理顺韧性城市规划在现行规划体系中的定位与组成。本章结合韧性城市建设发展需求和规划实践经验，探讨我国韧性城市建设发展趋势下规划的工作任务，为系统谋划韧性城市建设的规划路径提供工作思路。

3.1　韧性城市规划工作定位与组成

3.1.1　国家规划体系下的韧性城市规划

2018年，《中共中央 国务院关于统一规划体系更好发挥国家发展规划战略导向作用的意见》（中发〔2018〕44号）出台，首次明确了国家"三级四类"的规划体系。"三级"是指按行政层级分为国家级规划、省（自治区、直辖市）级规划、市县级规划；"四类"是指按对象和功能类别分为发展规划、专项规划、区域规划和国土空间规划。各规划需坚持下位规划服从上位规划、等位规划相互协调的规定，建立以国家发展规划为统领，以空间规划为基础，以专项规划、区域规划为支撑，由国家、省、市县三级规划共同组成，定位准确、边界清晰、功能互补、统一衔接的国家规划体系（图3-1）。

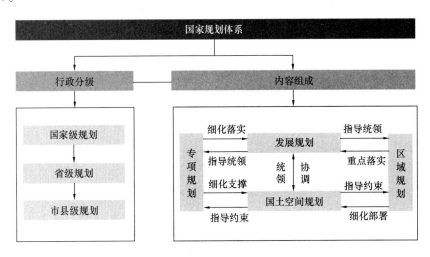

图3-1　国家规划体系结构示意图

　　国家规划体系中的四类规划各自承载着明确的功能定位。首先，发展规划，作为统筹经济和社会全面发展的纲领性规划，具有战略性和政策性导向，它在整个规划体系中处于核心地位，对国土空间规划、区域规划和专项规划起着全局性的指导与统领作用。其次，国土空间规划，作为空间治理的基础平台，致力于统筹城镇空间、农业空间和生态空间的科学布局与合理利用。它以其空间性的特征，为专项规划和区域规划提供了具体的指导与约束，确保各类规划在空间布局上的协调与统一。再次，区域规划，侧重于特定区域的协调发展，强调突出区域特色，促进区域内的协同与互补。它通过细化发展规划和国土空间规划在特定区域的具体要求，为区域发展提供了具体的指导。最后，专项规划，聚焦于某一特定领域的重点任务，对发展规划和国土空间规划中的相关任务进行具体化和细化，确保各项任务得到切实有效的实施。

　　从国家规划体系中各类规划的定位来看，韧性城市规划属于专项规划。它既受到发展规划的宏观统领与指导，同时也为国土空间规划提供有力的支撑。然而，受时代发展的局限性和国内规划实践的演进阶段影响，目前我国尚未构建起完善的韧性城市相关专项规划体系。在现有的规划框架中，有三类规划对韧性城市相关事务具有指导作用，即纲领性的综合防灾减灾规划、以单灾种系统防御和应急管理为目的的专项规划，以及空间规划体系中以城市的安全规划建设为目标的综合防灾减灾专项规划。以上三类规划普遍的核心关注点在于监测预警预报、减灾工程建设和灾后救助体系建设，具有显著的传统灾害管理路径烙印。对于现阶段以及未来愈加复杂的灾害形势和韧性城市发展需求来说，传统路径逐渐显现出诸多局限性，难以适应发展需要。而实践中的需求反馈已向着更具综合性、针对性的解决方案发展。对应国家规划体系，统筹性的韧性发展专项规划、韧性城市专项规划呼之欲出。

3.1.2　国土空间规划体系下的韧性城市规划

　　根据自然资源部于 2019 年发布的《中共中央　国务院关于建立国土空间规划体系并监督实施的若干意见》，国土空间规划是国家空间发展的指南、可持续发展的空间蓝图，是各类开发保护建设活动的基本依据。国土空间规划体系总体框架可概括为"五级三类四体系"。从规划层级和内容类型看，"五级"对应我国行政管理体系，包括国家级、省级、市级、县级和乡镇级。"三类"指规划的类型，包括总体规划、详细规划和相关的专项规划。"四体系"包括规划流程和支撑运行两方面，按照规划流程可分为规划编制审批体系和规划实施监督体系，按照支撑运行体系可分为法规政策体系和技术标准体系。

　　2020 年 1 月，自然资源部印发《省级国土空间总体规划编制指南（试行）》，提出了"主动应对全球气候变化带来的风险挑战、采取绿色低碳安全的发展措施，优化国土空间供给，改善生物多样性，提升国土空间韧性"。同年 9 月，自然资源部印发《市级国土空间总体规划编制指南（试行）》，在工作原则中要求"增强城市韧性和可持续发展竞争力"。在这样的背景下，新编制的国土空间规划大多都纳入了韧性目标的相关表述，并提出构建要求。在具体要求上，各城市结合当地实际需要，对韧性城市的理解、规划工作路径、重点施策领域各有不同。

在此发展趋势中，2024年自然资源部印发《国土空间综合防灾规划编制规程》，明确了综合防灾规划的编制要求、成果与应用等。但并没有提到韧性建设的目标，以及技术上应如何实现。这体现了空间规划暂时在韧性建设问题上，还处在相对狭义的理解中。然而，实践中发现诸多层级、类别的相关规划已在名称上体现出"韧性"的相关要求。因此，在当前国土空间规划编制指南和相关要求的基础上，面向未来城市建设对韧性发展的显著诉求，编写团队结合当前在省、市、县三个层级和各类国土空间的规划实践经验，在相对狭义层面上，梳理国土空间规划下的韧性城市规划的定位。

1. 各级国土空间规划下的韧性城市规划

1）省级国土空间规划体系下的韧性城市规划

参照自然资源部于2020年出台的《省级国土空间规划编制指南（试行）》，涉及风险治理与国土安全的相关内容位于"基础支撑体系"之中，是国土空间规划的重点管控内容。

整体规划侧重于宏观战略引导，通过明确风险区划、强化底线约束、协调省级韧性资源配置，实现国土空间结构的优化布局、用地规模的合理约束以及建设强度的科学控制，进而为市、县级国土空间规划提供指导。

从规划目的导向看，以"工程设防风险"为主的，尚未体现韧性理念。规划技术目标包括：摸清省域灾害风险底数，确定省域防灾安全战略目标和规划策略，科学设定省域主要灾害防灾标准，构建和优化省域国土空间防灾安全格局，明确国土空间防灾安全管控规定，健全省域国土空间综合防灾体系，落实国家和省际国土空间的安全要求，降低省域重大灾害风险，增强省域国土空间韧性，保障人民生命财产安全，支撑全省经济和社会可持续发展。

2）市、县级国土空间规划体系下的韧性城市规划

参照自然资源部于2020年出台的《市级国土空间规划编制指南（试行）》，风险防范与国土安全的相关内容位于"完善基础设施体系，增强城市安全韧性"之中，是国土空间规划的主要编制内容。

市、县级国土空间韧性城市规划侧重于协调性和实施性。在协调性方面，韧性城市规划与国土空间其他专项规划紧密衔接，如绿地系统规划、公共服务设施系统规划、交通系统规划、市政基础设施系统规划、地下空间规划等，保障韧性规划的任务能够在相关专项规划中落实，全面增强国土空间安全韧性水平。在实施性方面，韧性城市规划统筹整合各类韧性资源，前瞻用地需求并构建高效的要素传导网络，避免出现空间资源受

限、用地功能矛盾等问题。

市、县级国土空间韧性城市规划明确提出了增强安全韧性的要求，但尚未明确韧性规划步骤与技术要点。整体技术目标主要包括：全面提升市、县级国土空间安全保障水平，衔接省级国土空间综合防灾规划以及相关上级规划传导要求。在市、县域和中心城区两个层面，判识灾害风险，构建全域国土空间安全韧性格局，从韧性空间和重要韧性设施布局、国土空间安全管控和灾害防治等多方面综合施策，防范、降低全域和中心城区的国土空间风险，增强国土空间安全韧性，保障人民生命财产安全，促进市、县经济社会的可持续发展。

2. 各类国土空间规划下的韧性城市规划

国土空间规划体系下的韧性城市规划包含各级国土空间总体规划中的韧性城市规划、详细规划中的韧性城市规划以及韧性城市专项规划。各级国土空间总体规划和详细规划中的韧性城市规划是本级国土空间规划的支撑系统规划内容。编制国土空间规划时，宜开展本级国土空间韧性城市专项规划的研究，支撑国土空间规划明确核心风险和相应的空间布局需求，具体情况如图 3-2 所示。

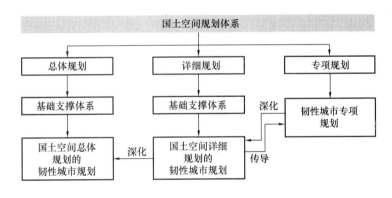

图 3-2　国土空间规划体系下韧性城市规划定位与组成

3.1.3　韧性城市规划体系的展望

韧性城市，是个极具弹性的发展理念。广义的韧性，不仅限于空间韧性带来的安全性。一方面，在于它开启了一个符合复杂城市系统组成的综合性领域；另一方面，在于它描绘了符合这个复杂城市系统运作规律的全过程视角。简单地说，韧性，不仅是要素的韧性，更应该是关系的、结构的、过程的韧性。因此，统筹韧性城市发展的规划，也应是一个涵盖发展战略与空间保障的规划体系。对此，编写团队基于实践，结合韧性城市规划自身特点和其他专项规划体系成熟经验，对韧性城市规划体系的发展提出一些展望，为系统性开展韧性城市规划工作提供参考。

紧密结合国家规划体系，韧性城市规划应包括发展规划和空间规划。

在发展规划体系中，综合防灾减灾规划与应急体系规划在任务内容上与韧性城市规划紧密相连。为了全面推进并实现韧性发展战略，这三者应当统筹整合为韧性发展规划，在国家、省、市各级层面上推动韧性发展规划，统筹韧性发展纲领与行动方向，指导韧性城市空间规划落实战略要求。这一过程不仅要准确把握韧性发展的战略方向，更要深入研判关键领域的韧性发展诉求，才能全面精准引领韧性空间规划，充分发挥资源配置作用。

在空间规划中，应紧密对接对应国土空间规划体系，通过纵向行政层级与横向规划类型划定分级分类的韧性城市空间规划体系。从纵向层级看，这一体系应涵盖省、市、县、乡、镇各层级。其中，省级层面主要基于防灾减灾与安全韧性的宏观战略，聚焦把控主体功能区划分的科学性、合理性，侧重协调区域国土安全格局的建构，以总体规划层级为主。在此层级，规划体系的设计参照《国土空间综合防灾规划编制规程》，确保与综合防灾总体规划的层级定位相契合。而市级及以下层级的韧性城市规划体系，在《国土空间综合防灾规划编制规程》中并未深入探讨，且综合防灾规划与韧性城市规划设计整体导向区别较大，编写团队着重对市级及以下层级的韧性城市规划体系进行深入研究。在横向规划类型方面，韧性城市规划主要分为总体规划和详细规划两个层次。一方面，韧性城市专项规划，提供具体、深入的指导。各地根据实际需要，在总体规划层级和详细规划层级与国土空间规划同步开展，也可以单独编制。单独编制的韧性城市专项规划经批准后，在编制或修订总体规划和详细规划时，应与国土空间规划充分衔接。另一方面，韧性城市规划作为国土空间规划的重要支撑，其内容应被明确纳入国土空间总体规划和详细规划中，以形成专门的韧性规划篇章。韧性城市专项规划是国土空间规划中韧性城市规划的编制基础。整体规划体系架构如图 3-3 所示。

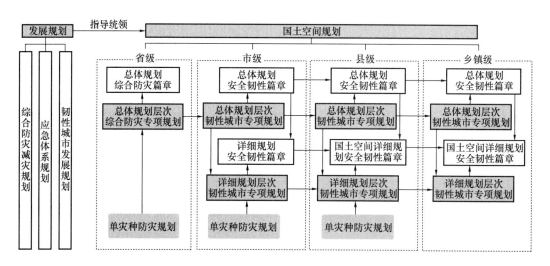

图 3-3　韧性城市规划体系架构图

3.2　韧性城市规划工作原则

3.2.1　系统统筹

韧性城市建设涉及城市各领域，专业性和系统性强，要保障多专业合理推进韧性水平整体提升，需要韧性城市规划发挥统筹协调作用，通过建立统筹管控的工作组织方式，协调多专业落实韧性建设任务，保障韧性系统在各专业支撑下实现整体水平提升。

3.2.2　综合施策

韧性城市规划工作涉及城市全领域，整体工作以空间与设施规划建设等物理空间为核心，同时还要兼顾经济、社会、治理、科技和宣教等韧性运营软策略。通过综合的韧性策略实施，来保障在不同风险冲击下，城市都能有多样化的应对措施和适应手段。

3.2.3　刚弹结合

韧性城市规划核心风险防范对象是极端超标灾况，因此在经验导向下形成的防灾标准基础上，需要预判风险动态变化，优化风险防范阈值与上下限的设计范式，以更加灵活的空间治理方式为未来难以预料的极端灾况留出灾害风险消纳空间，并预备好韧性资源与防范措施。

3.2.4　动态适应

考虑到全球气候变化背景下未来城市风险复杂性、系统性的趋势，韧性城市规划强调长时段下的风险动态，通过对未来不同风险情境的分析和预测，制定相应的规划策略和长期目标，减少决策风险，提高城市应灾水平。

3.3　韧性城市规划工作任务

3.3.1　韧性城市专项规划工作任务

现阶段各地开展的韧性规划层级类型主要为总体规划以及详细规划。以下就这两类规划的工作任务展开分析，各层级的重点任务见表 3-1。

韧性城市专项规划重点任务   表 3-1

层级	风险识别	目标策略	空间策略	设施配置
总体规划	明确灾害类别影响重要风险防范趋势	明确灾害防治标准提出重大风险治理策略和管控要求	构建安全格局划分安全分区	构建设施布局体系明确重点设施布局
详细规划	判识主要灾损情景识别承灾体脆弱性	落实灾害防治标准细化对应规划、建设、管理全周期的风险治理策略	落实安全格局要求细化安全分区	明确设施用地范围、规模、配套要求

1. 韧性城市总体规划工作任务

判识主要灾害风险，确定灾害类型及其影响程度；划设主要灾害风险区和主要灾害风险控制线；确定韧性城市规划目标和灾害防治标准，因地制宜确定风险治理综合策略，提出重大风险灾害管控要求；构建韧性规划指标体系，保障韧性规划任务统筹落实；构建市、县域防灾安全空间格局并划分安全分区；衔接跨安全空间和设施，规划布局重要设施。

2. 韧性城市详细规划工作任务

开展极端风险灾损情景识别，重点分析承灾体脆弱性，面向规划、建设和管理全周期，提出相应的风险治理策略和管控要求，确保规划区地下空间、道路、工程管线等避让灾害危险源；在落实总体规划确定安全格局和安全分区的基础上，细化安全分区划定；核实上位规划韧性规划指标是否落实，细化指标要求；明确规划建设区域内各类设施的租用地范围、规模和配套要求。

3.3.2 韧性城市专项规划与相关规划的衔接

从以上分析可以看出，韧性城市规划，区别于防灾减灾规划，具有显著的综合性：一方面，要横向统筹相关单灾种防御规划及其他相关支撑性规划的内容；另一方面，要求在系统性提出韧性发展目标战略和路径基础上，将其分解、衔接、落实到相关的专项规划中去。以下具体介绍韧性城市规划与其他相关专项规划的工作关系（图 3-4）。

对韧性城市规划内容起到重要专业支撑的规划主要包括单灾种的防灾规划和应急体系的相关规划，这些规划明确了各类风险治理的具体要求，是韧性城市规划编制的重要基础。单灾种的防灾规划包括防洪排涝规划、抗震防灾规划、地质灾害防治规划、气象灾害防治规划、重大危险设施规划、消防规划、人民防空规划、应急服务设施规划、应急保障设施规划和综合防灾减灾规划等。这些规划对灾害风险的防治提出以减灾工程建设要求为主，以风险管理为辅的管控要求。韧性城市规划在单灾种防灾规划的工作基础上，统筹协调多种防灾减灾的资源配置需求和具体要求，并考虑在复合灾况下，如何提升城市抵御和应对灾害的综合能力。应急体系规划的形式以应急管理领域的五年发展规

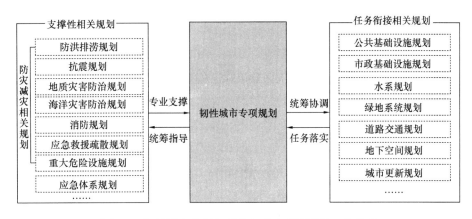

图 3-4 韧性城市规划与其他相关专项规划的工作关系

划为主,应急管理部组建后于 2022 年印发了《"十四五"国家应急体系规划》,这是应急管理领域编制的第一个五年发展规划。应急体系包括应急组织、应急预案、应急法律法规、应急救援保障和应急平台支撑等,现阶段,应急体系建设的关注重点偏重于后端应急救灾能力的强化。韧性城市规划在源头上考虑应急服务需求,优化相关资源配置,确保灾害发生时相关空间与设施功能能为应急服务提供必要的支撑,以提高后端应急服务的科学性和高效性。

在单灾种防灾规划与应急体系规划的基础上,韧性城市规划一方面明确灾害防御目标、统筹韧性资源配置需求,另一方面充分衔接相关规划,共同落实韧性城市建设任务。现阶段,相关规划一般包括但不限于公共服务设施、市政基础设施、水系、城市更新与土地整备、绿地系统、道路交通、地下空间等。以上规划为落实韧性城市的规划策略、设施布局、建设管控要求等提供空间与治理载体,其与韧性城市规划工作任务衔接内容如表 3-2 所示。

韧性城市规划与相关专项规划主要衔接内容情况表 表 3-2

协调类别	规划名称	主要衔接内容
韧性策略协同落实	水系规划	水安全。防涝、防潮、防洪等水安全管控要求
	道路交通规划	应急交通承载力。应急救援疏散通道的交通韧性管控要求
	地下空间规划	地下空间安全。地下空间防水、防火等韧性管控要求
	市政基础设施规划	生命线系统安全。供电、供水、供暖、通信等生命线工程的韧性提升和应急保障管控要求
	城市更新与土地整备规划	韧性更新。建成区结合土地二次开发需落实的韧性空间管控和设施配置
韧性资源结合配置	公共服务设施规划	应急服务资源配置。应急避难场所、应急医疗设施、应急物资储备库等应急服务设施与公共服务设施结合建设的安全管控要求
	绿地系统规划	应急救助空间布局。作为避难据点的绿地系统的韧性管控要求

第4章　韧性城市规划的思路与框架

4.1　规划方法理论基础

在当今学术界，韧性城市理念与城市规划方法理论的研究已经积累了深厚的基础，这些理论方法因适应不同城市发展需求而各有侧重。鉴于其多样性和复杂性，本书难以一一详尽阐述所有方法理论。因此，在本节中，从韧性城市建设的本质诉求出发，通过编写团队的实践经验积累，提炼出在实际规划操作中可行的规划方法理论，为读者规划实践提供借鉴参考。

城市灾害防御的目标和韧性城市建设的本质诉求，在于通过对城市系统做功，尽可能降低灾害风险、规避不可承受的因灾损失，不断降低自然现象对人居环境的负面影响，为经济、社会的安全健康和可持续发展保驾护航。

如何减少灾害损失？由于灾害损失包括直接和间接损失（图 4-1），灾害的总体损失规模是灾害的直接损失及损失持续的时长围合而成的面积，也就是直接损失及其因无法照常发挥功能所造成的间接损失。因此，一次灾害的损失量越大、持续时间越长，总体损失就越大。

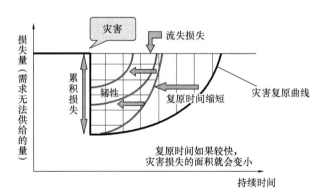

图 4-1　灾害损失减少原理分析图
图片来源：梶秀树，冢越功. 城市防灾学：日本地震对策的理论与
实践（修订版）[M]. 北京：电子工业出版社，2016.

由此可知，要减少灾害损失有两个发力点，一是降低直接损失，二是缩短损失持续时长。所以从原理上来讲，韧性城市建设的路径可以围绕这两个发力点来构建。

要聚焦两个发力点，首先需要分析造成损失的风险对象，明确风险的构成要素，评估其可能造成的损失。然后，需要充分认识韧性城市建设的整体系统构成，各系统均充分减少灾害损失，以保障韧性城市各系统坚固稳定、互相支撑的系统性适应能力。在此基础上，通过构建科学的韧性规划路径，从而指导韧性城市规划源头，进而引领城市各系统全面减少灾害损失。

综合以上韧性城市建设的基本问题认识需求，本章将阐述风险评估理论，为科学识别韧性城市建设的风险防范对象构建分析框架；并通过论述 ISEET 系统风险理论，提出全面认识韧性城市建设系统构成分析体系；最后基于 PDCA 循环规划理论，梳理韧性城市规划的规划路径与方法。

4.1.1　风险评估理论

风险评估是韧性城市规划的关键组成部分，通过识别风险种类、概率、分布和潜在影响等，为制定相应的韧性规划对策提供技术支持。风险评估理论决定了风险评估的基本分析框架和方法，通过梳理以下风险评估理论的相关内容，帮助规划从业者更好理解、评估和管理风险，选择适用于韧性城市规划的风险评估理论基础。

《风险管理：原理和指南》ISO 31000：2009 将风险定义为"一个事件后果与其发生可能性的组合"。在风险管理领域，从风险定义出发，风险评估可以用事件概率和事件损失的乘积表征：

$$R = p \times c \tag{4-1}$$

式中：R——风险；

p——概率；

c——损失。

联合国国际减灾策略委员会（United Nations International Strategy for Disaster Reduction，UNISDR）认为减少灾害风险目的在于使整个社会受灾脆弱性和灾害风险最小化，于 2004 年提出风险评估可以用致灾因子危险性和暴露性的乘积表征：

$$R = H \times E \tag{4-2}$$

式中：R——风险；

H——致灾因子危险性；

E——承灾体暴露性。

气候变化背景下，极端天气带来系列灾害损失，随着全球受灾经验累积，风险评估理论不断演进。在气候变化领域，联合国政府间气候变化专门委员会（Intergovernmental Panel on Climate Change，IPCC）提出的风险评估理论得到广泛认可。IPCC 的第五次风险评估报告以气候变化风险评估为重心，提出了致灾因子危险性、承灾体暴露性、承灾体脆弱性三者与风险之间相互关系的风险评估框架（图 4-2）。

其中，致灾因子危险性指的是灾害发生的时间、频率（概率）、强度、规模和空间

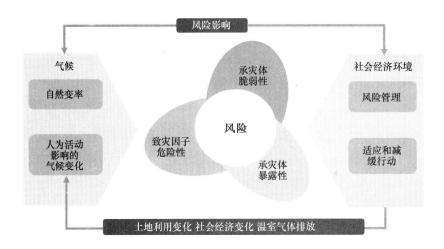

图 4-2　风险评估框架示意图

图片来源：政府间气候变化专门委员会（IPCC）第五次评估报告第二工作组报告

位置等；承灾体暴露性指的是人员、生态系统、环境资源、基础设施、文化资产、产业经济等有可能受到不利影响的位置和环境；承灾体脆弱性指的是对灾害风险的敏感性以及应对和适应能力。结合风险三要素的框架，提出了风险可以由致灾因子危险性、承灾体暴露性与承灾体脆弱性的乘积表征：

$$R = H \times E \times V \tag{4-3}$$

式中：R——风险；

　　　H——致灾因子危险性；

　　　E——承灾体暴露性；

　　　V——承灾体脆弱性。

UNISDR 在 2017 年全球灾害风险评估报告中，分别从致灾因子危险性、承灾体暴露性、承灾体脆弱性和承灾体防灾减灾能力四个方面构建了风险指数，理论上风险与致灾因子危险性、承灾体暴露性和承灾体脆弱性成正比，与防灾减灾能力成反比。通过矩阵形式将风险分为非常高、高、中等、低、非常低五个等级。

$$R = H \times E \times V / C \tag{4-4}$$

式中：R——风险；

　　　H——致灾因子危险性；

　　　E——承灾体暴露性；

　　　V——承灾体脆弱性；

　　　C——承灾体防灾减灾能力。

在不同的应用场景下，有着不同的评价目标，因此，侧重的风险要素也各不相同，相应选择的风险评估分析框架也就不同。这里梳理了四种常见的灾害风险评估分析框架及其应用场景（表 4-1）。

灾害风险评估分析框架应用场景一览表

表 4-1

风险评估公式	应用场景
$R = p \times c$ （风险＝概率×损失）	多用于在相关数据不充足的情况下，建立风险评估矩阵，通过损失后果等级和可能性，比较风险的相对大小，不体现风险各等级的具体内容，如人员伤亡、环境破坏、经济损失等
$R = H \times V$ （风险＝致灾因子危险性×承灾体脆弱性）	多用于暴露性相似或承灾体暴露性难以改变的风险评估场景，如在大尺度的气候灾害风险影响下，评估范围内的承灾体暴露度相近；城市建成区的承灾体暴露度难以改变
$R = H \times E \times V$ （风险＝致灾因子危险性×承灾体暴露性×承灾体脆弱性）	多用于防灾减灾能力相似或不具备防灾减灾能力的风险评估场景，如片区、社区等小尺度评估范围内，各评估地块的防灾减灾能力相似，不具备对比等级划分的条件；城市新建区域，尚未建立防灾减灾体系
$R = H \times E \times V / C$ （风险＝致灾因子危险性×承灾体暴露性×承灾体脆弱性/防灾减灾能力）	多用于风险要素数据齐全的综合风险评估场景，评估单元的各项风险要素差异性较大，如市、区级的多灾种风险评估或是沿海区域、山区、湾区等大尺度范围内的单灾种风险评估

对韧性城市规划而言，评价目的是前瞻风险分布，用以改善城市规划，提升城市安全性与应灾韧性。灾害风险管理领域的风险评估，多着重评估灾害发生的频率、强度，以及其造成的经济损失和社会影响等。在此基础上，韧性城市规划的评价目标，是识别风险在空间上的分布特征，包括其发生的频率和强度，并评估其产生经济损失和社会影响的原因，也就是风险对城市土地、建筑等物理空间要素，以及人与社会关系和组织方式等社会软件要素造成的影响及其原因。因此，韧性城市规划对风险的评估，比起对"发生可能性的判断"，要更加重视对"发生区域的判断"以及对"发生原因"即暴露性和脆弱性的判断。更为重要地，韧性城市规划的目的，是在降低物理空间要素暴露性、脆弱性的同时，提升社会软件要素的防灾减灾能力和应灾韧性。所以，韧性城市规划的风险评估，根据实际基础条件不同，通常采用"H-E-V"或"H-E-V-C"框架展开分析。

而对于以物理空间要素和社会软件要素的韧性提升为目标的这一类风险评估框架，如何分析城市复杂系统中庞大的要素群，成了新的问题。

4.1.2　ISEET 系统风险理论

在城市复杂系统中，庞大的要素群交织在一起，形成了一个高度动态且相互依赖的网络。这些要素包括但不限于城市物理空间、社会经济活动、社会公共治理、科学技术应用、生态环境保护等。在这个系统中，风险往往具有连锁反应和放大效应。因此，对于城市复杂系统中的风险管理，需要采取一种全面、系统且前瞻性的应对策略。ISEET

系统风险理论主要将系统动力学引入灾害刚韧性系统，通过厘清城市安全韧性系统各要素，为韧性城市规划找准发力点提供框架指引。

ISEET 分析框架源于一种区域台风灾害刚韧性系统动力学模拟方法中的城市台风灾害风险防范系统，后广泛应用于分析城市各领域系统风险。ISEET 系统分析框架探讨了风险与系统临界点的关系，就是在系统发展到一定程度，即使一个小的扰动因子，也会引起系统状态的变化。当系统状态发生变化的地方没有承灾体暴露时，就是自然性状态变化，如果有承灾体暴露就可能产生灾难。人类在面对自然灾害风险时，可以通过 ISEET 框架中各子系统的状态转变，依靠制度、社会、经济和技术系统的创新，有效地防控系统性风险。ISEET 系统分析框架包括制度（Institutional）、社会（Social）、经济（Economic）、环境（Environment）、技术（Technological）五个方面，它们共同组成灾害风险防范系统。风险 R 可以被描述为制度 I、社会 S、经济 EC、环境 EN 和技术 T 之间的联系：

$$R = F(I, S, EC, EN, T) \tag{4-5}$$

式中：R——风险；

$\quad\quad I$——制度，包括灾害预防的相关规划制度、应急措施以及与周边区域的联动机制；

$\quad\quad S$——社会，包括人口、防灾意识、企业组织、医疗、保险；

$\quad EC$——经济，包括城市发展的经济指标、固定资产、外商投资、存款贷款；

$\quad EN$——环境，包括灾害风险强度、发生频率和防灾设施的建设；

$\quad\quad T$——技术，包括监测预警、信息传播技术和专业救援能力相关技术。

4.1.3 PDCA 循环规划理论

PDCA 循环起源于质量管理领域，是一套保障活动有序进行的工作程序，由美国质量管理专家 Walter A. Shewhart 首先提出。PDCA 循环的含义是将质量管理分为四个阶段，即 Plan（计划）、Do（执行）、Check（检查）和 Act（处理）。通过循环的质量管理，及时将执行过程中的信息反馈到新的计划中，以有秩序、系统化的方式循环执行。

韧性城市建设要适应灾害风险的动态变化，这就要求韧性城市规划必须采用一种动态闭环的规划流程。这一流程的核心在于，规划必须能够根据实施过程中的实际效果进行持续的动态修正，确保规划始终与城市的实际灾害应对需求相匹配。这种动态的更新机制，可以不断提升城市的灾害应对能力，使韧性城市不仅具备强大的抗灾能力，还具备持续的学习力和灵活的转型力。韧性城市规划的动态修正需求与 PDCA 循环理论高度契合。基于 PDCA 循环理论，可以构建出一个完整的韧性城市规划路径，该路径能够确保韧性规划建设的循环得以顺畅运行，从而确保韧性规划的各项对策能够定期得到动态修正和优化。通过这一路径，我们能够确保韧性城市规划始终与时俱进，为城市的可持续发展提供强有力的支撑。

在 PDCA 循环规划路径中，韧性规划目标的实现共有四个阶段（图 4-3）：一是规划阶段，首先开展风险研判，识别核心风险挑战，然后对识别的关键风险挑战场景开展脆弱性识别，其次是对脆弱性识别结果进行韧性对策分析，最后确定韧性行动方案；二是实施阶段，即将规划方案落地建设；三是评估阶段，将规划实施结果与规划预期进行对比分析，监测评估规划实施效果；四是修正阶段，根据规划实施效果评估，对韧性规划进行修正调整，并反馈到下一次的规划内容中。

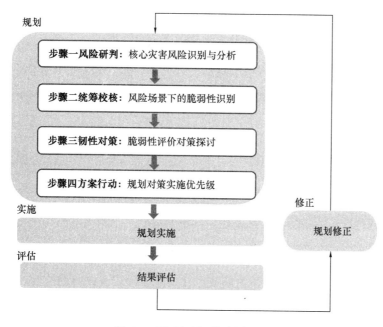

图 4-3   PDCA 循环规划路径图

4.2   规划技术模型框架

基于风险评估理论基础，灾害风险主要受四个因素影响，要想降低灾害损失的风险，从理论上看，韧性城市规划要围绕降低致灾因子危险性、承灾体的脆弱性、暴露性和提升承灾体防灾减灾能力这四个方面来制定并完善安全对策。为了充分发挥规划在城市韧性提升上的前瞻性和引导性，本研究在溯源风险基本因素的基础上梳理安全对策的理论架构，提出安全韧性格局的三层次模型，具体包括面向安全国土基底的全要素综合风险评估、支撑安全空间格局的全系统空间设施规划，以及服务安全运营体系的全维度韧性建设对策（图 4-4）。

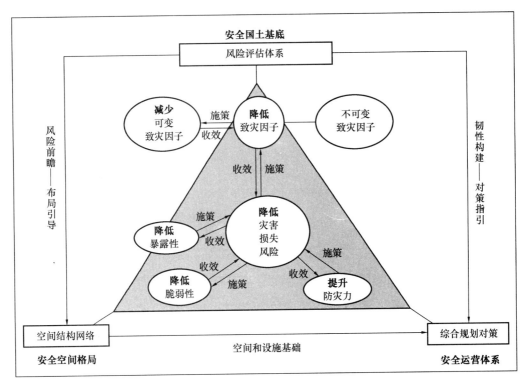

图 4-4　安全韧性格局的三层次模型

4.2.1　面向安全国土基底的全要素综合风险评估

为降低灾害损失风险，识别致灾因子，开展综合风险评估，并以此为基础引导管理主体预判风险，通过权衡理智决策治理或避让风险，确定有针对性的近、中、远期土地利用管制和综合治理对策，进而制定综合安全策略，构建安全发展的国土基底。

4.2.2　支撑安全空间格局的全系统空间设施规划

通过前瞻风险，从面（安全分区）、线（应急交通）、点（安全服务设施）三个方面指导空间结构优化和韧性资源科学布局。对于高风险区域和地震断层等不可变的致灾因子，可以通过用地调整等措施降低人口和经济的暴露性，并通过加强城市空间结构、建筑物基础设施等的抗灾韧性来降低承灾体的脆弱性，形成安全韧性的空间格局。

4.2.3　服务安全运营体系的全维度韧性建设对策

在空间设施体系优化的基础之上，以前瞻风险指导综合风险防御对策体系的建构，提升城市风险管理能力。从韧性体制机制、社会治理、经济保障、科技创新、智慧韧性等方面形成体系化、精细化的风险管理运营体系。

4.3　规划技术路径

基于本书第 4.1 节规划理论基础，本节提出三个韧性规划技术路径：一是韧性城市规划的管理学路径，即基于 PDCA 循环规划理论，从目标、问题和结果三个导向搭建韧性规划整体技术步骤；二是韧性规划的统筹化落实，基于韧性规划整体技术框架，通过构建韧性规划指标体系，搭建统筹各专业落实韧性规划任务的组织模式；三是韧性资源的单元化传导，即基于安全韧性格局三层次模型，构建韧性资源配置的多层级单元传导技术路径。

4.3.1　韧性规划的管理学路径

韧性城市建设依赖于有效的空间治理方式，韧性城市规划与城市管理密切联系，一方面韧性城市规划要充分反映管理诉求，另一方面韧性城市规划可以引导韧性城市治理方式的优化升级。结合本书第 4.1 节的 PDCA 循环规划理论，从管理学理论出发，基于目标导向、问题导向和结果导向提出整体规划技术路径。在规划 P 步骤中，首先结合地区特征和风险预判摸清区域底数，将其作为制定韧性建设总体目标的基础依据，然后分解总体目标为具体可执行的基本任务目标，如人员安全保障、城市稳定运行，产业

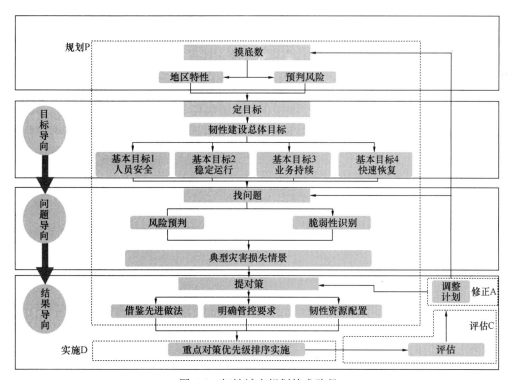

图 4-5　韧性城市规划技术路径

业务持续以及灾后快速恢复等（图 4-5）。然后基于将其 4.1 节的"H-E-V"风险评估理论框架，识别脆弱性风险，分析典型的灾害损失情景，明确韧性城市规划需要解决的核心问题。最后基于本书第 4.1 节的 ISEET 系统风险理论，提出系统风险防范对策。考虑系统的风险防范对策设计需要多专业、多领域的统筹推进，因此，需要建立科学的统筹推进工作组织模式，从而保障韧性规划任务的统筹落实。

4.3.2 韧性规划中韧性理念的统筹落实路径

要使韧性城市规划各专业形成合力，统筹落实韧性规划任务，可以通过构建韧性规划指标体系，明确规划指标的任务要求、约束性质、完成期限、专业分工等，以此作为管控韧性规划任务分工与推进落实的抓手工具。

构建韧性规划指标体系，首先需要明确韧性城市规划与相关规划的任务关系。与韧性城市规划相关的专业可分为两类，包括韧性相关空间规划与支撑性相关规划。其中，韧性相关空间规划是落实韧性城市的规划策略、设施布局、建设管控要求等的重要载体，需要通过韧性规划指标的管控和对其规划落实情况的比对，来保障韧性规划建设任务的统筹落实推进；支撑性相关规划明确了各类风险治理的具体要求，是韧性城市规划编制的重要基础，也是韧性城市规划指标的重要来源。

4.3.3 韧性规划中韧性资源的层级单元化传导路径

在多专业统筹推进韧性规划任务的工作组织中，韧性规划的任务是完成韧性资源的单元化传导。通过建立体系化的规划模型，开展韧性评估，划定科学合理的传导单元，为韧性资源的顺畅传导提供相匹配的空间和对策基础，这是充分发挥规划在源头减灾上的前瞻性和引导性的当务之急。

从宏观到微观的细化、传导和实施是风险管理全流程的关键问题。风险管理能力的提升是城市韧性建设的核心目标，而单元化传导路径（机制）正是一个有望解决规划、实施和管理的理论及实践途径。

针对应急管理过于宏观，无法在第一时间做出响应的情况，已有学者提出采用单元化应急管理手段，提高救援真空期救助实效。单元化应急管理是指为减轻灾害损失和影响，对一定范围内的社会要素，按照其地域特征进行划分，并以划分出来的独立单元为基础进行的应急管理活动。将应急管理的范畴扩展至风险管理的全流程，实施单元化分级统筹、细致化管理与有效传导，无疑是一条前瞻性的、值得期待的优化路径。独立的风险管理单元应具有层级性和相对完备性，即在横向划分单元的基础上，按其空间尺度和事权纵向划分层级；各单元以其自身所在层级配置相对完善的设施，实现基本能够独立开展相应层级的减灾、备灾、应急自救互救和重建活动的目标。

人居安全格局的核心，是构建体系化和可传导的规划路径（图 4-6），在不同层次的规划中，对不同层级城市空间结构的安全性优化、安全服务设施的科学合理配置、综合对策制定进行结构性导控和规范性指引。体系化是指从理论基础到规划策略的完整逻辑体系；可传导有两层含义：一是指能够引导各层次规划向下细化和向上统筹，二是指为单元化风险管理的层级传导打好空间、设施和对策基础。

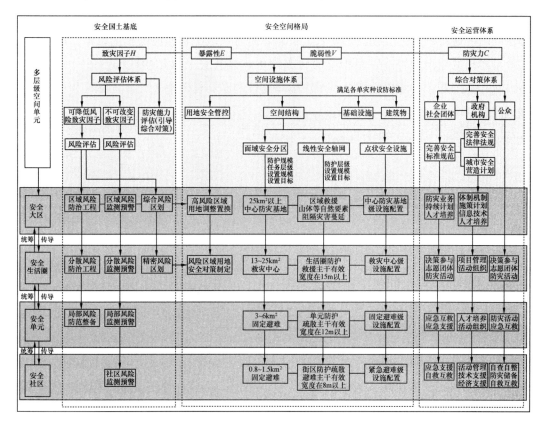

图 4-6　人居安全格局的多层级细化传导与统筹技术要点框架

图片来源：杜菲，岳隽，等. 面向单元化风险管理的人居安全格局构建——以深汕特别合作区为例［J］.
规划师，2020，36（7）：80-86.

规划区按其用地规模可划分为若干个安全大区（安全大区一般为城市尺度）。安全大区层面的技术目标是根据风险评估，掌握场地的可变和不可变风险及其影响，依据现有技术、经济条件，制定综合风险区划，确定防治工程计划，引导高风险区域土地置换。同时，在前瞻风险的指导下，完善区域救援网络和灾害阻隔带的建设，并按中心防灾基地层级配置相应的安全设施。另外，依据评估结果，完善法律法规、标准规范，制定有针对性的、切实可行的近、中、远期项目实施计划。

安全大区向下可划分为若干个安全生活圈（安全生活圈一般为区县级尺度），安全生活圈可进一步划分为若干个安全单元（安全单元一般为街道尺度）。这两层的技术目标是在上层次风险区划的基础上，进一步细化、明确和落实风险防治工程、监测预警任务和用地安全对策，形成综合风险防范的具体实施计划。同时，为落实救援、疏散网络的技术要求，分别按救灾中心和固定避难层级，配置相应的安全设施。此外，可细化落实上层次项目实施计划，发动企业、社会团体及公众参与的防灾活动和决策，为高效开展单元化应急互救等活动打下基础。

安全单元向下可划分为若干个安全社区（安全社区一般为社区尺度），其技术目标是落实疏散避难网络的工程技术要求、按紧急避难层级配置相应的安全设施、在基层落实风险隐患的监测预警，以及相应的防灾储备，提升安全单元的减灾、备灾和应急韧性。从如何降低致灾因子危险性、承灾体暴露性和脆弱性着手，构建体系化和可传导的规划路径。

第5章 韧性城市专项规划编制指引

在我国当前的规划体系中，韧性城市规划的相关标准规范与指南尚处在不断完善与制定阶段，尚未形成统一的编制指引。各地根据自身的韧性城市建设需求，在不同层级的国土空间规划中对提升城市韧性做出部署和安排：一是总体规划层次。这一层次的规划侧重于宏观规划，关注规划区域整体韧性城市建设统筹安排，旨在构建具备高度适应性和恢复力的韧性城市空间框架。二是详细规划层次。这一层次的规划更加聚焦片区具体风险治理需求，对具体地块管控单元与地块的安全管控和设施配置提出规划设计要求，达到可以指导下阶段韧性设计和实施的深度。对于这部分规划内容，无论在哪个层次，韧性城市专项规划都是其核心技术支撑。因此，编写团队结合实践经验，对总体规划层次和详细规划层次的韧性城市专项规划主要编制内容和成果形式予以深入的阐述和说明。韧性城市总体规划和详细规划的技术路径与传导关系如图5-1所示。

5.1 总体规划层次编制要点

在深入探讨总体规划层次的韧性城市规划编制要点前，首要任务是明确总体任务和目标。这不仅是为规划编制内容的范围与深度提供指引方向，同时可以通过清晰界定编制工作的边界，帮助编制技术单位与行业主管部门高效沟通，确保规划编制工作的高效开展。

总体规划层次的韧性城市规划核心任务在于构建韧性城市建设的总体思路，应着眼于韧性建设顶层设计，确保规划在风险防范以及土地用地管控和空间要素配置方面充分发挥引领作用。针对规划区域所面临的核心风险，规划需明确韧性建设的总体目标，并在空间设施体系方面制定前瞻性、统筹性的安排和综合性的策略指引。

5.1.1 编制内容

1. 开展综合风险评估

首先针对全灾种风险，开展系统风险研判。依托国土空间基础信息平台、自然灾害风险普查信息，全面研判自然灾害、事故灾难、公共卫生、社会安全等风险的历史灾情和气候变化影响下的未来风险变化趋势，识别核心风险。然后针对核心风险建立风险定量评估体系，综合叠加致灾因子危险性、承灾体暴露性、承灾体脆弱性和防灾减灾能力四方面风险要素，分析单灾种和多灾种耦合灾害的空间分布和影响程度。

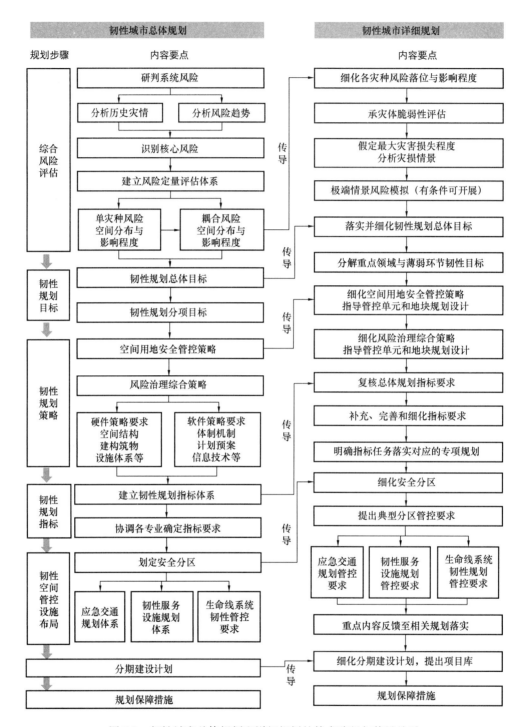

图 5-1 韧性城市总体规划和详细规划的技术路径与传导关系

2. 制定韧性规划目标

以减少灾害损失和缩短恢复时间为原则，根据规划区总体发展目标，在充分考虑自然、社会、经济条件的基础上，结合防灾减灾、应急体系等相关规划要求，确立韧性城市规划总体目标，即面对不同程度的风险影响时，规划区的应对能力和恢复能力。在此基础上，针对城市生产、生活的重点功能提出分项韧性规划目标。

3. 提出韧性规划策略

面向规划、建设和运营全周期，综合权衡风险治理投入与土地利用效益，制定空间利用安全管控策略和风险综合治理策略。空间利用安全管控策略前瞻空间用地安全性，为风险综合治理提供整体部署和策略引导。风险综合治理策略包括空间结构韧性提升、建构筑物设防标准以及相关设施体系等硬件策略，也包括体制机制、计划预案、信息技术等软件策略。

4. 建立韧性规划指标

基于韧性规划策略，构建韧性规划指标体系，明确指标分级、定性或定量的指标任务要求、约束性质、预期完成时间等。在多个专项规划同时编制的情况下，可以协调相关专业明确指标要求，统筹多专业协同推进韧性任务落实。

5. 提出韧性空间管控和设施布局

1）划定安全分区

在充分分析用地环境安全性、规划空间结构、道路交通体系的基础上，根据防灾救灾资源配置需要、应急救援疏散和避难交通需求、事权分级与管理行政区设置等因素，均衡划定安全分区，科学组织应急交通体系，为单元化应急精细管理打下空间和设施基础。

2）构建应急交通规划体系

分级分类构建应急交通规划体系，提出重要应急交通设施的设防标准和通行保障管控要求。

3）构建韧性服务设施规划体系

基于韧性安全分区，分级分类构建韧性服务设施规划体系，明确设施布局、规模和保障措施。韧性服务设施一般包括应急避难场所、应急医疗设施、应急物资储备设施、应急救援设施和应急指挥中心。

4）提出生命线系统韧性管控要求

确定供水、供电、通信和供暖等生命线基础设施的保障对象，并提出设防标准、保障策略，确保应急供应。

6. 提出相关规划衔接建议

通过韧性城市专项规划的编制，将策略要求、管控指标、设施建设要求等重要内容，反馈至城市设计、道路交通、地下空间、公服设施、排水防涝等相关规划，并通过各专项规划对韧性要求实现进一步细化落实，确保多专业协同推进韧性城市建设。

7. 制定分期建设计划

针对风险治理突出问题，提出近、中、远期建设要求。有条件的区域可结合近期重大项目建设计划，明确近期韧性城市建设重点和重大项目。

8. 提出规划保障措施

结合地方行政职能分工、规划建设特点，提出建立规划管控机制、确定措施实施主体与资金保障、落实机构与职责分工等保障措施和要求。

5.1.2 成果要求

总体规划层次的韧性城市专项规划成果应包括文本、说明书和图集。若以专题研究的形式开展，成果则以专题研究报告的形式呈现。

韧性城市规划文本是规划中最精练的文字说明，应准确描述韧性城市规划的管控要求，方便本地规划主管部门使用。文本正文应以条款的形式表达，内容包括规划的所有结论、指标和管控要求。文本的行文要求精练、准确，通过使用"须、应、宜、可、严禁、不宜、不得"等文字，明确规划的约束性，一般不需要展开说明。

韧性城市规划说明书是对规划文本进行说明的技术文件。说明书应包括对规划方案的研究分析、方案比较、案例说明、问题论证、规划方案推导过程等。说明书撰写要求数据翔实、论证充分，逻辑清晰，可以通过插图、配表等形式，增强说明书的可读性。

韧性城市规划图纸应与规划文本和说明书内容相符合，图纸范围、比例、图例等应保持一致。主要的图纸名称和内容要求如表 5-1 所示。

为符合规划主管部门有关规划成果电子报批和管理格式要求，一般以".gdb"".dwg"格式整理数据。

总体规划层级的韧性城市专项规划图纸成果要求　　　　　　　　　表 5-1

序号	图纸名称	内容组成
1	灾害风险区划图	图纸需包括主要的风险区划等级划分、风险隐患点位置等，可以由多张图纸组成，如各单灾种的灾害风险区划图、各类灾害风险区划的叠加耦合影响图等
2	灾害风险控制线图	图纸需分各类灾害风险控制线，灾害风险控制线图可以叠加于灾害风险区划图上
3	安全韧性空间规划分区图	图纸由各层级安全分区组成
4	韧性服务设施体系规划图	图纸明确各层级安全分区的韧性服务设施布局体系，包括应急避难场所、应急医疗设施、应急物资储备、应急救援设施、应急保障基础设施等，各类设施可分为多张图纸表达
5	应急交通体系规划图	图纸明确各层级应急交通规划布局情况
6	韧性城市分期建设规划图	图纸明确近期韧性城市建设区域时序在空间上的分布
7	其他相关图纸	其他相关规划内容的表述图纸

5.2 详细规划层次编制要点

详细规划层次的韧性城市专项规划在总体规划的基础上，结合规划区的规划条件、建设推进时序、风险灾损情景等更为细致的场地特征，细化用地安全管控、深化韧性规划方案。分解韧性总体规划管控要求，将其细化至规划管控单元及地块，深化空间设施规划方案，对其布局选址、需求规模、建设要求、设备配置等提出规划管控要求，满足各地块规划建设管理的需要。

5.2.1　编制内容

1. 开展系统性风险研判与脆弱性识别

根据总体规划层次开展的综合风险评估结果，进一步细化各灾种风险落位与影响程度。明确规划区地块范围的风险隐患位置，结合灾害链分析其影响的空间范围。开展规划区承灾体脆弱性评估，假定最大灾害情景下的损失程度，分析灾害损失情景。有条件的情况下，可以由韧性规划专业统筹相关专业开展极端情景下的灾害风险模拟，精细化预判重大极端风险发生的可能性和后果，为后续韧性提升设定更加具有针对性的目标。

2. 制定韧性规划目标

落实韧性城市总体规划目标，结合规划区建设条件，细化韧性规划目标，分解规划区各重点领域、薄弱环节的韧性目标。

3. 提出韧性规划策略

在总体规划层次提出的方向性策略要求的基础上，结合具体的灾害损失场景，细化和深化能够指导管控单元和地块韧性规划设计的策略方向和具体措施。

4. 建立韧性规划指标体系

根据规划区具体的灾害风险、脆弱性特征等风险特性，以及自身发展定位和现阶段防灾减灾能力，复核总体规划提出的韧性规划指标要求。结合韧性建设目标，进一步分析和评估韧性规划策略的可行性和预期效果。在此基础上，补充、完善和细化规划指标要求，明确韧性规划指标的分级、性质、内容、预期完成时间及定性或定量的指标任务要求。需要注意的是，韧性规划指标体系作为统筹韧性建设的工具，应在多个专项规划同时开展的情况下协同推进。因此，指标体系还应明确指标对应的专项规划，以确保高效的专业协同。

5. 细化韧性空间管控和设施布局要求

1）细化安全分区

在落实总体规划管控要求的基础上，结合规划区空间尺度，细化安全分区，结合各安全分区的风险和规划特征，提出典型灾害的设防标准及相应的管控要求。

2）提出应急交通规划管控要求

在落实总体规划管控要求的基础上，细化应急疏散救援通道等级、布局要求与通行保障要求，有条件时，应协同交通专项校核现状及交通规划是否符合应急交通规划管控要求，在此基础上及时协调完善。

3）提出韧性服务设施规划管控要求

在落实总体规划管控要求的基础上，结合规划区内和所在区域的韧性服务设施保障能力，以韧性安全分区为基本单元，提出各安全分区适宜配置的韧性服务设施及其布局要求、等级规模配置、服务范围、建设形式、相关配套以及平急转换运营要求等。

4）提出生命线系统韧性规划管控要求

在落实总体规划层次管控要求的基础上，形成供水、供电、通信和供暖等生命线基础设施韧性保障系统布局，结合上游供给设施的供给保障能力，深化和细化包括供给标准、保障策略、设防要求在内的安全设计管控要求，并应及时协同相关市政专项，根据具体保障要求，对现状及规划方案进行校核，在此基础上及时协调完善。

6. 提出相关规划衔接建议

除上述应急交通和生命线基础设施以外，在详细规划层面，为充分贯彻总体规划层面的韧性城市建设战略要求、细致落实韧性规划指标体系的技术目标，专项规划应充分和相关规划衔接、协同，切实落实韧性规划相关技术要求。这些规划包括但不限于用地布局、城市设计、道路交通、地下空间、公服设施、排水防涝等。

7. 制定分期建设计划与建设项目库

根据总体规划层面韧性城市规划的要求，韧性城市专项规划一方面为长远提升规划区防灾减灾能力，另一方面要重点保障规划区详细规划的近期重大建设计划，可重点制定韧性城市建设重点和重大项目，并将其纳入近期建设项目库。近远期兼顾，弹性提升规划区韧性保障水平。

8. 提出规划保障措施

详细规划层面的规划实施，重在规划衔接和落实。为提高韧性规划的落地性和可实施性，应将韧性规划的指标纳入各专项规划编制或修编中并向下传导，以确保在执行层面，切实落实总体规划层面确定的韧性城市发展战略。同时，在下层次规划实施过程中，对于土地划拨、出让以及规划许可、方案技术审查，切实落实韧性城市相关的技术审查要求，增强韧性要求的实操性，打通韧性水平提升的"最后一公里"。

5.2.2 成果要求

详细规划层级韧性城市专项规划的成果应包括文本、说明书、图集。若以专题研究的形式开展，成果可以以专题研究报告的形式呈现（表5-2）。

文本和说明书的内容包括：风险评估、总体目标与要求、韧性保障策略、安全分区规划、应急救援疏散交通网络规划、应急避难场所规划、应急物资储备设施规划、应急救援设施规划、应急医疗设施规划、生命线系统韧性规划与规划实施保障措施等。

详细规划层级的韧性城市专项规划对文本和说明书的要求与总体规划层级保持一致。韧性城市规划图纸应与规划文本和说明书内容相符合，图纸范围、比例、图例等应保持一致。

成果形式应包括纸质文件和设施相应的电子数据文件，要求与总体规划层级保持一致。

韧性城市规划文本是规划中最精练的文字说明，应准确描述韧性城市规划的管控要求，方便本地规划主管部门使用。文本正文应以条款的形式表达，内容包括规划的所有结论、指标和管控要求。文本的行文要求精练、准确，通过使用"须、应、宜、可、严禁、不宜、不得"等文字，明确规划的约束性，一般不需要展开说明。

韧性城市规划说明书是对规划文本进行说明的技术文件。说明书应包括对规划方案的研究分析、方案比较、案例说明、问题论证、规划方案推导过程等。说明书撰写要求数据翔实、论证充分，逻辑清晰，可以通过插图、配表等形式，增强说明书的可读性。

韧性城市规划图纸应与规划文本和说明书内容相符合，图纸范围、比例、图例等应保持一致。

为符合规划主管部门有关规划成果电子报批和管理格式要求，一般以".gdb"、".dwg"格式整理数据。

详细规划层级的韧性城市专项规划主要图纸名称和内容要求　　　　　表 5-2

序号	图纸名称	内容组成
1	灾害风险区划图	图纸需包括主要的风险区划等级划分、风险隐患点位置等，可以由多张图纸组成，如各单灾种的灾害风险区划图，各类灾害风险区划的叠加耦合影响图等
2	灾害风险控制线图	图纸需区分各类灾害风险控制线，灾害风险控制线图可以叠加于灾害风险区划图上
3	安全韧性空间规划分区图	图纸由各层级安全分区组成
4	应急避难场所规划图	图纸明确各层级各类型应急避难场所布局、服务范围
5	应急物资储备设施规划图	图纸明确各层级各类型应急物资储备设施布局、服务范围
6	应急救援设施规划图	图纸明确各层级各类型应急救援设施布局、服务范围
7	应急指挥中心规划图	图纸明确各层级各类型应急指挥中心布局、服务范围
8	应急医疗设施规划图	图纸明确各层级各类型应急医疗设施布局、服务范围
9	应急交通规划图	图纸明确各层级应急交通规划布局情况
10	生命线系统韧性规划图	图纸明确供水、供电、通信、供热等应急保障基础设施布局、设防提升管线布局图
11	韧性城市分期建设规划图	图纸明确近期韧性城市建设区域时序在空间上的分布
12	其他相关图纸	其他相关规划内容的表述图纸

第6章　韧性城市规划前置本底调查

韧性城市规划与城市复杂系统的多维度、多层次密不可分。前置本底调查是规划编制的必要步骤，旨在提供关键的基础数据以帮助规划师了解城市韧性建设现状与诉求等，支撑规划分析、引导规划决策，有助于增强韧性城市规划的合理性与可行性。

前置本底调查重点收集韧性城市建设现状、既有风险调查与评估结果、灾害风险防治规划与实施情况、相关主体诉求等多方面资料。

通过对所收集的资料进行基础分析与研究，达到以下目的，以夯实韧性城市规划基础研究的内容：

（1）了解规划区历史灾情；

（2）明确规划区风险类型、分布与程度等情况；

（3）明确规划区风险防治规划，重点包含建筑与基础设施等承灾体的设防等级以及防灾减灾设施建设现状等；

（4）明确规划区应急响应能力建设情况，重点包含应急服务设施建设现状等；

（5）了解各级各类规划中的韧性相关内容，重点包含国土空间规划和土地利用、交通、市政设施等专项规划；

（6）了解规划区的战略定位、韧性建设诉求和未来发展方向等。

6.1　城市规划建设情况

城市规划建设资料可分为重要资料和辅助资料。重要资料是编制韧性城市规划的必备资料，辅助资料在一定程度上可以丰富规划内容和成果表达。资料收集工作名录将在本章各节详细列举。其中，相关规划在收集时需要明确该规划编制年限、规划范围、规划阶段（初稿、终稿或者待审批）。所有文件要标明所需的文件格式（WORD、PDF、SHAPEFILE或CAD图等）以方便后期分析，此外，文件还需明确收集对象，以提高资料对接的效率。

6.1.1　城市既有规划

通过分析规划区的各类既有规划，重点解读规划中与韧性相关的部分，提取规划区的发展定位、韧性建设现状和未来发展方向等信息（表6-1）。

城市既有规划计划资料收集对照表 表 6-1

分类	序号	名录	核心资料要点	收资/调研部门	资料级别(重要/辅助)
总体规划	1	国土空间(分区)规划	城市总体规划、经济开发区总体规划、近期建设规划的文本、说明书、图件和相关基础资料汇编	规划部门	辅助资料
详细规划	2	控制性详细规划	城市控制性详细规划区块划分,各区块用地平衡表和技术经济指标	规划部门	辅助资料
	3	修建性详细规划	—	规划部门	辅助资料
专项规划(城市系统类)	4	城市基础设施方面相关的专项规划	城市综合交通、港口、过街天桥、燃气、电力、给水、排水、消防、医疗卫生、物流发展/仓储/粮食、通信等	规划部门/交通部门/市政部门	辅助资料
	5	城市建筑方面相关的专项规划	历史文化名城保护、历史文化建筑保护规划(或文物古迹及风景名胜规划)、各片区保护规划、旧城改造规划等	规划部门/住建部门	辅助资料
	6	城市其他相关的专项规划	地质灾害防治、城市供油规划、避震疏散方面相关规划、城市教育发展规划、城市地下空间综合利用专项规划,人防规划、城中村改造规划等	规划部门	辅助资料

6.1.2 城市建设现状

通过解读土地利用调查、建筑物普查、综合风险普查、人口普查、统计年鉴等统计文件,分析规划区用地与建设现状,并重点关注老旧小区等脆弱性较高的承灾体和应急服务设施重点保障对象的相关信息(表 6-2)。

城市建设现状资料收集对照表 表 6-2

分类	序号	名录	核心资料要点	收资/调研部门	资料级别(重要/辅助)
人口	1	统计年鉴、人口普查数据	城市统计年鉴(近 5 年及 5 年前每隔 3~5 年)最近一期人口普查资料 最新的人口抽样调查资料 人口年龄分布构成 人口密度及地区分布	统计部门	辅助资料
用地	2	规划区地形图	矢量格式的城市地形图(市域的地形图,图纸比例为 1:50000~1:200000;最新测绘的城市地形图,比例尺为 1:2000~1:25000,房屋和等高线图层为 1:500~1:2000)	国土资源部门	辅助资料

续表

分类	序号	名录	核心资料要点	收资/调研部门	资料级别（重要/辅助）
用地	3	规划用地分类及现状	主要分为5类：已建保留、已批在建、已批未建、已建拟更新、未批未建 现状场地及已批在建、待建场地详细方案设计图城市航拍/遥感影像图 规划区内地质状况，工程地质分区图件、说明和技术报告；全市地质灾害监测、评价相关的资料；地质灾害防治相关的专业或专项规划的文本、说明书和图件；建设用地地质灾害危险性评估报告及有关图件和技术资料	规划部门/国土资源部门	辅助资料
建筑	4	既有建（构）筑物普查与评估	城区建筑的分布和分类、分区统计；市、区级指挥机构及要害部门的布局；各时期城市抗震设防情况的调查与分析；按照抗震设防分类标准所确定的特殊设防、重点设防类建筑 对抗震救灾或维持城市功能起重要作用的房屋，主要包括：市级党政指挥机关、抗震救灾指挥部的主要办公楼、重大次生灾害源点的主要建筑（构筑）物、作为应急避难场所的建筑物、生命线工程的核心建筑（构筑）物、国家级重点保护建筑	应急部门/住建部门	重要资料

6.2 既有风险调查与评估

6.2.1 历史灾情调查

详尽调查规划区历史灾情，初步了解历史风险，为后续开展更具针对性的风险调查与评估做铺垫（表6-3）。

历史灾情资料收集对照表　　　　　　　　　　　表6-3

分类	序号	名录	核心资料要点	收资/调研部门	资料级别（重要/辅助）
历史灾情	1	气象灾害历史灾情统计资料	历年气象灾害（台风、雷暴、洪涝、冰雹、霜冻、沙尘暴、干旱、高温等）基本情况说明、灾害损失等相关信息	应急部门/气象部门	重要资料
	2	海洋灾害历史灾情统计资料	历年海洋灾害基本情况说明、灾害损失等相关信息	海事部门/规划部门	辅助资料

续表

分类	序号	名录	核心资料要点	收资/调研部门	资料级别（重要/辅助）
历史灾情	3	地震历史灾情统计资料	历年地震基本情况说明、灾害损失等相关信息	应急部门	重要资料
	4	地质灾害历史灾情统计资料	历年地质灾害基本情况说明、灾害损失等相关信息	应急部门/规划部门	重要资料
	5	森林火灾历史灾情统计资料	历年森林火灾基本情况说明、灾害损失等统计资料	应急部门/消防部门	辅助资料
	6	建成区火灾历史灾情统计资料	历年建成区火灾基本情况说明、灾害损失等统计资料	应急部门/消防部门	重要资料
	7	危险源事故历史灾情统计资料	历年危险源事故基本情况说明、灾害损失等统计资料	应急部门/消防部门	重要资料

6.2.2　既有风险评估

收集各类灾害风险评估报告，明确气象灾害、海洋灾害、地震灾害、地质灾害、森林火灾等灾害的成因、频率、风险区划等信息，作为韧性规划的研究基础，有助于提出更具针对性、更加精细化的韧性策略（表 6-4）。

既有风险评估资料收集对照表　　　　　　　　表 6-4

分类	序号	名录	核心资料要点	收资/调研部门	资料级别（重要/辅助）
风险评估	1	自然灾害综合风险评估报告	各类自然灾害的成因、频率、主要隐患点、风险分区等	应急部门	重要资料
	2	事故灾难风险评估报告	各类事故灾难的成因、频率、主要隐患点等信息	应急部门	重要资料

6.3　灾害风险防治规划与实施

6.3.1　灾害风险防治现状

收集综合风险评估报告、政府工作报告、相关工程的建设和管理情况说明等资料，提取规划区灾害风险防治、应急服务设施以及基础设施的现状情况（表 6-5）。

灾害风险防治现状资料收集对照表

表6-5

分类	序号	名录	核心资料要点	收资/调研部门	资料级别（重要/辅助）
灾害风险防治现状	1	气象灾害防治措施实施现状	历年气象与气候灾害暴雨洪涝、暴雨洪涝、干旱、大风、冰雹、霜冻等资料，区域气象分布图，城市气象防灾系统发展规划及图件、突发事件应急预案等、历年气象灾害的统计资料及典型灾害案例	应急部门/气象部门/水务部门	重要资料
	2	海洋灾害防治措施实施现状	海洋灾害监测预警与防御等工程建设资料	应急部门/水务部门	重要资料
	3	地震灾害防治措施实施现状	地震地质构造图及相关资料、断层分布及其走向、规模、地质特性和活动性评价、可能发生地震地表破裂的位置及危险范围等资料、历史震害和地震活动性及震情背景的资料地震观测资料、城市地震动态区划、工程抗震土地利用、抗震设防区划等方面的专题研究成果资料、重要工程或企业地震基本烈度（或设计地震动）复核、场地地震安全性评价报告及有关图件和技术资料、活断层探测项目报告及图件和资料、工程地质和水文地质分区、技术报告	应急部门/住建部门	重要资料
	4	地质灾害防治措施实施现状	城市发展区的工程地质和水文地质资料、地质灾害防治规划文本、说明书、图件及相关基础资料、研究报告城市工程抗震土地利用、抗震设防区划、地震动小区划方面的专题研究成果资料及图件、重要基础设施和建筑物结构的详图以及其地震安全性评价报告、工程地质研究报告	应急部门/规划部门/档案部门	重要资料
	5	森林火灾防治措施实施现状	各类森林火灾监测预警与消防设施等工程建设资料	应急部门/消防部门	重要资料
	6	建成区火灾防治措施实施现状	城市火灾监测预警与消防设施等工程建设资料	应急部门/消防部门	重要资料
	7	危险源、重大危险源、油气管线事故灾难防治措施实施现状	各类危险源监测预警与防御等工程建设资料	应急部门	重要资料
应急服务设施现状	8	应急避难场所现状	各级各类应急避难场所个数、有效避难面积、可容纳人数、责任主体、运营情况、现状布局；各类教育机构的大小、分布，含各类学校数量、人数、教育结构建筑现状、含年限、设计、抗震性能评估、城市各类学校、体育场馆、操场等可疏散场地的现状与规划、分布及其利用情况中小学校舍安全工程鉴定资料；重要文化设施的概况与分布图，建筑现状、含抗震性能评估，市文物保护现状和规划，优秀建筑历史文化遗产房屋安全鉴定资料	应急部门/教育部门/文化部门	重要资料

分类	序号	名录	核心资料要点	收资/调研部门	资料级别（重要/辅助）
应急服务设施现状	9	应急物资储备库现状	物资与粮食供应网点分布图，重要建筑（指办公等指挥机关、粮库）的建筑图纸、结构图纸以及场地条件、现状等资料，粮店粮仓位置、粮仓储藏量、储粮仓结构、市粮食安全预警应急方案，运输能力	应急部门	重要资料
	10	医疗救援设施现状	医疗卫生现状及发展规划、专项规划提供毒害性和放射性等有害物质次生灾害源的现状和分布、卫生系统的主要建筑物情况，含年限、分布、设计资料、房屋安全鉴定、抗震性能评估、救护能力、各医疗机构的地区分布和服务半径、医院的地理位置、医疗水平、人员数、病床数、救护车数量物资储备情况、其他医疗机构（如急救中心、疾控中心、血站、红十字中心）的位置及相关救护能力、储藏放射性物质单位的地理位置、放射性物质的名称、数量、相关建筑的现状资料等	应急部门	重要资料
	11	消防系统现状	消防系统概况、消防指挥系统资料、消防系统现状分布图、城市消防设施和消火栓分布图、消防系统发展规划及图件、突发事件应急预案等，消防系统中主要建筑物（如消防指挥中心、抢险救援中心）和设施、消防各部门分布图、消防车辆及人员数目、消防指挥中心分布图、各消防支队配置状况、历年民事火灾的统计资料（按照居委会或其他形式统计的火灾发生情况），包括火灾发生的时间、位置、次数、规模及起火原因等	应急部门/消防部门	重要资料
	12	人防设施现状	防空袭预案、现有人防工程建设情况，包括建设时间、位置、功能、面积、建设单位等文字资料、现有人防指挥通信系统建设、现有城市的重要目标及其战时防护措施预案等，本级及上级政府的人防建设主管部门的相关法律、法规文件等，每年的人防工程建设量及其报批、建设情况、其他人防相关的专题研究资料	应急部门/住建部门	辅助资料
基础设施现状	13	供水系统现状	水资源、给排水行业发展规划、专项规划的文本、说明书、图件及基础资料汇编、提供给水管道详细资料、提供水厂位置、重要建（构）筑物的结构资料、抗震设防情况、给水系统维护使用资料、事故易发地段、历史事故发生情况、事故类型、原因、处置等方面的评估资料、典型事故的案例资料	规划部门/水务部门	重要资料

分类	序号	名录	核心资料要点	收资/调研部门	资料级别（重要/辅助）
基础设施现状	14	供电系统现状	供电行业发展规划、供电专项规划的文本、说明书、图件及基础资料汇编、城市供电系统现状分布图、供电指挥调度中心、变电站/所、电厂等供电枢组工程的位置、规模、设计资料与抗震性能评估和主要的电力参数（功能范围、日供电量、电压等级等）、供电网络系统图、电缆网络主干线分布图、供电系统事故易发地段、历史事故发生情况、事故类型、原因、处治等方面的评估资料、供电工程中重点设防类建筑、构筑物和重要设施、供电系统突发事件应急预案、供电系统紧急处治系统及相关措施	规划部门/市政部门	重要资料
	15	通信系统现状	通信行业发展规划、通信专项规划的文本、说明书、图件及基础资料汇编、城市通信系统现状分布图、重要通信建筑、无线基站等位置、规模、设计资料与抗震性能评估及加固改造资料、通信系统维护使用资料、历史事故发生情况、事故类型、原因、处治等方面的评估资料、典型事故的案例资料、通信工程中主要建筑结构图、关键设施设备的资料、通信系统突发事件应急预案、通信系统紧急处治系统及相关措施	规划部门/市政部门	重要资料
	16	燃气系统现状	燃气行业发展规划、燃气系统紧急处治资料及发展规划、燃气系统维护使用资料、事故易发地段、历史事故发生情况、事故类型、原因、处治等方面的评估资料、典型事故的案例资料、燃气工程中主要建筑、关键设施设备的资料、燃气系统突发事件应急预案、重大危险源的现状和抗震防护情况、燃气系统紧急处治系统及相关措施	规划部门/市政部门	重要资料
	17	交通现状	交通行业发展规划、交通专项规划的文本、说明书、图件及基础资料汇编、城市交通系统现状分布图、交通指挥中心、机场、港口、火车站、汽车站等的位置、规模、设计资料与抗震性能评估及加固改造资料、交通系统中的关键节点（桥梁、隧道等）使用状况、交通参数、现场调查参数等、交通系统维护使用资料、事故易发地段、历史事故发生情况、事故类型、原因、处治等方面的评估资料、典型事故的案例资料、交通工程中主要建筑、交通系统突发事件应急预案、紧急处治系统及相关措施	规划部门/交通部门	重要资料

分类	序号	名录	核心资料要点	收资/调研部门	资料级别（重要/辅助）
其他	18	规划区已有的韧性城市相关项目	项目资料、报告、现状照片等	规划部门	辅助资料

6.3.2　灾害风险防治既有规划

收集综合防灾减灾、灾害风险防治、应急服务设施和人防工程等相关的专项规划，提取其中的韧性规划相关信息，为规划之间的衔接工作做铺垫（表6-6）。

灾害风险防治既有规划资料收集对照表　　　表 6-6

分类	序号	名录	收资/调研部门	资料级别（重要/辅助）
综合	1	综合防灾减灾规划	规划部门/应急部门	重要资料
灾害风险防治	2	抗震防灾专项规划	规划部门/应急部门	重要资料
	3	地质灾害防治专项规划	规划部门/应急部门	重要资料
	4	防洪排涝专项规划	规划部门/应急部门/水务部门	重要资料
	5	气象灾害防治专项规划	规划部门/应急部门/气象部门	重要资料
	6	消防专项规划	规划部门/应急部门/消防部门	重要资料
	7	危险源事故防治专项规划	规划部门/应急部门	重要资料
应急服务设施	8	应急避难场所专项规划	规划部门/应急部门	重要资料
	9	医疗救援设施相关规划	规划部门/应急部门	重要资料
	10	应急物资储备相关规划	规划部门/应急部门	重要资料
人防工程	11	人防工程建设规划	规划部门/应急部门/住建部门/军民融合办	辅助资料

6.4　韧性城市建设相关政府主体诉求

韧性城市规划涉及多类空间和设施，如能科学合理地规划并落实，则可成为政府各有关部门的有力抓手，进而促进相关业务更加有序高效地开展。因此，在前置本底调查阶段，应充分了解相关政府职能部门、应急服务设施管理运营单位等相关主体的诉求、规划设想及建议。一方面，提升韧性城市规划的可实施性；另一方面，促进实现规划对于各相关主体日常业务的切实帮助。

编制团队在分析深圳市各有关部门职能的基础上，结合全国其他城市政府的职能设置情况，重点梳理了各相关部门的本职业务范围与韧性城市规划的重叠部分，以期为各部门在规划编制与落实过程中的责、权、事分工研究提供支撑（表6-7）。

韧性城市建设相关政府主体诉求收集对照表　　　　　　表 6-7

相关政府主体	序号	相关政府主体的职能		对应韧性规划要点
		类别	内容	
应急部门	1	规划编制	组织编制市应急体系建设、安全生产和综合防灾减灾等规划	韧性规划编制
	2	风险评估	组织开展自然灾害综合风险评估工作	韧性风险评估
	3	灾害防治	指导协调森林火灾、水旱灾害、冰冻、台风和地质灾害等防治工作，负责自然灾害综合监测预警工作，统筹震害防御工作，组织开展地震监测预测预警工作	应急指挥中心 监测预警设施 应急综合救援基地
	4	应急管理	统筹指导应对安全生产类、自然灾害类等突发事件和综合防灾减灾救灾工作	应急指挥中心 应急综合救援基地
	5	应急救援	组织指导应对突发事件工作，组织指导协调安全生产类、自然灾害类等突发事件应急救援	应急疏散救援交通 应急指挥中心 应急避难场所 应急物资保障 应急医疗设施 应急综合救援基地
	6	灾害救助	组织协调灾害救助工作，组织开展救灾捐赠工作，按权限管理、分配救灾款物并监督使用	应急物资保障
	7	物资调度	拟订应急物资储备和应急救援装备规划并组织实施，牵头建立健全应急物资信息平台和调拨制度，在救灾时统一调度	应急物资保障
	8	公众教育	负责应急管理、安全生产宣传教育和培训工作	应急科普教育场馆
规划部门	1	规划编制	组织编制并监督实施国土空间规划、详细规划和相关专项规划；负责落实综合防灾减灾规划相关要求，组织编制地质灾害防治规划并组织实施；负责落实综合防灾减灾规划相关要求，组织编制森林火灾防治规划、防护标准并组织实施	韧性规划编制
	2	风险评估	组织指导协调和监督地质灾害调查评价及隐患的普查、详查、排查	韧性风险评估
	3	地质灾害防治	负责地质灾害的预防和治理；指导开展地质灾害工程治理工作；承担地质灾害应急救援的技术支撑工作	应急指挥中心 应急综合救援基地
	4	火灾防治	组织指导开展防火巡护、火源管理、防火设施建设工作	消防设施

续表

相关政府主体	序号	相关政府主体的职能		对应韧性规划要点
		类别	内容	
住建部门	1	空间安全	贯彻执行房屋安全方面的法律、法规和政策；负责拟定房屋安全管理的政策、法规和技术标准，统筹指导房屋安全管理工作	空间安全管控
气象部门	1	规划编制	拟定气象灾害防御规划	韧性规划编制
	2	风险评估	组织气象灾害风险评价和灾害成因界定工作	韧性风险评估
	3	气象灾害防治	负责管理气象灾害防御工作，承担重大灾害天气跨地区、跨部门的联防监测、预报工作；负责发布灾害性天气警报、气象灾害预警信号、火险气象预报等专项预报；组织管理雷电灾害防御工作以及建筑物、构筑物和其他防雷设施的检测工作	应急指挥中心
	4	公众教育	组织宣传、普及气象、天文科学知识，提高气象防灾减灾和气候资源意识	应急综合救援基地
水务部门	1	规划编制	拟订防洪排涝专业规划；负责落实综合防灾减灾规划相关要求，组织编制洪水干旱灾害防治规划和防护标准并指导实施	韧性规划编制
	2	灾害防治	负责内涝整治、排水管网建设的指导、协调、监督工作；负责全市大、中、小型水库、河道、滞洪区及其他水工程设施的防洪防风安全工作	应急指挥中心防洪排涝设施
发改部门	1	规划编制	牵头组织统一规划体系建设，负责专项规划、区域规划、空间规划与国民经济和社会发展规划的统筹衔接	韧性规划编制
	2	物资储备	会同有关部门拟订市级储备物资品种目录、计划、政策等。负责市级储备粮等重要储备物资的行政管理；跟踪研判有关风险隐患，提出工作建议	应急物资储备
消防部门	1	规划编制	承担消防相关的发展规划和设施空间规划编制	韧性规划编制
	2	应急救援	组织消防救援队伍参加救灾	消防设施

注：相关政府主体的职能内容需以各地政府部门"三定"职能为准。

第 7 章　综合风险评估

7.1　常用的风险评估方法

灾害风险分析方法种类繁多，各风险评估方法的特征不同，结果输出形式也各有不同。灾害风险分析方法的选择决定了所需资料的详细程度、风险模型的使用、分析结果的可靠性和实用性。本章以服务韧性城市规划为目的，结合国内外风险评估的学术研究成果和标准规范要求，梳理常用的风险评估方法与模型，总结适用于规划领域的方法与模型。

当前常用的风险评估方法有以下四类：一是基于风险概率的风险评估方法；二是基于指标体系的风险评估方法；三是基于灾害脆弱曲线的风险评估方法；四是基于情景分析的风险评估方法。以上四类风险评估方法通过结合不同的数理分析模型、信息分析技术、决策分析方法等，形成各类具体的单灾种和多灾种风险评估方法。采用何种风险评估方法，取决于灾害分析的类型、空间尺度、应用领域和研究目的。

7.1.1　基于风险概率的风险评估方法

根据风险管理领域对风险的定义，风险评估可以用事件概率和事件损失的乘积表征 [式（4-1）]。基于风险概率的风险评估方法是从此风险表达式出发，基于历史灾害的数据，结合灾害的随机性进行分析，总结灾害发展演化规律，计算灾害发生的概率，以此推断灾害风险的大小。由于基于风险概率的分析方法是对已发生事件的大量数据进行统计处理，以此估计相关事件发生的概率，需要以研究区域的历史灾变和灾损样本数据为基础，利用数学模型对样本数据进行统计分析，建立灾害风险概率与损失关系函数，以实现预估未来发生灾害风险概率的目的。

在适用领域方面，基于风险概率的风险评估适用于具有长时间灾情记录的自然灾害种类，比如气象、水文灾害。在适用的空间尺度方面，该方法依赖长时间历史数据收集，而通常只有在大空间尺度区域范围内，历史灾情数据才有统计、记载，因而历史灾情数理统计方法，比较适合对空间尺度较大的区域进行风险分析，越是微观空间尺度的区域，越难提供详尽的历史资料。

该方法的不足之处在于风险分析所需的灾情数据往往较难获取，有时甚至简单地将灾害危险性等同于灾害风险，评估结果不能精确反映风险的区域差异，不适合在小尺度区域应用，另外历史灾情未必与未来灾害风险一致。

主要的概率统计分析方法包括重现期法、贝叶斯网络法、风险矩阵分析法、一次二阶矩法、事件树法、故障树法等，以下将对前三种方法内容展开说明，其余方法专业性较强，在规划领域实践应用较少，故在此不进行具体分析。

1. 重现期法

重现期是指在许多次试验中某一事件重复出现的时间间隔的平均数，以"年"为单位度量的重现期与频率成反比。重现期法常用于风暴潮、洪水、降雨、强风等灾害风险评估。其中，基于重现期法的风暴潮灾害风险评估主要通过计算潮位或浪高重现期来评价风暴潮危险性，重现期数值也作为海岸工程设计、重点防护工程设施的参考；洪水和降雨灾害风险评估主要通过计算洪峰流量、洪水总量、降雨量的重现期来评价洪水危险等级，重现期数值也作为洪水防治、内涝防治标准的参考。强风灾害风险评估主要通过计算最大平均风速来评价强风对建筑、设施等的危险性。

全球气候变化背景下，极端天气频发突发，基于大量历史风险数据分析的重现期风险评估方法难以适应愈加严峻的灾害风险形势。2022 年，住房和城乡建设部、国家发展和改革委员会、中国气象局三部门发布《关于进一步规范城市内涝防治信息发布等有关工作的通知》（以下简称"通知"），要求各级相关主管部门在确定和发布本地区雨水管渠设计标准、内涝防治标准时，要将"X 年一遇"等简单表述转换为单位时间内的降水量。由此可知，重现期风险评估方法可以作为灾害风险危险性的评估要素之一，但仅依靠此方法，难以得出准确翔实的风险评估结果。

2. 贝叶斯网络法

贝叶斯定理可以理解为条件概率和乘法定理的结合，以事件 A 和事件 B 为例，贝叶斯定理可以分析在事件 A 发生的条件下事件 B 发生的概率。贝叶斯网络的风险评估方法当前已广泛应用于包括环境问题、工程安全、地质灾害、地震及其次生灾害等在内的突发性事件之中。贝叶斯网络是一种表示变量间概率关系的有向无环图，可以看作是概率论和图论的结合。网络中的节点表示随机变量，节点之间的有向连接表示随机变量之间的条件因果关系，每个节点都对应一个条件概率，表示该变量与父节点之间的关系强度，没有父节点的可用先验概率进行信息表达（图 7-1）。贝叶斯网络分析可以通过Netica 软件进行分析，最终形成贝叶斯网络各个风险要素节点下的概率，可以直观分析不同风险要素发生概率改变时，对其他节点的风险要素发生概率的影响。

3. 风险矩阵分析法

区别于前面两种数理分析方法，风险矩阵分析法是通过将风险可能性和后果分别进行等级划分，通过矩阵得出最终的风险等级分值。依据《自然灾害风险分级方法》YJ/T 15—2012，灾害风险事件可能性和后果的分析都可以分为低、中、高和极高四个等级，通过对不同等级赋值，建立自然灾害风险分级矩阵（图 7-2）。在风险矩阵中，

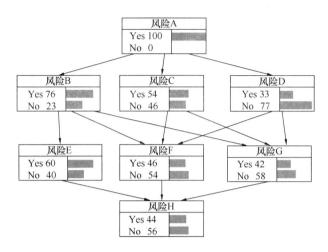

图 7-1　贝叶斯网络风险评估分析概念图

对可能性等级分值和后果等级分值的乘积结果再进行分级，得出最终的风险等级分值结果。各灾种的风险等级赋值有不同的水平要求，需结合各灾害风险特征进行赋值，赋值方法可通过计算机平台进行分析，例如，可通过 ArcGIS 中的自然断点法、分位数法和标准差法等统计学方法，根据风险数据分布情况进行分组，以此确定分级断点参数。

风险等级分值R			后果等级分值C			
			极高	高	中	低
			1	2	3	4
可能性等级分值P	极高	1	1	2	3	3
	高	2	2	4	6	8
	中	3	3	6	9	12
	低	4	4	8	12	16

注1：风险等级分值R为自然灾害风险事件的可能性等级分值P与后果等级分值C相乘的结果。
注2：风险等级分值R划分为四个等级并赋以四种颜色，表示自然灾害风险的四个等级：极高风险，R分值为1~2；高风险，R分值为3~4；中风险，R分值为6~9；低风险，R分值为12~16。

图 7-2　自然灾害风险分级矩阵图

图片来源：中华人民共和国应急管理部. 自然灾害风险分级方法：YJ/T 15—2012［S］. 2012.

7.1.2　基于指标体系的风险评估方法

　　结合本书第 4.1 节风险评估理论基础的分析，根据 IPCC 的第五次风险评估报告以气候变化风险评估为重心，提出风险评估模型［式（4-3）］，风险评估可以由致灾因子危险性、承灾体暴露性与承灾体脆弱性的乘积表征。各学者对风险评估表达式的理解和评价目的不同，对灾害风险指标的选取和分析各有不同，以此形成不同的风险指标评估体系，最终形成风险指数和风险等级。通过层次分析法、模糊综合评判法、经验权数法和德尔菲法等指标分析处理方法，对多指标因子进行标准化处理及加权分析，然后进行数据标准化处理。通常可以利用地理信息系统（GIS）的数据库管理功能和空间分析功能，对风险指标进行叠加分析。利用 GIS 建立不同的分析图层，将各类风险评估因子根据一定的数学关系分配到空间尺度中，对各图层进行叠加和加权分析，实现灾害风险的可视化制图，并通过数学分析处理，形成风险分级，以便于了解区域内灾害风险高低分布情况。

该方法的优势在于，由于在指标体系建立过程中已充分考虑了其可行性和可操作性，资料数据容易获取，数学运算简便易行，因而基于指标体系的风险评估方法是目前自然灾害风险相对值分析中最普及的方法。该方法的不足包括：一是受主观判断的影响较大，不同学者在不同地区，对灾害风险选取的评价指标差异较大；二是多聚焦单灾种，尤其是地震，尚未形成以多灾种综合风险评估为目标的指标和标准化体系；三是基于指标体系分析的风险分析难以用于重大危险源等人为灾害风险的致灾因子计算，需基于专业的评价平台，再通过 GIS 平台进行叠加评估。例如，重大危险源的致灾因子评价需在 ALOHA 事故影响技术模拟后，通过插件关联 GIS 进行影响叠加计算和图示。

当前常用的风险指标分析方法主要为德尔菲法、模糊度隶属函数法和层次分析法。德尔菲法为指标筛选的常用方法，模糊度隶属函数法为指标数据标准化处理方法，层次分析法为指标的权重分析法。

1. 德尔菲法

德尔菲法（Delphi）主要用于风险评估指标筛选分析。让专家对单个指标的重要程度进行评分，通过统计专家的意见，将不重要的指标剔除。德尔菲的打分方法是用 5 级、7 级或者 9 级的评分方法对指标的重要程度进行打分，一般分数越高，表示该条指标越重要（表 7-1）。收集评分表后，对于专家评分的分析包括意见集中程度和协调程度，集中程度一般采用算数均数和满分频率来判断，协调程度一般采用评分的肯德尔系数（Kendall），通常当肯德尔系数＞0.7 时可以停止专家咨询。

德尔菲专家调查评分表参考示例　　　　　表 7-1

一级指标	1 分	2 分	3 分	4 分	5 分
指标 a					
指标 b					
指标 c					

2. 模糊度隶属函数法

由于各项指标具有完全不同的量纲，无法直接进行叠加计算，因此需要进行无量纲化处理。模糊评价中的隶属度函数是常用的无量纲化方法。在所有指标中，有些数值越大越好，即正指标；有些数值越小越好，即逆指标；还有一类适度指标，即指标数值处于某一适度范围内的数值时最好，过大过小都不好。模糊量化中的指标，彼此之间的优劣并不存在明确的界线。运用模糊隶属度函数对多指标进行无量纲化处理，首先需要确定各指标"优"与"劣"的上下限值，即各个指标的最大值 X_{max} 和最小值 X_{min}。其次需要确定各个指标的模糊隶属度函数类型。一般对正指标，采用半升梯形隶属度函数进行量化［式（7-1）］；对逆指标，采用半降梯形隶属度函数进行量化［式（7-2）］；对适度指标，采用半升半降梯形隶属度函数进行量化［式（7-3）］。

$$A(x) = \frac{x - X_{min}}{X_{max} - X_{min}} = \begin{bmatrix} 0 & x \geqslant X_{min} \\ \dfrac{x - X_{min}}{X_{max} - X_{min}} & X_{min} < x < X_{max} \\ 1 & x \leqslant X_{max} \end{bmatrix} \tag{7-1}$$

式中：$A(x)$ ——隶属度值；

　　　x ——指标的具体数值；

　　X_{max} ——指标的上限值；

　　X_{min} ——指标的下限值。

$$B(x) = \frac{X_{max} - x}{X_{max} - X_{min}} = \begin{bmatrix} 1 & x \leqslant X_{min} \\ \dfrac{X_{max} - x}{X_{max} - X_{min}} & X_{min} < x < X_{max} \\ 0 & x \geqslant X_{max} \end{bmatrix} \tag{7-2}$$

式中：$B(x)$ ——隶属度值；

　　　x ——指标的具体数值；

　　X_{max} ——指标的上限值；

　　X_{min} ——指标的下限值。

$$C(x) = \begin{bmatrix} \dfrac{2(x - X_{min})}{X_{max} - X_{min}} & X_{min} < x < X_0 \\ \dfrac{2(X_{max} - x)}{X_{max} - X_{min}} & X_0 \leqslant x \leqslant X_{max} \\ 0 & x \leqslant X_{min}, x \geqslant X_{max} \end{bmatrix} \tag{7-3}$$

式中：$C(x)$ ——隶属度值；

　　　x ——为指标的具体数值；

　　X_{max} ——指标的上限值；

　　X_{min} ——指标的下限值；

　　　X_0 ——指标的最适值。

确定适用的函数类型后，将各个指标的实际数值代入相应的隶属度函数，可求出其隶属度值，指标评价所需的无量纲的量化值，其数值界于 0~1 之间。但由于 0~1 之间的数值不符合差异比较传统的百分制习惯，通常的做法是将各指标的量化值乘以 100，即为该指标的标准量化值。在风险评价中，此值越大，意味着该指标的实际数值接近"低风险"这一评价的程度就越高。

3. 层次分析法

层次分析法（Analytic Hierarchy Process，AHP），是比较常用的对风险评价指标各因子、指标进行赋权的方法。该方法把复杂问题按照主次或支配关系分组而形成有序的递阶层次结构，利用数学方法确定每一层要素的相对重要性权值，最后通过排序结果来确定最终权重。主要步骤包括：建立递阶层级结构；构造两两判断矩阵；由判断矩阵计算比较元素对于该准则的相对权重，并进行一致性检验。

7.1.3　基于灾害脆弱曲线的风险评估方法

基于灾害脆弱曲线的风险评估方法作为定量的脆弱性评价方法和灾害评估的关键环节，其核心要素是表达致灾因子强度和承灾体脆弱性的定量关系。当承灾体的脆弱性侧重于因灾造成的灾情水平方面时，通常可用致灾（h）与成害（d）之间的关系曲线或方程式表示，即 $V = f(h,d)$，又叫脆弱性曲线（Vulnerability Curve）或灾损（率）曲线（函数）（Damage/Loss Curve），用来衡量不同灾种的强度与其相应损失（率）之间的关系，主要以曲线、曲面或表格的形式表现出来。近年来，该方法在水灾、地震、台风、滑坡、泥石流、雪崩和海啸等灾害研究中逐渐被推广应用，其中水灾的脆弱性曲线应用最为广泛。水灾脆弱性曲线的构建方法主要有基于灾情数据、已有脆弱性曲线的修正重构、系统调查、模型模拟等。城市水灾与积水空间分布、水深变化及积水持续时长等都密切相关，其中水深—灾损（率）曲线应用广泛。1977 年，英国洪灾研究中心（FHRC）提出了针对英国居住和商用房产的阶段水灾损失曲线（图 7-3），以建筑物和财产的损失金额（英镑）作为衡量灾害风险的指标。

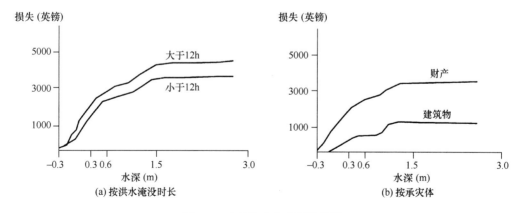

图 7-3　建筑物水灾脆弱性曲线

图片来源：史培军. 中国自然灾害风险地图集［M］. 北京：科学出版社，2010.

与指标法的脆弱性测度相比，脆弱性曲线法只反映致灾因子与灾害损失之间的关系，更偏向承灾体暴露于自然灾害的损失程度，结果也更为定量化，但对历史灾情数据依赖性较高。通过修正现有脆弱性曲线的方法，可以减少独立构建脆弱性曲线的工作量，也便于同类脆弱性曲线之间的比较，但这种方法会增加评估结果的不确定性。

7.1.4　基于情景分析的风险评估方法

"情景"是对未来情形以及事态由初始状态向未来状态发展过程的描述。"情景分析"是在对经济、产业或技术的重大演变提出各种关键假设的基础上，通过对未来进行详细、严密的推理和描述来构想各种可能的方案。

近年来，全球气候异常导致极端灾害事件频繁发生，用传统的历史灾害经验分析等方式来开展灾害研究已难以有效应对极端灾害风险。因此，情景分析方法被广泛应用于风险评估方法中，根据不同概率灾害事件的强度参数模拟灾害情景，进行危险性分析，确定受灾区域范围内的主要承灾体并进行价值估算，各承灾体遭受的具体灾害强度也能得到反映，最终不同概率事件下的灾害损失即为该区域面临灾害的风险。此外，通过把地理信息系统、多智能体、神经网络、元胞自动机等多种分析技术应用于情景分析风险评估方法中，所构造出的未来灾害的情景模型也将风险的演化趋势、灾害风险变得可视化。

当前国际前沿的风险评估研究均采用基于情景分析的风险评估方法。联合国政府间气候变化专门委员会（IPCC）的第六次评估报告《气候变化2023》是由世界顶尖气候科学家结合全球风险变化情况开展的风险评估报告分析。报告中提到的风险情景是通过预测未来全球温室气体在不同排放量下对应的不同温度上升情况，分析海平面上升、高温干旱、复合天气灾害、冰川退缩等各类风险场景的未来变化趋势。《日本东京韧性规划》（2022—2040年）结合历史灾情、气候变化趋势假定了五类极端风险场景，包括：频繁化、严重化的"风灾、水灾"，造成巨大损失的"地震"，导致全岛避难和城市功能瘫痪的"火山喷发"，给市民生活和社会经济活动带来障碍的"电力、通信中断"，威胁社会经济活动的"传染病"，并对五类风险场景下的区域风险分布、风险影响程度进行具体分析。

相较于概率统计方法和指标体系方法，该方法更适用于微观尺度的灾害风险分析，能以较高精度反映灾害事件的影响范围和程度，展示灾害风险的空间分布特征，同时能解决风险研究中样本较少的问题，还能将风险研究中的概率论、不确定性等进行定量表述。该方法适合灾害系统形成机理比较清楚、基础数据资料比较详细的灾害种类。

该方法的优势在于极大提高了灾害风险评估的精度，使区域内承灾体的暴露性和脆弱性都精确到个体或系统，较为准确地衡量暴露承灾体的损失状况。但同时也存在以下两点问题：一是情景设定的合理性把握。该方法往往考虑的是未来极端情景，这类情景有较大的不确定性，需要合理的假设以及科学的求证。二是可靠的情景分析模型应用。

各类灾害风险的模拟工具专业性强，对区域基础底数和灾害基础资料的详尽程度要求较高，计算复杂，工作量较大。受限于灾害风险动态变化和规划方案编制时间，当前模拟结果较难高效可靠地辅助规划决策。

7.2　风险评估方法的相关标准规范

现阶段，国家层面编制了各类风险的评估标准和规范，各地方也结合灾害风险特征编制了风险相关标准规划。风险评估标准类别包括自然灾害风险、城市各类构筑物、基础设施风险、事故灾难风险等，考虑城市各类设施的风险评估主要以设施工程评估为主，不适用于规划领域，故在此主要梳理国家层面自然灾害、事故灾难风险评估相关标准规范的技术要求（表7-2）。

风险评估主要标准规范情况一览表　　　　　　表 7-2

风险类型	标准名称	现行标准号或文件号	核心内容
洪涝	《城市内涝风险普查技术规范》	GB/T 39195—2020	城市内涝风险普查的基本要求、数据内容、数据收集方法
	《暴雨型洪涝灾害灾情预评估方法》	YJ/T 17—2013	暴雨型洪涝灾害灾情预评估的评估数据、致灾因子和承灾体灾情评估指标以及洪水可能淹没范围、洪水淹没可能持续时间、承灾体可能受灾面积和可能消失数量的计算方法
	《蓄滞洪区设计规范》	GB 50773—2012	蓄滞洪区风险等级计算
	《区域性暴雨过程评估方法》	GB/T 42075—2022	资料要求、区域性暴雨日判定、区域性暴雨过程判定、区域性暴雨过程综合强度计算以及综合强度等级划分
地震	《建筑工程抗震设防分类标准》	GB 50223—2008	提出建筑工程的抗震设防类别，对各类防灾救灾建筑、基础设施建筑、公共、居住、工业、仓库建筑的抗震设防类别作出规定
	《建筑抗震鉴定标准》	GB 50023—2009	抗震设防烈度为6～9度地区的现有建筑的抗震等级鉴定
	《城市抗震防灾规划标准》	GB 50413—2007	提出重要建筑的抗震性能评价抽样要求、预测单元面积要求
	《工程场地地震安全性评价》	GB 17741—2005	各类建设工程选址与抗震设防要求的确定、防震减灾规划、社会经济发展规划等工作中所涉及的工程场地地震安全性评价
	《地震灾情应急评估》	GB/T 30352—2013	规定了在地震发生后，对地震灾情进行应急评估的内容、方法、程序和技术要求。本标准适用于重大和特别重大地震灾害的灾情应急评估

续表

风险类型	标准名称	现行标准号或文件号	核心内容
地质灾害	《地质灾害危险性评估规范》	GB/T 40112—2021	对地质环境条件调查,地质灾害危险性现状评估、预测评估、综合评估及建设用地适宜性评价、成果提交的内容、方法和要求等
	《建筑边坡工程鉴定与加固技术规范》	GB 50843—2013	规定了建筑边坡工程的鉴定和加固稳定性标准与评价
	《地质灾害风险调查评价技术要求(1∶50000)》	FXPC/ZRZY B-01	属于全国自然灾害综合风险普查技术规范,规定了地质灾害风险调查内容、调查方法、风险评价要求等
海洋灾害	《海洋灾害风险评估和区划技术导则 第1部分:风暴潮》	HY/T 0273—2019	规定了国家、省、市(县)尺度的风暴潮危险性评价、脆弱性评价技术要求,结合危险性和脆弱性评估得出风暴潮的风险评估与风险区划
	《海洋灾害风险评估和区划技术导则 第2部分:海浪》	HY/T 0273.2—2023	规定了国家、省、市(县)尺度的海浪危险性评估、脆弱性评价技术要求,结合危险性和脆弱性评估得出海浪的风险评估与风险区划
	《海洋灾害风险评估和区划技术导则 第3部分:海啸》	HY/T 0273.3—2021	规定了国家、省、市(县)尺度的海啸危险性评估、脆弱性评价技术要求,结合危险性和脆弱性评估得出海啸的风险评估与风险区划
	《海洋灾害风险评估和区划技术导则 第4部分:海冰》	HY/T 0273.4—2022	规定了国家、省、市(县)尺度的海冰危险性评价、脆弱性评价技术要求,结合危险性和脆弱性评估得出海冰的风险评估与风险区划
	《海洋灾害风险评估和区划技术导则 第5部分:海平面上升》	HY/T 0273.5—2021	规定了国家、省海平面上升危险性评价、脆弱性评估技术要求,结合危险性和脆弱性评估得出海平面上升的风险评估与风险区划
	《海洋灾害风险图编制规范》	HY/T 0297—2020	规定了海洋灾害风险图编制的一般要求及风暴潮、海浪、海冰、海啸和海平面上升5种海洋灾害风险图的分尺度制图要求
火灾	《森林火险气象等级》	GB/T 36743—2018	规定了用于森林火险监测,预报和服务的森林气象等级的确定及其计算方法
	《城市火险气象等级》	GB/T 20487—2018	规定了城市火险的气象等级预报和评价的方法
	《重大火灾隐患判定方法》	GB 35181—2017	规定了重大火灾隐患的判定原则和方法;直接判定要素和综合判定要素的确定
	《全国森林火险区划等级》	LY/T 1063—2008	
	《草原火灾级别划分规定》	农牧发〔2010〕7号	根据受害草原面积、伤亡人数和经济损失,将草原火灾划分为四个等级

续表

风险类型	标准名称	现行标准号或文件号	核心内容
雷电	《雷电防护　第 2 部分：风险管理》	GB/T 21714.2—2015	规定了建筑物与服务设施的防雷风险评估要求
危险源风险	《危险化学品生产装置和储存设施风险基准》	GB 36894—2018	规定了危险化学品生产装置和储存设施个人风险和社会风险的可接受风险基准值
危险源风险	《危险化学品生产装置和储存设施外部安全防护距离确定方法》	GB/T 37243—2019	规定了危险化学品生产装置和储存设施外部安全防护距离的确定方法以及定量风险评价方法和资料收集

7.3　主流的风险评估模型工具

面向精细化、情景化的灾害风险影响分析需求，国内外广泛采用计算机技术开发和建立专业模型、软件对灾害风险进行量化数值模拟，规划从业者对此类系统的应用，能为规划决策提供科学精确的风险分析支撑。以下对国内外应用较广泛的模型工具进行概述。

7.3.1　综合性灾害风险评估模型工具

国际上开发了各类用于风险评估、风险分析决策的模型软件工具，通过运用复杂的风险分析模型和便于操作的风险分析平台工具，可以提高决策的科学性和便捷性。以下对几种模型和风险分析平台进行简单介绍。

HAZUS 是一套由美国联邦应急管理署（FEMA）于 2005 年资助开发，可应用于美国全范围内的标准化自然灾害风险评估体系。该体系利用地理信息系统（GIS）来量化分析多种自然灾害（包含地震、风、洪水及海啸）对城市基础设施、经济和社会的影响。HAZUS 完备的数据库和科学的分析体系使其通常可以作为其他评估体系的基础和补充，并在很大程度上推动了后续与韧性城市相关的研究工作。但由于开发时间较早，HAZUS 侧重于对自然灾害下直接和间接损失的量化评估，而对于灾后城市社区功能的恢复考虑较少。另外，虽然 HAZUS 配备了多个自然灾害分析模块，但并不能考虑多种灾害同时作用下城市的韧性表现。

ARGOS（Accident Reporting and Guidance Operating System）是一套集中的计算机软件，可用于紧急事件的分析决策，包含的风险事件有化学事故、生物事故、放射性事故、核事故等，还可用于事故发生后的恢复决策。在日本福冈核电站事故中，AR-GOS 也用于核污染弥散的计算和可视化分析。

GRRASP（Geospatial Risk and Resilience Assessment Platform）是 2013 年研发的一套开源的计算机软件集成平台，用以分析和模拟关键基础设施，实现风险和韧性分析，平台包含了网页服务、文档管理、GEO 服务器、关键基础设施数学模型和可视化等功能。以网络设施为例，除了给出传统的连通性、关键路径等指标分析之外，GRRASP 还给出了一些新的风险性和脆弱性指标。

7.3.2　单灾种专业评估模型工具

1. 水文灾害分析模型工具

在海洋潮汐灾害、洪涝灾害等水文灾害方面，模拟分析模型有很多，其中比较著名的有：美国环境保护署（Environmental Protection Agency，EPA）开发的暴雨洪水管理模型（Storm Water Management Model，SWMM）；英国 HR WallingFord 公司的 Infoworks 模型；丹麦水利环境技术有限公司（DHI Water&Environment）的 MIKE 系统；北卡罗来纳大学海洋科学研究所的 Luettich 教授和美国圣母大学的 Westerink 教授联合研制的 ADCIRC 模型。这些模型各有特点，适用情况各不相同，需要结合实际情况进行对比分析，选取合适的模拟工具。

SWMM 主要应用于研究动态的降雨与地表径流之间的关系。SWMM 主要由三类模型组成，分别是水文模型、水力模型及水质模型，不同模型又由不同模块组成。由于其开源性，在全世界范围内广泛应用于城市地区的暴雨洪水、降雨径流、排污管道以及其他排水系统的规划、分析和设计，对不同降雨重现期、不同城市化程度的情境进行模拟研究，可以对城市雨洪过程进行全程动态模拟，在其他非城市区域也有广泛的应用。

InfoWorks 模型软件包括 InfoWorks CS 城市排水系统模型及 InfoWorks ICM（Integrated Catchment Management）城市综合流域排水模型。作为商业模型，InfoWorks 模型具有良好的兼容性，能够与 SWMM、GIS、AUTOCAD、GoogleEarth 等软件实现数据库对接。因其兼容性好，在模型的建立过程中，数据导入及相关参数的输入更为便捷，从而可极大提高模型构建的效率。在规划设计阶段引入 InfoWorks 水动力模型，能够为优化管网设计、合理确定规模提供科学依据。

MIKE 软件模型工具，适用于所有与水相关的领域，从河流到海洋，从饮用水供水到污水排放等均可以用 MIKE 软件进行模拟。DHI MIKE 软件包括：MIKE URBAN、MIKE 11、MIKE 21、MIKE FLOOD 等模型。MIKE URBAN 是由模拟城市集水区和排水系统的地表径流、管流、水质和泥沙传输的专业工程软件包组成，可以应用于任何类型的自由水流和管道中压力流交互变化的管网。MIKE URBAN 排水管网模型通过整合 ArcGIS 地理信息系统软件，对城市排水管网系统管道内复杂的紊流状态进行模拟，实现将管道内部场景真实还原。MIKE 11 主要适用于河口、河流、灌溉渠道以及其他水体的模拟，包括一维水动力、水质和泥沙运输等。相对于 MIKE URBAN 和 MIKE 11 一维模型软件来说，MIKE 21 是一款二维模型软件，准确性更高。MIKE 21 系统可以用于模拟河流、湖泊、河口、海湾、海岸及海洋的水流、波浪、泥沙和环境，可以基于风暴潮发生的潮流场、台风场和波浪场等二维场景进行模拟，可再现潮灾发生时的动态场景。以上软件通过 MIKE FLOOD 耦合后，可以发挥各自优势，取长补短。该模型技术已在城市规划领域得到广泛应用。

ADCIRC 模型是新一代海洋水动力计算模型，属于开源模型，可以与 Python 语言结合开发各类模拟潮汐和风驱动模型，同时也与 SWAN 耦合模型应用，通过构造飓风风场、模拟风暴潮情况，输出可视化结果。该专业模型被广泛应用于气象领域，由于其专业性较高，在城市规划领域还未大量应用。

2. 事故灾难疏散模拟工具

城市大客流现象在人口大规模聚集的城区频繁发生，在极端灾况下的高效疏散成为韧性城市建设亟须思考的重要问题。通过动态的仿真疏散模拟，对不同城市空间布局场景下的大客流疏散过程和道路拥挤情况进行分析。目前可用于疏散仿真模拟的计算机软件多达 20 余种，适用范围涵盖了城区、片区、街区及建筑内部多个尺度。以下对 4 种主流的仿真模拟软件从基础功能、适用尺度、优劣势等方面进行概述。

Pathfinder 是由美国的 Thunderhead Engineering 公司研发的智能人员紧急疏散逃生评估系统。Pathfinder 是以人物为基础的模拟器，通过定义每个人员的参数（人员数量、行走速度、决策行为）来实现模拟过程中各自的逃生路径和时间。在研究尺度方面，当前国内对该仿真模拟系统的应用多集中于单体建筑内的逃生安全、火灾现场模拟，对于街坊尺度的室外疏散模拟研究较少。Pathfinder 的优势在于可视化和交互性强，用户可以在软件界面设计建筑物和人员模型，通过调整模型参数和空间环境布局设计来优化疏散路径。其劣势在于模型依赖于用户对人员的行为假设，当假设与实际情况出入较大时会产生一定误差。

Anylogic 是由俄罗斯 XJ Technologies 公司研发的复杂系统建模和仿真软件工具，包括基础仿真平台和多种模型库，内含特定行业库，包括轨道库、行人库、道路交通库和物料搬运库等，为物体和行人的运动和相互作用提供了详细的模拟。其中，行人库多应用于城市环境规划中，通过分配个人属性、偏好和状态，实现智能体建模。通过评估区域内的流量密度、疏散时间、疏散路径，为优化疏散空间设计提供支撑。Anylogic 的优势在于可以适用于多尺度的人群疏散避难模拟，在仿真模拟的动态过程中进行多角度、实时观察，并能依据时间导出模拟数据。其劣势在于建模过程较复杂，需要创建过程流程图来定义不同的模拟运动模块，用时较长。

瞬态疏散和步行者移动模拟（Simulation of Transient Evacuation and Pedestrian Movements，STEPS）是由 Mott MacDonald 公司开发的三维疏散仿真软件。目前在单体建筑的疏散领域应用非常广泛。STEPS 内含人员特征库，用户可以根据专业的经验手册设定模拟人员的特征，能与 ANSYS CFX 流体动力学分析软件连接，导入烟气仿真数据，研究疏散模式下烟气等有毒物质对行人疏散速度的影响。其优势在于可以模拟大规模人员在复杂场景如火灾、地震等不同场景下的疏散情况，劣势在于可视化和交互性较差，对于整体空间特征的分析判断支撑较差，同时二次开发难度大。

NetLogo是一个多主体建模仿真的集成开发环境，由Uri Wilensky发起并由链接学习和计算机建模中心（CCL）持续开发，多用于随时间变化的复杂场景，可以分析数千个独立主体的微观行为互动。专家学者基于Netlogo对人群疏散模拟进行仿真分析，分析不同通道宽度对结群行人流的影响。作为行人仿真的常用软件，Netlogo的优势在于编程语言结构简单，可以编程规定仿真规则，软件开发自由度较高。其劣势在于仿真环境受用户主观设定影响较大，模拟结果存在一定误差。

7.4 面向韧性城市规划的风险评估与区划

综合以上分析，风险评价方法多种多样，在城市尺度上，面向韧性规划的综合风险评估较为少见，也没有通用的有效方法。本节以服务韧性城市规划为目标，基于韧性城市规划的风险评估需求，针对多灾种综合风险评估，基于国际通用的四个评价因子，梳理和选取了洪涝、风暴潮、台风、地质、地震、火灾、台风、重大危险源等灾种的风险评价指标；并以多灾种综合风险评估和空间表征为目标，综合运用模糊理论的隶属度函数、AHP等方法，对指标进行无量纲化处理和权重赋值，为综合风险的定量评估打通技术障碍；最后基于GIS平台的单灾种风险和多灾种综合风险的空间分析和叠加，即可完成综合风险区划。综合风险区划，为综合安全规划提供更加系统、科学、有力的技术支持，不仅能为城市规划、防灾减灾资源的优化配置等提供指导，也能为城市应急管理提供切实依据。

7.4.1 韧性城市规划的风险评估需求

如何在种类多样的风险评估方法中选取适合城市规划领域的方法？在认识风险评估方法与标准规范要求的基础上，需要明确服务城市规划的风险评估需求。在城市规划领域，风险评估服务于空间资源规划配置，因此以灾害在空间上的影响表征为核心目标。面向城市规划的风险评估方法，既要保证评估处理方法与评估结果的科学性，又要确保评估流程和技术应用上有较强的可操作性。以下从风险评估对象、数值处理、结果表达三方面总结面向韧性城市规划的风险评估需求。

1. 风险评估对象的需求

面向韧性城市规划的风险评估空间尺度多以城市为地域单元，风险评估对象可分为特定的单灾种与复合多灾种两种形式。随着经济社会发展，城乡物质空间日益复杂，灾害呈现出群发性与链发性的特征，因此风险评估需要重点考虑复合多灾种灾害的综合影响。此外，在全球气候变化的背景下，风险评估需要预判未来风险变化趋势，并需要着重评估极端风险的影响。从可以改变的风险要素进行考虑，城市规划可以改变的内容主要为承灾体脆弱性、暴露性和防灾减灾能力，而致灾因子往往较难改变。因此，韧性城市规划中可以将重点放在承灾体脆弱性和暴露性上。

2. 风险评估数值处理的需求

韧性城市规划领域中的风险评估要考虑多灾种的综合风险影响，由于不同灾种在风险评估时所选取数据的危险性因子、脆弱性因子不同，导致各灾种的评价指标和度量标准各有差异，会存在不同灾种之间的风险值难以统一化度量的问题。因此，在对多灾种综合评估之前，需要归一化处理基础灾害数据、统一灾害区划模式，保证评估结果中地理实体灾害数据特征表达的可比拟性、可操作性。

3. 风险评估结果表达的需求

将灾害风险数据的空间分析结果用可视化技术直观展现出来，是研究灾害时空区划规律的有效途径，符合城市规划通过配置空间资源实现降低风险的目标。在进行可视化表达时，由于不同风险的空间影响程度不同，比如台风灾害对大尺度区域的影响程度相似，风暴潮则能较好区分相对小尺度范围的影响程度，通常需要基于 GIS 的空间数据表达形式，利用分析网格划分及空间叠加分析，满足复杂地理空间数据表达的需求。单元评估时选择一个合适的空间尺度是极其重要的，如果研究的尺度太大，就会导致评估结果的可信度和准确度下降，而研究的尺度太小，则会导致工作繁重、复杂。能用行政边界区分的风险评估研究区域，可以以行政单元作为风险统计分析边界，而微观精细化无明显行政单元边界界限，则可以以地理信息栅格网为界进行基本评价。

7.4.2　单灾种风险评估方法

考虑到各灾种评估方法多样，难以逐一详细阐述。本节以服务韧性城市规划为目的，重点梳理主要自然灾害风险和事故灾难风险的评估核心因子、评估结果表征以及评估方法工具。

1. 洪涝风险评估

按照水灾的成因划分，洪灾通常指河道洪水泛滥造成的淹没损失（客水或外水损失）；涝灾则是指由于当地降雨积水不能及时排出造成的淹没损失（内水损失）。在城市中，洪水和内涝相互影响、紧密相关，其危害对象、发展过程及灾害表现一致，并且往往同时发生。因此，通常将二者合并作为洪涝灾害来进行风险评估。洪涝风险主要评估因子可见图 7-4，评估结果时空表征上主要通过淹没范围、积水深度、淹没历时等反映风险影响程度。评估方法通常是基于情景模拟评估，通过构建计算机水力模型，模拟城市洪涝风险范围及影响程度。在极端天气频发背景下，为保障城市更好适应未来气候变化，将极端天气情景在规划研究区内进行模拟推演是当前风险评估的主要方法，借助模拟结果分析规划方案能否满足防洪排涝需求。

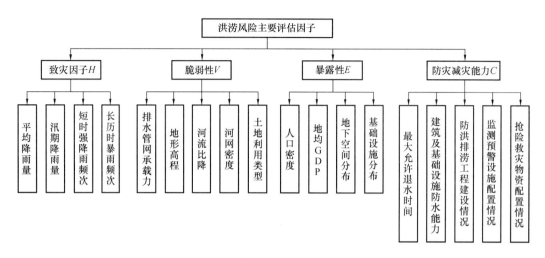

图 7-4 洪涝风险主要评估因子

2. 风暴潮风险评估

风暴潮风险评估主要模拟和评估不同风暴增水情况下的风暴潮淹没范围、淹没水深等情况，主要评估因子可见图 7-5，通过漫滩范围、积水深度、淹没历时等反映风险影响程度。洪涝风险评估方法通常基于情景模拟评估，通过构建计算机水力模型，模拟城市风暴潮风险范围及程度。在极端天气频发背景下，为保障城市更好适应未来气候变化，将极端天气情景在规划研究区内进行模拟推演是当前风险评估的主要方法，借助模拟结果分析规划方案能否满足防御风暴潮的需求。

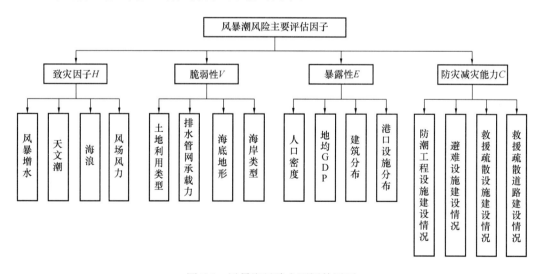

图 7-5 风暴潮风险主要评估因子

3. 台风风险评估

台风灾害兼具暴雨和风灾的破坏特征，评估因子与评估方法与暴雨和风灾相似，在承灾体脆弱性和暴露性方面，关注建构筑物抗风质量指标和土地利用类型指标，以及能反映可能发生地面积水情况的地形指标，主要评估因子见图 7-6，主要通过台风影响分区来进行评估结果表征。

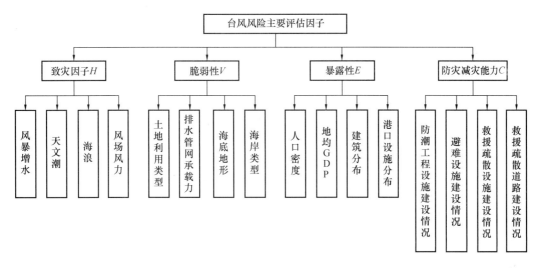

图 7-6　台风风险主要评估因子

4. 地质灾害风险评估

地质灾害风险包括滑坡、崩塌、泥石流、不稳定斜坡、地面塌陷、地面沉降、海水入侵等，是对潜在灾害的规模、影响范围等的判断，多是基于各类型地质灾害的成灾机理研究、遥感解译等技术手段，以及现场调查确认等方式的定性分析。地质灾害风险主要评估因子可见图 7-7，评估结果主要通过地质灾害易发分区和地质灾害隐患点表征。

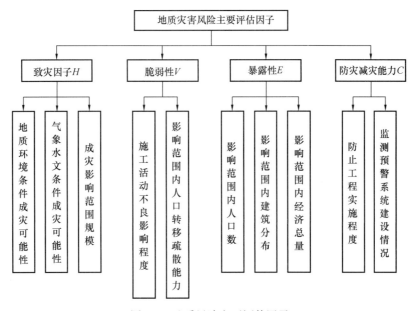

图 7-7　地质风险主要评估因子

5. 地震风险评估

地震的损害分为两种，一种是断层错动造成的震裂损害，例如楼体错裂、道路出现沙土液化、地面沉陷、地下基础设施错断等；另一种是地震波带来的地表震动，造成的震动损害。地震风险的主要评估因子可见图7-8，主要通过地震主要断裂分布、地震危险区、历史地震震源点及震级等反映风险影响程度。地震风险评估主要通过地震活动构造评估地震活动分区，考虑地震活动下的后果损失情况。通过模拟地震情景下建筑倒塌、道路通行影响、生命线工程中断供应等情况，可以精细化分析地震对空间的影响，为规划方案提供支撑。

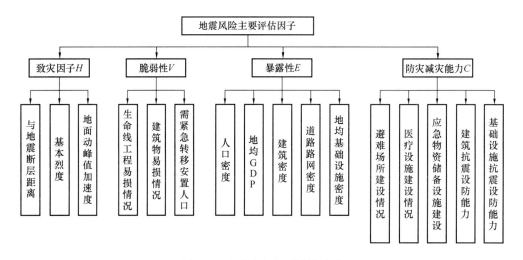

图 7-8　地震风险主要评估因子

6. 火灾风险评估

城市火灾风险评估是城市规划中合理确定用地空间消防安全布局和规划建设消防设施的必要基础，目前大多采用定性或半定量的方法。致灾因子包含各种危险源，以距离危险源的远近为评价标准；致灾环境包含各种城市特征来反映火灾风险，主要评估因子可见图7-9。不同的城市用地类型对应不同的火灾风险等级，这个方法操作性强，但对于具体的城市还需要根据相关情况确定相应数值。

7. 危险源事故灾难风险评估方法

危险源事故灾难主要指涉及有毒、易燃、易爆的危险化学品，运输、储存或生产装置发生泄漏、爆炸事故时对周边社会、经济、人员等的影响。危险源事故灾难风险主要评估外部防护距离，通过模拟事故冲击范围，估算死亡人数确定风险影响范围。对外部防护距离内的个人风险和社会风险进行评估，其中个人风险主要指事故造成区域内某一固定位置人员的个体死亡概率，社会风险指危险设施周边区域的人口密度死亡概率。

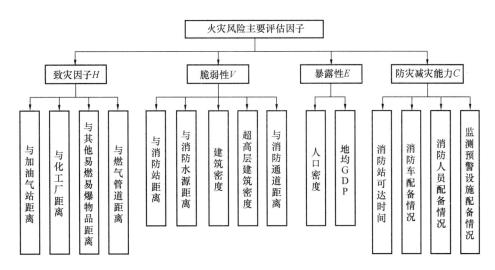

图 7-9　火灾风险主要评估因子

7.4.3　多灾种风险评估方法

现有的多灾种风险评估研究大多基于致灾因子、承灾体暴露性和承灾体脆弱性这三个关键要素在空间、时间和强度上的多种组合方式。多灾种风险研究建立在单灾种灾害风险研究的基础之上，主要研究方法可以概括为以下两类：一是各单灾种灾害叠加分析，即利用各单灾种要素的综合值来计算多灾种风险；二是各单灾害关联和耦合分析，即关注多种灾害之间的级联效应、诱发效应、连锁效应等或多个灾害过程之间的关联性和耦合性。

1. 灾害风险叠加分析

当前叠加分析主要采用多因子加权分析的方法，对风险结果或者风险要素进行综合分析。由于不同灾害的影响范围和影响方面各有不同，且影响权重的分配以及各研究者采取的方式也有所不同，故而叠加分析后形成的多灾种风险评估也会存在差异。

对风险结果的叠加分析是先对单灾种风险进行评估，然后将单灾种风险结果叠加分析计算多灾种综合风险。如联合国减灾署发布的全球减少灾害风险评估报告（Global Assessment Report on Disaster Risk Reduction）采用了定量风险评估方法，根据洪水、气旋、地震、海啸、风暴潮五个灾种的单灾种风险评估结果，再以各灾害年均发生次数为权重，加权得到多灾种的年均损失期望值。

对风险要素的叠加分析指对各灾种的致灾因子、承灾体暴露性、承灾体脆弱性以及防灾减灾能力等要素进行综合计算，如欧盟联合研究中心发布的世界风险管理指数报告（The Index Management Repot）利用 54 个指标构建了包含 3 个维度、6 个一级指标、17 个二级指标的多层风险评估模型，先对三级指标进行标准化处理，使得标准化后的数值范围为 [0，10]，且数值越高代表风险越高。

基于GIS的多灾种综合安全风险评价的技术逻辑，与单灾种各风险要素的叠加计算逻辑相同。延续以上单灾种风险评估的网格尺度作为评价单元，利用GIS的空间叠加分析功能，对网格上不同单灾种的风险值进行等比例的叠加运算，每一个网格的得分即为该网格的综合风险值。同样，依照以上的分级标准，将综合风险值划分为四个风险等级，并对不同风险等级分级设色，即可得城市多灾种综合安全风险评价示意图（图7-10）。

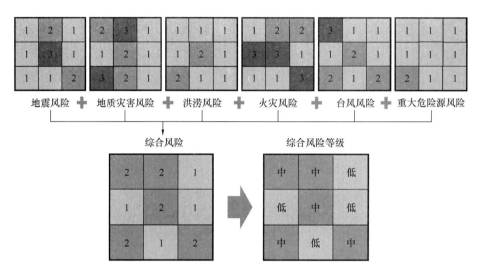

图7-10 城市多灾种综合安全风险评价示意图（数值为虚拟）

2. 灾害风险耦合分析

灾害风险耦合分析方法需要考虑多种灾害之间的相互作用，不同灾种之间的耦合作用各有不同，需要通过情景构建，动态模拟灾害演进过程，根据模拟的灾害演进，分析综合风险评估结果。灾害风险耦合分析常用作水文、气象复合灾害，地震与地质复合灾害，通常需要借助计算机技术和算法模拟推演灾害演进过程。当前韧性城市规划领域常用的分析模型方法包括灾害链分析方法以及各类借助计算机技术和算法的模拟系统。考虑计算机技术模拟分析专业性强，具体操作技术复杂，在此不进行具体分析。以下对灾害链分析方法的原理和应用进行介绍。

1）灾害链与城市安全韧性

重大的城市灾害一旦发生，极易借助城市与自然生态系统或城市生命线系统之间相互依存、相互制约的关系，产生连锁效应，由一种灾害引发出一系列灾害，从一个地域空间扩散到另一个地域空间，这种呈链式有序结构的大灾传承效应称为连发灾害或灾害链。灾害链是一种典型的复杂灾害系统，当前对灾害链的影响扩散研究主要是借鉴了多种学科的理论与实践，一般包括经验地学统计模型、灾害系统模拟模型、概率模型和复杂网络模型四种。重视灾害发生后所引起的链式效应对灾害扩大化所造成的影响，根据灾害链的孕育机理和演变过程，建立起包括政府应急管理能力、科学技术支撑能力、预警和快速反应能力、社会救援保障及公众安全能力等在内的城市安全韧性体系。

2）基于复杂网络的灾害链风险分析应用

复杂网络是一种在信息科学、社会科学和生命科学等多种领域中具有十分复杂的拓扑结构特征的网络结构。可以利用灾害链的复杂网络模型来分析其动力学演化过程，目前此方法在洪涝、台风、低温雨雪和地震等灾害影响扩散的研究中都有应用。以下通过编著团队在深圳某重点片区韧性规划项目中开展的灾害链分析为例，进一步说明该方法如何运用复杂网络理论分析深灾害链演化，识别关键灾害事件，并指引后续规划策略制定。

（1）基于复杂网络理论构建灾害链网络

灾害的演化过程一般是由特定的灾害事件引起，按照一定的规律，引发次生灾害事件，随着时间的推演发展形成。本案例主要通过一系列的讨论，对灾害所造成的后续影响进行针对性的分析，构建灾害事件集，再将灾害事件抽象为节点，灾害事件之间的关系抽象为边，从而建立灾害链网络模型。

构建深圳市某重点片区的灾害链网络涉及五个关键步骤，旨在梳理灾害事件的演化过程及其相互影响的关系。首先，需要界定分析的对象和范围。具体而言，先识别并列举出所有可能发生的灾害事件。其次，成立评定小组，由研究城市灾害链的专家组成，一起确定灾害链中的事件节点。

在此基础上，专家小组通过安全评估参数和引导词对潜在灾害事件进行辨析，初步筛选并细化灾害链中可能发生的灾害事件，确保覆盖重点片区内所有潜在的灾害。接着，深入分析灾害事件的原因与后果，探究各事件间的引发关系，即哪些事件可能触发其他事件，以及特定事件发生后可能引起的次生灾害。最终，依据这些灾害事件及其相互关系，构建灾害链网络模型，其中灾害事件作为节点，事件之间的联系作为边，形成灾害链网络结构。这一过程确保构建灾害链网络的科学性和系统性。

（2）依据复杂网络指标识别灾害链中的关键灾害事件

在构建灾害链网络的基础上，通过分析复杂网络的各项指标，可以识别出灾害链中的关键灾害事件。这些指标包括但不限于节点的度中心性、介数中心性、接近中心性以及聚类系数等。本案例利用 Gephi 软件，采用度中心性和节数中心性这两个指标，从直接影响和持续扩散的两个维度进行复杂网络特征分析，揭示灾害事件的影响程度和扩散特性。

直接影响分析：度中心性是统计在复杂网络中与节点直接相连的边的数量，度中心性高的节点表示该灾害事件与多个其他事件相关联，可能在整个灾害链中起到关键作用。通过度中心性分析发现，电力中断、通信中断、密集人流疏散以及枢纽设施浸水等事件在灾害网络中与其他事件的连接数最多，表明这些事件一旦发生，将对重点片区造成直接且显著的冲击。电力和通信的中断不仅会影响居民的日常生活，还可能导致应急响应滞后，而人流疏散和设施浸水则直接威胁到人员安全和城市运行的稳定性。

持续扩散分析：介数中心性是统计经过节点的最短路径数目在所有最短路径数目中的占比，反应灾害事件作为中间连接点在灾害演化网络中对其他事件的影响程度，介数中心性高的节点则表明该事件在灾害传播过程中起到桥梁作用，其发生可能会显著影响整个网络的连通性，以及灾害事件在灾害链中的传播效率。通过介数中心性分析发现，数据中心暂停服务、基础设施浸水、电力中断和通信中断等关键灾害事件在深圳市某重点片区灾害链中的影响扩散作用尤为突出。这些灾害事件不仅自身影响深远，还可能作为传播媒介，使得灾害影响在时间上持续，并在空间上扩展。例如，数据中心的暂停服务可能影响到枢纽智能化运行管理停滞、感知系统中断公服停摆等多个依赖数据的系统和功能，进而引发连锁反应。

基于 Gephi 的分析结果，在全部灾害事件进一步中选出关键灾害事件，作为核心的断链减灾对象，有针对性地制定韧性提升策略（图 7-11、图 7-12）。筛选的原则有两个：一是直接影响力显著的关键灾害事件，即节点度中心性大于网络平均度的灾害事件；二是影响力持续扩散的关键灾害事件，即节点介数中心性大于 0 的灾害事件。

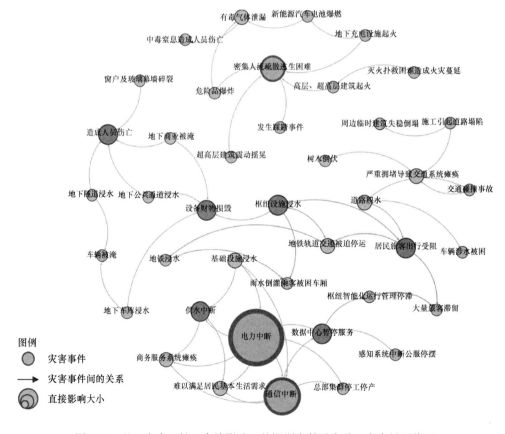

图 7-11 基于度中心性（直接影响）的深圳市某重点片区灾害链网络图

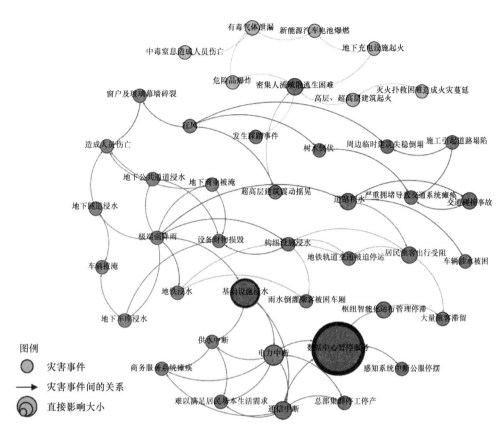

图 7-12　基于介数中心性（持续扩散）的深圳市某重点片区灾害链网络图

（3）针对关键灾害事件进行模块化分类并指引后续韧性提升策略制定

在识别出重点片区的关键灾害事件后，可以有针对性地制定韧性提升策略，以有效预防这些关键灾害事件的发生，进而实现灾害链的断链减灾效果。断链减灾是一种从灾害事件源头上采取有效措施以防止灾害发生、遏制灾害发展或蔓延的防灾减灾思路。这种策略涉及从灾变源头避免关键灾害发生、提前引导承灾体转移以及在特定灾害发生后防止灾害链蔓延等三种情形。在此基础上，为后续的韧性提升策略制定提供清晰的框架和指导。

为了更好地指引韧性规划策略的实施，关键灾害事件被按照其影响的系统和领域分为五个主要模块：枢纽及交通接驳系统、城市生命线系统、片区建筑及道路、地下空间和危险源。这些模块的划分不仅涵盖了城市运行的关键环节，而且每个模块都包含了若干具有高影响力的灾害事件，反映了不同系统的脆弱性和潜在风险。通过这种模块化分类，可以更有效地识别和针对特定灾害事件制定韧性提升措施，从而在灾害链的早期阶段进行干预，更有效地实现断链减灾的目标。

7.4.4　综合风险区划方法

1. 综合风险区划概况

根据国务院 2021 年 3 月印发的第一次全国自然灾害综合风险普查 45 项评估与区划类技术规范，自然灾害综合风险区划是指根据自然灾害历史灾情、自然灾害人口（死亡及失踪、受灾）综合风险、自然灾害经济综合风险以及自然灾害三大农作物（水稻、小麦和玉米）综合风险情况，对行政区的空间差异性进行分区划分。

自然灾害综合风险区划要遵循五大基本原则：综合性原则、主导性原则、地域共轭性原则、保持行政界线完整性原则和可操作性原则。

（1）综合性原则：风险区划应充分体现地震灾害、地质灾害、气象灾害、水旱灾害、海洋灾害及森林和草原火灾等多灾种的综合区域特征，以及自然灾害综合风险的区域特征。

（2）主导性原则：突出区域内导致高等级风险的灾害种类，尤其是区域内造成损失严重、影响深远、频率高、强度大的自然灾害类型。

（3）地域共轭性原则：所划分的一级区划区域在空间上应该保持完整，区划结果应覆盖所有区划对象空间范围，不留未分区的空白区。

（4）保持行政界线完整性原则：国家层级、省层级灾害风险区划的一级区划界线必须保证县界的完整性。

（5）可操作性原则：采用的基础数据易获取，区划方法成熟，计算过程高效可靠，区划结果简明、易懂、易用。

2. 综合风险区划方法

1）自然灾害综合风险区划技术流程

自然灾害综合风险区划是在历史年度灾害、历史重大灾害的基础上，结合区域孕灾环境特征进行划分的一级区的区划，明确一级区内的主要影响灾种，在自然灾害人口、经济、农作物综合风险评估的基础上，进行加权综合得到综合风险等级，再对一级区内同级相邻单元进行合并，得到二级区的划分，具体流程见图 7-13。自然灾害综合风险区划分为国家、省、市、县（区）四个层级，高、中高、中、中低和低五个风险等级。

2）一级区划

自然灾害综合风险区划的一级区划主要体现区域内导致人口死亡失踪、经济损失、农作物绝收的主要影响灾种类型，例如地震、地质灾害为主，或洪水、干旱灾害为主等。主要影响灾种是基于区域内年度自然灾害造成死亡失踪人口总数、经济损失总和、农作物绝收面积的灾害类型来判定，综合风险区划的输入数据详见表 7-3。

国家和省层级的一级区划基于县域单元开展。在各县的主要影响灾种类型确定后，将空间相邻、灾种类型相同或大部分相同的县域合并，形成一级区划界线。市层级的一级区划一般基于县域单元，县层级的一级区划一般基于乡镇单元。

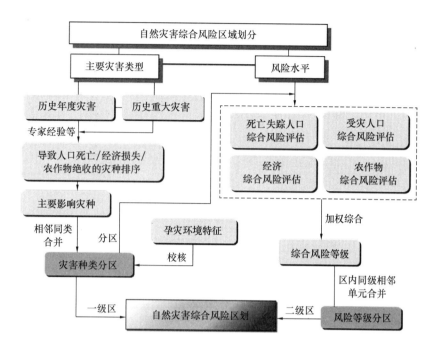

图 7-13 自然灾害综合风险区划技术流程

图片来源：国务院第一次全国自然灾害综合风险普查领导小组办公室. 自然灾害综合风险区划与综合防治区划［M］. 北京：应急管理出版社，2023.

3）二级区划

在自然灾害综合风险区划的一级区内，根据自然灾害综合风险等级，划分出二级区划。在国家、省级层面的自然灾害综合风险等级计算时，综合考虑死亡失踪人口风险、受灾人口风险、经济风险、农作物风险的综合等级，由上述风险等级进行加权求和，其数值在 1～5 之间，1 表示风险最高，5 表示风险最低。各类风险的权重系数可以为等权重，也可以通过专家打分法确定。

综合风险等级分级标准如下：［1，1.5］为高等级，（1.5，2.5］为中高等级，（2.5，3.5］为中等级，（3.5，4.5］为中低等级，（4.5，5］为低等级。该分级标准也可根据专家经验、分位数法和标准差法进行调整，并且应重点考虑死亡人口的风险等级。

综合风险区划的输入数据 表 7-3

序号	大类	输入数据
1	基础地理数据	行政区划格网数据
2	历史灾情调查数据	因灾死亡失踪人口数
		受灾人口数
		直接经济损失
3	自然灾害综合风险评估数据	自然灾害人口（死亡人口、受灾人口）综合风险评估结果
		自然灾害经济（GDP）综合风险评估结果

4）命名与编码

自然灾害综合风险区划采用两级命名法，即"方位＋主要影响灾种名称＋风险等级高低名称"，方位根据一级区的位置确定，如区域北部、南部、东北部、西北部等。同时，各区实行统一编码，采用"一级区代码＋二级区代码"的二级编码方式。

一级区划：例如，台风—洪涝灾害为主区，位于该区域南部，该区命名为"南部台风—洪涝灾害为主区"。按照自东向西或自北向南的顺序，每个区的前面增加罗马数字Ⅰ、Ⅱ、Ⅲ、Ⅳ……进行标识，例如：Ⅰ南部台风—洪涝灾害为主区。

二级区划：例如，台风—洪涝灾害低风险等级类型区，位于该一级区划北部，该区可以命名为"北部台风—洪涝灾害低风险等级区"。按照自东向西或自北向南的顺序，每个区的前面增加阿拉伯数字 1、2、3、4、5……进行标识，例如：Ⅰ-2 北部台风—洪涝灾害低风险等级区。

第 8 章 韧性城市空间安全布局

经济高速增长阶段，我国城镇普遍快速扩张，开发强度不断提高，这一时期对安全的考量较为基础和薄弱。据统计，全国约 70% 以上的城市、50% 以上的人口分布在气象、地震、地质、海洋等自然灾害高风险地区。近年来，自然灾害频繁且分布地域广，对我国城市、经济和社会发展造成了巨大影响。党的十九大以来，我国经济已由高速增长阶段转向高质量发展阶段，以追求国土空间存量提质和健康发展为战略方向，这就需要正视并主动积极解决快速建设时代遗留的安全问题，清晰认识风险，重视规划在改善城市脆弱性上的前瞻和引导作用。

韧性城市规划将会调整以往对抗自然的思维方式和以工程措施为核心的技术方法，转向基于风险评估、主动规避风险的适应性规划方法。具体工作包括基于风险评估，对用地布局和开发建设活动进行严格管制，规避土地利用的风险，并通过优化空间布局，完善韧性资源配置，为精细化的风险治理提供空间和基础设施。

8.1 韧性空间用地安全管控

韧性空间用地安全管控是以风险评估为基础，结合风险评估结论，提出空间用地安全管控策略与要求，引导空间布局和开发建设活动在安全的用地上开展，实现风险的源头管控。区别于以往在用地类型配置完成后再开展韧性空间规划和资源配置的做法，韧性空间用地安全管控能够最大化发挥规划前瞻引导的作用，为系统化的城市安全系统构建提供安全基底保障。

依据《城市综合防灾规划标准》GB/T 51327—2018，空间用地安全管控的任务要求包括根据各灾害风险评估结果，划定灾害高风险片区、有条件适宜地段和不适宜地段、可能造成特大灾难事故的设施和地区，并确定相应的规划管控要求和措施。规划改革后，国土空间规划将灾害风险评估作为双评估的重要内容加以强调，作为划定"三区三线"的重要依据。同时，也规定了市级须在省级国土空间规划评估结果的基础上，根据自身实际需要深化、细化、具化评估结果，指导本级规划的安全布局。因此，结合标准要求，本节先阐述在城市尺度层面，如何识别空间用地安全管控针对的风险对象，然后论述在相应风险对象影响下，相应的用地规划管控要求和措施。在此需要提醒的是，各地实际的风险用地管控与当地的社会经济发展、风险影响情况有关，具体的风险空间用地管控要求还需各地根据实际进行具体分析。

8.1.1 空间用地管控的风险对象

各类风险的成灾机制与影响特征不同，相应的风险治理措施也各有不同，并非所有灾害风险都适合通过用地安全管控降低影响。因此开展空间用地安全管控，首先需要识别管控的风险对象。

依据"H-E-V-C"风险理论框架，风险四要素包括致灾因子危险性、承灾体暴露性、承灾体脆弱性和防灾减灾能力，空间用地安全管控主要通过减少物理空间要素的暴露性来实现风险的降低。城市风险包括自然灾害、事故灾难、公共卫生事件与社会安全事件四类，一般用地安全管控方法主要用于自然灾害风险与事故灾难风险，公共卫生事件和社会安全事件影响因素更为复杂，用地功能改变对降低公共卫生和社会安全风险影响较小。在自然灾害风险中，也有灾害风险并不适用通过空间用地安全管控的方法降低风险影响，如台风对滨海城区均造成大范围影响，采取避难疏散的方法比用地管控更具有经济性和可行性。因此，本节重点讨论以用地安全管控为主要治理方式的风险，在自然灾害风险中，主要讨论洪涝、地质、地震与海洋灾害四类风险；在事故灾难风险中，主要讨论点状、面状和线状三类重大危险设施风险（表8-1）。

用地安全管控的风险对象　　　　　　　　　表 8-1

风险类别	风险对象	
自然灾害风险	洪涝灾害风险	
	地质灾害风险	
	地震灾害风险	
	海洋灾害风险	
事故灾难风险	重大危险设施事故风险	点状危险设施：危险设施站点
		面状危险设施：危险品仓储区
		线状危险设施：输送气体或液体管状设备

8.1.2 自然灾害风险影响下的空间用地安全管控

1. 洪涝灾害风险与空间用地安全管控

全球气候变化下极端降水的频率和强度总体呈上升趋势，叠加城镇开发建设对下垫面的水文特征改变，在一定程度上加剧了城镇空间的洪涝灾害风险。传统的洪涝灾害防治工作存在"重工程防御，轻调蓄与适应"的基本特征。根据我国水利部发布的统计公报中的数据，尽管洪涝防治工程建设力度逐年加大，但洪涝灾害损失仍呈上升态势(图8-1)。这充分说明，在气候变化和城镇高强度开发建设背景下，被动性工程防御无论是在工程技术手段还是在成本效益方面均已显乏力。究其原因，暴露在不断增长的洪涝灾害风险中的承灾体总量不断增加。因此，通过空间用地安全管控来控制甚至

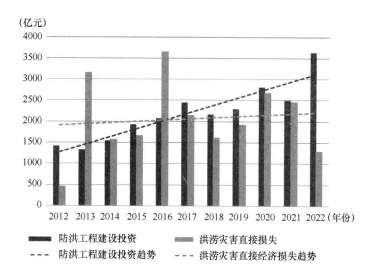

图 8-1　洪涝工程建设力度与洪涝灾害损失趋势图

数据来源：中华人民共和国水利部. 全国水利发展统计公报（2012—2022）［M］. 北京：
中国水利水电出版社，2023.

降低暴露的承灾体总量，理论上对于降低整体风险和灾害损失是一条可行的路径。

国际上，以空间用地安全管控为核心的洪涝减灾非工程措施已被广泛应用于洪涝灾害的风险管理中。以下概述美国、荷兰、英国和日本具有代表性的规划管控理念与经验方法，以期为我国城市洪涝灾害风险空间用地管控提供有价值的参考。

1）国际上洪涝灾害风险空间用地管控的理念与方法

美国为实现兼具降低灾害风险和促进社会经济发展双重利益的洪泛区土地利用管控目标，采取综合空间用地管控措施。首先，在洪泛区管理上，重视对于洪涝灾害风险分区的划定。结合气候变化，估算多情景下的洪泛区划定边界，划定清晰的空间用地管控范围。其次，从规划统筹方面，重视多层级、多类型的规划指引，通过城市总体规划、洪涝空间规划、减灾行动规划等，形成土地利用策略，空间规划要求和重大减灾项目、阶段实施计划，保证洪泛区空间用地管控要求能逐级落实。最后，重视经济、生态、安全的多目标协同，纽约州通过政府和私人合资对高风险地块进行统一收购、改造，鼓励居民迁出洪涝高风险区并补偿其重新安置费用，同时将征用地块改造为生态缓冲区，提升区域整体承洪能力。

荷兰的做法整体是一种根据风险特征级别进行分级、分类管控的规划和管理手段。洪水风险管理三角洲决策（Delta Decision on Flood Risk Management）提出了多层次洪涝风险管理体系（Multi-layer Flood Risk Management），其中一层空间管控策略是限制并引导受洪水风险影响地区的空间组织。该方法实际上是通过空间用地管控，实现因地制宜的洪水韧性管控。以荷兰多德雷赫特市为例，依据洪水风险分析，将堤防保护范围划分为 3 个分区，不同分区实施了差别化的空间规划和管理策略，以保障土地可持续利用。其中最安全区域预留足够的空间，作为风险区域转移人员的避难区域。高风险区限制修建新建筑，中低风险区鼓励修建适应性建筑，如架高住宅，并提高通信网络系统、电力系统等重要基础设施的防洪韧性。

英国允许在洪涝风险区进行适当开发。但是为了保障安全，英国非常重视对各类设施脆弱性的评估以及对开发建设项目的风险分析，一般会结合对洪水风险管理投资的评估，分析洪泛区土地利用的合理性，以及未来洪水风险产生实际的影响。2006 年，英国政府发布的《规划政策声明 25：发展与洪水风险》中，环境局为规划局提供易受洪水影响地区地图，为土地利用规划决策提供信息。该地图充分展示了英国各地区的洪水风险影响程度，并进行了风险影响程度排序，因此可作为分配适宜发展的土地利用类型的重要依据。同时也对开发商在个别地区开展建设项目提出洪水风险评估要求，为保障建设项目可以承受某一地段的洪涝灾害风险，建设项目需要经历适宜性和特例性论证程序。适宜性论证旨在确保相较于洪涝高风险地区，洪涝低风险地区会被优先用于开发。特例性论证包含两个方面：①项目建设为区域带来的可持续发展效益高于其所带来的洪涝灾害风险。②项目的设计和建造满足安全行洪标准的要求，不会增加其他地方的洪涝灾害风险。

日本由于国土面积狭小，从用地安全角度来看，可进行腾挪的空间有限。因此，针对洪涝灾害的空间用地安全管控策略，主要集中在洪涝风险区的土地用途管控上。日本国土交通省考虑气候变化导致的极端暴雨，于 2023 年 5 月出台《流域治水施策集 水灾对策篇》，通过评估易发生洪涝造成建筑物损坏、影响居民生命财产安全的区域，划定浸水灾害防治区域，限制开发建设新居住区。有条件的情况下，一般在大型河流两岸堤防以内，预留较宽阔绿地、沙地作为灾时允许淹没区，禁止进行城镇建设的同时，用作平时的生态、游憩和体育活动空间，从而实现风险区土地的高效复合利用。而对于高开放强度、高密度的城镇建设区域，一般很难通过用地调控来降低洪涝灾害风险，而更多地依赖区域性的排水工程设施或局部性的应急雨水储留设施。为高效利用土地，日本东京推进高台城镇建设，包括相连的高台公园、建筑群等，保障发生设施无法阻挡洪水的情况时，能让受灾居民转移到高台避难。

2）我国洪涝灾害风险空间用地管控的实践与挑战

总结我国当前防洪风险空间用地管控要求，主要通过分区与底线实现用地管控（图 8-2）。

在分区管控方面，基于 2019 年开始试行的由水利部组织编制的《洪水风险区划技术导则（试行）》，洪水风险分区可分为江河防洪区、山地洪水防灾区以及局地洪水危险区。在分区的基础上，结合防洪治理需求，划分不同等级的洪水风险防治区。江河防洪区包括蓄滞洪区、洪泛区和防洪保护区三类。其中，洪泛区和防洪保护区在当

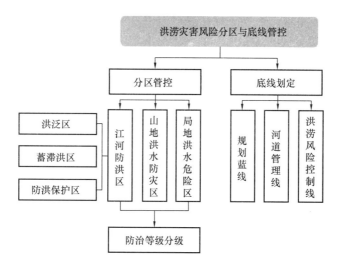

图 8-2　洪涝灾害风险空间用地管控体系图

前标准规范中并未细化用地管控要求。蓄滞洪区的用地管控要求主要包括：①控制人口增长，保障启用时人口能够安全迁出；②严禁在分洪口附近和洪水主流区内修建或设置阻碍行洪的各种建筑物，堆放弃土及种植阻水的高秆作物，已有的要限期清除；③严禁在蓄滞洪区内发展污染严重的企业和生产、储存危险品；④在蓄滞洪区内建设油田、铁路、公路、矿山、电厂、通信设施及光缆、管道等非防洪工程建设项目，应编制洪水影响评价报告，并提出自保措施。由于我国现阶段对于如何让蓄滞洪区内的防洪安全与经济发展形成良性关系缺少精细化的管控要求，因此，在我国现划定的蓄滞洪区内有多个蓄滞洪区均面临产业迅猛发展、建设用地占比迅速增加与蓄洪功能之间的突出矛盾。

　　在底线管控方面，我国现阶段洪涝灾害风险相关控制线主要包括"洪涝风险控制线""规划蓝线""河道管理线"等。2020 年，自然资源部发布的《市级国土空间总体规划编制指南（试行）》（以下简称"指南"）首次提出要划定"洪涝风险控制线"，并作为汇交国土空间总体规划的必选项。指南给出了洪涝风险控制线的定义，即为保障城市防洪排涝系统的完整性和通达性，为雨洪水蓄滞和行泄划定的自然空间和重大调蓄设施用地范围，包括河流湿地、坑塘农区、绿地洼地、洪水行洪通道等，以及具备雨水蓄排功能的地下调蓄设施和隧道等预留的空间。

　　现阶段，洪涝风险控制线划定由于划定和管控要求存在模糊性，与其他相关底线的衔接规则不清晰，例如"行洪通道"边界线是选取河道管理线或堤顶线未有统一要求，"为雨水蓄滞的自然空间"在划定时未有明确的规则，因此在各地对于洪涝风险控制线进行划定时，与河道管理线、蓝线等可能存在冲突。如洪涝风险控制线采用水库线和行洪河道的堤线范围；而蓝线包括行洪河道管理线、行洪通道范围线等输水工程占地范围线，与洪涝风险控制线存在重叠。或是洪涝风险控制线采用水务部门划定的河道管理线，常常与城镇开发边界、用地布局、道路网等有冲突，可能会给后续管理带来一定困扰。

3）洪涝灾害风险空间用地管控思路与方法

结合国际上在空间用地安全管控方面的洪涝减灾非工程措施的成功经验，以及我国当前的具体实际和时代背景，我国在洪涝灾害风险空间用地管控方面可以从以下几个关键方面出发：

一是明确洪涝风险区划定和差别化用地管控方法，完善相关法规政策和技术规范导则，提升执行层面的可操作性。首先，需要完善洪涝风险分区划定及分类管控的技术规范导则，这包括确立科学的风险评估方法，明确不同风险等级区域的划分标准，制定针对性的用地管控策略。其次，需要保障充分的补助和激励政策。针对洪涝高风险区的居民，政府应提供合理的重新安置费用，鼓励居民自愿迁出。同时，对于洪涝高风险区的适应性建筑修缮和基础设施防洪韧性提升，应提供必要的资金保障和政策支持。

二是针对规划新区，以"未开发区避损"为原则，基于洪水影响评价确定未来开发建设可能会带来的社会经济损失，提出包含用地功能指引和开发强度约束的洪涝高风险区用地安全布局方案，如易涝低地可以作为生态湿地、公园绿地、广场等。

三是以"未开发区避损、已开发区减损"为原则，建成区与规划新区分区制定灾害风险预留用地管控。规划新区基于洪水影响评价确定未来开发建设会带来的社会经济损失，以刚性管控为主，提出包含用地功能指引和开发强度约束的洪涝高风险区用地安全布局方案，如易涝低地可以作生态湿地、公园绿地、广场等。建成区难以大规模调整用地功能，可以弹性管控为主，洪涝高风险区宜以避让为主，当城市建设用地难以避让易涝风险区时，可以划定平灾转换弹性避让区，灾时组织人员避让疏散，平时作为开放空间。

四是充分考虑气候变化对洪涝风险的影响，充分识别当前未纳入洪涝高风险区但随着气候变化，未来可能受到洪涝风险淹没影响的区域，考虑远期人员避让和疏散，保障区域具有适应灾害冲击的调整能力。

2. 地质灾害风险与空间用地安全管控

我国地形地貌多样且复杂，这一特点导致地质灾害频发且类型多样，其变化趋势日益复杂。当前，尽管我国已经构建了相对完善的地质灾害防治体系，主要以强化地质灾害预警监测和针对隐患点实施工程治理为主，但在极端天气事件日益频发的背景下，地质灾害的突发性和不确定性显著增强。面对这一挑战，仅仅依赖传统的监测和工程治理手段，已经难以高效降低地质灾害对人类社会和自然环境带来的潜在威胁。

国际上以空间用地安全管控为核心的地质灾害非工程措施已被广泛应用，以下概述美国和欧洲各国具有代表性的规划管控理念与经验方法。

1) 国际上地质灾害风险空间用地管控理念与方法

美国作为地质灾害多发国家，自 20 世纪 50 年代起，地质灾害防治从以工程治理为核心逐步转向以规划管控和土地利用为核心，旨在从源头降低风险，并取得了显著效果。1999 年，美国国会出台了《减缓国家滑坡灾害战略：减少损失构架》的报告。该报告要求在规划和利用土地前，必须进行详细的滑坡灾害评估。2000 年，美国制定了《滑坡灾害与规划：将地质灾害规划纳入规划程序》指导性文件，对规划者和政府官员在土地利用规划、建筑开发规程、城市改造规划等不同的规划建设阶段中，判断滑坡灾害是否影响土地开发提供指导，强调在土地利用部署阶段确定土地的最佳利用途径，并将地质灾害危险要素纳入规划基金评选要求中，使得滑坡灾害区的公共投资最小化。

欧洲各国也对土地利用规划在地质灾害防治方面的作用高度重视。1998 年，意大利颁布了地质灾害防治的 180 号法令，通过土地利用规划规避地质灾害的防治战略。瑞士在 1997 年出台了《滑坡危险性与土地利用规划的实践规则》，制定滑坡灾害风险区划的标准和规范。法国将滑坡风险潜在区填图的成果，大量应用于土地利用规划编制中，有效规避了滑坡灾害。

2) 我国地质灾害风险空间用地管控的实践与挑战

我国地质灾害风险治理通过地质灾害调查评价、监测预警、综合治理、防御响应等系统工作的开展，已取得不错的治理成效。过去防治工作开展中，地质灾害防治主要集中于通过工程手段、避险搬迁等综合治理方式实现降低地质灾害损失的目的，重视单个工程开发项目的地质灾害评价与防治，但是对于从宏观区域用地规划角度遏制地质灾害发生关注较少。

随着国土空间规划体系的建立，在空间用地规划中充分考虑地质灾害风险区内的建设限制性和适宜性，是实现源头防范地质灾害的重要途径。《市级国土空间总体规划编制指南（试行）》要求"城镇建设和发展应避让地质灾害风险区、蓄泄洪区等不适宜建设区域"。现阶段，我国已初步完成国家、省、市、县四级地质灾害风险评价与区划，划定了地质灾害易发区与防治分区。地质灾害风险区划作为国土空间用途管制进行重要基础数据来源，是国土空间规划开展用地管控分析的重要依据。目前国家层面还未有明确、统一的地质灾害用地管控要求，各地结合实际需要，提出地质灾害风险空间用地管控要求。如北京要求地质灾害高易发区作为国土空间规划和用途管制特殊区域，充分考虑建设的限制性和适宜性，引导新建工程尽量避开；四川要求加强地质灾害高易发区和极高、高风险区国土空间规划和用途管制。

3) 地质灾害风险空间用地管控思路与方法

结合国际经验和我国当前实践经验，地质灾害风险的空间用地管控首先应通过地质灾害危险性评估（表 8-2），并结合城市建成情况，开展相应的用地管控工作。

建设用地需进行地质灾害危险性评估情况表　　　　　　　表 8-2

地质灾害类型	需开展危险评估的建设用地
沉降	建设用地位于地面沉降或可能发生地面沉降区域时
活动断裂	建设用地周边 3km 范围内有活动断裂通过
地裂缝	建设用地及评估区有地裂缝发育或具有地裂缝发育地质条件时
砂土液化	建设用地一定深度内分布有可液化的砂土或粉土层
崩塌	建设用地存在崩塌或受崩塌危害时
滑坡	建设用地存在滑坡或受滑坡危害时
泥石流	建设用地位于具备泥石流发生条件的山区或山前泥石流影响区
不稳定斜坡	建设用地存在不稳定斜坡或者邻近不稳定斜坡区域时
采空塌陷	建设用地位于采空区或采空影响区
岩溶塌陷	建设用地位于岩溶发育的地区

表格来源：北京市市场监督管理局. 地质灾害危险性评估技术规范：DB11/T 893—2021 [S]. 2022.

（1）已建成区的风险空间管控

对于已建成区的地质灾害风险隐患难以通过整体用地功能的改变降低风险，城市更新、旧城改造、基础设施建设等过程中应统筹考虑地质灾害防治要求，坚持综合整治，有序推进，同步消除地质灾害隐患。无法治理的地质灾害隐患，可考虑实施搬迁避让措施，尽快降低暴露在高风险区域的人口和经济体量，减少灾害损失的风险。

（2）未建成或建设中区域的风险空间管控

结合地质灾害易发分区和隐患点，引导新建工程尽量避开地质灾害高易发区。中、低地质灾害易发区的规划，在开展详细规划、工程建设前应开展区域尺度的地质灾害危险性评估工作，并提出相应的防治措施，相关部门和责任主体根据评估结论和防治措施确定是否能开展规划建设工作，并将防治要求写入规划设计条件中，确保配套地质灾害防治工程与主体建设工程勘察、设计、施工和竣工验收同步进行，避免建设工程引发地质灾害。

3. 地震灾害风险空间用地安全管控

地震灾害影响是由岩层的变动带来的强烈震动，传至地表造成构筑物受损，并带来其他二次灾害。其致灾因子难以改变，且破坏性强，不可预见性大。而要加强构筑物的抗震性能需要大量资金的投入，也涉及究竟在哪个标准上进行工程防护，这就关系到现阶段经济社会发展水平下的成本收益问题。由此可见，相较于洪涝、台风等灾害，通过土地利用的源头管控，降低地震灾害风险影响尤为重要。以往以经济建设为中心的高速城镇化阶段，对于地震灾害对土地开发建设的限制和影响重视不足。甚至，有的城镇从一开始选址建设，就没能避开地震断裂带。根据《国家防震减灾规划（2006—2020 年）》，20 世纪，全球因地震死亡的 120 万人中我国就占了 59 万人，居各国之首。因此，国土空间规划中重视分析地震灾害风险对土地利用的影响，评估城市空间用地的抗震防灾适宜程度，对科学布局城镇建设空间与用地，合理安排城市功能布局具有重要意义。

1）国际上地震灾害风险空间用地管控理念与方法

受环太平洋地震带、欧亚地震带以及海岭地震带三大地震带的影响，日本、美国都是地震多发国家，在一次次地震事件中总结了成熟的抗震减灾经验。

日本作为地震多发国家，在土地资源紧约束的现实下，很难完全避让地震风险空间。因此，转而通过提升承灾体的抗震性能以及防范次生火灾的能力来降低地震灾害损失风险。这包括通过分析大规模地震下各类承灾体的损失情景，识别脆弱的建筑物倒塌地区、管道断裂地区、道路拥堵地区等；继而在韧性规划中提出针对性的城市用地更新整备要求，全面提升城镇各类要素的抗震防灾水平。例如更新大规模木建筑密集地区，降低震后易发生次生火灾的建成区比例；结合更新或重建计划提高建（构）筑物和地下管道的抗震性能等；以及注重在空间规划中充分利用公共空间建设防灾公园等作为灾害缓冲地带和应急避难场所。

美国主要采用 HAZUS—MS 风险评估软件，对地震风险可能造成的物理空间损坏（如各类居住、商业、关键基础设施等），以及经济损失（如生产中断，恢复重建费用等）情况进行预测，形成地震灾害风险地图，集中分析承灾体脆弱性。该风险地图数据面向规划行业从业者全面公开，为规划用地管控提供扎实的数据分析支撑。

2）我国地震灾害风险空间用地管控的实践与挑战

我国地震灾害风险空间用地管控首先需要开展抗震适宜性评价，明确城市可用地抗震类型分区、地震破坏及不利地形影响（图 8-3）。用地抗震适宜性评价问题涉及的研

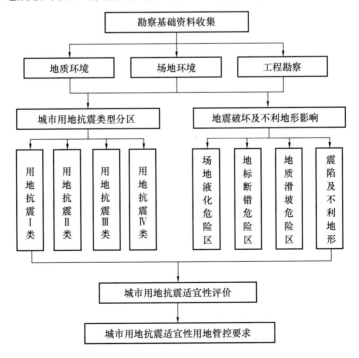

图 8-3　城市用地抗震适宜性评价流程图

究工作复杂且专业性强，需要由抗震风险评估专业技术团队开展地质勘察和场地环境的分析。

韧性规划在适宜性评价的基础上，对新建区域划定不适应建设范围，并提出相应的限制使用要求（表 8-3），以降低城市本底风险。在实际规划用地管控中，考虑到城市用地紧张、受土地价格约束，城市建设在单位土地上的聚集程度越来越高且地震影响范围大，城市开发建设难以完全避开地震影响区域范围，因此，目前的抗震研究重点集中于建筑单体及设防工程抗震性能的提高，但提高工程设防标准无疑会增加工程造价，对于量大面广的城市工程，在工程建设成本上是难以承受的。

对已高度建成的区域，可结合实际情况，提出城市用地功能布局优化要求，包括调整建设强度、搬迁避让或加强工程措施等空间用地安全管控要求，从源头减轻城市地震灾害影响。高度建成区要实现抗震用地布局优化，一般需要通过城市更新开发。然而，现阶段更新改造活动主要聚焦于提高城市用地的经济效益，对地震用地安全的考虑欠缺。出现这种情况，主要是由于用地安全审查机制尚未在更新改造中完善，缺少统一的监管机制。

各适宜性地段的抗震防灾用地建设要求 表 8-3

类别	适宜性地质、地形、地貌描述	城市用地选择抗震防灾要求
适宜地段	不存在或存在轻微影响的场地地震破坏效应，一般无须采取整治措施： ① 场地稳定； ② 无或轻微地震破坏效应； ③ 松散地层厚度不大于 5m 的基岩分布区； ④ 二级及其以上阶地分布区；风化的丘陵区；河流冲积相地层厚度小于 50m 分布区；软弱海相、湖相地层厚度 5～15m 的分布区； ⑤ 无或轻微不利地形影响	—
较适宜地段	存在一定程度的场地地震破坏效应，可采取整治措施满足建设要求： ① 场地不稳定，动力地质作用强烈，环境工程地质条件严重恶化，不易整治； ② 一级阶地及其以下地区，河流冲积相地层厚度大于 50m 分布区；软弱海相、湖相地层厚度大于 16m 的分布区； ③ 软弱土或液化土发育，可能发生中等及以上液化或震陷； ④ 条状突出的山嘴，高耸孤立的山丘，非岩质的陡坡，河岸和边坡的边缘，平面分布上成因、岩性、状态明显不均匀的土层（如故河道、疏松的断层破碎带、暗埋的塘浜沟谷和半填半挖地基），地表存在结构性裂缝等地质环境条件复杂，存在一定程度的地质灾害危险性	工程建设应考虑不利因素影响，应按照国家相关标准采取必要的工程治理措施，对于重要建筑尚应采取适当的加强措施

续表

类别	适宜性地质、地形、地貌描述	城市用地选择抗震防灾要求
有条件 适宜地段	存在尚未查明的潜在危险性用地： ① 存在尚未明确的潜在地震破坏威胁的危险地段； ② 地震次生灾害源可能有严重威胁； ③ 存在其他方面对城市用地的限制使用条件	作为工程建设用地时，应查明用地危险程度，属于危险地段时，应按照不适宜用地相应规定执行，危险性较低时，可按照较适宜用地规定执行
不适宜地段	存在场地地震破坏效应，但通常难以整治： ① 可能发生滑坡、崩塌、地陷、地裂、泥石流等的用地； ② 发震断裂带上可能发生地表断错的部位	不应作为工程建设用地。基础设施管线工程无法避开场地破坏作用，应采取有效措施减轻场地破坏作用，满足工程建设要求

注：根据该表划分每一类场地抗震适宜性类别，从适宜性最差开始向适宜性好依次推定，其中一项属于该类即划为该类场地。

表格来源：中华人民共和国住房和城乡建设部. 城市抗震防灾规划标准：GB 50413—2007［S］. 北京：中国建筑工业出版社，2007.

3）我国地震灾害风险空间用地安全管控思路与方法

当前我国地震灾害风险空间用地安全管控的挑战，主要在于高度建成城区空间用地格局已成定型，抗震的相关用地适应性要求难以完全落实，影响了城市抗震韧性的提升。结合国际经验，提出以下管控思路与方法：

一是充分利用好城市更新与整备机会，加强用地安全审查。在规划、设计、建设、施工、维护管理各阶段提出明确抗震用地审查要求，尤其是要提出开展抗震适宜性评价的要求，将其作为保障韧性规划用地管控的重要依据。

二是在抗震适宜性评估的基础上，韧性规划进一步开展承灾体脆弱性评价。在地震断裂带、地震烈度等级等基本地震风险要素的基础上，全面分析规划区地震时可能面临的物理空间损坏和直接经济损失风险，绘制地震危险性评估风险图，为精准采取抗震工程措施提供依据。

三是结合抗震风险地图，划定抗震防灾分区，根据不同抗震防灾空间用地特征，提出用地管控要求，包括抗震防灾空间用地功能布局引导、建筑加固改造、基础设施的加固改造、避难空间的保障等。

4. 海洋灾害风险空间用地安全管控

全球变暖背景下，沿海地区是海平面上升、海水入侵、海啸、风暴潮、浪潮、海水倒灌以及海岸侵蚀等海洋灾害多发的高风险区域。沿海地区自古以来就是渔业生产的基地，近代以来更成为商贸交流的口岸和城镇化建设的重点区域。随着现阶段国家海洋发展战略的推进，我国滨海地区的开发建设在不断加强和深化，随之而来的是暴露在海洋灾害中的承灾体数量进一步增加。在具体识别灾害影响的基础上，首先从空间用地安全管控角度对滨海地区的土地利用和资源配置进行引导，这是其应对气候变化下极端灾况、降低灾害损失的最直接和高效的手段。目前国际上很多国家或城市为了提高滨海地区气候适应韧性，提出的综合对策首要重点就是空间用地的安全管控。

1) 国际上海洋灾害风险空间用地安全管控理念与方法

美国曼哈顿金融港城结合对未来风暴潮淹没区域的预测，提出留足滨水可淹没区，保障高强度建设的区域距离海岸有充足的弹性距离，并容纳防洪基础设施。

印度尼西亚的班达亚齐在充分考虑土地利用格局、灾后可用土地及灾时疏散救援的交通需求等的基础上，将自海岸线向陆地一侧的区域划分为 3 个分区，包括直接受灾区、撤离缓冲区和安全区域。直接受灾区为海岸区，该区域主要布局港口码头、防护设施。撤离缓冲区为生态区，该区域主要布局渔业相关设施、城市公园和旅游休闲设施，以便于紧急状态下人群能够快速疏散。安全区域主要是城市主体功能区和城市中心区，该区域承担了逃生引导、灾害减灾和应急基地等功能。

泰国普吉省规定每个海滩必须设置建筑缓冲区，泰国普吉省将由海岸线向陆地一侧区域划分为 4 个防灾分区，分别为海岸带区域、疏散区、保护区和城市改造区。其中，海岸带区域可进行海上运动；疏散区主要为海岸带 20m 范围内的绿地带和绿地公园，该区域可兼作防波堤；保护区以滨海公路为主要保护对象；城市改造区为沿海地区15～20m 范围内的区域，该区域为建筑缓冲区，禁止新建任何建筑物，并有序拆除已有建筑物。

2) 适用于我国的海洋灾害风险空间用地安全管控方法

结合国际先进经验，并基于当前国内已实施的海岸带空间用地管控方法，总结出一套全面而科学的海洋灾害空间用地管控策略。在空间用地管控的具体实施上，应聚焦于分区管控和划线管控两大核心措施。分区管控旨在根据滨海地区的地理特征、灾害风险等级以及经济社会发展需求，科学划分不同功能区域，实施差异化的管控策略。而划线管控则是通过设定明确的地理界线，明确各区域的管控边界，确保管控措施的有效执行。

分区管控指结合气候变化风险评价，综合考虑滨海地区生产、生活和生态用地发展的刚性要求和弹性要求，划定管控分区，并制定相应的管控目标及措施。分区管控要把握好滨海用地的活力弹性与安全底线之间的关系，需要综合考虑风险影响、经济发展、公众亲水以及海岸管理等诸多因素。在管控分区上各地结合实际有不同的划分要求，从管控的刚弹性要求看，可以总体分为刚性管控与弹性管控区域。

刚性管控区域指需要特殊保护区域，包括生态功能区、风险高脆弱区等，刚性管控区内禁止建设无关的建（构）筑物，禁止开展损害生态环境的建设工程活动。尤其是围填海用地，需要在充分考虑气候变化影响的基础上，对已建城区提出局部有序后退要求，对新建城区提出适度开发与合理避让要求。

弹性管控区域，可以结合风险影响控制与城市产业发展、亲水活力需求，将开发建设强度与安全防御措施综合匹配，结合未来海平面上升风险，预留好受灾区域，增强城区抗灾韧性。

划线管控主要指大陆海岸线结合不同岸线特质有不同的退缩线要求，在这段距离内禁止全部或者特定类型的开发行为。海岸建设后退缩线的划定目的主要包括：依据对以高危蚀退区为主的海岸灾害区的界定，保护沿海地区的开发免受自然灾害的破坏；控制沿海岸线的开发建设活动，保护海岸带景观资源和生态系统；保证公众的亲海娱乐权，为未来海岸带地区的开发建设提供规划控制依据。

划线方法在各省市中有不同要求，但基本的岸线划分与考虑因素较为一致，从广东省的海岸建设退缩线标准（表8-4）可以看出海岸线根据其自然属性，分为自然岸线、人工岸线等岸线类型。其中，自然岸线又分为砂质岸线、淤泥质岸线、基岩岸线和生物岸线4种类型。对于依据自然岸线划定的海岸建设后退缩线距离，应根据不同岸线类型进行区分。对于依据人工岸线划定的海岸建设后退缩线距离，应根据气候变化背景下的最大风暴潮侵袭距离确定，并综合考虑沿海区域现状建设情况进行划定。

大陆海岸线海岸建筑退缩线的基础退缩距离划定标准表　　　　表 8-4

岸线类型		基础退缩距离	备注
一级类	二级类		
自然岸线	砂质岸线	≥100m	基于岸线自然属性和受海洋灾害影响程度确定
	淤泥质岸线	≥100m	基于岸线自然属性和受海洋灾害影响程度确定
	基岩岸线	≥100m	基于岸线自然属性和基岩海岸地形地貌特点确定
	生物岸线	≥100m	基于岸线自然属性和受海洋灾害影响程度确定
人工岸线	港口、码头（含渡口）、渔港、修造船厂、临海工业区等生产作业类岸线	不做退缩距离要求	由于生产作业类建设属于赖水性作业，需沿岸线建设，因此不做退缩距离要求
	农田防护堤、养殖堤坝等生产防护类岸线	位于河口海域，≥38m 位于开阔海域，≥80m	与河道岸线控制线的管控距离相衔接
	城镇生活、休闲、旅游等生活类岸线	≥50m	城镇空间内的生活型岸线重点考虑公众亲海功能和景观建设。由于部分沿海地市的生活类岸线开发强度较大，建筑较难退出，故选取50m作为最低退缩距离。有条件的地市可适当扩大该距离
	生态保护、科普等生态类岸线	≥100m	参照自然岸线的标准确定退缩距离

岸线类型		基础退缩距离	备注
一级类	二级类		
其他岸线	河口岸线	不做退缩距离要求	考虑现实情况，河口岸线一般不进行建筑物建设，不做退缩要求
	生态恢复岸线	根据岸线规划功能或参考自然岸线确定	① 已建设海岸工程的岸段基于生态恢复后岸线规划的功能利用属性来确定； ② 无海岸工程的岸段根据生态恢复后的具体岸线类型，参考相应的自然岸线确定基础退缩距离

注：参考广东省自然资源厅发布的《关于建立实施广东省海岸建筑退缩线制度的通知（试行）》。

划线管控要求主要包括：海岸建设后退缩线向海一侧为不可建设区，而经影响评估后在公共安全及服务方面必不可少的基础设施建设，以及必须临海的开发活动或土地利用方式，需进行风险评估，并由海岸带相关管理部门甄别同意后，才能发放建设许可证。不符合建设规定的现有违法建设项目，应按照有关法律法规予以处理。海岸建设后退缩线范围内的滨海村庄及已建设施不允许进行新建，私搭乱建的建（构）筑物按规定予以拆除。

8.1.3 重大危险设施空间安全管控

1. 管控对象划定

根据《中华人民共和国安全生产法》，对重大危险源进行定义：重大危险源是指长期地或者临时地生产、搬运、使用或者储存危险物品，且危险物品的数量等于或者超过临界量的单元（包括场所和设施）。根据《危险化学品重大危险源辨识》GB 18218—2018，对重大危险源进行定义：危险化学品重大危险源指长期地或临时地生产、加工、使用或储存危险化学品，且危险化学品的数量等于或超过临界量的单元。

本书论述的重大危险设施空间安全管控对象主要针对一旦发生事故，可能对周边一定区域造成重大人身伤亡、财产损失或重大影响，以及存在重大危险源或核辐射的设施，如核电站、超高压管道、大型油气及其他危险品仓储区、化工园区等，必须对其周边区域进行重点安全防护。这些设施由于其潜在的危险性，需要采取严格的安全措施和管控，以确保公众安全和环境的稳定。同时，根据危险设施的形态特征，重大危险设施空间安全管控对象主要分为三大类：

（1）点状危险设施：该类设施以站点形式分散布局，如核电站、液化石油气库、成品油库、化学危险品库、天然气调压站、天然气调峰站、加油（气）站、加氢站、综合能源站等。

（2）面状危险设施：该类设施涉及多个（套）危险物料生产装置、设施或场所，形成了一个集中的危险品生产或储存区域，其特点是涉及多种危险物料，且危险物料的储量规模较大。一旦发生事故，后果可能引发连锁反应，造成严重的事故后果。这类设施主要包括核电站、油气仓储区、民爆器材仓储区、化工园区和其他危险化学品仓储区。

（3）线状危险设施：该类设施是利用一定的压力（且压力超过一定临界点）来输送气体或液体的管状设备，其特点是高能高压、连续作业、链长面广、周边环境复杂以及管理困难。这类设施主要包括成品油管道、LNG 管道、城市燃气高压管道及附属设施（门站、调峰站）等。

2. 管控目的

在不断调整的城市发展模式的背景下，需要进一步提升精细化管理水平，应结合城市新变化情况，对危险设施规划及安全管控方案不断进行补充、完善与校核，科学引导周边合理发展，强化对城市重大危险设施及周边影响区域的安全管制，降低重大危险设施的灾害风险水平，促进城市安全。

重大危险设施空间安全管控的目的主要有两个方面：一是保障设施自身安全，降低事故损失后果；二是控制设施外围环境对设施安全运行造成的影响，减少风险源。

3. 管控原则

关于重大危险设施安全空间管控，应遵循以下五个原则：一是安全为先原则，始终将安全放在首位，明确划定空间安全管控范围，该范围应包括重大危险设施的核心区域及其影响区域，以及为确保设施安全运行而必须控制的地区；二是动态调整原则，根据管理和技术的改进、周边环境的变化等因素，动态调整管控范围，以确保风险水平得到有效控制；三是鼓励创新原则，鼓励采用创新的管理和工艺方法，以减少防护空间的范围，从而更好地保障城市安全；四是界定清晰原则，确保重大危险设施空间安全管控范围的界定清晰明确，实现"定性、定量、定位"的目标；五是合法合规原则，确保管控范围符合国家相关技术标准与规范，以保障设施的安全运行。

4. 管控思路与方法

1）管控思路

重大危险设施及周边空间，特别是在城市化快速发展地区，危险设施周边建设用地扩张迅速情况下，其安全风险亦随之增加，可主要通过"减少事故的损失后果"与"保障设施自身安全"两条途径降低危险设施风险后果（图 8-4）。一是减少事故的损失后

降低灾害风险的途径	对应的周边影响范围
减少事故的损失后果	➤不可接受的事故影响范围
保障设施自身安全	➤设施外围一定距离内的活动可能对设施安全造成影响的区域 ➤不同距离，不同设施，不同影响

图 8-4　重大危险设施空间安全管控范围分区划定示意图

果方面，可通过划定不可接受的事故空间影响范围，在这个区域内进行开发建设时，需进行适当的引导和限制，最大限度减少事故造成的损失；二是保障设施自身安全方面，可对会给设施安全运行可能造成影响的外围区域划定一定范围。以上范围的划定和要求因设施的类型和所处环境的不同而有所差异，需要根据不同的情况制定相应的安全措施和管控标准（图8-5）。

由此，可通过对重大危险设施进行空间安全管制与范围划定，即对其周边区域的土地利用和建设活动进行引导或限制的安全防护范围的界线划定与管控，设定该类设施安全防护范围，以降低城市重大危险设施的风险水平。根据危险设施的形态特征，重大危险设施空间安全管控思路主要分为三大类：

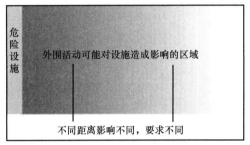

图8-5 危险设施外围活动影响区域示意图

（1）点状设施：以核电站的安全管控为例，可参考相关核电厂周围限制区安全保障与环境管理条例规定，核电厂周围限制区是指以核反应堆为中心，半径为5km的限制人口数量机械增加、对新建和扩建项目按本条例加以引导或限制的地区。因此，核电站的安全管控范围划定依据可参考该站相关安全保障条例中的限制区要求进行划定，如影响范围从站点向外扩至5000m范围。

（2）面状设施：对于面状的重大危险设施，多采用基于定量风险评价方法和基于事故后果评价方法。现状已建的重要危险设施管控范围主要依据采用个人风险等值线1×10^{-6}范围划定，参考社会风险值以确定限制区；规划未建的重大危险设施主要基于事故后果评价的方法，参考类似重大危险设施基于定量风险评估的值确定限制区。

（3）线状设施：考虑到线状的重大危险设施具有管道链长面广、连续作业、周边环境复杂等特点，在管道及附属设施的保护上采取以保障管道自身安全为主要手段，以周边安全间距控制为辅助手段的空间管控思路，如可参照相关条例及规范的要求确定管道两侧各5m范围为控制区、50m范围为限制区的管控方式。

2）管控方法

为加强对城市中重大危险设施的安全管理，以及改变城市建设扩张造成危险品仓储区被迫另选址的困境，可在学习借鉴我国香港地区危险品仓储管理控制区经验基础上，结合当地城市快速发展与土地资源紧张等实际情况，通过划定城市危险品安全管控范围线（或称"橙线"），加强对重大危险设施及其周边影响范围的控制与管理，即实施"五线"管理，将"橙线"和其他城市"四线"（黄线、蓝线、紫线和绿线）一同作为加强城市空间管制的重要手段（图8-6）。

城市危险品安全管控范围线是为降低城市重大危险设施的风险水平、对重大危险设施周边区域的土地利用和建设活动进行引导或限制而划定的安全防护范围的界线。划定危险品安全管控范围线作为一种空间管制手段，应以"安全第一，预防为主"的方针落实到城市规划阶段，将相关安全要求落实到空间上。危险品安全管控范围线是实现重大危险设施周边用地安全规划的重要举措，是降低重大危险设施灾害风险水平的重要保障。

图 8-6　危险设施空间安全管控范围划定示意图

根据各类危险设施特性与安全影响因素，可将危险设施周边空间类型划分为：高敏感或高密度场所、中密度场所和低密度场所。结合我国各地实际情况，参考国外个人风险可接受标准，可将其作为重大危险设施空间安全管控范围内用地布局的规划指引。将不同场所特征与城市各类功能区相衔接，确定城市不同类别功能的最大可接受风险基准范围。具体场所类型划分如下：

（1）高敏感或高密度场所，例如党政机关、学校、医院、敬老院、大型体育场馆、大型商场、影剧院、居民住宅、宾馆饭店等。

（2）中密度场所，例如办公场所、劳动密集型工厂、商场（商店）、广场以及小型体育及文化娱乐场所等。

（3）低密度场所，例如技术密集型工厂、公园等。

根据风险水平的不同，将重大危险设施空间安全管控范围根据风险后果程度、影响范围等因素分为控制区、限制区和协调区三个层次进行管理，具体安全管控范围界定如下（图 8-7）：

（1）控制区，为加强对外力影响较敏感的重大危险设施的保护，在限制区范围紧邻设施的一定范围内应划定控制区。该区域内的建设活动应进行严格禁止或限制，防止外围活动对设施安全运行造成影响。

（2）限制区，即不可接受的事故影响范围。对该区域内的开发建设应进行引导和限制以保障危险设施与周边环境安全。在限制区内，除考虑事故对周边地区的影响外，还

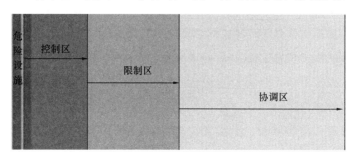

图 8-7　重大危险设施空间安全管控范围分区划定示意图

应考虑外围活动对设施自身的安全影响。

（3）协调区，对所处环境比较特殊（如山谷等）或受外力影响较大的危险设施，为预防限制区外围一定区域内可能对危险设施造成威胁的应划定协调区，如爆炸、开山采石、破坏原貌地貌等破坏力较大的活动，在这一区域应尽量避免此类活动；确需进行的，应当事先采取一定安全措施后方可实施。

3）管控范围划定方法

对重大危险设施的空间进行安全管控范围的划定，应以风险评估为依据，其划定方法主要包括以下三种：安全距离法、事故后果评价法以及定量风险评价法。

（1）安全距离法：依据历史经验或专家判断，对事故后果进行初步预估，并列出不同工业活动或设施与居民住宅、公共区域及其他重要区域的安全距离。这些距离的大小取决于工业活动的性质或危险物质的特性与数量。该方法通常以表格形式明确各类工业活动的安全分隔距离，便于应用和监管。

（2）事故后果评价法：基于可能发生的事故后果进行评估，而无须分析事故发生的可能性。事故后果通常按照对人或环境的具体影响程度进行定量估算，例如对于毒物泄漏，根据致死剂量或伤害程度确定相应的安全距离；对于爆炸事故，根据可能导致的严重伤害的超压和冲击波来确定安全范围；对于火灾引发的热效应，则根据一定时间内的热辐射量来设定安全距离。

（3）定量风险评价法：或称为概率风险评价（PRA），旨在全面评价事故的严重程度及其发生的可能性。与前两种方法相比，由于需要计算事故发生的概率，该方法更为完善、复杂，并需要更多的时间和资源。定量风险评价法通常涉及两类风险值：个人风险和社会风险。个人风险是指特定地点的工作人员或居民在一年内因接收站事故而遭受致命伤害的可能性，通常以年死亡频率表示；社会风险则考虑了设施附近的人口密度、人员流动以及应急措施等因素。社会风险标准通常作为个人风险标准的补充。

这三种方法的优缺点如下：一是安全距离法，该方法简单明了且便于应用，可根据不同危险物品的性质和数量或危险设施的类型编制安全距离手册或标准，便于设计部门、规划部门、安全监管部门以及企业进行检查和应用；但该方法主要基于经验确定，对设施的安全管理水平和其他本质安全因素考虑或较为欠缺。二是事故后果评价法，该方法可根据伤害能量大小和伤害准则确定伤害范围，其优势在于可定量判定不同条件下最严重的伤害半径，为土地使用安全规划提供决策依据；但该方法需由专业技术人员基于数据库支持，计算过程较为复杂。三是定量风险评价法，这是目前国际上较为先进的评价方法之一，该方法可判定事故后果的严重程度并出具发生概率的定量数据；但计算过程较为复杂，且需要在全面的数据库建立的基础上，由专业风险评价图开展。

综上所述，对重大危险设施空间安全管控范围的划定，基于事故后果评价和定量风险评价的方法是较为科学的，特别是基于定量风险评价的方法更具实际判定意义。目前，欧盟、美国、加拿大、澳大利亚等地主要采用"基于后果"和"基于风险"的两种评价方法来支持用地规划的决策。同时，目前开展的风险评价多推荐采用 LSIR 个人死亡风险标准。根据该标准，事故影响的可接受标准值为 1×10^{-6} 等值线。因此，重大危险设施空间安全管控范围所划定的限制区范围为个人风险等值线 1×10^{-6} 的社会风险值容许范围内；同时，管控范围的控制区和协调区范围需结合具体情况进行划定。重大危险设施事故影响范围可接受临界值界限示意图如图 8-8 所示。

图 8-8　重大危险设施事故影响范围可接受临界值界限示意图

5. 管控要求

1) 总体管控要求

目前重大危险设施的安全评估和规划管理多为分离关系，安全评估主要由安全监管部门委托，相关研究成果难以直接反映至规划管理工作中，这是重大危险设施的规划管理的难点与挑战。在总体管控要求方面，划定重大危险品安全管控范围线是城市重大危险设施及周边用地建设、管理的重要基础。对于重大危险设施空间的安全管控，需要根据安全风险指引确定管控范围（主要指限制区范围）。在危险品安全管控范围内进行的各项建设活动，必须符合划定的危险品安全管控范围线及其相关管理规定。此外，还需将定量风险评价所得的安全风险值（主要是个人风险值）与城市功能（或设施）建立联系，即确定各类城市功能区可接受的风险水平。

同时应建立安全评估和规划管理相结合的管理新模式，依托安全评估实施规划管理，构建两者结合的管理新模式。重大危险设施及周边空间的规划管理应建立在行业管理的基础之上，相关重大危险设施的安全技术意见由相关行业部门提供，规划部门依据相应的安全技术意见开展土地利用规划研究和用地规划许可管理。

在此基础上，根据不同城市功能区的风险承受能力，确定不同等级的建设限制区并进行分区管控。在确定不同城市功能区可承受的风险水平时，应主要考虑各类功能区（或设施）中的人口特征，包括人口密度（人口的密集程度）、人口结构（如成年人、孩子、老年人、病人以及残疾人等的差异）、人员暴露室外的可能性以及人员撤离的易难程度等。

2）分区管控要求

（1）影响区：范围内不得规划建设幼儿园（托儿所）、游乐设施、文化设施、文化遗产、体育设施、医疗卫生设施、教育设施、宗教设施、社会福利设施、特殊建筑，其他类别的建筑允许在影响区内建设。任何单位或个人拟在协调区内进行爆破、开山采石等可能危及重大危险设施安全的活动，应事先制定安全作业防护方案，并与重大危险设施权属企业协商一致，签订重大危险设施保护协议；在实施作业过程中，作业方应按照该防护方案要求实施作业，设施权属企业应指派技术人员到现场提供安全保护指导。

（2）限制区：范围内除影响区禁止规划建设的设施外，不得规划建设住宅、宿舍、私人自建房、商业、商务公寓、大型厂房、研发用房、办公、其他配套辅助设施，其他类别的建筑允许在该区域建设，包括仓库（堆场）、物流建筑、市政设施、交通设施等。任何拟在限制区范围内进行建设的项目，若可能导致居民人数或工作人口增加，建设单位在向规划部门申请规划许可时，应具备相关危险品行业主管部门针对该建设项目的安全许可意见。

（3）控制区：范围内除市政设施、交通设施（专指道路及场地，不包括建筑）外，禁止规划建设其他设施。该范围内如进行市政设施、交通设施等建设项目，应制定重大危险设施保护方案，并与设施权属企业协商一致，签订重大危险设施保护协议；在实施作业过程中，作业方应按照该保护方案要求实施作业，设施权属企业应指派技术人员到现场提供安全保护指导。

3）分类管控要求

（1）禁止行为及要求：包括违反分区控制要求进行建设；未经核准，擅自改变重大危险设施设计容量、设计压力和位置的行为；其他损坏城市重大危险设施或影响城市重大危险设施安全和正常运转的行为。

（2）许可行为及要求：在城市危险品安全管控范围线内建设或临时占用其内部土地的，应符合以下规定：在城市危险品安全管控范围线内新建、改建、扩建各类建筑物、构筑物、道路、管线和其他工程设施，应依据有关法律、法规办理相关手续。迁移、拆除城市危险品安全管控范围线内重大危险设施的，应当依据危险品安全管控范围线调整原则履行相关手续。需要临时占用危险品安全管控范围线范围内土地，应当征求市规划国土、建设、安监主管等部门意见；在不影响重大危险设施安全正常运转或正常建设情况下，按照临时用地和临时建筑管理相关规定，依法办理相关审批手续；临时占用到期后，应当恢复原状。在城市危险品安全管控范围线内的建设及临时占用的单位及个人，应对其行为的安全性和后果负责。

（3）已建设施管理要求：在危险品安全管控范围线内已建设施的单位及个人，应服从以下规定：已建的建筑物、构筑物不得擅自加建、改建和扩建，由市规划国土主管部门根据该危险品安全管控范围线内重大危险设施建设的时序，危险品安全管控范围线不同范围的具体要求，来确定是否保留或允许调整；已建设施的单位及个人，要服从市规划国土主管部门的处理意见。

（4）已批未建用地管理要求：在本划定方案出台前，在重大危险品安全管控范围线内已签订土地使用权出让合同但尚未开工的建设项目，应服从以下规定：与城市危险品安全管控范围线有严重冲突的，由市规划国土主管部门分情况处理；符合城市危险品安全管控范围线控制要求的项目，允许进行建设，但要做好与被保护设施的安全协调及建设时的应急预案。

6. 管控建议

1）划定管控范围动态更新

随着城市的发展，重大危险设施及其周边的规划条件也在不断调整，且应被视为城市空间管理的关键要素，与绿线、蓝线、紫线和黄线等一同纳入管理范围。在各个层次的详细规划中，必须严格控制其范围和要求，并持续进行更新，以适应城市发展的需求。

2）制定重大危险设施空间安全管控管理规定

为加强和规范重大危险设施空间安全管控及其管理范围，应制定相关管理规定，该规定除应明确部门分工、管控对象、管控原则、范围划定原则要求与报批程序外，还应明确建立安全评估和规划管理相结合的管理模式。同时，若涉及空间管控范围调整，应按照以下程序：

（1）应征求建设、安监等主管部门的意见；

（2）依据市安全监管部门认可的安全评估报告和相关专家论证报告，按照城市规划调整程序，相应调整重大危险设施空间安全管控范围；

（3）市规划国土主管部门负责建立和维护重大危险设施空间安全管控范围管理信息系统，并根据批准后的重大危险设施空间安全管控范围调整方案，及时更新管控范围。

同时，应对重大危险设施空间安全管控范围的监督和管理作出明确规定，以明确重大危险设施空间安全管控范围是重大危险设施及周边用地建设、管理的重要依据，在管控范围内进行的各项建设活动应符合相关规定，明确相关限制行为、许可行为、已建设施和临时占用的管理等要求。

3）建立重大危险设施空间安全管控信息管理系统

为及时更新重大危险设施空间安全管控范围规划数据成果并有效将其应用于日常重大危险设施空间安全管控区域内建设活动规划许可业务，应更好地与办文系统结合。规划等主管部门应建立重大危险设施空间安全管控信息管理系统，加强日常管理，是提高管理效率和管理透明度的有效措施，同时还可为规划方案的调整、续编，提供资料依据和基础准备，包括：①空间数据，即各设施橙线的二维地理图形，以面、线等几何图形分别表示相应的面状危险设施和线状重大危险设施的安全防护范围；②属性数据，包括设施类别、设施编码、设施名称、所在区域、划定依据和规划控制要求等。

4）规划编制要求

建议结合各级城市规划的编制，落实重大危险设施空间安全管控范围规划要求。在编制控制性详细规划或法定图则时，应确定重大危险设施空间安全管控范围内的具体控制要求，并应附有明确的坐标及相应的界址地形图。

8.2 韧性空间格局与韧性单元分区

韧性空间安全布局体系的构建，首先需要开展"面域"空间安全分区研究，为资源配置和传导提供基本框架。要提高资源配置的可传导性，需要保障安全分区机制的落实，能够切实统筹指导下层次规划，为单元化风险管理的层级传导打好空间、设施和对策基础。

8.2.1 韧性空间"面—线—点"安全格局

国土空间规划体系下，强调规划对于全领域、全要素的高效配置，统筹考虑经济发展、城市建设、安全保障等各类需求。上一节已提出了构建安全的国土用地底盘方法，要在安全基底上降低城市承灾体脆弱性，需要通过韧性规划引导空间资源要素优化配置，充分挖掘空间的韧性潜力。匹配国土空间单元化、层级化的规划传导体系，韧性空间布局也需要形成布局科学、资源优化的单元化、多层级的韧性空间体系。这样一套一以贯之的单元独立设防系统，有助于规划、建设及管理等多方主体，建立单元化、多层级的细化传导共识，优化各方策略的匹配度。基于空间的基本要素，将"面（安全分区）—线（应急交通网络）—点（韧性服务设施）"作为韧性空间组织、设施布局和资源配置的框架体系，能够全面指导韧性城市空间安全布局，这是目前规划实践证实可行且能满足体系建立需求的最优方式之一。

"面域"空间安全分区，是构建单元化韧性空间骨架，为逐级配置韧性资源提供框架依据。开展空间安全分区划定，可以先明确安全分区划定依据，保障分区划分充分贴合规划区域的整体资源配置和后期运营管理需求；并明确各层级安全分区的空间管控与资源配置要求，为后续各层级资源配置划定清晰的框架边界。

"线性"应急交通网络是灾后救援、疏散等救灾和重建活动所依赖的重要通道。通过构建应急救援疏散交通体系，明确应急通道分级、布局和规划管控要求，保障灾时的通行与运输能力，满足应急救援、物资运送、人员疏散和人员避难的交通需求。

"点状"安全服务设施包括应急避难场所、应急物资储备库、应急医疗设施、应急救援设施以及应急保障基础设施等。对各层级安全分区逐级进行科学、合理、均衡、完备的安全资源配置，能实现单元独立防护的目标，不仅为平时防灾减灾工作提供支撑，也为应急时刻分区、分级、就地、就近的安全防护、救助救援、物资供应、避难组织及灾后重建等活动提供设施基础。

8.2.2　安全分区划定因素

通过资源配置的分区化，构建单元化风险管理的基本框架，可以保障各安全分区具备相对独立的防护能力，在周边受灾、功能受损的情况下，本安全分区自身遭遇的灾害损失可以快速自我修复、功能可以持续、资源储备相对完善，同时能够通过具有冗余度的应急交通网络联系外界，支撑安全分区灾后快速的应急救援和疏散，以及后续恢复工作。因此，要实现这样的效果，就需要科学划分安全分区，使其合乎城市的管理逻辑和应急运行的机制，以下提出主要的五点因素。

1. 用地安全性

对于存量规划的城市，可能存在位于风险区的用地。那么，在安全分区的划定因素中，首先应考虑降低某一分区中风险用地所占比例，使得该分区在潜在的风险影响程度下，有能力实现自我修复。实际操作中，要注意安全分区的划分不能使某一风险的潜在影响范围完全覆盖某一安全分区。例如，面对重大危险源的潜在影响，应在确保足够的安全避让距离的前提下，尽量避免重大危险源的潜在影响范围完全压覆一个安全分区，或牵涉多个安全分区，以便于规划的管控和应急管理。

2. 空间结构布局

依据规划区空间结构划分安全分区，指综合考虑空间尺度、用地功能布局、自然山体、河流水域，合理划分安全分区。其中，空间尺度、用地功能布局决定了城市承灾体特征，是判断安全分区内的安全需求是否能满足的重要依据，如土地利用性质决定了安全分区配置相应层级防灾救灾资源的可能性。同时，安全分区与空间结构一致，有助于在后续建设、管理阶段，促进规划要求层级传导清晰，便于规划要求落实。自然山体和河流水域等天然界限具备物理空间阻隔功能，安全分区结合自然山体和河流水域划分便于实现灾害蔓延防护。

国土空间规划体系下，规划编制单元的考虑要素不仅包括用地和指标，同时也考虑山水格局、风貌协调、空间尺度、路网系统、公共服务设施的服务半径等。为了更好地发挥空间统筹平衡和资源优化配置作用，其划定的原则与安全分区对安全性和资源配置效率的考虑有一定的共通性。因此，可以结合规划编制单元划分安全分区再进行适当调校。同时，安全分区也为规划编制单元划定提供依据。

3. 行政事权划分

安全分区的划分应与行政区划及其对应的事权相一致，可以避免由于安全分区与实际管辖权限不匹配，造成资源配置无法落地或管理不便的问题。同时，结合行政事权划分安全分区，不仅有利于规划阶段的安全资源供需测算与配给，还有利于规划实施后结合资源供给在管理阶段组织安全宣传、培训等日常运营活动，并且也为灾时符合行政事权的高效救援疏散工作和灾后恢复创造良好的资源基础和组织条件。因此，结合我国行政管理的层级设置，总体上可以确立"市—区—街道—社区"四级安全防护体系，同时，在同一级别内，横向划分也宜遵从行政辖区的划分。法律上有特殊情况或者特别要求的，遵从其规定。

4. 道路交通系统

以交通规划为基础，合理划分安全分区，确保各级安全分区有两条以上、双向、对外应急救援交通的可能性。这里的"对外"，是指在本级安全分区内，能够向外部邻近分区实现高效应急交通联系。

5. 人的步行尺度模数

为有利于提供以人为本、高效率、高品质的安全服务，安全分区的划分应采取自下而上的逻辑，即以紧急状态下对健康成人不构成身体负担的步行距离为基本模数，以此划分最低层级安全分区，依次推导最高层级安全分区划分的尺度，并据此分区配置防灾救灾资源，实施单元化安全管理，组织应急自救、互救、疏散和避难。

8.2.3　安全分区的资源组织架构

安全分区的划分，其根本目的是高效投放韧性资源，方便韧性资源高效发挥其在城市应对灾害风险扰动中的防御、减轻、适应和学习等方面的价值。因此，依据上节阐述的五个因素，建立安全分区的资源组织架构，在纵向划分层级的基础上，横向划分空间单元（图 8-9）。纵向各层级安全分区，从"市—区—街道—社区"四个层级上，担负着不同的安全服务责任，负责供给不同层面的安全资源。横向各安全

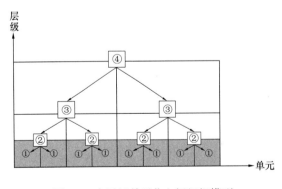

图 8-9　多层级单元化空间组织模型

分区单元在自身所在层级上配置相应的、相对完备的安全资源，纵横相叠，形成层级单元化的韧性资源空间组织架构，实现基本独立防护的防御目标。

1. 安全空间分级——资源组织的空间层级化

层级化安全分区是细化安全资源传导的重要载体，有利于推进安全服务的供给，可进一步精确匹配需求。各层级安全分区有不同的安全防护任务，对不同层级城市空间结构的安全性优化、安全资源的科学合理配置、综合对策制定进行结构性导控和规范性指引。

结合空间尺度，安全空间可以划分为四个层级，层级由高至低包括一级安全分区安全大区、二级安全分区安全生活圈、三级安全分区安全单元和四级安全分区安全社区。考虑行政事权分级，安全大区一般为城市尺度、安全生活圈为区级尺度、安全单元为街道尺度、安全社区为社区尺度。以下结合人的行动尺度和韧性设施服务范围，给出各层级空间尺度划分范围参考，规划区在 25km² 以上，宜划分四个层级的安全分区；规划区在 13～25km² 之间，宜划分为三个层级的安全分区；规划区在 3～6km²，宜划分两个层级的安全分区；规划区在 0.8～1.5km²，宜划分一个层级的安全分区（图 8-10）。

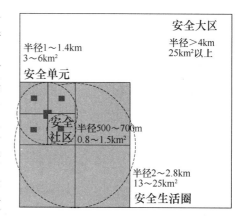

图 8-10　安全分区体系示意图

2. 安全空间分区——资源组织的单元化分区

单元化安全分区是为各层级安全空间进行相应的资源整合与设施配置，满足不同层级安全分区服务供给的内容和质量要求的重要载体（表 8-5）。各单元的安全分区，在整合各类安全服务时，需要实现城市应急服务的综合化、一体化集成，以减少区域间甚至城市间的紧急调配需求，减少服务等待期，降低灾后对外界资源的依赖。

1）安全大区的单元化资源配置

安全大区作为最高层级的安全分区，一般为市域尺度，关注重大灾害风险治理和整体韧性空间体系建设，韧性建设任务聚焦于市级层面的韧性建设策略、空间管控和安全资源配置，并明确下层级的细化传导要求。因此，各安全大区的空间资源配置主要为服务能级大、层级定位高的设施，即应急指挥中心、中心防灾基地、中心应急物资储备库、调配站、分发站、应急中心医院、应急停机坪，以及应急通信机楼、应急供水、供电等基础设施。各安全大区实现以上资源配置后，具备独立单元独立防护的能力，是各类设施规模与服务能力判断的重要目标。

2）安全生活圈的单元化资源配置

安全大区向下可划分为若干个安全生活圈，一般为区级尺度，韧性建设任务聚焦于区级层面的韧性建设策略、空间管控和安全资源配置，细化落实上层次项目实施计划。

因此，各安全生活圈的空间资源配置主要为服务区级的设施，包括应急消防站点、应急物资储备设施、应急医疗设施、应急通信设施、室外固定避难场所、应急基础设施等。

3）安全单元的单元化资源配置

安全生活圈可划分为若干个安全单元，一般为街道尺度，结合安全单元的风险特征，在细化上层次风险区划的基础上，进一步细化、明确和落实风险防治工程、监测预警任务和用地安全对策。聚焦基层韧性治理需求，为本街道内部人员提供安全资源配置，配置设施包括室内固定避难场所、应急物资储备设施、应急医疗设施、应急通信设施、应急基础设施、消防站等应急设施。

4）安全社区的单元化资源配置

安全单元向下可划分为若干安全社区，一般为社区尺度，其技术目标是落实疏散避难网络的技术要求，按紧急避难层级配置相应安全设施；在基层落实风险隐患的监测预警，以及相应的防灾储备，培养基础单元的减灾、备灾和应急韧性。安全社区的责任级别为社区级配置设施，包括紧急避难场所、应急通信设施、应急物资储备设施、应急微型消防站点等。

各层级安全分区安全服务设施配置表   表 8-5

分级	级别	保护规模	防灾减灾和应急服务设施配置
安全大区	市级	$25km^2$ 以上	应急指挥中心、应急消防中心、防灾物资储备、应急医疗设施、应急通信设施、停机坪、应急基础设施等
安全生活圈	区级	$13\sim25km^2$	应急消防站点、防灾物资储备、应急医疗设施、应急通信设施、室外固定避难场所、应急基础设施等
安全单元	街道级	$3\sim6km^2$	应急消防站点、防灾物资储备、应急医疗设施、应急通信设施、室内固定避难场所等
安全社区	社区级	$0.8\sim1.5km^2$	防灾物资储备、应急通信设施、紧急避难场所、应急微型消防站点等

8.3　应急疏散救援交通规划

在遭遇灾害的情况下，确保疏散、避难与救援行动高效进行有赖于有序且可靠的交通保障能力。灾害发生后，受灾区域及周边的路网系统若能基本不受损坏，保持高效有序的运转状态，将极大减轻灾害应急对人力、物力、财力资源的损耗，同时显著降低灾害对社会安定状态的扰动。因此，可靠的应急交通网络需要基于城市现状及规划的交通网络体系开展应急疏散救援交通规划。首先，结合不同灾害情况下的应急疏散救援交通需求，评价现状或规划交通网络体系在应急时的通行能力。其次，基于评价情况构建应急交通体系，明确整体应急交通规划布局及应急通行保障要求。在中微观规划尺度下，还可以从实际交通网络布局出发，在给定的应急交通网络中，进一步明确从事故发生点到安全点或避难点之间的最优路径，用以规划合理的应急避难疏散路线。

8.3.1 应急交通保障要求分析

在发生不同种类和不同程度灾害的情况下，交通受灾害影响程度与方式也不尽相同，呈现出多样的灾损情景。例如地震灾况下，建筑倒塌使得道路中断、交通受阻；而台风、暴雨灾害下，地面道路可能产生积水进而影响正常通行。此外，出于应急救援或应急疏散避难的目的，应急交通的需求会随着灾害影响状况的变化，以及受灾、救灾主体的差异而各有特性。

因此，要分析应急交通需求，首先需要基于问题导向，识别交通网络的关键风险点，针对性施策以尽可能保障交通系统在各种灾况下的安全水平和服务能力。无论发生何种灾害，灾害发生点及邻近的路网系统维持高效有序运转是不变的通行保障目标。通畅的应急交通既能保障受灾人群快速有效疏散至安全区域，也能保障救援力量、物资等快速抵达受灾区域，降低灾害影响，避免造成更广泛的损失。因此，应急交通的保障目标一方面是要提高交通道路与设施的韧性能力，尽可能降低风险影响，保障灾时畅通；另一方面也需要保障人群聚集区与城市各类救灾据点的连通性，提高人、物的高效运转调配效率，提高应灾效率。基于以上应急通行保障目标的分析，以下从应急交通的安全性、承载力以及连通性三方面分析应急交通的要求。

1. 应急交通的安全性

灾害可能会直接破坏道路物理结构，如果道路网络中的关键路段遭到破坏造成疏散救援行动被阻断，将会直接影响应急通行能力。因此，要提升应急交通的风险应对能力，应基于不同灾害影响下道路受损的具体情况，针对性制定韧性提升对策。需要注意的是，灾害对路网结构的影响，不仅是由于道路本身受灾引起，道路周边的建筑倒塌、连通桥梁损毁、障碍物阻挡等均会对道路通行造成影响。因此，在应急交通需求分析中，应同步考虑对影响道路通行的相关承灾体统一提出韧性提升的要求。

通过梳理典型灾害对道路的影响风险（表8-6），对现状及规划的交通体系应急能力进行安全性初判。结合路段的重要程度和潜在受影响的可能性和程度，判断该路段是否适合作为应急通道。同时，提出提升该路段应急通道韧性水平的要求。此外，道路交通系统的韧性水平提升涉及交通、建筑、市政等多个专业，因此在规划统筹过程中，韧性规划需要将规划要求与道路交通、雨水排水等相关专业充分协调衔接，保障韧性提升目标的全面切实落实。

不同灾害影响下道路系统潜在的灾损情景和韧性保障要求　　　　表 8-6

风险类别	灾损情境	韧性保障要求
地震灾害	道路开裂	应急道路抗震性能保障
	建筑倒塌	应急通道周边建筑抗震设计要求
	桥梁断裂	应急通道桥梁抗震设计要求
	砂土液化导致地面下沉、开裂	应急通道路段基底安全性保障
地质灾害	降雨引发边坡坍塌阻断道路	影响应急通道的边坡整治
	地面塌陷	应急通道地基承载力与沉降安全管控
台风暴雨	低洼处积水过深 （低洼处包括下凹式立交桥、地下通道等）	应急通道低洼路段防涝需求
	树木、构筑物倒塌	应急通道周边树木、构筑物抗风需求
风雪灾害	积雪阻碍	不易积雪路段选择及积雪控制
火灾爆炸事故	道路破坏	多通道多方向抵达事故点
	毒气无序释放	

2. 应急交通的承载力

　　除了灾害的直接破坏影响外，应急交通在灾害条件下的通行承载力也是规划阶段的重要考虑因素。区别于常规交通场景，灾害发生时，民众的出行需求、行为特征等与常态状况下有所不同，易产生超过常态交通承载力的通行需求。因此，分析应急交通承载力需求，可以从分析疏散人群的行为特征、出行需求入手。

　　灾害发生前期，民众收到灾害预警通知，需要从已发生或可能发生危险的区域疏散至安全区域，将会在短时间内产生集中性的疏散交通需求。由于时间的压缩，这个集中的需求可能导致超出交通网络常规承载力的压力。而且民众在恐慌状况下，疏散行为通常会呈现出群体性特征。此时，如果再叠加应急避难场所、救灾据点的分布不均匀、通行指引不清晰，或者仅仅是民众对应急避难场所的知晓率低，都会进一步影响疏散效率，加剧集体性疏散带来的潜在风险。灾害发生时，外部环境影响恶劣，也会降低民众的通行速度，尤其在叠加通勤高峰客流、大型公共活动人群集中等场景时，过饱和的交通极易造成拥挤踩踏等次生风险影响。此外，受灾地区外部的救灾力量与疏散出行常常呈逆向通行的关系，存在拥堵冲突的可能，往往会造成散乱的疏散人群影响应急救援的通行效率问题。

　　由于当前道路交通的设计标准规范基本未考虑复杂灾况下非常态人群疏散的需求，难以在日益复杂的风险环境中确保非常态超密集客流的通行承载力。鉴于此，韧性规划中应预先评估非常态条件下的应急道路通行承载力，将其作为交通路网安全分析的关键输入条件。通过深入分析疏散人群的流量、行为特征以及通行路线，可借助疏散仿真模拟软件精确识别当前及规划中的交通路网拥堵点。在此基础上，对道路系统规划进行针对性的优化设计，同时辅以交通管制引导以及应急设备配置等管理要求，来提升应急通行的承灾能力，确保在紧急情况下应急救援的高效性和人群的安全疏散。

3. 应急交通的连通性

安全性是指应急交通体系的本质安全，承载力是指应急交通的承载水平，连通性则是指应急交通的高效连接。应急交通需要连接的，一方面是受灾的区域，另一方面是事关应急救援救助的资源点。这两者之间的高效连通，是保障救援救助的关键。因此，应急交通规划应重点保障应急通道科学、高效、可靠地连通应急避难场所、应急物资储备库、应急救援设施、应急医疗设施等韧性服务设施与居民聚集区。

提升应急交通的连通性，应从冗余连通、多样连通、便捷连通等方面实现。连通的冗余性指应对灾害发生的偶然性和不确定性，即保证部分疏散通道受到破坏后，备选通道或者破坏通道与其他通道具有联络线提供迂回疏散线路。连通的多样性指多种交通运输方式，在道路中断后，可以通过空中直升机、水上救援等交通运输路线和工具解决灾区人员转运、物资转运等应急需求，以及借助邻近地区的救援救助资源来缓解灾区压力；连通的便捷性指各类韧性服务设施与受灾区域的连通效率，能够实现短时间内快捷可达的高效救援救助。

8.3.2　交通体系应急能力评价

要在空间上落实应急交通需求，首先需要对交通体系开展应急通行能力评价。这一评价将作为应急交通规划的核心量化分析依据，进而提升规划的科学性和实用性。在考量不同学者在评价因子选择上的多元视角后，本书在既有研究基础上，结合城市道路应急交通的独特性和规划空间的精准表达需求，以易获得、可预测以及可量化为原则，梳理既能反映应急交通运行状态，又能有效支撑空间规划分析与决策的评价因子，为规划领域的应急救援疏散通道通行能力评价提供借鉴。

1. 路段通行速度

正常交通状态下的路段车辆通行速度是道路使用者进行路径选择的重要参考依据。路段的拥堵程度越低，车辆行驶速度越快，救援车辆紧急通行的效率就越高。但非常态交通状况下，路段在发挥应急交通功能过程中，如果不考虑交通管制因素，车流量的增加是难以预判的。因此，一方面在数据支撑的情况下，可以对不同灾害条件下的通行速度进行预测分析；另一方面，这也说明韧性提升策略具有综合属性，应急交通效率的提升无法只依赖硬件交通设施的韧性强化，还需要配合科学、动态的交通管制甚至日常的民众应急互惠意识的启发等软件措施，通过硬件措施和软件措施的结合，才能平衡地解决一个有复杂影响因素的问题。

2. 交通承载力

交通承载力指在有限道路空间内容纳的最大行人和车辆数量。交通承载力越高，越能满足大容量的应急交通流量需求，作为应急道路的可能性越大。考虑到交通承载力是动态变化的，在关注道路物理空间理论承载力的同时，还需要留意道路资源在实际使用中的可用承载力。如果路段自身承载力高但通常车流量大甚至有惯常拥堵情况，那就意味着如果救援需求的发生时间段如果与拥堵时间重叠，则路段实际的可用承载力将较低，在应急救援中也并非首选。例如对于应急救援来说，高峰时期的城市通勤快速路；对于应急疏散来说，临近上学放学期间的小学校所在路段，都不具备充足的应急交通承载力。因此，要提升应急交通的韧性，在宏观规划提供基本的资源配置的基础上，必须辅以基于现代科技的动态监测预警、辅助决策手段以及相应的交通调节管制策略。

3. 路网连通可靠性

路网连通可靠性是指路网节点间保持连通的概率。连通可靠性的测算需要通过建立路网拓扑图分析各路段节点失效和连通可能性。该测算在规划中通常由交通专项完成，再结合灾害影响范围分析确定灾害影响条件下的路网连通可靠性。

4. 救援可达时间

救援可达时间指救援人员车辆抵达救援需求发生点的最短时间，可以用于衡量应急服务设施布局的合理性，同时提升救援路径规划的科学性。救援车辆的通行可达时间可以通过分析不同灾害条件下路网交通流速进行测算。在规划中可以用"救援时间可达覆盖率"指标，将救援可达时间转换为空间层面的表达，如"5min救援覆盖率"，即指5min内救援可达区域占某一指定区域用地面积的比例。

5. 疏散可达时间

疏散可达时间指受灾人员从事故发生点步行疏散至安全区域所需的最短时间。这个时间一方面与步行速度有关，另一方面与安全区域或设施的布局与可达性有关。受灾人员的疏散可达时间，可以通过预判人群特征来预估人员的步行速度，此处建议以弱势群体如老人的步行速度为准。要实现精确的疏散时间预测，可以借助Anylogic、Pathfinder、Steps等专业的仿真软件，通过模拟不同人群在受灾地点的疏散过程，来精准计算疏散至安全区域（通常指避难场所）所需的总时间。

8.3.3 应急交通线网节点规划

随着高密度城市空间开发的立体化和复合化的趋势日益凸显，要确保复杂城市系统的应急交通需求，应急交通的组织和效率面临着越来越大的挑战。构建一个层级清晰、多途径协同的高效应急交通体系关系到应急救援和疏散的质量和效率，直接反映了城市的韧性水平。

应急交通体系规划的目标在于通过对交通体系的应急能力评估，提出满足各种应急通行场景与需求的规划要点和管控要求，保障极端灾况下迅速、有序地开展应急疏散与救援活动，提升城市灾害防御能力和安全韧性水平。

应急交通体系应因地制宜，涵盖陆上、空中和水上等多种应急交通方式。陆上应急交通规划中，应特别关注应急通道及出入口、交叉口、桥梁、隧道等关键节点的空间布局、功能设计以及设防级别。这些关键节点不仅是城市日常交通的枢纽，更是应对紧急情况时疏散与救援的重要通道节点；对于空中应急交通，救援基地和起降点的规划布局至关重要。在韧性规划中，应充分考虑救援基地和起降点以及相关配套设施的布局选址，确保在紧急情况下能够迅速响应，有效实施空中救援；水上应急交通的关键在于救援基地和停靠点的规划布局。同时，还应关注水上救援设备的配置，以确保在水上灾害发生时能够迅速开展救援。

以下详细介绍陆上应急交通体系规划要点。空中与水上应急交通规划的核心要素是救援设施，内容详见本书第 8.5 节应急救援设施。

1. 各层级应急通道规划要点

1）各层级应急通道功能

应急救灾干道作为应急通道最高层级通道，是灾后对外联系的关键纽带，一般会结合城市快速路、主干道、次干道设置。为保障灾时应急救灾效率和通行的可靠性，应在双方向上有 2 条以上救灾干道可以连通灾区外部的安全区域。

应急疏散主通道作为城市内部疏散救援通道系统的核心，承载着连接城市内部各安全分区的重要职责。其设计需确保每个安全分区至少在双方向上拥有 2 条独立的应急疏散主通道与外部相连通，以保障在紧急情况下人员的快速疏散和物资的快速调配。

应急疏散避难次通道主要承担的功能是辅助疏散避难人员安全、迅速地前往预定的安全区域以及周边紧急服务设施，主要服务于街道及社区层级，作为高级别应急通道连接应急服务设施的辅助性道路。其主要服务对象是步行者，同时也能够满足普通消防、救护等应急车辆的通行需求。

2）各层级应急通道关键规划要点

一是确保安全性。首先是灾害设防能力，各级应急通道抗震、防涝等设防能力需重点保障，选择尽应可能避开灾害风险点。城市核心区及交通繁忙的应急通道考虑配置应急救援设施，保障风险尽可能减少对其影响。同时，道路两旁的建构筑物的设防能力需相应提高。

二是确保通行能力。考虑应急车辆的通行最小限度，应保证各级应急通道有效宽度：救灾干道设计应保证有效宽度不小于 15m，应急疏散主通道应保证有效宽度不小于 7m，应急疏散次通道应保证有效宽度不小于 4m。有效宽度指应急通道在发生设定防御标准灾害后，除去道路两侧建筑工程遭到破坏后阻碍通行的宽度，以及防止掉落物等其他安全隐患所需避开的安全距离后，得到的净宽度。因此，在计算有效宽度时，可以通过仿真分析或通过基本的公式计算判断求得。考虑非强震影响区域一般不会产生建筑倒塌情况，且规划中未必有开展仿真的条件，可以考虑直接按照道路车行通道宽度校核其应急通行有效宽度。需要注意的是，该要求是需要强制执行的最低技术要求，并未考虑应急通行的车流量需求，可根据实际应急通行的车流量适当提升对通行能力的要求。此外，应急通道的净空高度、转弯半径等要素也有下限管控要求（表8-7）。

应急道路交通网络规划要点 表8-7

规划要点/道路级别	救灾干道	疏散主通道	疏散次通道
有效宽度下限	15m	7m	4m
净空高度下限	4.5m	4m	—
转弯半径下限	道路中线转弯半径 不小于16m（特种车辆）	道路中线转弯半径 不小于12m（登高消防车）	道路中线转弯半径 不小于9m（普通消防车）
特殊要求	① 应急通道上的主要出入口、交叉口、桥梁、隧道等关键空间节点应提出设定最大灾害效应下通行保障对策； ② 应急通道有效宽度小于7m时，宜沿道路隔一定距离预留车辆检修空间，有效空间宽度不宜小于3m，长度不宜小于12m； ③ 为避免应急道路两侧建构筑物倒塌，影响应急道路通行能力，要求应急道路两侧建构筑物按Ⅱ级重点设防		

注：有限宽度和净空高度下限要求根据《城市综合防灾规划标准》GB/T 51327—2018；转弯半径要求根据《〈建筑设计防火规范〉图示》18J811—1中对消防车道的要求，登高消防车转弯半径为12m，一些特种车辆的转弯半径为16～20m。

三是保障规划区与外部安全设施的可达性。考虑应急救灾干道的核心功能是保障规划区与外部安全区域间的高效疏散与救援，因此，需确保这些干道与规划区邻近的大型应急服务设施、市区级交通枢纽等关键节点紧密相连。以确保在紧急情况下，外部疏散救援力量能够高效到达，为受灾区域提供必要的支持与援助；应急疏散主通道的布局需充分考虑安全单元内部人员聚集区与应急服务设施之间的连通性，确保在紧急情况下，人员能够迅速、有效地到达所需的服务设施；应急疏散次通道作为服务人员步行疏散的通道，承担短距离紧急疏散的功能，在沿线做好清晰的导向指示，保障人员能在灾害条件下清晰选择最短路径高效抵达安全区域尤为重要。

2. 应急交通道路关键节点

应急道路系统的关键节点涵盖了多个重要组成部分，包括用于车辆出入和交通交会的出入口、交叉口以及承载大跨度交通流量的桥梁。此外，交通枢纽如机场、港口和交通车站等，由于其在交通网络中的核心地位，同样被视为应急道路的关键节点，它们在确保紧急情况下的人员疏散和物资运输中发挥着至关重要的作用。

在应急道路系统中，负责疏散救援功能的出入口和交叉口，其规划管控要求必须与所连接的应急道路等级相匹配，以确保在紧急情况下能够高效、顺畅地实施救援和疏散工作。需要注意的是，对于承担交通量的大跨度桥梁，在抗震设防方面，其设防标准应显著高于重点设防类建筑的标准，以确保桥梁在地震等自然灾害中的结构稳定性和安全性。

在灾害条件下，交通枢纽作为承担主要交通流量的关键节点，其功能转变为提供物资调运、车辆集散、人员集结等服务的应急服务场所和平台。为确保其功能的正常发挥，首要任务是保障其安全性。因此，在抗震设防方面，交通枢纽的设防标准应高于重点设防类建筑，以确保其在地震等灾害中的稳定性。同时，在供电、供水等基础设施保障上，也应采用高于重点设防类建筑的保障标准，以保障交通枢纽在紧急情况下的持续运作能力。

8.3.4　应急疏散救援路径规划

在传统的应急救援处置中，多偏重于对避难疏散空间体系的规划，救援救助设施的配置往往以固定的距离范围、规模需求等作为匹配标准，而忽视基于规划方案下的实际通行路径以及人群疏散避难行为对疏散救援效率的影响，易使评估发生偏差，进而导致人群需求与空间布局匹配度低，资源配置不合理。使得整体疏散救援效率难以达到最优水平。为了确保受灾区域得到及时有效的救援，受灾人员能够快速疏散至安全区域，应当从最短疏散救援时间的角度出发，开展应急疏散救援路径规划，即在应急交通规划体系的基础上进一步明确疏散救援的实际最短通行路径，在灾前为灾时通行提供最大限度的引导准备，确保在紧急情况下应急管理者能够高效开展疏散救援工作。

要实现疏散救援最短通行路径的高效规划，需依托仿真模拟的结果，精确计算实际车流和人流在应急交通网络中的路径选择及通行时间。通过设定疏散救援的时间限制、速度标准以及行为特征等关键参数，可以利用专业软件精确计算出最优疏散救援路径。鉴于当前疏散路径模拟研究的专业性与丰富性，本书梳理适用于规划领域的疏散救援路径规划方法，以期为读者提供参考。

1. 基于 ArcGIS 的应急疏散救援路径规划

通过 ArcGIS 开展应急疏散救援路径规划，主要基于其最短路径分析功能，其优势在于数据处理格式与规划领域的通用标准高度契合，能够迅速构建路网数据框架，高效求解最短路径，为规划初期决策提供支持，同时协助优化相关设施的布局。从规划研究的整体流程来看，其步骤主要包括三个关键阶段：交通网络模型构建、规划参数调整设置以及规划空间效果表达。

在交通网络模型构建方面，为了真实反映交通规划方案的全貌，提升规划决策的科学性，应尽可能详尽地添加各类交通信息，如道路线形、车速、单行道、路口禁转、高架、地铁等。然而，在实际操作中，考虑到规划阶段的不同以及数据资料的保密性，模型的构建可能需要分阶段进行，逐步深化其精细度。

在规划参数调整设置方面，为确保路径规划方案与规划区的整体建设方案相协调，并真实反映灾害风险下的疏散救援路径选择，需要将用地布局、应急服务设施布局、灾害风险分布等多元信息整合进 ArcGIS 平台，以实现多要素综合的最短路径交通网络分析。

　　在规划空间效果表达方面，为了更好地辅助空间规划决策，使各行业部门管理者能够直观地理解分析结果，ArcGIS平台允许使用者灵活控制网络分析要素（如停靠点、点障碍、路径等）的显示与隐藏，并可根据需要调整这些要素的视觉呈现形式（如颜色、线形等），从而生成直观、清晰的路径规划空间表达效果。

　　在规划实践中，基于ArcGIS的应急救援疏散交通静态路径规划已得到广泛应用。本书编著团队在《河北雄安新区寨里组团控制性详细规划》项目中，便成功运用了此方法，通过计算避难需求点与避难规划设施点之间的最短路径，为评估各安全分区内避难设施的可达性提供了有力依据（图8-11）。

图8-11　《河北雄安新区寨里组团控制更新详细规划》避难路径分析图

2. 基于数字模拟技术的应急路径规划

在规划领域，ArcGIS 平台主要聚焦于交通路网结构的分析，而数字仿真技术则进一步考虑了人员疏散行为的实际情况。这种技术能够模拟灾害发生时，受灾人群的实际疏散路径选择以及可能产生的拥堵点，为制定更有效的路径规划方案提供了强有力的分析依据。随着数字仿真技术的不断进步，多种理论模型被提出并被应用于人员疏散模拟，如社会力模型、元胞自动机模型、气体动力学模型和排队模型等。这些模型根据适用尺度的不同，可大致分为宏观、中观和微观三类，它们分别对应着城市规划研究中的不同尺度：城区尺度（宏观）、控规单元尺度（中观）、地块单元尺度（微观）以及建筑单元尺度（微观）。基于这些成熟的模型，一系列仿真模拟软件被开发出来，如 Anylogic、STEPS、Simulex 和 Pathfinder 等。这些软件已经被众多学者广泛采用，以支持从城市到建筑单元等不同尺度的空间规划研究，为城市安全和应急规划提供了有力的技术支持。结合数据分析的可操作性以及空间规划支撑的有效性，目前规划领域主流应用的疏散仿真软件主要是 Anylogic 和 Pathfinder。

Anylogic 是由俄罗斯 XJ Technologies 公司研发的复杂系统建模和仿真软件工具，包括基础仿真平台和多种模型库，内含特定行业库，包括轨道库、行人库、道路交通库和物料搬运库等，为物体和行人的运动和相互作用提供了详细的仿真。其中，行人库多应用于城市环境规划中，通过分配个人属性、偏好和状态，实现智能体建模。依据评估区域内的流量密度、疏散时间、疏散路径，为优化疏散空间设计提供支撑。Anylogic优势在于可以适用于多尺度的人群疏散避难路径模拟，仿真模拟的动态过程进行多角度、实时观察，并能依据时间导出模拟数据进一步分析。其劣势在于建模过程较复杂（图 8-12），需要创建过程流程图来定义不同的模拟运动模块，用时较长。基于 Anylogic 的应急救援疏散交通动态路径规划多应用于建筑单体内疏散路径规划。此外，在旧城改造、避难疏散路径优化中也有学者开展研究，通过模拟分析当前避难疏散路径及疏散时间，识别疏散拥堵关键节点，作为空间优化设计的依据。

Pathfinder 人员疏散模拟软件是由美国的 Thunderheadengineering 公司研发的智能人员紧急疏散逃生评估系统。该软件多应用于微观尺度疏散救援分析，通过模拟不同场景下的疏散过程，规划人员可以预测和评估人流的流动情况，包括流量、速度、路径选择等，通过对比分析不同场景下的模拟结果，规划人员可以发现影响疏散效率的关键因素，如建筑布局、通道宽度、疏散指示标识等，并据此提出优化建议和改进措施。其优势在于本身软件的行人人员特征资料库内容丰富，可在构建完空间模型后，直接添加疏散人员的各项疏散指标，行人疏散速度、身体特征及疏散行为特征均可进行模拟，疏散结果的数据可视化处理包括 2D 流线图和 3D 疏散过程视频。劣势在于目前的研究主要集中于建筑单体的疏散场景模拟，内置的模型库以建筑内部的空间结构为主，应用于城市尺度的分析还需探索尝试。

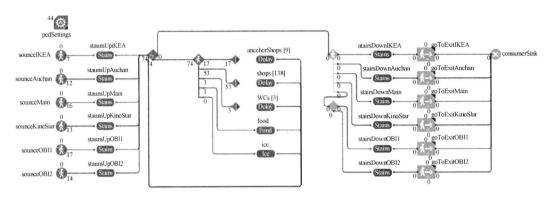

图 8-12　基于 Anylogic 的仿真建模逻辑图

图片来源：Anylogic 网站

8.4　应急服务设施

根据《城市综合防灾规划标准》GB/T 51327—2018，应急服务设施主要包含应急指挥中心、应急避难场所、应急物资储备设施和应急医疗设施。应急服务设施是灾时应急和灾后恢复阶段的重要应急管理抓手。在编制应急服务设施相关规划章节时，应充分对接上位空间规划和防灾减灾相关规划，在扎实调研的基础上，合理预测各类应急服务设施需求的规模、种类和实际要求，对比分析现状资源的缺口。在此基础上，构建分级分类的设施体系，落实应急服务设施的级别、规模和服务范围，以兼顾功能复合为导向，制定规划指引、技术要求或编制规划方案。同时，为了提升从规划到建设、管理环节的传导和落实水平，还需面向设施的运营管理，提出相应的平灾转换设计条件和管理运营的相关要点。

8.4.1　应急服务设施规划背景

应急服务设施，是城市公共基础设施布局的重要组成部分。其资源配置的科学性、合理性、高效性关系到城市面对灾害扰动的应急应对水平和韧性治理能力。持续深化完善应急服务设施规划建设水平，是韧性城市规划的重要任务之一。要准确把握应急服务设施的提升重点，可以从城市发展阶段、风险形势、治理需求三方面全面认识现阶段应急服务设施的规划背景，以便更好地理解当前面临的问题挑战和提升方向。

从城市发展阶段看，在高质量发展的战略方向指引下，直面土地资源紧约束的现实，存量空间资源的高效利用、空间设施的复合功能开发，已成为新时期国土空间资源配置的重要任务。如何充分利用存量资源提升应急服务设施的规模、品质和适应性，是应急服务设施规划需要响应的重要问题。要实现应急服务设施体系的提质增效，可从结构优化、效率优化、效益优化、布局优化、品质优化等目标着手，积极推进应急服务设施平急、平疫、平战结合，与城市公共设施共建共享。同时抓住城市更新的窗口期，将应急服务设施提质增效要求纳入城市更新改造过程中，保障存量空间的韧性能力提升。

从城市面临的风险形势看，全球气候变化下，极端天气趋强、趋重、趋频，灾害的突发性和异常性愈发明显。同时，随着城市的发展，各类承灾体暴露性显著提高，脆弱性却未见普遍的显著改善，进一步增加了风险防控和应急管理的复杂性及难度。面对这样的挑战，应急服务设施的功能定位和服务保障不能仅局限于常规灾害的应对，而需要具备更高的适应性，以确保在大灾来临时，能够最大限度地保障人民群众的生命财产安全。因此，城市迫切需要构建全天候适应、有弹性、有余量的应急服务设施体系，提高整体韧性水平，以应对日益严峻的风险形势。

从城市治理需求视角看，在坚持"以人为本"，全面提升城市现代化治理能力的新时期主导思想指引下，对应急服务设施的精细化、人性化、公平性等有了更高的要求。应急服务设施的品质提升，一方面是帮助管理运维者在拥有更完备的设备和更充足的服务保障空间的基础上，高效启用和恢复应急服务设施，减轻管理运维负担，提高应急管理水平；另一方面，让受灾群众获得更及时、更好的城市应急服务和更加人性化的使用体验，增强人民的获得感、幸福感、安全感。要实现应急服务设施的高品质规划建设，就要充分学习和借鉴优秀的经验，从规划源头科学布局，在关键建设期做好技术把关，在运营管理阶段科学使用维护。

8.4.2　应急服务设施规划的共性问题

1. 布局体系性欠佳

应急服务设施布局体系性的问题，主要原因有两点。

首先，是规划原则倡导结合建设，布局的局限性大。应急服务设施作为应急功能的使用频次不高，且具有一定的不确定性，单独占地建设将难以最大化发挥资源效益。因此，应急服务设施的规划原则倡导结合建设。这类设施平时提供各类公共服务，急时转为应急服务功能。常见的结合建设对象包括应急避难场所与学校、体育馆、公园、广场等室内外设施的结合，应急医疗设施与综合医院、社区卫生服务站等医疗设施的结合，以及应急指挥中心与城市智慧管理中心等设施的结合。但由于这类设施自身在规划、建设中并未被要求统筹考虑应急服务需求，因此从兼作应急服务设施的角度会发现，面对应急救助与管理的需要，往往存在体系性欠佳、布局合理性不足、设施设备难以满足应急要求等显著的局限性。这就需要应急服务设施规划进行针对性统筹、协调与布局。

其次，面对存量的现实制约，应急服务设施规划统筹力度不足。随着我国进入存量高质量发展时代，集约节约用地和复合功能开发成为规划建设的重要命题。建立健全应急服务设施体系，需要精细的资源梳理、扎实的规划布局和强力的统筹落实。第一步，也是最关键的基础，是应急服务设施的供给应遵循单元化服务和属地管理原则。也就是说，将设施的服务范围与资源配置的基本单元——安全分区相挂钩，再与行政单元相结合，充分利用既有行政管理体系的"平急"运行机制充分发挥安全分区单元的资源统筹效力。这样一来，各级应急服务设施只要与其所在的各级安全分区的实际需求相关联，就能实现应急服务的精细化、高效能供给。然而现阶段，应急服务设施规划往往和划分的安全分区各行其是。应急服务设施虽存在分级分类，但由于缺乏针对性的供需研究，同时也受困于结合建设对象设施的现状分布条件，设施规划的结果普遍存在服务供给不均衡的现象，甚至导致服务供给呈现两极化现象，有些区域被多个同类设施覆盖，有些区域却成为服务空白区，从公共服务供给的公平性和设施配置的经济性上来看，都不合理。规划结果的科学性、合理性、公平性难保障，其对资源配置的引导性就会乏力。

从以上现状可以看出，应急服务设施规划目前还缺乏系统观念、系统的规划方法，对建设的指导统筹力度不足，对应急服务设施的供给效能提升几乎难有质的改善。构建层级分明、目标清晰、设施健全、服务到位、管理便捷的应急服务设施体系，需要更合理、有效的方法。

2. 供需匹配性欠佳

规模测算和规划布局是应急服务设施规划中的关键环节，其结果的合理性将直接影响设施的应急服务能力。目前我国各类应急服务设施的建设标准均对设施的规模进行了规范约束。有关标准一般根据各类设施不同服务层级，提出用地规模、人均有效面积等建议性指标。但对于不同地区和城市，具体取值需要根据各自的特征和需求来确定。也就是说，规划需要控制的，不是一个简单机械的总体有效面积指标的下限，而是其功能与相应规模、布局的供需关系耦合。规划需要根据地方和需求特征，合理配置设施类型、等级配比以及具体分布，以确保设施能够供给高效能的服务。

如前文所述，现阶段应急服务设施规划的问题在于没有充分对接安全分区的资源配置逻辑，也拘泥于现状而没有分区供需匹配、形成相对独立防护单元的概念，没有关注到人民群众对公共资源供给的公平性、人性化等更高的需求。而这些就是阻碍应急服务设施供给水平提升，走向精细化规划、建设、管理运营的关键缺失环节。此外，供需关系也不是静止的，而是动态变化的。这源于城市面临的风险在变化、暴露在风险中的人群和社会在变化、城市本身也在变化，那么需求的类别、规模、质量也会随之变化。随着全球气候变化，极端灾害频发，规划的应对只有留白是不够的，应急服务设施体系在需求的预判、冗余的预留以及供给的适应性上，都需做好面对冲击和压力的准备。

3. 设施设备物资保障有待优化

根据作者团队的实践经历，现阶段，我国应急服务设施结合建设的对象公共设施，普遍存在设施设备及物资难以满足应急服务需求的问题，主要体现在以下三个方面。

其一，未按标准要求配置应急服务设施设备及物资。应急服务设施需通过配置完善的设施设备和物资，才能充分支撑其应急服务功能。相关的设施设备包括承担应急服务的空间功能以及设施设备，如应急广播设备、应急医疗设备、应急住宿折叠床等，以及保障应急服务功能设施设备稳定运行的应急通信、应急供电和应急供水等生命线系统工程相关设施设备。物资主要包含卧具用品、照明、衣着、食品、卫生用品、医疗防疫等功能类别的受灾人员救助物资，以及防护装备、指挥装备、装卸运输等功能类别的救灾工作人员配套装具。设施设备及物资配置的完善程度，将直接影响场所提供应急服务的能力。

其二，已配置的应急服务设施设备及物资管理维护不当。由于相较于公共服务功能，场所的应急服务功能启用频次较低，对应的应急服务设施设备和物资的使用场景也较少。在实践中发现，相关的设施设备及物资常存在因管理维护不当、未定期更新而导致设施设备无法正常使用，物资过期等情况。

其三，应急服务设施设备及物资的平急转换存在障碍。一种是结建设施选择不当造成的，例如部分兼做应急服务设施的公共设施内部具有不可移动的固定设施，例如学校礼堂和体育馆内的固定座椅等。这类设施将直接阻碍应急服务设施设备在灾时转入并投入使用。另一种是由于缺乏合理审慎的平急转换预案或针对性训练造成的管理低效的现象。考虑场所平时和急时的使用场景、服务对象、使用需求均不同，缺乏平急转换方案，场所急时的人员管理方法、物资转入转出的转移对象、转移路线、转移地点、转移时间和安置办法等管理办法不确定，将直接影响场所提供应急服务的效率。

8.4.3　应急服务设施规划原则

1. 以人为本，安全优先

坚持以人民为中心的发展思想，始终把保护人民群众生命财产安全和身体健康放在第一位。严格遵守相关标准规范，坚持从规划源头着手，落实选址安全性，控制各类设施的规划、建设、管理全流程风险。

2. 区域协同，系统布局

健全应急资源配置体系，完善精细化的供需匹配，实现应急服务的科学化、合理化、人性化布局。从本级安全应急保障出发，向上构建安全分区之间的区域协同防护体系，形成区域协防应急服务网络格局。

3. 层级配置，单元防护

结合安全分区，层级单元化分级分类布局应急服务设施。按层级配置资源级别，承担不同级别保障任务；各个安全单元内部具备相对独立的应急自救能力，形成结构清晰的应急组织框架。

4. 平急结合，高效转换

结合平急使用人群、使用场景和使用需求，充分挖掘既有公共设施潜力，推进用地和建筑功能复合，促进资源的集约高效利用；因地制宜地探索多样化的平急转换方式，保障设施平急转换效率。

5. 前瞻引领，战略留白

统筹考虑常态与非常态灾害影响，前瞻应急服务需求，坚持刚性和弹性相结合的规划理念，做好用地预留预控与弹性指标设置，提升应急服务设施体系动态应对各类灾害扰动的能力，促进实现供需灵活平衡。

6. 高标设防，多灾兼顾

全面考量、综合权衡各种灾害可能产生的影响，适当提高应急服务设施的设防标准，做好应急服务、生命线保障等设施设备及物资的全灾种应对防护，建设能够综合应对不同类型、不同等级灾害的应急服务设施。

8.4.4 应急服务设施规划方法

针对现阶段应急服务设施规划存在的共性问题，在新时代高质量发展的战略导向指引下制定以上规划原则。本节在分析四类常见应急服务设施特性问题的基础上，以回应规划建设、应急管理的实际需求为出发点，结合相关标准，提出各类应急服务设施的精细化规划方法，以期为读者在相关领域的研究与实践提供参考。

1. 应急指挥中心

为应对 2008 年南方低温雨雪冰冻灾害，国务院成立了应急指挥中心，分设煤电油运保障、抢通道路、抢修电网、救灾和市场保障、灾后重建、新闻宣传共 6 个指挥部，统筹协调抗击雨雪冰冻灾害和煤电油运保障等工作。从我国应对 2008 年两次巨灾（南方低温雨雪冰冻灾害和汶川大地震）的情况来看，设置突发事件的应急指挥机构是十分必要的，具有中国特色的应对巨灾管理体制，为有力、有序、有效应对巨灾提供了强有力的组织保证。

国家层面如此，在一线具体落实应急救灾、救助任务的城市更是如此。灾害应急指挥的工作任务包含了突发事件的现场协调、应急救援和灾害救助工作；统筹各类专业应急救援力量；组织协调重要应急物资的储备、调拨和紧急配送；指导救灾款物的管理、分配和监督使用等繁杂琐碎的事务，反应时间短、涉及主体多、统筹事项多、任务重要性高，既要求系统性，又要求精细度，是灾后应急救灾救助组织的重点、难点，也是关键点，需要强有力统筹的应急指挥机构。因此，重要城市、一般城市在规划中应为应急设立应急指挥中心规划预留相应的硬件空间与充足可靠的设施设备条件，充分发挥其在突发事件中迅速掌握灾情，统一部署、快速反应的功能，实现响应时间最小化、资源利用效率最大化，提高把灾害影响控制到最低的可能。

以下从应急指挥中心的体系构建、规模测算、选址要求、建设要求四个方面提出规划要点。

1) 体系构建

应急指挥中心的体系构建应充分考虑其对内指挥调度、对外应急联动的需求，结合安全分区构建"市—区（县）—街道（乡镇）"三级单元化的应急指挥中心体系。各级应急指挥中心对外对接上级应急指挥中心，进而对接相关应急资源；对内协调下层各级安全分区的应急救灾救助相关工作，承担应急情况下的统筹协调、指挥调度和资源管理等任务，具有及时向上传导在地信息和向下传达应急指令，保障应急协调、指挥和调度工作有序高效开展的作用。

因此，在考虑应急指挥中心布局时宜充分结合安全分区体系，对应一级安全分区安全大区、二级安全分区安全生活圈、三级安全分区安全单元和四级安全分区安全社区层级，分别在相应的规划层级上设置该级应急指挥中心。在规划人口、建筑、经济密度高的城市重点片区时，可考虑适当加密应急指挥力量配置。

2) 规模测算

目前我国相关标准中对应急指挥中心的规模暂无具体要求。作者团队结合应急管理部门的使用需求、文献和案例等，提出应急指挥中心的规模宜统筹考虑平时和急时的人员办公、设施设备存放等空间需求，保障其在灾时能提供应急指挥工作场地、广播控制等设施设备安置场地以及少量应急物资的储存场地等，并适度留有余量。应急指挥中心的功能分区可分为指挥区域、值班室、研判会商室、控制室和专用设备间等。各地可结合实际情况因地制宜选择独立或结合建设，推荐结合城市管理运营中心等设施建设。当应急指挥中心与其他公共设施结合建设时，还应根据结建对象的实际有效使用面积等情况，确定应急指挥中心的结建规模。

3) 选址要求

应急指挥中心是灾时一个片区的应急管理大脑，场所的安全性将直接影响其是否能发挥应急指挥功能。为保障应急指挥中心在灾时能不受扰动、维持安全稳定运行，应避让地质不稳定、易受洪水地震等自然灾害影响的区域，避开重要政治目标、军事目标和重要经济目标的区域，以及远离易燃、易爆和有毒气、液体的工厂或仓库设置。当部分风险区域难以避让时，宜采用分散布局的方式，将应急指挥中心分散设置在不同的安全分区或灾害影响区内，形成相互备份的格局。通过分散布局，实现当发生特大灾害时，各个应急指挥中心独立运转，降低因灾被同时破坏或互相影响的可能性，从而提高应急指挥中心体系的可靠性与稳定性。

在保障安全的基础上，为充分发挥其应急指挥效能，应选择交通便利，方便引入城市水源、电源、通信以及避免强电磁场干扰的地区。条件允许且确实有需求的情况下，宜基于平急、平战一体化原则，设置地面和地下部分。

4）建设要求

从平急两用的理念出发，应急指挥中心宜与规划区的智慧控制中心、数据中心等设施结合建设，以实现资源的高效利用。在日常运营中，这种复合集约建设的应急指挥中心可以作为综合安全管理中心，为城市应急管理工作提供协同办公场地，实现信息的实时共享和协同处置，从而提高城市安全管理的效率和水平。

灾害发生时，场所可以迅速转变为应急指挥中心，承担起信息收发、广播控制与应急指挥工作等核心任务。为了实现这种功能复合集约建设的目标，需在规划阶段充分考虑各使用场景的功能和空间需求，合理规划各功能区的布局和规模，确保足够的办公空间和设施设备支持。同时，作为城市平急时刻的风险管理大脑，同时也是韧性城市建设的重中之重，应急指挥中心应满足特殊设防级别要求，并保障接入的电力、通信等各类生命线设施满足特殊设防要求，保障其成为城市中最坚强的堡垒。此外，结合建设的情况下还应健全完善的平急转换方案，并基于方案开展应急演练，保障场所灾时能迅速作为应急指挥中心启用，有效应对各类突发情况。

2. 应急避难场所

应急避难场所，是根据避难行动规划，系统性设计、建造的具有高度抗灾韧性，为居民提供安全的避难相关全面服务的空间和建筑设施体系，是现代城市防灾减灾的关键性基础设施之一。应急避难场所的灾后高效安置受灾群众、提供应急救助、减少二次伤亡和稳定社会秩序的能力，可以浓缩反映一个国家或地区全面的社会和经济发展水平。

随着我国进入高质量发展阶段，避难场所的高品质、人性化建设愈发受到重视，已经成为政府和学术等各界在韧性城市建设的关注重点之一。本节将从我国应急避难场所的发展背景和现状问题着手，结合国际上应急避难场所的先进做法，提出应急避难场所的规划要点。

1）现状问题与原因

我国城市避难场所空间布局普遍存在着拘泥于现有的结建对象、体系不健全、避难疏散距离远超标准约束、场所安全性问题突出、各类型场地可达性不足、服务经济性和公平性差、资源浪费明显以及没有明确的服务范围区划等问题。根据作者团队的调研和实践发现，虽然每个城市都有专门的部门推进着相关的工作，城市也有很多显著的设施和指示标志，但现实却是应急避难场所在民众中知晓率很低、利用率更低，场所的管理运营很难充分发挥体系效益、经济效益和社会效益。这说明规划作为公共政策的手段之一，对资源供给的调控一定程度上是失灵的。

我国现阶段对应急避难场所的规划，在标准上存在根本性的问题。现有标准注重在场所的用地规模、设施配置和人均面积上给出建议性指标，只能提供避难场所建设在用地供给方面的原则性参照。在应急避难场所的规划布局方面，没有明确的空间布局规则、场所服务有分级但无分区的技术依据以及缺乏对避难服务供需关系和容量确定的标准导则，导致规划编制无法准确关联场所服务的供给规模、质量等服务条件与服务的空间范围、服务的对象以及规模。规划粗放，难以精细化前瞻城市避难需求的空间分布，难以高效标准化引导科学合理、体系化的城市应急避难场所空间布局。另外，我国目前为应急避难场所的建设发布的政策、规范和标准（包括地方标准），着重强调针对地震的室外应急避难场所建设，对不同气候区和不同灾害风险类型的地区缺乏差异性指导意义。例如，严寒地区大量建设不适宜的室外应急避难场所，与高品质时代要求不符的低品质避难生活是可以预见的。而且这样不适宜的设施配置，使得应急救灾的物资需求量陡增，加大了应急救灾的难度，降低了时效性，对应急救灾产生负面影响，也是可以预见的。

粗放的前端规划布局，加剧了后端粗放管理。在前端规划布局阶段，应充分前瞻避难服务的供需关系和空间分布，引导构建纵向响应层级分明、横向服务区划精准，并具备高可达性、经济公平性的应急避难场所布局体系，为后端建设、物资设施配置及管理打下良好的基础。然而，现阶段由于重建设轻规划、重指标轻实效等政策原因，相关部门之间欠缺联动等体制机制以及技术标准缺失等多重原因，导致实际上处于前端的规划布局在编制过程和实施结果上均呈现出粗放的状态，甚至出现因不符合现状发展又未及时修编而失效的现象。这就使得城市应急避难场所的空间布局，存在分级不合理、服务范围划分不明确，以及空间布局紊乱现象，导致场所服务的供给与需求之间关系不明。这一规划布局前端形成的问题，在很大程度上造成了场所建设、设施配置、物资储备，以及管理运营这些后端环节难以突破的问题。例如，因对实际服务对象群体的范围、规模、需求特征等不明确，应急避难场所的服务供需目标不清，便导致粗放管理等问题和难点，给后端应急避难场所管理服务的精细化发展带来了巨大阻碍。

2）日本应急避难空间体系案例

以日本为例，日本的应急避难空间建设、应急避难路径选择和应急避难引导已经步入了精细化发展的阶段。针对灾害发生后不同时间段，对核心任务、避难行动和相关服务进行了整体的构想（图 8-13）。在此基础上，建立起以社区绿地和开放空间为主体的社区层级（服务半径 500～700m）的紧急避难场所，以及以中小学校为主体的生活圈层级（服务半径 1～1.5km）的室内固定避难场所，共同组成单元式的应急避难空间和服

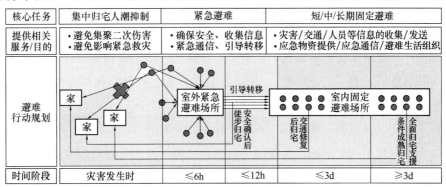

图 8-13　日本京都地区"避难引导及支援计划"概念图

务体系。这一套任务明确、组织合理又简明实用的避难行动计划，是日本有序、高效、高品质的灾后避难行动组织的重要保障；作为一个基本共识，不仅得到相关政府机构之间沟通协同，而且在社区层面进行民众宣传和相应的演习演练，成为贯彻始终的关于避难的社会核心共识。他山之石可以攻玉，建立明确的避难行动规划，对解决我国应急避难场所由于体系不整引起的诸多问题，有着借鉴意义。

3）建构应急避难场所空间布局新体系

通过对标国际先进经验，在科学合理的应急避难时空序列指导下，对避难行动、路径和场所进行体系性规划，高效实现避难资源与需求的耦合匹配，从而达到应急资源的价值最大化和救灾效益的最优化。根据对应急避难时序需求的解读，宏观统筹到微观的细化传导，是避难场所空间组织的关键。由于我国目前应急阶段的公共服务过于宏观，无法在第一时间做出准确及时、完善可靠的响应。而分级分区的避难服务单元化供给，是落实避难空间组织和管理服务精细化发展的基本理论基础。就空间组织来讲，如同市—区的行政单元划分一样，单元和层级化是最为高效的组织方式。结合我国行政管理的层级机构设置，确立"市—区—街道—社区"四层级避难场所体系。四层体系对应的安全分级、避难空间、保护规模和设施配置如表 8-8 所示。

应急避难空间新体系与责任分级匹配设施列表　　　　表 8-8

分级	级别	避难空间	保护规模	防灾减灾和应急设施配置
安全大区	市级	中心避难场所	50km² 以上	应急指挥中心、应急消防中心、防灾物资储备、应急医疗设施、应急通信设施、停机坪、应急基础设施
安全生活圈	区级	大型室外固定避难场所	13～25km²	应急消防站点、防灾物资储备、应急医疗设施、应急通信设施、室外固定避难场所、应急基础设施
安全单元	街道级	室内固定避难	3～6km²	应急消防站点、防灾物资储备、应急医疗设施、应急通信设施、室内固定避难场所
安全社区	社区级	紧急避难场所	0.8～1.5km²	防灾物资储备、应急通信设施、紧急避难场所、应急微型消防站点

应急避难时空序列概念下的规划布局新体系使避难场所分级格局清晰、层级深入，空间均衡、服务全面。各层级下的各个场所精准对应服务辖区（即"单元"），可有效降低管理成本，利于未来管控精细化、标准化、智慧化。应急避难场所可集成安全相关服务，成为各级各辖区的"安全堡垒"，从功能上提升各个社会系统对安全堡垒和避难的共识，提升防灾应急意识。新体系的布局适合我国实际情况，为单元化风险管理的层级传导打好了空间、设施和对策基础。实施过程中在现有条件的基础上进行适度布局改良即可，结合运营管理的软措施，全面提升应急避难场所及相关安全服务的布局品质。

4）规模测算

各层级的各类应急避难场所，规模应按照其相应层级的服务对象人口规模和服务功能来确定。以往的做法通常不考虑场所服务范围、场所类别和服务对象,直接使用大范围的人均面积法。精细化的规划目标下,核心是要建立良好的供需关系,不仅是规模,还包括质量。

首先,应根据安全分区体系,自上而下确定规划区域范围内应急避难空间的体系层级架构,大致明确规模意义上的供需关系。在此基础上,梳理潜在结合建设对象,自下而上确定应急避难场所服务的责任范围以及范围内的人口(根据服务功能的不同,可以选择不同的人口统计口径)。由于是要结合学校、体育场馆等既有建筑建设,因此每个场所的服务范围取决于其有效避难面积能够覆盖的区域。其次,根据《城市综合防灾规划标准》GB/T 51327—2018 和《防灾避难场所设计规范》GB 51143—2015 中服务人口的比例和人均有效避难面积指标取值计算应急避难场所的面积。在此基础上,应分析场所的实际使用人群和需求,并考虑流动人口数量,根据公平性、经济性、高品质、人性化等原则,按需调整确定应急避难场所规模。

(1)避难人口规模比例与服务范围

中心避难场所受灾人口避难功能区应按长期固定避难场所要求设置。市区级功能用地规模不宜小于 $20hm^2$,服务范围宜按人口 20 万～50 万人控制。中心避难场所应考虑到大规模灾害情况下无法归宅流动人口的避难需求,以各安全分区常住人口为计算基数,同时兼顾一定外来人口避难容量的冗余。

固定避难场所通常是考虑短期及中期的避难,城市流动人口会有转移,因此可按照常住人口进行评估,并适当兼顾一定外来人口的避难容量冗余。固定避难场所的服务人口数量应以避难场所服务责任区范围内常住人口为基准核定,且不宜低于常住人口的15%,其中长期固定避难人口数量不宜低于常住人口的5%。

紧急避难场所的人口数量需要考虑城市所有人口,即常说的全口径人口,包括常住人口和流动人口,并需要考虑全年最大流量的变化。人流集中的公共场所周边地区核算时,宜按不小于年度日最大流量的80%核算流动人口数量。

(2)人均有效避难面积

避难场所的人均有效避难面积应符合《防灾避难场所设计规范》GB 51143—2015中的规定(表 8-9)。对于建成区人口密集地区的避难场所,人均有效避难面积标准可以依据修正系数适当降低,但修正后的临时人均有效避难面积不宜低于 $0.8m^2/$人,短期人均有效避难面积不宜低于 $1.5m^2/$人。

不同避难期的人均有效避难面积下限　　　　　　　　　　　　表 8-9

避难期	紧急	临时	短期	中期	长期
人均有效避难面积 (m²/人)	0.5	1.0	2.0	3.0	4.5

表格来源:中华人民共和国住房和城乡建设部 . 防灾避难场所设计规范:GB 51143—2015〔S〕. 北京:中国建筑工业出版社,2022.

（3）其他空间需求

各级各类应急避难场所的容量，不仅需要确保服务范围内总体人均面积的达标，还应保障容量的空间分布合理。应急避难场所的需求规模，应以各安全分区的居住人口为计算基数，尽可能在精细化的尺度上，确保有足够的有效避难面积与人口分布挂钩，基本实现供需平衡；同时确保场所服务范围与属地范围也就是结合行政区划的安全分区相挂钩，促进属地管理、平急两用。

在按照标准中的人均指标测算避难场所规模的基础上，还应进一步考虑应急住宿和应急医疗等功能需求，包括孕妇、哺乳期女性、卧床者、轮椅使用者、携带宠物者等特殊避难人群的空间诉求，根据避难诉求及场所对应的避难时长确定场所的应急避难空间规模。以此在保障规模供给之上，提高应急资源的人性化程度和品质供给，使民众在匆忙、局促的应急避难中能有安全感、获得感和幸福感。

5）选址要求

在避难场所选址上，除标准中规定的安全性等选址原则之外，还应重视应急避难场所类型配比合理性、空间路径可达性、服务供给公平性、规划布局经济性、服务供需精确性等空间体系的结构性特征（表8-10）。可达性方面，应充分考虑各个安全分区内场所可达性要求，通过有效服务人口率，即一定服务半径内服务人口在辖区内的占比，来反映城市各级应急避难场所实际服务能力。公平性与经济性方面，应以每一层级场所的覆盖率和重叠率，来反映场所布局的服务公平性和配置经济性。气候适应性方面，应以建筑型场所占城市固定避难场所中的比例，来考察城市应急避难场所规划布局的气候适应性。精细度方面，应以分级辖区落实率，即每一级场所服务对象与行政辖区对应关系的落实比例，来反映城市应急避难场所的承载力供需精细化的程度。

应急避难场所空间布局体系评估指标表　　　　　　　　　　表8-10

考察目标	评估对象	指标名称	约束效力	备注
服务可达性	城市/区	分级有效服务人口率	预期型	提升预期
服务公平性	城市/区	分级场所覆盖率	预期型	提升预期
配置经济性	城市/区	场所服务重叠率	约束型	上限约束
气候适应性	城市/区	建筑型场所比例	预期型	提升预期
场所安全性	城市/区	安全的室内外场所比例	预期型	提升预期
承载力供需精细化管理	城市/区	分级辖区落实率	预期型	提升预期

注：1. 分级有效服务人口率：是指标准指定的避难场所服务半径内人口，占辖区范围内所有人口的比例。

2. 分级场所覆盖率：按照标准指定的服务半径，每一级场所服务范围与对应辖区面积的比值。

3. 场所服务重叠率：按照标准指定的服务半径，每一级场所服务重叠区域占总服务面积的比值。

4. 安全的室内外场所比例：安全性达标的室外型场地和建筑型场所的比例。

5. 分级辖区落实率：每一级场所服务对象与行政辖区对应关系的落实比例。

应急避难场所的选址可以通过基于GIS网络分析对规划范围的应急避难场所现状规划布局进行应急避难的虚拟仿真实验，对场所实际的服务范围安全性、可达性等特征进行模拟验证。根据应急避难的虚拟仿真实验得出的结果，分析应急避难场所的服务供给能力和质量，总结现状应急避难场所存在的问题。根据距离、容量、连通性、建设成本、居民认知程度等多个限制参数作为约束条件构建设施规划选址模型，获得满足以上要求的最优点位。

6）建设要求

我国目前应急避难场所基本是与中小学校、体育馆、公园、广场等公共设施结合建设。常见的以防范地震灾害为主，主要采用室外避难场所，避难生活品质较低，与我国新时代高质量发展、高品质生活的发展导向略有不符。加之由于气候变化引起的极端气象灾害越来越频繁的现实，以及现代建筑在设防标准、功能设计等方面的显著提升，避难场所的适宜性需逐步提高，兼具室外场地与室内场所的综合性应急避难场所应作为应急避难设施的主流得到推广。因此，应急避难场所宜优先考虑与规划区内兼具室内场所和室外场地的公共设施结合建设。

首先，对于既有公共设施应进行应急避难场所建设的适宜性评估，从场地安全性、建筑安全性、避难有效性和可达性等维度评价检验安全空间内既有公共设施作为应急避难场所的合理性，选取符合改造条件的设施进行优先改造。确保选作应急避难场所的公共设施能够兼容多灾种，提供重视舒适性、隐私和弱势群体特殊关怀的高质量的短、中、长期避难生活。

其次，在充分评估现状条件的基础上，以避难建筑建设标准为基础，对每个场地、建筑因地制宜地进行场地安全、场地设计、应急动线、应急设施的设计，并按照《应急避难场所设施设备及物资配置》YJ/T 26—2024 等标准和实际需求配置设施设备及物资。场地安全方面，应包括主体结构和场馆内部的安全改造，开展避难安全评估，评估场地和建筑在抗震、防风、防洪和防火等方面的达标情况，发现可能存在的安全隐患，采取对应的结构和非结构措施进行加固改造。场地设计方面，应充分考虑周边环境，结合场所外部环境合理划分内部功能分区，使内外形成有机联动关系。对于需安排在建筑内部的避难功能，应结合建筑现有的功能分区和避难对象的不同年龄、性别、健康情况、特殊需求等实际诉求进一步精准划分功能分区，促进场所启用时能实现精细化管理并提供人性化避难服务。同时，应根据功能分区进行提高无障碍设计水平、提高女厕比例等调整，明确各功能分区需配备的具体设施类型、数量和摆放位置。应急动线方面主要包括场所外部通道和内部疏散通道。其中外部通道应规划优先通道道路路线并做好方向指引设计，提高居民通过既定的安全路线到达指定场所的效率，并将避难人员路线与物资、应急车辆的通行线路区分开，防止不必要的混乱。内部疏散通道应尽量保证无障碍、平直少弯、连通各个功能分区，并根据管理者、志愿者和避难人员等人员类型及其需使用的功能分区，设计相对独立的行动路线，保障场所内部的通行效率和秩序。应急设施方面，应以满足应急避难服务需求为前提，适当将场所的基础设施改造为应急设施。其中需重点注意人均配额设计，根据各个场所的避难对象、避难期、灾害特点等确定设施类别及规模，并加强应急供水、供电和通信保障。

再次，根据场所"平时"和"急时"的使用场景和使用需求，对应每个场所的实际情况制定平急转换方案。在方案中明确应急避难场所人员的管理方法，场所中各类"平时"既有设施设备及物资转出和"急时"应急设施转入的转移对象、转移规模、转移路线、转移地点、转移时序和安置办法等管理办法。

最后，制定实地应急演练、灾害志愿者培训等活动计划。此举一方面能定期消耗临近保质期的物资，并全维度考量应急避难场所的应急服务供给能力，检验场所的功能布局、设施配置及物资配备是否满足避难需求。通过不断完善演练中发现的不足，可构建"检验—反馈—提升"的长效螺旋优化机制。另一方面，能让居民实地体验从周边到避难场所的路线和内部避难生活，有助于他们在临灾时保持冷静，更迅速地到达避难场所。

3. 应急物资储备设施

应急物资储备设施用于保障因突发事件而需紧急转移安置人员基本生活需求物资，是我国应急管理体系和能力建设的重要内容。灾时的应急救援、应急避难、应急医疗、应急抢险等多项应急工作需要物资的保障。目前，应急物资的储备方式多采取政府储备、商业储备和混合储备等模式。应急物资储备设施是防范化解重大安全风险的"稳定器"和"压舱石"，对于支撑应急救助、转移安置、灾后重建等应急响应的全流程具有重要意义。因此，通过科学合理的规划布局，指导建设应急物资储备及分发设施，在平时做好物资储备工作，保障在急时迅速响应，确保物资高效、准确地流向需求点，为应急救援工作提供坚实保障。

在韧性城市规划中，应急物资储备与分发设施规划也应分级分类构建设施体系，充分调研物资需求进行供给规模测算，分级按照既有标准和实际需求进行单元化布局。同时，统筹考虑将应急物资储备分发设施与其他应急服务设施结合建设的可行性，促进多项应急服务功能的集约，减少应急响应时间成本。

1）体系构建

国家规定灾害救助工作实行分级管理，条块结合，以块为主，明确要求建立健全中央救灾物资储备库，各省、自治区、直辖市及灾害多发地、县建立健全物资储备库。应急物资储备库从层级上，主要分为中央级（区域性）、省级、市级、县级四级。因此，从城市尺度分类，应急物资储备设施主要包含城市级应急物资储备库、大型救灾备用地，区级、街道级应急物资储备设施和避难场所应急物资储备设施等。灾害发生后，先动用最基层救灾物资储备库的救灾物资，当满足不了救助需求时再逐级向上申请物资，直至动用中央救灾物资储备库的救灾物资。中央级（区域性）应急物资储备库需宏观统筹与调拨全国救灾物资，承担区域辐射和查缺补漏的功能。

2）规模测算

应急物资储备设施规模的测算需包括以下几个方面。首先，应按标准测算紧急转移安置人口比例和对应的物资储备库规模下限。其次，应结合各地灾害类型，明确应急物资储备类型和规模需求，根据实际的物资储备体积测算物资储备库规模。再次，应考虑生产辅助用房、管理用房等配套用房建筑面积。最后，为保障设施的实用性、灵活性与适应性，应预留一定面积的空旷场地作为战略留白，为应急车辆停放、物资装卸作业等功能提供足够的空间。

（1）按紧急转移安置人口测算应急物资储备库规模

紧急转移安置人口比例：应急物资储备分发设施的规模大小与其储存物资的规模有着直接关系，紧急转移安置人口的数量是救灾物资储备规模的直接决定因素。根据《救灾物资储备库建设标准》建标 121—2009 和《城市综合防灾规划标准》GB/T 51327—2018，应急物资储备分发设施可按辐射区域内灾害救助应急预案中三级应急响应启动条件规定的紧急转移安置人口规模进行物资储备。大型救灾备用地、市区级应急物资储备分发设施应满足本地区设定最大灾害效应下需救助人口物资临时储存和分发需求。避难场所应急物资储备分发设施应考虑场所服务范围内所有人员需求。

各类应急物资储备库应依据紧急转移安置人口数进行总建筑面积测算（表 8-11）。取值时，应每类规模上限取大值，规模下限取小值，规模的中间值采用插值法取值。建设规模小于县级库下限的，宜设置应急物资储备点或与其他设施结合建设。当建设规模因实际需要突破以下标准值的，需另行报批。

应急物资储备库规模分类表　　　　　　　　表 8-11

规模分类		紧急转移安置人口数 （万人）	总建筑面积 （m²）
中央级 （区域性）	大	72～86	21800～25700
	中	54～65	16700～19800
	小	36～43	11500～13500
省级		12～20	500～7800
市级		4～6	2900～4100
县级		0.5～0.7	630～800

表格来源：救灾物资储备库建设标准：建标 121—2009［S］.北京：中国计划出版社，2009.

（2）按储备物资规模进行补充测算

应急物资储备库所需存放的物资一方面包括受灾人员基本生活救助物资，用于保障受灾人员基本生活；另一方面包括救灾工作人员配套装具，用于保障救灾工作人员开展灾害救助工作。其中受灾人员基本生活救助物资主要包含帐篷、临时卧具、照明、衣物、食品、卫生用品、医疗防疫等，救灾工作人员配套装具主要包含个人防护、指挥装备、装卸运输等。

测算应急救灾物资储备设施规模时，应根据各地的灾害类型，按照最大灾害效应下所需实物储备的应急救灾物资的种类和规模差异化测算空间需求，以确保所储备物资能应对各类型的常态与非常态灾害。各类物资的单个体积、堆放高度和单位面积堆放数量等规模指标可参考《救灾物资储备库建设标准》建标 121—2009 的相关要求。

（3）按配套用房需求进行补充测算

测算应急物资储备库规模时还应考虑生产辅助用房、管理用房等各类配套用房面积需求。加工用房和清洗消毒用房属于生产辅助用房。其中，中央级（区域性）大、中、小型应急物资储备库应设置的加工用房使用面积分别为 200m²、200m² 和 150m²，省级、市级、县级应急物资储备库应设置的加工用房使用面积分别为 100m²、80m² 和 50m²。为了对回收物资进行清洗、烘干和消毒，中央级（区域性）大、中、小型应急物资储备库应设置的清洗消毒用房使用面积分别为 200m²、200m² 和 150m²，省级、市级应急物资储备库应设置的清洗消毒用房使用面积分别为 100m² 和 100m²，县级应急物资储备库的清洗消毒用房可与加工用房合建。

管理用房建筑面积应按照应急物资储备库人员配备数量构成以及管理要求分别确定。常见的管理用房需求包括办公室、会议室、监控室、警卫室、财务室、档案室、值班宿舍等。各类救灾物资储备库工作人员数量及构成见表 8-12。

各类应急物资储备库人员构成表 表 8-12

规模分类		管理人员	专业人员	合计
中央级 （区域性）	大	20～22	30～33	50～55
	中	16～18	24～27	40～45
	小	12～14	18～21	30～35
省级		8～10	12～15	20～25
市级		4～6	6～9	10～15
县级		2～3	3～5	5～8

表格来源：救灾物资储备库建设标准：建标 121—2009［S］. 北京：中国计划出版社，2009.

（4）按战略预留用地进行补充测算

在进行应急物资储备分发设施规模测算时，还应充分考虑设施的实用性、灵活性与适应性，预留一定面积的空旷场地作为战略留白。所预留的场地不仅为应急车辆的停放提供了空间，更为物资的装卸作业提供了必要的场地支持，对于确保物资转运的顺畅与高效至关重要。通过战略留白落实弹性规划理念，为潜在挑战与变化预留出足量的缓冲空间，确保应急物资储备分发设施能够在各类紧急情况下均稳定提供应急服务，支撑应急物资的迅速、有效调配。

3）选址要求

应急物资储备设施应遵循储存安全、调运方便的原则。为保障灾时应急物资能稳定供给不间断，应急物资储备分发设施应选址于地势较高、工程地质和水文地质条件较好且远离危险源的地方，远离自然灾害隐患点、火源、易燃易爆厂房和库房等风险点。

为保障应急物资运抵受灾区域的时效性，应急物资储备设施应提高交通运输便利性，选择地势平坦、视野开阔的地方布局。应急物资储备设施应设置于城市对外主要出入口等对外交通便利之地，靠近交通干线，尽量邻近高速公路入口或铁路货站，对外连接道路应能满足大型货车双向通行的要求。为保证地面交通系统受到破坏时应急物资也能快速运抵灾区，库址宜满足直升飞机起降所需的净空条件，便于紧急情况下直升飞机起降。应急物资储备库出入口应方便运输、装卸设备的出入。

4）建设要求

应急物资储备设施的建设应遵循《救灾物资储备库建设标准》建标 121—2009、《建筑工程抗震设防分类标准》GB 50223—2008、《建筑抗震设计规范》GB 50011、《屋面工程质量验收规范》GB 50207—2012、《建筑设计防火规范》GB 50016—2014 等相关标准规定。

在落实标准的基础上，统筹协调"平急两用"公共基础设施与应急物资物流等设施的空间布局，考虑应急物资储备设施与公共服务、物流等设施结合建设的可行性，并尽量将应急避难场所设施与应急物资储备设施结合设置，尽量缩短响应时间、提高应急效率。

为保障物资储备的安全性，储备库房应重点关注防虫、防火等性能。储备库首层地面应做防潮处理，库房室内地坪应高于室外地坪不小于 0.3m，易受水浸风险区域的储备库应根据风险评估，适当提高设防等级。

应急物资储备设施应根据物资存储与调配的需求，合理设计总平面布置，以优化功能分区与动线设计。物资储备库房宜与生产辅助用房毗邻，并与管理用房和附属用房隔开。建筑系数宜为 35%～40%，其中专用堆场面积宜为库房建筑面积的 30%。此外，还应规划物资、人员、车辆在应急物资储备分发设施内及设施周边的动线，以保障平时和急时有序高效运营。

应急物资储备设施应根据物资储备、业务管理等功能要求配置包括电气、给水排水、采暖通风、安保、通信、消防等相关设备。多层库房应设置载重不低于 2t 的货运电梯等垂直货运设备以及其他必需的装卸设施设备。除以上基础设施设备的配备外，还应按信息化管理的需要，配置计算机信息管理系统和网络系统，以辅助提高物资的管理和调度效能。

4. 应急医疗设施

应急医疗设施主要指为应对突发公共卫生事件、灾害或事故，用于疾病预防预控、医疗救治、应急保障的设施。在城市遭遇突发公共卫生事件时，往往因短时医疗需求的急剧增长而面临医疗资源匮乏的严峻挑战，应急医疗设施的充足服务供给在控制灾害影响扩散、降低灾害导致的人员伤亡损失中发挥重要作用。

在汶川大地震等历次大型自然灾害以及近年新型冠状病毒（COVID-19）疫情公共卫生紧急事件中，城市在应急高峰期间暴露出医院床位紧张、感染者救治能力严重不足的问题，凸显了应急医疗设施供需的短板。分析国际上突发事件对医疗系统产生的冲击，不难发现，问题并非仅仅局限于应急医疗"硬件"设施规模上的不足。更为关键的是针对突发性公共卫生事件的应急医疗设施在传统的医疗卫生设施空间配置中考量不足，尤其在应急医疗需求激增时，医疗空间在平常与紧急状态之间的功能转换机制不畅，这种功能转换的滞后和障碍，常常成为导致整个医疗资源紧张甚至系统崩溃的致命因素。

吸取经验教训，当前应急医疗设施规划已成为学术界深入探讨的话题，也是规划实践广泛关注的重要议题。本小节结合当前最新的相关技术标准，汲取各学者及各地实践中的宝贵经验，着重阐述应急医疗设施体系构建、规模测算、选址要求以及平急空间有机结合的规划策略。

1）构建体系

应急医疗设施作为医疗卫生服务设施的重要组成部分，在常态阶段需要与整体医疗卫生资源共享整合，提高空间要素使用效率；在非常态阶段则需要充分考虑其独立性与灵活性，保障预留的应急空间与设施能够快速建设或转换为应急医疗设施，确保在突发事件发生时能够快速投入使用，不会造成突发性应急医疗需求对持续性医疗需求产生抢夺和挤兑。

要实现应急医疗空间资源在常态和非常态阶段的高效使用和灵活转换，需要提前统筹资源、预留用地、划出清单、规范标准。因此，构建全域统筹、分级分类的应急医疗设施体系，结合医疗卫生服务资源配置体系，前瞻各行政层级的应急医疗保障需求，明晰各类型应急医疗设施的功能是关键。以下从服务层级体系、空间用地保障类型、应急功能保障类型三方面阐述应急医疗设施体系构建思路与方法。

在层级体系方面，各类应急医疗设施按照"国家—省—市—区（县）—街道（镇）—社区（村）"6个层级的应急医疗需求配置（表 8-13）。其中，国家级层面建立区域性应急医疗设施；省级设施为省域范围内多个地级市服务的公共卫生应急设施；市级及以下的设施为各自辖区服务；县级及以上的应急医疗设施应满足全域疾病预防控制、医疗救治、应急保障需要，根据各级医疗卫生机构的应急需求统筹设置；街道与社区的应急医疗设施配置主要以社区生活圈为基础，统筹日常健康和突发公共卫生事件应急的需要。

从空间功能保障方面，应急医疗设施空间可以分为疾病预防控制应急空间、医疗救治应急空间、平急结合空间和公共卫生应急保障空间。其中疾病预防应急空间与医疗救治应急空间的部分设施全天候保持阶段应急医疗救助功能，以保障常态阶段城市具备一定的应急医疗服务供给。平急结合空间、公共卫生应急保障空间以及医疗救治应急空间的部分设施需要预留应急转换空间与接口条件，以保障非常态阶段能够快速转变为应急医疗设施（图 8-14）。

应急医疗空间与设施分级分类配置　　　　表 8-13

分类		分级					
类型	名称	国家级	省级	市级	区（县）级	街道（镇）级	社区（村）级
疾病预防控制应急空间	疾病预防控制中心	▲	▲	▲	▲	△	
	基层医疗卫生机构	—	—	—	—	▲	▲
	其他疾病预防控制应急空间	△	△	▲	▲	△	
医疗救治应急空间	院前急救设施	—	▲	▲	▲	△	
	传染病防治基地	▲	▲	—	—		
	应急定点医院和应急后备医院	—	—	▲	▲		
	基层医疗卫生机构	—	—	—	—	▲	▲
	紧急医学救援基地	▲	▲	△	—	—	—
	传染病医院	△	△	▲	△		
	其他医疗救治应急空间	△	△	△	△	△	△
平急结合空间	平急结合设施与场地	—	—	▲	▲	△	
	公共卫生应急预控用地	—	▲	△			
公共卫生应急保障空间	应急通道	▲	▲	▲	▲	▲	▲
	应急公用设施　供水	△	△	▲	▲	▲	△
	供电	△	△	▲	▲	▲	△
	通信	△	△	▲	▲	▲	△
	供气	△	△	△	△	△	△
	排水	△	△	△	△	△	△
	废物处置	△	△	▲	▲	—	—
	其他应急保障设施　医疗应急物资储备设施	▲	▲	▲	▲	△	
	救护车辆洗消设施	—	—	▲	▲		

注："▲"表示应设置，"△"表示根据实际情况按需设置，"—"表示不设置。

表格来源：中华人民共和国自然资源部 . 城乡公共卫生应急空间规划规范：TD/T 1074—2023［S］. 2023.

2）规模测算

考虑应急救助对象的动态变化和突发事件下应急救助需求的不确定性，各层级类型的应急医疗服务设施配置需在静态配置底线要求的基础上前瞻风险，留有弹性容量余地。由于服务对象与承担功能不同，其规模配置要求有所不同，以下依据《城乡公共卫生应急空间规划规范》TD/T 1074—2023、《城市综合防灾规划标准》GB/T 51327—2018 以及各类设施的相关规范要求展开具体阐述。

在疾病预防控制应急空间设施方面，国家级疾病预防控制中心的规模需按照实际情况单独论证。省、市和县级应设置至少 1 处疾病预防控制中心，可根据实际服务管理人

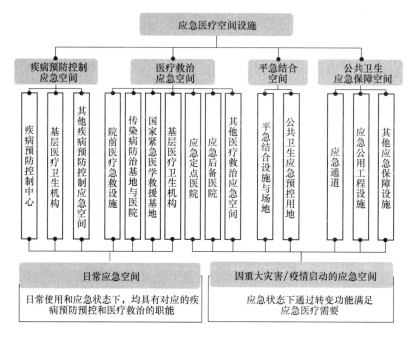

图 8-14　应急医疗空间设施分类

口和服务距离，增设中心或分中心。基层医疗卫生机构通常与社区健康中心结合建设，在社区健康中心已有功能的基础上，需要重点保障发热门诊、隔离点、转运场所的建筑规模，发热门诊宜≥300m²，发热诊室宜≥40m²、隔离点宜≥10m²，转运场所宜≥100m²。

在医疗救治应急空间设施方面：①院前医疗急救设施包括急救中心、分中心和急救站，每个城市应配置1处急救中心，每个县市应配置1处及以上急救分中心，急救站的设置满足城区服务半径3~5km，农村服务半径10~20km的布局要求。急救中心和急救站的用地面积和建筑面积可根据急救车辆、车库、隔离用房具体测算。②传染病防治基地与医院承担大规模危重症患者集中救治和应急物资集中储备任务，各地结合实际在测算具体功能规模的基础上，宜预留不少于5%的用地面积和不少于8%的建筑面积作为扩展空间。③紧急医学救援基地各省应配置不少于1处，有条件的地级市也可以配置，综合训练场地用地面积应不少于2hm²。④应急定点医院和后备医院，各区（县）应配置不少于1处，各地结合实际在测算具体功能规模的基础上，宜预留不少于3%的用地面积和不少于5%的建筑面积作为扩展空间。

在平急结合空间设施方面：①平急结合设施作为重大传染病集中隔离时，各区（县）应配置不少于1处，宜具有大空间、大容量，满足隔离房间在100间以上的配置，具备≥600m²的室外空间，可用于搭建帐篷、安装临时诊断治疗设备。②平急结合设施用于日常应急医疗储备设施的，可以结合中心避难场所和长期避难场所建设，应急医疗设施面积不应低于350m²/千人，其中受伤人员数量的测算不宜低于城市常住人口的

2%。紧急避难期需医疗救治人员的有效使用面积不应低于 $15m^2$/床，固定避难期不应低于 $25m^2$/床。安排简单应急治疗时，紧急避难期有效使用面积不宜低于 $7.5m^2$/床，固定避难期不宜低于 $15m^2$/床。③省会城市和市区实际服务管理人口 500 万人以上的城市应预留不小于 $8hm^2$ 的公共卫生应急预控用地面积，口岸城市应预留不小于 $5hm^2$，其他城市结合实际情况确定规模。

3）选址要求

考虑应急医疗设施的高效服务受灾群众、潜在环境污染性、灵活平急转换等特性，结合《城乡公共卫生应急空间规划规范》TD/T 1074—2023、《城市综合防灾规划标准》GB/T 51327—2018 以及各类设施的相关规范要求，从选址安全性、交通便利性和应急保障性三个方面对选址要求进行具体阐述。

在选址安全性方面，应急医疗设施应布局在地质条件稳定、满足防洪排涝要求、场地较平整的地区。为减少对城市环境和居民的不良影响，救治传染病的应急医疗服务设施应远离商场、幼儿园、学校等人员密集场所，应设置≥20m 的安全隔离区，尽可能选址于城市常年主导下风向、水源保护地的下游，并符合环境评价和安全评价要求。

在交通便利性方面，应急医疗设施需要保障不少于 2 条应急通道的畅通，尽可能邻近城市主干道和高速公路出入口，有条件可以邻近城市机场，便于转运伤员。新建设施宜利用现有医疗设施的空地或临近地块，保障医疗设施的资源共享。

在应急保障性方面，应急医疗设施应选址于水、电、通信等基础设施配套齐全的地段，保障应急医疗设施全天候正常运行。

4）建设要求

应急医疗设施主要结合医疗卫生设施建设，为弹性补充突发事件下的短期临时医疗空间短缺，也需要充分结合其他符合条件的公共设施建设。这要求公共设施在新建或改建过程中预留条件，强化其在医疗救助、疫情防控等方面的功能。结合《城乡公共卫生应急空间规划规范》TD/T 1074—2023、《城市综合防灾规划标准》GB/T 51327—2018 以及各类设施的相关规范要求，对应急医疗设施的结建对象、预留条件等进行具体阐释。

对于结合医疗卫生设施建设的应急医疗设施，需考虑其类型及服务功能需求，对结建医疗设施等级类型和平急转换有相应的管控要求。在结建医疗设施等级类型方面，传染病防治医院应依托三级甲等及以上的综合医院、传染病等专科医院建设；应急定点医院宜依托三级及以上综合医院或本区域中心医院、传染病医院建设紧急医学救援基地，通过工作基础较好的医疗机构建设，承担大批量伤员转运、集中救治、救援物资保障、信息指挥连通等救援服务；基层应急医疗设施宜结合社区卫生服务中心、服务站建设。在平急转换条件设计方面，结建设施需满足"三区两通道"的功能分区布置、应急房间需保证气密性设计、可转化的重症床位应保证足够的数量等基本要求，并结合各地实际，具体开展医疗设施在用地布局、建筑设计、应急保障等方面平急转化的规划设计。

对于结合公共设施建设的应急医疗设施，市、区级临时应急医疗救护、应急医疗队伍驻扎等功能应优先安排在中心避难场所，其次安排在长期固定避难场所。临时应急医疗场所宜与避难场所合并设置，其他应急医疗设施、卫生防疫临时场地宜结合避难场所及人员密集区安排。平时为绿地、广场、露天停车场等开敞空间，体育馆、展览中心、宾馆、酒店、疗养院、度假村等公共设施，以及规划的公共卫生应急预控用地，在突发公共卫生事件、灾害或事故时，可快速转换为疾病预防控制、医疗救治、应急保障及相应配套功能的用地和设施。促进空间设施资源集约利用的同时，提高应急医疗救助响应时效。

8.5　应急救援设施

根据 2018 年中共中央印发的《深化党和国家机构改革方案》，公安消防部队、武警森林部队退出现役，成建制划归应急管理部，组建国家综合性消防救援队伍。根据国家《"十四五"国家应急体系规划》《"十四五"国家消防工作规划》《"十四五"应急救援力量建设规划》等相关规划的内容，改革后的国家综合性消防救援队伍目前仍是应急救援力量的主力军和国家队，本书所称应急救援设施主要是指为综合性消防救援队伍提供服务的消防救援站，应急救援基地等其他应急救援设施可结合其自身功能需要，参考相关内容。

8.5.1　消防救援站分类

消防救援站担负着扑救火灾和抢险救援的重要任务，是城市公共基础设施的重要组成部分，对保障市民的人身财产、城市公共安全起着至关重要的作用。根据《城市消防站建设标准》建标 152—2017、《城市消防规划规范》GB 51080—2015、《城市消防站设计规范》GB 51054—2014 等相关规范和标准内容，消防救援站是指在一定辖区范围内，主要承担火灾扑救和各类灾害事故抢险救援任务的城市公共消防基础设施，是国家消防救援、专职或其他类型消防队的驻地所在，一般包括业务用房、设备用房、训练场地、出警通道等。

目前我国消防救援站一般是结合消救援队伍的情况进行设置的，2018 年中共中央办公厅、国务院办公厅印发的《组建国家综合性消防救援队伍框架方案》中明确提出要组建国家综合性消防救援队伍，其中省、市、县级分别设消防救援总队、支队、大队，城市和乡镇根据需要按标准设立消防救援站，国家综合性消防救援队伍由应急管理部管理，实行统一领导、分级指挥。

按照服务范围的差异，消防救援站可以分为陆上消防救援站、水上消防救援站和航空消防救援站等。陆上消防救援站是指主要承担陆域范围内火灾扑救和灾害事故抢险救援任务的消防站；水上消防救援站是指主要承担河流、湖泊、港区、码头、近海等区域水上火灾、灾害事故救援任务的消防站；航空消防救援站是指在重点城市或城市中的高层建筑密集区域、森林草原火灾等自然灾害高发地区设置的，主要承担空中灭火扑救、空中抢险救援任务的消防站。其中，按照业务类型和人员规模，可将陆上消防站分为普通消防站、特勤消防站和战勤保障消防站，普通消防站根据其辖区规模、服务对象、功能定位等分为一级消防站、二级消防站和小型消防站。

此外，除国家综合性消防救援队伍建设的消防站外，相关特定工矿企业、社区、乡镇等可根据各自功能需求设置专业消防站，如工矿企业内设置的企业专职消防站、社区设置的微型消防站、乡镇根据需求设置的乡镇消防站等。这类消防救援队伍是国家综合性消防救援队伍的重要补充，是中国特色消防救援力量体系的重要组成部分，其中，社区的微型消防站对于扑救早期火灾起着十分重要的作用。

8.5.2　需求预测与布局要求

消防救援站作为城市扑救处置各类灾害事故的救援主体，在保障城市安全和开展应急救援任务中起着十分重要的作用。消防救援站的需求数量与消防站的设置要求有着直接关系，根据《城市消防规划规范》GB 51080—2015 的相关内容，在城市内设置消防站应符合下列规定：

（1）城市建设用地范围内应设置一级普通消防站；

（2）城市建成区内设置一级普通消防站确有困难的区域，经论证可设二级普通消防站；

（3）地级及以上城市、经济较发达的县级城市应设置特勤消防站和战勤保障消防站，经济发达且有特勤任务需要的城镇可设置特勤消防站；

（4）有任务需要的城市可设水上消防站、航空消防站等专业消防站；

（5）消防站应独立设置。特殊情况下，设在综合性建筑物中的消防站应有独立的功能分区，并应与其他使用功能完全隔离，其交通组织应便于消防车应急出入。

除上述设置原则外，消防站的数量与布局位置还受自然环境、响应时间、经济水平、用地规划、交通条件等因素的影响，还应符合以下规定：

（1）城市建设用地范围内普通消防站布局，应以消防队接到出动指令后 5min 内可以到达其辖区边缘为原则确定，其中 5min 消防出动时间包括接到指令出动 1min，行车到场 4min；

（2）普通消防站辖区面积一级站不宜大于 7km²，二级站不宜大于 4km²，小型站不宜大于 2km²，设在城市建设用地边缘地区、新区且道路系统较为畅通的普通消防站，应以消防队接到出动指令后 5min 内可以到达其辖区边缘为原则确定辖区面积，其辖区面积不应大于 15km²，也可通过城市或区域火灾风险评估确定消防站辖区面积；

（3）特勤消防站应根据其特勤任务服务的主要对象，设在靠近其辖区中心且交通便捷的位置；特勤消防站同时兼有其辖区灭火救援任务的，其辖区面积宜与普通消防站辖区面积相同；

（4）消防站辖区划定应结合地域特点、地形条件和火灾风险等，并应现状兼顾消防站辖区，不宜跨越高速公路、城市快速路、铁路干线和较大的河流。当受地形条件限制，被高速公路、城市快速路、铁路干线和较大的河流分隔，年平均风力在 3 级以上或相对湿度在 50％以下的地区，应适当缩小消防站辖区面积。

综上分析，消防站的需求预测一般可采用辖区面积法和响应时间法两种方式来确定，具体预测方式如下：

1）辖区面积法

根据《城市消防规划规范》GB 51080—2015，普通消防站一级站不宜大于 7km²，二级站不宜大于 4km²，小型站不宜大于 2km²，设在近郊区的普通站不应大于 15km²。它是根据消防车到达辖区最远点的距离、消防车时速和道路情况综合确定的。根据相关实际测试结果，并考虑我国城市道路的实际状况，按消防站辖区面积计算公式确定辖区面积。

消防站辖区面积见式（8-1）：

$$A = 2P^2 = 2 \times (S/\lambda)^2 \tag{8-1}$$

式中：A——消防站辖区面积（km²）；

P——消防站至辖区最远点的直线距离，即消防站保护半径（km）；

S——消防站至辖区边缘最远点的实际距离，即消防车 4min 的最远行驶路程（km）；

λ——道路曲度系数，即两点间实际交通距离与直线距离之比，通常取 1.3～1.5。

通常说的消防站服务半径是 4min 消防车行车距离（不是里程），如图 8-15 所示。

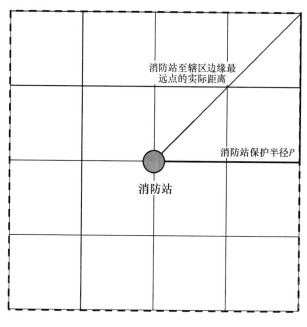

图 8-15 消防站辖区面积计算示意图

由于我国规划的路网大多数为方格网，因此在测算消防站辖区范围时，我们假设其为一个矩形，公式（8-1）中的消防站保护半径实际上是指消防站到辖区最远点的直线距离而形成的一个矩形的对角线，而消防站的实际辖区就是以消防站所保护半径为对角线的四个矩形的面积，因为辖区为方形，方形的边长就是 $p \div \sqrt{2} \times 2$，消防站的辖区面积 $A = 2P^2$。消防站的辖区面积和保护半径实际上取决于消防车 4min 的行驶距离和道路曲度系数（一般取值为 $1.3 \sim 1.5$）。根据各城市不同道路交通条件下的平均车速情况，消防站的消防半径和辖区面积如表 8-14 所示。

消防站的消防半径和辖区面积示意表　　　　　　　表 8-14

序号	平均车速 (km/h)	消防站保护半径（km）		消防站辖区面积 (km²)	备注
		道路曲度系数（1.5）	道路曲度系数（1.3）		
1	25	1.1	1.3	2.5～3.3	中心城区早晚高峰期
2	30	1.3	1.5	3.6～4.7	中心城区道路
3	35	1.6	1.8	4.8～6.4	中心城区道路
4	40	1.8	2.1	6.3～8.4	—
5	45	2.0	2.3	8.0～10.7	—
6	50	2.2	2.6	9.9～13.1	郊区道路
7	55	2.4	2.8	12.0～15.9	郊区道路

根据上述消防站辖区面积的标准与要求，假设一个区域的行政辖区面积为 $70km^2$，结合辖区内城市道路平均时速标准，参考按上述辖区面积要求，可以推算出该辖区内需要的消防站的数量约为 10 座。

2）响应时间法

根据《城市消防规划规范》GB 51080—2015，应以消防队接到出动指令后 5min 内可以到达其辖区边缘为原则确定，其中 5min 消防出动时间包括接到指令出动 1min，行车到场 4min。5min 时间是由 15min 消防时间得来的。根据火灾发展过程一般可以分为初起、发展、猛烈、下降和熄灭五个阶段，一般固体可燃物着火后，在 15min 内火灾具有燃烧面积不大、火焰不高、辐射热不强、烟和气体流动缓慢、燃烧速度不快等特点，房屋建筑火灾 15min 内尚属于初起阶段。如果消防队能在火灾发生的 15min 内开展灭火战斗，将有利于控制和扑救火灾，否则火势将迅速蔓延，造成严重的损失。15min 的消防时间分配为：发现起火 4min、报警和指挥中心出警 2.5min、接到指令出动 1min、行车到场 4min、开始出水扑救 3.5min。从国外一些资料来看，美国、英国的消防部门接到指令出动和行车到场时间也在 5min 左右，日本规定为 4min，也基本与我国规定的 5min 原则吻合。所以，综合考虑我国各城市的实际情况，以消防队从接到出动指令起 5min 内到达辖区最远点为城市消防站布局的一般原则，是较为合适的。

该方法主要以消防队接到指令后的响应时间为标准，以 5min 响应时间内消防车行驶的范围作为单座消防站的范围，以此推算一定区域范围内所需要消防站的数量，这里要注意的是，由于城市中心城区路网密集，车流较大，道路平均时速较低，消防站的辖区范围也较小，因此对应所需的消防站数量就较多；而城市郊区，由于车流量较小，平均车速较快，消防站的辖区范围较大，对应的消防站数量也就较少，这与上述消防站辖区范围的要求是一致的。

3）消防安全评估法

目前区域风险评估方法和消防站布局规划评估方法已相对成熟，较多地区已经开展了这项工作，未来消防站的布局将以响应时间作为第一核心指标，应逐步推动我国消防站布局从"面积确定法"向"响应时间确定法"过渡。同时结合消防安全评估，科学合理确定消防站的辖区范围，从而才能合理预测所需消防站的数量。

8.5.3 设施选址与建设要求

1. 陆上消防站

1）选址要求

消防站的选址主要应优先满足消防救援出勤需要，同时考虑保证消防站自身安全，在发生突发情况时能够及时安排有效力量进行应急救援，结合相关规范，消防站的选址应符合下列规定：

（1）应设在辖区内适中位置和便于车辆迅速出动的临街地段，并应尽量靠近城市应急救援通道；

（2）消防站执勤车辆主出入口两侧宜设置交通信号灯、标志、标线等设施，距医院、学校、幼儿园、托儿所、影剧院、商场、体育场馆、展览馆等公共建筑的主要疏散出口不应小于50m；

（3）辖区内有生产、贮存危险化学品单位的，消防站应设置在常年主导风向的上风或侧风处，其边界距上述危险部位一般不宜小于300m；

（4）消防站车库门应朝向城市道路，后退红线不宜小于15m，合建的小型站除外；

（5）消防站不宜设在综合性建筑物中。特殊情况下，设在综合性建筑物中的消防站应独立的功能分区，并有专用出入口。

消防站选址主要考虑三方面因素：第一，消防站设在辖区内适中位置是为了当辖区最远点发生火灾时，消防队能够迅速赶到现场，及早进行扑救；第二，消防站设在临街地段，是为了保证消防队在接到出动指令后，能够迅速安全地出动；第三，消防站尽量布置在城市应急救援通道上，有利于其出警发挥作用。

除此之外，消防站执勤车辆主出入口两侧应设置可控交通信号灯、标志、标线等，提前警示驾驶员，保障快速、安全出警。消防站执勤车辆主出入口距人员密集的公共场所不应小于50m，主要是为在接警出动和训练时不会影响医院、学校、幼儿园、托儿所等单位的正常活动，避免因发出警报引起惊慌造成事故。同时，也是为了防止人流集中时影响消防车迅速安全地出动，贻误灭火救援战机。消防站应处于生产、贮存危险化学品单位上风向或侧风向，且距离危险部位不宜小于300m，主要是为了保障消防站的安全和消防员的健康。将消防站后退红线距离定为不宜小于15m，为保证出车时视线良好，便于消防车迅速出动和回车时有一定的倒车场地，不致影响行人和车辆的交通安全。

同时，在建设用地有限但又需设置消防站的情况下，可将消防站附建在综合性建筑内。在这种情况下，设在综合性建筑物中的消防站应自成一区，并有专用出入口，确保消防站人员、车辆出动的安全、迅速。这种建设形式存在室外训练场地缺乏、消防员执勤环境易干扰、消防车出入对建筑物其他使用功能影响大等缺点。

2）建设要求

（1）用地面积要求

各类消防站的建设用地应根据建筑要求和节约用地的原则确定。消防站的建设用地面积指标是消防站规划建设的重要指标，各地在确定消防站建设用地面积时，可采用容积率进行折算。折算后的消防站建设用地包括消防站的房屋建筑用地面积和室外训练场地、消防车回车场地、消防车出入消防站和训练场地的道路、自装卸模块堆放场等满足消防站使用功能需要的基本功能建设用地以及绿化和车道等非基本功能建设用地。

在确定消防站建设用地总面积时，可按容积率进行测算（表8-15）。由于各地绿地率的规定不尽相同，各地在确定消防站建设用地时，可根据当地的有关规定执行，但必须要保证基本功能建设用地面积。建筑宜为低层或多层，容积率宜为0.5～0.6，绿地率应符合当地城市规划行政部门的相关规定，机动车停车应符合当地城市行政管理部门的相关规定。小型消防站容积率可取0.8～0.9，如绿化用地难以保证时，容积率宜控制在1.0～1.1。在条件许可的情况下，容积率宜优先选取下限值。消防站建筑宜为低层或多层的规定，主要是为满足消防队灭火救援使用功能需要，建筑楼层低有利于消防队接警后快速出动。

消防站用地面积指标表　　　　　　　　　　　　　表8-15

消防站类型	建筑面积（m²）	容积率	基本功能建设用地面积（m²）
一级站	2700～4000	0.5～0.6	3900～5600
二级站	1800～2700		2300～3800
小型站	650～1000	0.8～0.9，当绿化用地难以保证时，宜控制在1.0～1.1	600～1000
特勤站	4000～5600	0.5～0.6	5600～7200
战勤保障站	4600～6800		6200～7900

注：上述指标未包含站内消防车道、绿化用地面积。

表格来源：深圳市城市规划设计研究院. 城市消防工程规划方法创新与实践［M］. 北京：中国建筑工业出版社，2020.

上表中建设用地面积为满足消防站使用功能需要的基本功能建设用地面积指标，该指标不包括站内消防车道和绿化等非基本功能建设用地。其中，建设小型站的主要原因是大城市用地紧张。因此，在测定小型站用地面积时，仅考虑执勤备战所需的最基本用房的占地面积和基本室外场地面积，其中，基本用房的占地面积主要考虑了车库、通信室、配电室、锅炉房等用房及楼梯间等需要设置在首层的建筑。室外场地主要考虑了小型消防站必需的回车场地，以及日常消防车辆与装备器材在室外场地上进行清点检查、维护保养等的需求。如深圳市消防站往往结合城市绿地建设，为提高土地利用效率，小型站的容积率往往超过1.0，有的甚至达到了2.0，一层为消防车停车场，二层为宿舍和值班室，相关活动场地则结合周边绿地协调设置。

特大城市在建设消防站时，因建设用地困难，达不到本建设标准规定的用地面积要求，无法满足消防人员开展日常训练的需求时，可选择消防站相对集中的区域，立足一个较大的消防站建设训练场地或专门建设用于消防业务训练和模拟实战演练的城市消防训练基地。

此外，根据《国务院办公厅关于加强基层应急队伍建设的意见》（国办发〔2009〕59号）的要求，对于建设在县级城市的消防站，可适当增加消防站训练场地面积，以满足本地综合性应急救援队伍集中训练和培训的需要，更好地承担综合性应急救援任务。

（2）建筑面积要求

消防站内设置的功能性用房一般包括业务用房、业务附属用房、辅助用房三类，具体包括消防车库、通信室、体能训练室、训练塔、执勤器材库、图书阅览室、餐厅、厨房等。确定消防站建筑面积和各类用房的使用面积的重点，首先是确保消防站的消防车辆装备、灭火抢险器材、个人防护装备等所需建筑面积，以及战勤保障消防站应急装备物资储备用房面积，确保消防人员业务技能、体能训练等必需的用房、设施面积；其次是确保消防人员执勤备战所需的居住、生活等用房面积。消防站的建筑面积指标应符合下列规定：

一级站2700～4000m²；

二级站1800～2700m²；

小型站650～1000m²；

特勤站4000～5600m²；

战勤保障站4600～6800m²。

消防站使用面积系数按0.65计算。普通站和特勤站各种用房的使用面积指标可参照表8-16确定。战勤保障站各种用房的使用面积指标可参照表8-17。在条件许可的情况下，建筑用房面积宜优先取上限值。

普通站和特勤站各种用房的使用面积指标表（单位：m²）　表 8-16

类别	名称	消防站类别			
		普通消防站			特勤站
		一级站	二级站	小型站	
业务用房	消防车库	540～720	270～450	120～180	810～1080
	通信室	30	30	30	40
	体能训练室	50～100	40～80	20～40	80～120
	训练塔	120	120	—	210
	执勤器材库	50～120	40～80	20～40	100～180
	训练器材库	20～40	20	—	30～60
	被装营具库	40～60	30～40	—	40～60
	清洗室、烘干室、呼吸器充气室	40～80	30～50	—	60～100
	器材修理间	20	10	—	20
	灭火救援研讨、电脑室	40～60	30～50	15～30	40～80
业务附属用房	图书阅览室	20～60	20	—	40～60
	会议室	40～90	30～60	—	70～140
	俱乐部	50～110	40～70	—	90～140
	公众消防宣传教育用房	60～120	40～80	—	70～140
	干部备勤室	50～100	40～80	12	80～160
	消防员备勤室	150～240	70～120	70	240～340
	财务室	18	18	—	18
辅助用房	餐厅、厨房	90～100	60～80	40	140～160
	家属探亲用房	60	40	—	80
	浴室	80～110	70～110	30～70	130～150
	医务室	18	18	—	23
	心理辅导室	18	18	—	23
	晾衣室（场）	30	20	20	30
	贮藏室	40	30	15～30	40～60
	盥洗室	40～55	20～30	20	40～70
	理发室	10	10	—	20
	设备用房（配电室、锅炉房、空调机房）	20	20	20	20
	油料库	20	10	—	20
	其他	20	10	10～30	30～50
合计		1784～2589	1204～1774	442～632	2634～3654

注：小型站选建用房面积指标可参照二级站同类用房指标确定。

表格来源：中华人民共和国住房和城乡建设部．城市消防站建设标准：建标 152—2017［S］. 北京：中国计划出版社，2017.

战勤保障站各种用房的使用面积指标表（单位：m²）　　表 8-17

类别	名称	使用面积指标
业务用房	消防车库	810～1080
	通信室	40
	体能训练室	60～110
	器材储备库	300～550
	灭火药剂储备库	50～100
	军需物资储备库	120～180
	医疗器械储备库	50～100
	车辆检修车间	300～400
	器材检修车间	200～300
	呼吸器检修充气室	90～150
	灭火救援研讨、电脑室	40～60
	卫勤保障室	30～50
业务附属用房	图书阅览室	30～60
	会议室	50～100
	俱乐部	60～120
	干部备勤室	60～110
	消防员备勤室	180～280
	财务室	18
辅助用房	餐厅、厨房	110～130
	家属探亲用房	70
	浴室	100～120
	晾衣室（场）	30
	贮藏室	40～50
	盥洗室	40～60
	理发室	20
	设备用房（配电室、锅炉房、空调机房）	20
	其他	30～40
合计		2998～4448

表格来源：中华人民共和国住房和城乡建设部．城市消防站建设标准：建标 152—2017［S］．北京：中国计划出版社，2017.

消防站各种用房使用面积的确定，应符合现行国家标准《城市消防站设计规范》GB 51054—2014 的规定，必须满足消防站所配备的各种消防车辆、灭火器材、抢险救援器材以及消防员防护装备的使用或存放需要；必须满足消防站人员执勤备战、生活、学习、技能、体能训练和迅速出动的需要。

小型消防站一般设置在建筑密集区，道路较窄，为满足快速出警需要，需要优先配备一车多能、结构紧凑、机动灵活、通过性好的消防车。根据估算，此类结构紧凑的水罐/泡沫车和举高消防车的车库面积约为 60m² （长 12m，宽 5m），同时考虑衣帽架及消防员出动通道的需求，故将每个车库面积确定为 60～90m²。其他用房的使用面积主要是根据小型站配备 15 人的基本使用需要测算得出的，几项使用面积相加，至少需要442～632m²。战勤保障站业务附属用房和辅助用房的面积根据人员配备和实际需要确定。

2. 水上消防站

1）布局原则

根据《城市消防规划规范》GB 51080—2015、《城市消防站建设标准》建标 152—2017 等，有水上消防任务的水域应设置水上消防站。水上消防站设置和布局应符合下列规定：

（1）水上消防站应设置供消防艇靠泊的岸线，岸线长度不应小于消防艇靠泊所需长度，河流、湖泊的消防艇靠泊岸线长度不应小于 100m；

（2）水上消防站应设置陆上基地，陆上基地用地面积应与陆上二级普通消防站的用地面积相同；

（3）水上消防站布局，应以消防队接到出动指令后 30min 内可到达其辖区边缘为原则确定，消防队至其辖区边缘的距离不大于 30km。

水上消防站应设置供消防艇靠泊的岸线，以满足消防艇靠泊、维修、补给等功能的需要。河流、湖泊的消防艇靠泊岸线长度不应小于 100m，是根据停靠常规的 1～2 艘消防艇和 1 艘指挥艇的需要确定的。

根据重庆等几个城市内河水上消防站的实际值勤情况和有关测试结果，水上消防站以接到出动指令后、正常行船速度下 30min 可到达其辖区边缘为原则进行布局。如消防艇正常行船速度为 40～60km/h，则水上消防站至其辖区边缘的距离为 20～30km。在城市边缘地区、沿岸用地功能不复杂、港口码头较少、行驶船只较少的水域，水上消防站至辖区边缘的距离可适当增加。

2）选址要求

水上消防站选址应符合下列规定：

（1）水上消防站应靠近港区、码头，避开港区、码头的作业区，避开水电站、大坝和水流不稳定水域；内河水上消防站宜设置在主要港区、码头的上游位置；

（2）当水上消防站辖区内有危险品码头或沿岸有危险品场所或设施时，水上消防站及其陆上基地边界距危险品部位不应小于 200m；

（3）水上消防站趸船与陆上基地之间的距离不应大于 500m，且不得跨越高速公路、城市快速路、铁路干线。

辖区内有危险品码头或沿岸有危险品场所或设施的，水上消防站及其陆上基地选址应考虑自身安全问题。

水上消防站设置相应的陆上基地，一般具有水陆两用功能。陆上基地用地面积及选址条件同陆上二级普通消防站。水上消防站建设用地面积暂无具体规定，具体可根据消防职能参考陆上消防站用地面积规定，并考虑水上码头设置需求进行综合确定。

水上消防站所配置的消防艇数量是确定其规模的主要因素。随着经济社会发展，水上消防站服务职能也不断拓展，其抢险救援功能和作用不断提升。通过对部分城市的调研，普遍认为水上消防站配置 2 艘消防艇能够符合需要。如辖区内设有 5 万 t 以上危险化学品装卸泊位的货运码头和大型客运码头，应配置 2 艘大型消防艇或拖消两用艇；确有困难的，可配置 2 艘中型消防艇或拖消两用艇。对于 5 万 t 以下危险化学品装卸泊位的货运码头，至少配置 1 艘中型或大型消防艇、拖消两用艇。其他的水上消防站可根据实际需要，配置大、中、小型消防艇或拖消两用艇。

3. 航空消防站

1）航空消防站设置规定

航空消防站设置应符合下列规定：

（1）人口规模 100 万人及以上的城市和确有航空消防任务的城市，宜独立设置航空消防站，并应符合当地空管部门的要求；

（2）除消防直升机站场外，航空消防站的陆上基地用地面积应与陆上一级普通消防站用地面积相同；

（3）结合其他机场设置消防直升机站场的航空消防站，其陆上基地建筑应独立设置；当独立设置确有困难时，消防用房可与机场建筑合建，但应有独立的功能分区；

（4）航空消防站飞行员、空勤人员训练基地宜结合城市现有资源设置。

航空消防站的功能宜多样化，并应综合考虑消防人员执勤备战、迅速出动、技能和体能训练、学习、生活等多方面的需要。

2）消防直升机起降点设置规定

消防直升机起降点设置应符合下列规定：

（1）结合城市综合防灾体系、避难场地规划，在高层建筑密集区、城市广场、运动场、公园、绿地等处设置消防直升机的固定或临时的地面起降点；

（2）消防直升机地面起降点场地应开阔、平整，场地的短边长度不应小于22m；场地的周边 20m 范围内不得栽种高大树木，不得设置架空线路。

灾害事故状态下，为了便于消防直升机实施救援作业、提高效能，要求城市的高层建筑密集区和广场、运动场、公园、绿地等防灾避难场地均应设置消防直升机临时或固定起降点，地面起降点场地及环境应符合相关要求。

8.6 生命线系统应急保障与韧性提升

8.6.1 生命线系统韧性提升与应急保障对象划定

生命线系统是维系国计民生、保障生产生活、支撑城市安全平稳运行的关键基础设施系统，包括通信、供水、排水、电力、燃气、输油、综合管廊等子系统，设施特征以线性为主。依据《工程抗震术语标准》JGJ/T 97—2011，"生命线工程"（Lifeline Engineering）的定义为：维系城市与区域经济、社会功能的基础性工程设施与系统。由此可见，生命线系统既是常态下城市正常运转的根基，更是城市抵御非常态下风险灾害的重要应急保障，其各子系统之间是相对独立却又相互关联依存的关系，环环相扣，否则或将"牵一发而动全身"地影响整个城市正常运行。

为保证常态下生命线系统持续正常平稳运行，需要提升其抗风险和抗干扰的能力，即面对偶发外部扰动与内部异变时，系统具备充分韧性，能"游刃有余"地灵活应对、强力抵御、协同联动并高效恢复，甚至达到对系统整体运转无异动的效果，当面临整体环境不可抗力下的变化时，亦能快速适应。而非常态时，即突发情势爆发，包括自然与人为灾害，生命线系统在保障自身安全运行的同时，需避免造成次生灾害的应急保障能力，是维持基本生产生活秩序的底线要求。

生命线系统涵盖专业甚广，本章主要针对生命线系统中的城市市政基础设施五类子系统的常态下韧性提升与非常态下应急保障两个方面进行探讨论述，即供电系统、给水排水系统、供气系统、通信系统与综合管廊系统。

8.6.2 生命线系统韧性增强关键节点识别

生命线系统韧性增强关键节点识别是发现、列举和描述常态与非常态情境下影响系统稳定运行与灾时安全与不可逆风险要素的重要环节。韧性增强关键节点识别，既需进行危险源辨识或危险因素辨识，又需对潜在及客观存在的各种风险与生命线系统各重要节点，进行直接或间接的症状、特性判断归类和鉴定，这是生命线系统韧性提升与抗风险能力增强的基础。生命线作为综合复杂的城市基础运行保障系统，应全面、系统地识别出系统中常态与非常态下各类"平—灾"情境下风险因素，生命线系统韧性增强关键节点识别需按照相关标准，结合生命线系统运行实际，将固有和潜在的影响生命线常态下稳定运行与非常态下安全隐患的各种因素作为韧性提升的关键。

电、水、气、通信等基础设施具有点多、线长、面广的特征，易遭受灾害损坏。基础设施的韧性优化需要充分考虑冗余量，特别需要注意对节点的冗余备份，使整个基础设施系统具有多源、多通道、通道可靠的传输系统。同时，需规划建设灾害、突发事件情景模式下的救灾抢险、急救、应急处置等急需应急救援设施场所的基础设施应急保障系统，建立供电、供水、通信等基础设施应急保障备份系统，确保灾害模式下区域功能的基本运行。

1. 供电系统

公共建筑用电主要为照明与插座、空调系统。其中空调用电作为第二大电力需求，又是引起电网峰谷波动的主要因素。规划区域内若商业、办公、公共建筑等人口稠密、制冷需求大，在工作时间内需要持续提供冷量，是用电峰值的重要组成部分。需关注保障电网供电可靠性，满足检修方式下"N-1"的高可靠性电网。同时，在供电多样性、冗余性方面，可考虑可再生能源电力供应，如风电、光电等可再生能源；保障区域电网系统，如远距离、大容量的电力输送体系，保障电力供应安全稳定、多能互补和清洁能源供能多样化。此外，新建变电站宜考虑采用地上建设而非全地下建设，尽可能兼顾景观性与安全性考虑，加强对内涝和火灾风险的预防措施，提升供电系统韧性安全。

2. 给水排水系统

供水管网及水源的安全与稳定直接关系到片区在日常情况下以及应急状态下保障居民提供生活用水与抢险救援需求。排水系统的顺畅与合理设置，关乎日常排污以及暴雨等恶劣天气下的内涝等灾害问题。自来水系统如遭受供电区域大面积停电，存在导致停电区域内自来水停水、市民生活饮用水紧张、部分地区自来水加压站不能运行的风险。

1）供水系统

供水系统的韧性保障，需关注优质安全水供给与漏损检修效率以及供水管网漏失率、供水普及率、水厂深度处理率与漏损控制成效，包括地表漏损发生率与地下漏损率，特别是老旧管网的管道型材更新选择以减少漏损水量。供水系统的稳定性方面，需关注保障饮用水供应系统覆盖率与水厂出厂水质标准，饮用水管道管径应满足需求，推动提高世界卫生组织饮用水标准达标率。

2）排水系统

可持续排水系统方面，需关注各层级规划的编制与落实，鼓励城市新建区以及城市建成区更新改造在可持续排水系统和绿色基础设施的应用。注重源头控制，减少和调蓄地表径流，控制径流峰值，缓解排水系统压力，同时削减径流污染，进一步促进生物多样性、提高空气质量、减少热岛效应。排水系统的设计，需从源头、路径、建筑内涝防治、预警监测、差异化标准制定应用等方面采取措施，降低城市内涝风险，"因地制宜"确定排水系统设计标准，具体关键点如场地排水管渠设计暴雨重现期、建筑（含地下室、泵站、变电站）雨水立管设计暴雨重现期，在技术可行的基础上场地设计应考虑超标雨水的行洪通道，降低人身和财产风险。

3. 供气系统

需关注地震、工程建设、地铁运行、地下空间开发等对燃气系统及次生灾害的影响。规划区域若涉及大规模的重复地下空间，燃气的使用一定程度上存在火灾耦合叠加风险。燃气管网沿路面敷设，需关注因不规范施工、人为破坏、地面塌陷等第三方破坏而导致燃气泄漏的风险。供气系统若遭遇供电区域大面积停电后，存在导致运行监测系统失效的风险，进而期间或存在供气系统故障、泄漏等耦合状况情况造成二次灾害的风险，需确保设施备用电源供电能力完好。同时，需关注供气系统在先进防灾减灾装备与科技应用，特别是燃气智能化预警感应阻隔系统完善程度，以及深入基层用户、政企联动的防灾减灾能力提升，以提升规划区域及周边供气系统韧性安全。

4. 通信系统

极端情况出现时，应避免通信通道拥堵，防止造成应急指挥调度、紧急救援通信联络等中断，否则将严重影响灾情通报、灾时疏散、救灾组织、救援联络的效率，从而致使风险及后果提升。需关注片区级防灾无线网与跨系统、跨应用数据共享协调系统建设，包括大数据信息平台、预警信息发布系统、手机终端等，并能对监控、展示、指挥、服务、决策、分析进行有效支撑，以保障公众与政府信息互通，提升规划区域及周边通信系统韧性安全。

5. 综合管廊

管廊作为片区"生命线"是保障片区正常稳定运转的基础与通道。规划区域内若各地块施工进程不一，将存在因施工操作不当、突发地质沉降等导致管廊受损、切断基础设施管线等风险隐患。

8.6.3 国际基础设施韧性评估标准对标

应急能力的保障关乎市政基础设施自身安全韧性与灾时的应急供给能力，而自身安全韧性同时涉及其上游供给的安全保障、设施自身运行平稳性与抗灾应对能力，以及避免成为次生灾害风险源的能力。

1. 系统自身韧性的优化标准对标

基础设施系统的质量是保障片区平稳运行与区域应急能力的关键。参照奥雅纳（ARUP）城市韧性框架（CRF）中基础设施系统韧性框架评估指标与系统韧性关系，对基础设施韧性优化标准进行对标。该体系重点考虑基础设施系统的稳健性，即在其受到冲击或压力情况下，关键服务仍能保持连续性，特别是供水、供电，以及货物、服务、信息流动的通信系统。该维度包括"降低风险和脆弱性""有效的关键服务供给"以及"可靠的通信"3个主因子（表8-18）。

（1）"降低风险和脆弱性"因子：基础设施的保护功能取决于科学的设计与施工，无论家庭、办公室和其他日常所需的基础设施，还是特殊的防御设施（如防洪堤）均是如此。自然资源和人造资产可以协同，以提高应对恶劣条件的能力，避免造成伤害、损坏或损失。

（2）"有效的关键服务供给"因子：基础设施为片区提供重要服务，其质量和性能可通过主动管理来维持。在压力时期，基础设施服务成为片区运转的核心，维护系统的良好性能，以更好地适应异常需求，承受异常压力并继续运行。完善的管理可以增强对系统的全面了解，从而使基础设施管理人员随时做好恢复中断服务的准备。

（3）"可靠的通信"因子：可靠的通信，可在人员、位置和服务之间建立连接，为每天的工作和生活营造积极的环境，建立社会凝聚力，并支持紧急情况下迅速地、大规模地及时沟通。信息和通信技术（ICT）网络以及应急预案有助于这一目标的实现。

基础设施系统韧性框架评估指标与系统韧性指标体系表评价示意　　　表 8-18

序号	因子	关键要素	具体要求	品质要求
1	降低风险和脆弱性	综合的危害性和暴露性地图	健全的系统能根据当前数据绘制城市灾害暴露性和脆弱性地图	综合性 包容性 反思性 智慧性 稳健性 冗余性 灵活性
2		适当的规范、标准和执行	建筑和基础设施法规和标准具有前瞻性，适用于片区情况，并得到执行	
3		强大的保护性基础设施	综合性、前瞻性和强大的保护性基础设施体系，减少居民和关键资产的脆弱性与暴露性	
4	有效的关键服务供给	灵活的基础设施服务	各种功能强大的基础设施建设可为城市提供关键服务支持	
5		保留备用容量	通过对关键资源的充分利用和灵活使用，可最大限度地减少对关键基础设施的需求	
6		关键服务的高效维护和连续性	通过有效的应急计划，对重要的公用基础设施进行强有力的监测、维护和更新	
7		关键设施和服务的连续性	资源化、可再生性和灵活的连续性计划，使在紧急情况下重要设施的公共服务得以连续	
8		可靠的通信技术	所有人都能使用的有效和可靠的通信系统	
9		安全的技术网络	建立健全、有效的机制，保护片区所依赖的信息和技术系统	

2. 系统应急能力韧性优化标准对标

参照联合国减少灾害风险办公室（UNDRR）提出的"城市韧性十要素"中关于提高基础设施韧性的措施：制定保护策略，更新和维护关键基础设施，根据需要建设可以减轻风险的基础设施；有效备灾、救灾能力的措施：建立并定期更新备灾计划，与预警系统连接，提高应急和管理能力。

可结合用于衡量"城市韧性十要素"相关因子绩效水平的城市灾害韧性计分卡（表 8-19），提出适应于规划区域的基础设施系统灾害韧性以及备灾、救灾能力韧性的策略体系并对规划区域进行定量和可视化评估，以跟踪韧性建设的进展情况，这亦是开展规划区域减轻灾害风险行动计划的基础。

基础设施韧性优化与应急能力韧性增强标准参考　　　　表 8-19

序号	要素	一级指标	二级指标
1	基础设施应急能力韧性优化	给水排水	在正常提供公共服务期间，因该服务的缺失或减少带来的可损失或消极影响
2			缺少卫生用水可能造成的影响
3			恢复正常供应所需支出
4		供电	在正常提供公共服务期间，因该服务的缺失或减少带来的可能损失或消极影响
5			恢复正常供应所需支出
6		供气	供气系统的安全性和完整性
7			在正常提供公共服务期间，因该服务的缺失或减少带来的可能损失或消极影响
8			恢复正常公共服务所需支出
9		通信	通信损耗风险（存在服务损失风险）
10			由于通信故障导致的特定重要资产服务损耗风险
11			复建耗资
12		管廊	管廊的安全性和完整性
13			在正常提供公共服务期间，因该服务的缺失或减少带来的可能损失或消极影响
14			恢复正常公共服务所需支出

8.6.4　生命线系统韧性提升与应急保障管控要求

各设施设防等级的确定，在条件允许情况下，特别是高定位、重点区域，建议以风险评估为依据进行调校，以确保其精准性。

1. 综合管廊韧性提升管控要求

1）综合管廊安全韧性体系建设

强化管廊建设管理技术、管理制度保障、智能化联动管理，提升廊道建设韧性保障，因地制宜布局地下综合管廊，全面提升片区市政基础设施服务效能，打造与规划区域定位相匹配的供应体系。

2）管廊安全韧性提升管控要求

综合管廊工程设计应落实人民防空防护要求。综合管廊主体廊道结构（包括地下控制中心）应依据地震安全性评价结果进行设防等级校核确定，如规划区域关键节点和线路抗力等级设防标准建议提高等级。综合管廊（包括地下控制中心）口部，包括人员逃生（检查）口、通风口、投料口等设置相应抗力的防护设备。建议采用轻便、易拼拆成套管廊模板，加快施工进度，提升管廊日常与灾后恢复安全韧性。变形缝处等填海易沉降风险部位，建议可通过加厚钢筋混凝土垫层并延伸至钢板桩边等措施，加强管廊基底支撑，具体工程措施结合实际情况进行评估制定。全面采用智能化联动管理系统、机器人巡检、智能分析联动预警及故障精准定位系统，并接入应急相关部门协同联动机制与智慧管控平台。依据相关规范、标准，严格规划范围内管廊的建设运维管理并根据规划区域实际情况不断完善相关管理与应急保障制度，定期开展综合评估。

2. 给水排水系统韧性提升与应急保障管控要求

1）给水排水系统韧性提升管控要求

结合规划区域定位与需求，如需实现高品质供水，应要求管网水质达标率100%，片区内输配水形成环状供水系统。根据规划区域特点，如该片区为高强度、高能耗，为保障该区域供应安全，供水系统目标达到100%保障率。落实优质管材应用及智能计量监管，如球墨铸铁管等高质量管材应用，保障管网漏损率高标准控制，如高定位重点片区管网漏损率建议控制在4%以下。

根据国家排水管网相关规范和行业标准，规划区域规划、建设污水管网系统应考虑其在一定程度灾害影响下的正常运转需要。污水管网要保证管材耐震，并采用柔性连接；管网敷设要保障基础踏实；污水管网相关建构筑物设防等级建议以风险评估进行调校，如果定位重点片区，建议提高设防标准。提升输水管抗灾可靠性。原水管管材应选好抗灾能力较高的钢管，并按照高于片区设防烈度一度的要求加强其抗震措施。提高骨干管道防灾设防标准。采取柔性连接措施，按照提高一度采取抗震措施，保证在罕遇地震情况下不发生严重及以上破坏；提高一度设防采取抗震措施，并依据风险评估进行调校，保证在设防烈度地震下不发生严重及以上破坏。对场地不良地段供水设施进行防灾改造工程。改造不良管材管线，对小管径铸铁管进行全面整治。改造刚性接口，更新为抗震性能好的管材和柔性接口，改善管段本身的抗震能力。加强穿越其他基础设施管线及轨道管段的防灾措施。对穿越管段，在进行管道改造及规划建设时，管道布置方式应尽量与其他基础设施管线及轨道正交，应使用大型塑料套管，优先选用抗灾能力较高的钢管，管道接口用胶圈柔性接口。给水系统的各种构筑物和管道，应建在比较好的场地基土上，避免建在塌陷区、回填区、淤积土及容易产生滑坡的地段上。如果不能避免这种情况，则应进行地基基础处理或管道加固处理。地下给水干管的埋设位置，应与建筑物，特别是高大建筑物应根据规范标准要求保持水平距离，以免建筑物震塌后废墟将管道埋压，增加抢修工作的困难。

2）给水排水系统应急保障管控要求

依据《城市综合防灾规划标准》GB/T 51327—2018 等相关标准要求，就规划区域现状及规划给水排水设施可兼顾应急服务设施功能进行对标校核，对尚待完善应急功能的部分提出整改措施（表 8-20）。

供水设施应急功能转换一览表 表 8-20

应急服务设施名称		配置方式	备注	平时用途
应急供水	应急水源	永久保障型	市政应急供水	市政供水
	应急储水设施	永久保障型	地下耐震储水槽	消防水池
	应急净水设施	永久保障型	净水滤水设备或用品	净水设施
	应急水泵	紧急转换型	应急抽水设备	—
	配水点	紧急转换型	结合设置应急标识	直饮水处
	饮水处	永久保障型	结合净水设施	直饮水
	应急供水车停车区	紧急转换型	应急管制使用区域	临时停车场
	市政应急保障输配水管线	永久保障型	设防标准建议提高	市政供水
	场所应急保障给水管线	永久保障型	设防标准建议提高	
	市政给水管线	永久保障型	标准设防	
	场所给水管线	永久保障型	标准设防	
	临时管线、给水阀	定期储备型	—	—
应急排污	应急固定厕所	永久保障型	市政设施	市政设施
	应急临时厕所	紧急引入型	室外常设应急便槽	—
	应急排污设施	紧急转换型	市政设施	—
	应急污水吸运设备	定期储备型	物资储备库	—

（1）应急供水保障对象

应急供水设施，在灾害发生后为居民提供基本生活用水，并为医疗、消防等抢险救援作业提供低水准供水服务保障。一般情况下，规划区域应急供水设施的保障对象以居住区、紧急和固定避难场所、救援队营地及消防供水设施为主。规划应急供水设施应优先保障紧急和固定避难场所、居住区的基本生活供水。

（2）应急水源与应急供水设施

根据规划区域供水规划确定供水来源并对供水规模进行评估，判断该区域设立应急水源和供水厂站的必要性。一般情况下规划区域的应急给水，由基于市政供水网络的应急市政供水设施、应急储水设施和应急供水车来供应的。由设置在规划区域属地的应急净水配水设施从应急水源取水，经过净化后通过应急输配水管向规划区域应急给水保障对象集中供水。应急储水装置设置于规划区域各单元固定避难场所内，负责保障短期避难生活用水。应急供水车作为应急供水的补充手段，用于对有供水需求的场所提供紧急供水。

（3）应急供水供给标准

应急供水的标准根据不同应急阶段的应急供水用途确定，参照《城市综合防灾规划标准》GB/T 51327—2018 灾害发生后 3d 内供给标准，应急市政供水系统需对保障对象进行临时供水，并应以实际人口规模与风险评估进行调校，保障居民区、应急避难场所等地的基本生活用水。这个时期由灾害引发次生火灾的可能性极大，消防供水宜在日常标准的基础上有备用保障。参照《建筑设计防火规范》（2018版）GB 50016—2014和《消防给水及消火栓系统技术规范》GB 50974—2014，考虑规划区域同一时间内火灾次数与一次灭火用水量。考虑应急阶段同一时间内火灾次数与消防用水量供给保障需求，并应以实际人口规模与风险评估进行调校（表8-21）。

应急供水标准一览表　　　　　　　　　　　　　　表8-21

应急阶段	供水时长 (d)	供水量 [L/(人·d)]	主要用途
紧急供水	≤3	3～5	维持基本生存的生活用水
短期供水	3～15	10～20	维持饮用、清洗、医疗用水
中期供水	15～30	20～30	维持饮用、清洗、洗浴、医疗用水
长期供水	≤100	>30	维持生活较低用水量以及关键节点用水

灾害发生后3～15d内，应急市政供水系统需对保障对象进行短期供水，保障饮用、清洗和医疗用水，确定供给标准。该时期次生火灾可能性较大，消防供水宜在日常标准的基础上按有备用保障，考虑同一时间内火灾次数，并应以实际人口规模与风险评估进行调校。

灾害发生后15～30d内，应急市政供水系统需对保障对象进行中期供水，保障饮用、清洗、洗浴和医疗用水，确定供给标准。该时期火灾可能性回归日常。

如发生超大规模灾害，导致30d以上仍无法恢复正常供水时，应急市政供水系统仍需对保障对象，建议以不小于30L/(人·d)的供给标准（具体以实际需求调校）进行为期100d左右的长期应急供水，以维持生活低用水量以及关键节点用水。

规划区域各单元的固定避难场所，需按照责任区常住人口的规模比例（例如15%），根据避难场所的类型和开放时长，按照供给标准，设置应急耐震储水设施。尤其在灾害发生3d内的紧急避难时期，负责保障避难人员的基本生存用水。规划通过避难人口和留城人口的分布情况进行应急供水保障的需求量测算，并以此为基础确定应急水源、应急市政供配水设施和应急储水设施的规模、形式和分布。为应对大规模停水停电事件，应急供水储水量应满足片区常住人口1d基本饮用水量。

（4）应急供水保障要求

水源地由规划区域统一采取措施，避免灾时水源污染，并做好应对灾时水源地污染的消毒净化处理预案。对规划区域供水厂进行高标准设防，确保灾害时的输水功能，保障规划区域应急供水。应急供水管网采用抗震性能好的管材和钢管，管道与设备和构筑物的连接处采用柔性橡胶圈接口，设置伸缩段、波纹管、油封管等，保障抗灾韧性。净水构筑物的各单元应尽量设置连通超越管道，当某一单元构筑物受破坏时，可跨越受损坏的单元。应急配水站配置足量和完好的供水器具，以及预备一定数量的应急供水车，以满足应急供水需要。规划区域应急供水设施设防级别，应以实际风险评估进行调校，如高定位核心重点片区需重点设防，提高设防等级，落实优先抢修、优先确保运行的原则，制定保障措施和应急预案。

3. 供电系统韧性提升与应急保障管控要求

1）供电系统韧性提升管控要求

规划区域内如涉及重要基础设施、超高层建筑、重要公共服务设施等，建议按一级负荷由双重电源供电，并自备应急发电机。除双重电源供电外，应增设应急电源供电；应急电源供电回路应自成系统，且不得将其他负荷接入应急供电回路；应急电源的切换时间，应满足设备允许中断供电的要求；应急电源的供电时间，应满足用电设备最长持续运行时间的要求；对一级负荷中的特别重要负荷的末端配电箱切换开关上端口宜设置电源监测和故障报警。若规划区域具有高强度、高能耗特点，应提升保障规划区域供应安全，落实供电系统保障率。提升供电系统防灾救灾能力，合理布局应急供电系统，重要设施保障备用电源正常稳定，提高供电系统的抗灾救灾效率。

适当增加供电设施的承载能力和设备数量，以适应灾时救灾供电量增多的要求。对规划区域应急指挥中心、公安、消防、医疗救护、供水、排水、通信及燃气等重要设施配置双电源或多电源，提升电力负荷等级，确保灾时和灾后应急救灾工作的正常进行。应急电源设置及供电设施布置需满足《民用建筑电气设计标准》GB 51348—2019 等相关规范标准，自备应急柴油发电机组和备用柴油发电机组的机房宜布置在建筑的首层、地下室、裙房屋面。应急电源装置（EPS）应按负荷性质、负荷容量及备用供电时间等要求选择，单机容量不应大于 90kVA。

变电站等设施必须设置在不受水淹、雷击及地质灾害影响的地带，重点加强规划区域内变电站设施和管廊的防护，确保其防护范围不受侵占。新建环网室和配电房宜为地面独立建筑物，当条件限制设于建筑物本体内时，应不低于地面首层，并应留有电气设备运输和检修通道，应避免与居民住宅直接相邻，不能与垃圾房、厕所或其他用水场所相贴邻，雨污水管、煤气管道等与电气设备无关的管道不能在电力设施内通过。对存在中高风险内涝的地下空间电力设备、地下水泵房，有条件的应将变电站全部改建到地面，不具备改造条件的应采取防水淹专项改造措施。应增强变电站抗震能力，若规划区域内定位较高，区域内变电站宜提高一度设防，并依据风险评估进行调校。

通过采取增加回路等措施改善变电站供电抗震可靠性。各变电站主控室内的控制盘、屏、柜的底部及高压电器设备应通过加设减震装置等手段改善其抗震能力。其他设备如变压器等应采取防止移动和倾倒的措施，保障抗震安全。同时，还需提高变电站震后应急恢复能力。

宜制定规划区域片区级电力系统的应急、抢修预案。备用一定的高压电器设备。对重点供电单位、抗震救灾指挥部门及负有重要救灾任务的职能部门，应制定供电保障和震后抢排险、应急恢复供电措施。电磁兼容与电磁环境卫生规定 110kV 及以上变电所不应贴邻幼儿园教室与卧室、学校教室与宿舍、医院病房、老年人居住设施建筑、住宅等人员长期居留场所。考虑加大输配电设施的保护力度，支撑供电企业运维管理；加强规划区域供用电设施的规划工作，规划阶段考虑安全距离，相互避让。落实电力行政执法机构实体化运作机制，联合执法部门加强现场电力执法；提高破坏供用电设施的惩罚力度，增强威慑，形成良好的主动防范氛围，减少影响供电中断事件的发生。

2）供电系统应急保障管控要求

依据《城市综合防灾规划标准》GB/T 51327—2018 等相关标准要求，就规划区域现状及规划供电设施可兼顾应急服务设施功能进行对标校核，对尚待进一步完善应急相关功能或补充的提出指引措施（表 8-22）。

供电设施应急功能转换一览表　　　　　　　　　　　　表 8-22

应急服务设施名称	配置方式	平时用途
市政应急保障供电	永久保障型	市政供电
应急发电区	永久保障型	市政供电
移动式发电机组	定期储备型	—
变电装置	紧急转换型	变电装置
应急照明	永久保障型	夜间照明
应急充电站点	紧急转换型	充电设施

（1）应急供电保障对象

应急供电设施，是灾害发生后保障其他生命线系统不会因为电力无法供给而导致功能丧失，进而保障抢险救灾的顺利高效推进，以及为居民提供基本生活供电的极为重要的应急保障基础设施。规划区域应急供电设施的保障对象为应急指挥中心、应急通信设施、应急医疗救护设施、应急供水设施、应急物资储备设施、固定避难场所、消防、公安，以及智慧管控平台等设施。

（2）应急供电供给标准

规划区域应急供电主要提供基本照明和炊事用电，供给标准建议按不小于 50% 正常生活用电负荷计算，具体需以实际情况评估调校。

（3）应急供电保障要求

影响应急供电设施抗灾韧性的主要因素包括设施构筑物的抗震强度、供电设备的可靠性和冗余能力、供电线路的安全性和稳定性。因此，为保障规划区域应急供电设施的抗灾韧性，需满足以下保障要求。若规划区域定位、重要性等级高，建议 110kV 以上的变电站和供电线路采用Ⅰ级特殊设防，即按照高于标准设防级别一度；10kV 以上的配电站和配电线路Ⅱ级重点设防，并应以实际风险评估进行调校。变电站严格满足"N-1"安全准则运行，保障双回路进线；变电站之间可设置 110kV 联络线或互馈线，变电站和配电网宜采用双侧电源联络线供电方式或环线网络接线方式。对应急供电保障对象实行双电源供电，配置应急电源，同时制定供电保障和战后抢排险和应急恢复的供电措施，应急电力线路布线采用埋地敷设，以保证灾时供电的可靠性。选用性能稳定、质量可靠的变配电设备，牢固安装，并配置较大余量的备用设备，提升应急供电设备可靠性和冗余能力。结合人防专业队工程，建立反应迅速、能力过硬的抢修队伍，制定应急预案，灾后对应急供电设施进行优先抢修，优先确保其运行。建立应急供电设施检查维护制度，确保应急供给功能。为应对大规模停电事件，规划区域应急发电设备的发电量力求应满足规划区域内居民基本生活用电量，即 1 户 1d 照明用电量为 2kW·h 社区基本用电量＝2×门户数（户）。

4. 供气系统韧性提升与应急保障管控要求

供气系统作为日常运行的重要基础设施之一，亦为灾后次生危险源隐患，应立足区域供气安全，近远期发展相结合，统筹兼顾，非必要不供气，对点火源控制，地下空间、重要设施等尽可能以电替代燃气进气能源供应，并保证灭火措施有效性，提高防火、耐火标准，提升安全管理标准。

根据规划区域市政工程规划，规划、建设的燃气配气管线、燃气设施、管线与周围建构筑物的安全距离均应按照《城镇燃气设计规范》（2020 版）GB 50028—2006 及《建筑设计防火规范》（2018 版）GB 50016—2014 等相关规范的要求严格执行。若存在管道埋设在机动车道下时，不得小于 0.9m，埋设在非机动车道下时，不得小于 0.6m，具体需以实际情况进行评估调校。新建及可调整设施，特别是地下空间内，现有耐火、防火、结构加固标准提高一级。规划区域燃气调度抢险服务体系需衔接上级燃气调度抢险服务体系，如 SCADA 系统、ESI 动态管理模拟系统及 GPS 卫星定位系统等技术，保障衔接二级调度、三级抢险、多级服务的调度、抢险和服务体系，并与 110、119、120 及其他市、区级应急系统实现联动，保证规划区域供气系统运行安全、抢险迅速、服务方便。各用气主体全面应用智慧感应预警技术及系统，对已建成非重大安全隐患的用气设施，加强用气设施智能监管。全面应用智慧监控预警设施，应用机器人巡检。建议针对规划区域特点情况制定片区级供气用户严格审核管控标准（对具备可协调性、重要建筑及设施、地下空间等风险隐患较大用户尽可能推动制定用电替代燃气进行生产的管理要求）。加强管道保护，定期防腐检查，设置标志桩标注明示线位。严控建设开挖道路施工操作管理，严格执行检修和操作规程。

严格落实相关标准规范及本地区燃气供应保障应急预案与燃气突发事故应急预案等要求，规划区域及各物业主体制定专属应急预案，并定期由片区、各主体开展应急演练，保障安全运营。加强燃气管线的安全管理、管道企业及规划区域管理部门建立健全管道巡护制度，组建专门的巡线队伍，对管道线路进行日常巡护，定期开展全面检测与不定期巡检。管道企业应当根据管道运行情况、外部环境等建立管道安全风险评估制度，并结合管道安全风险评估结论实施定期检测、维修。对管道通过的容易发生洪涝灾害、地质灾害的区域，需要设置警示牌的区域，以及管道通过的其他安全风险较大的地段和场所，管道企业应当进行重点监测，采取有效措施防止管道事故的发生。

5. 通信系统韧性提升与应急保障管控要求

为保障通信广播等设备设施自身及在灾时有效发挥通信功能，提升电信系统防灾救灾能力，制定规划指引。

1）通信系统韧性提升管控要求

落实 5G 基站规划建设，建设千兆光纤网络，宏基站天线应尽可能避开幼儿园、小学、医院等红线范围内以及红线外 20m 范围内，优先考虑设置在非居住建筑物上，同时符合《民用建筑电气设计标准》GB 51348—2019 等规定。对通信设备安置建筑，建议提高一度加强抗震措施，并应以实际风险评估进行调校，以保障通信设备的安全，对场地不良地段，如易内涝区域的通信设施进行防灾改造工程，提高设施的防灾可靠性。加强片区通信设施用地的规划管理工作，保障通信设施用地的供给和预留，保障环状网络与网络的容量和骨干网段的抗灾可靠性等提高网络可靠度。建议结合片区管理中心建设集感知、分析、服务、指挥、监察等一体化"城市中脑"智慧运行治理服务平台中心，建立基础设施三维数字模型，建成管理智能便捷基础平台，并接入市、区级智慧城市平台，与上级应急指挥系统保持互联互通，联动公安、消防、地震、防汛、市政、气象等应急指挥专用通信平台，协调共享应急通信专线和数据通道等资源，加强信息运算处理与联合调度预警机制与资源。

2）通信系统应急保障功能"平—灾"转换

依据《城市综合防灾规划标准》GB/T 51327—2018 等相关标准要求，建议就现状及规划通信设施可兼顾应急服务设施功能进行对标校核，对尚待进一步完善应急相关功能的提出指引措施（表 8-23）。

通信设施应急功能转换一览表　　　　　　　　　　　　　表 8-23

设施名称	配置方式	备注	平时用途
应急指挥监控中心	永久保障型	由组团综合应急指挥中心与公园管理中心转换	片区管理中心
应急通信机房	永久保障型	市政应急通信	市政通信
应急通信设备	紧急转换型	市政应急通信	市政通信
应急广播设备	紧急转换型	按标准保障应急使用	广播系统
应急电话	紧急转换型	按标准保障应急使用	—

3）应急通信保障要求

规划区域应按设定最大灾害效应计算灾时通信需求，确定应急通信保障目标的数量和分布。重点建设承担应急通信任务的电信局和通信管道，强化应急通信系统的抗灾能力。应急通信设施尽量采用多种传输手段配合，并采取有效措施减少通信线路拥堵，配置能够迅速反应的移动通信车，为通信保障目标提供临时通信服务。规划应保障应急通信设施的应急供电，保持"双电源"供电，设置容量足够的自备电源，灾时可通过主、备电源间的及时切换，实现不间断供电。按照防空防灾一体化方针，组织建设人防通信专业队伍，灾时负责组织抢修受损的通信设施。规划区域内综合应急通信设施建筑设防等级应以实际风险评估进行调校。除加强通信机楼、机房的抗震设防标准外，还应增强机房机架、设备的支撑和固定，并依据优先抢修、优先确保运行的原则，制定保障措施和应急预案。

第9章　全维度安全运营综合对策

城市，作为一个复杂的巨系统，牵一发而动全身。面对灾害扰动，编写团队认为城市韧性的关键在于其核心功能网络的容错率，其中难以替代的高层次核心功能要素及其支配核心功能网络的有效性与稳定性，则是城市系统形成的应对、修复以及学习的能力，即具有韧性的重中之重。此处所指高层次核心功能，在韧性城市建设事业推进的起步阶段，编写团队认为是完善的顶层设计。其中，规划只是一个系统性谋篇布局的开始。

前文从空间规划技术方法的角度谈论韧性城市，主要从空间布局和资源配置的角度，前瞻风险并引导城市安全发展，显现了规划行业对新时代转变发展方式，对韧性发展理念的探索与尝试，基本都可以归属于硬件物理环境方面的韧性提升。同时，编写团队通过近年来在国内的韧性城市相关实践，意识到韧性理念的实现是一个大系统问题，一定需要首先从顶层设计上全面统筹，才能科学、高效地推动韧性城市建设事业的长远发展和韧性发展理念的全面落实。然而，当前全国关于韧性城市建设的顶层设计尚未明确，北京、上海、深圳等地就韧性城市建设出台的相关政策文件也多集中于具体的实施工作，在系统性的部署和推进体系上都呈现出谨慎的态度和一定的局限性。

本章结合海绵城市成熟的顶层设计与实践经验，分析韧性城市建设目前存在的问题和挑战，尝试以"1+5"的结构阐述对韧性城市建设的顶层设计的一些浅见，并依据ISEET理论体系，从制度、技术、空间、社会、经济五个方面提出韧性城市建设的运营对策，以期与读者一起对韧性城市建设的系统逻辑和未来的策略发展建立整体认知，从而更好地理解韧性城市规划在系统性的韧性城市建设事业中的定位和出发点。

9.1　韧性城市建设的顶层设计

"顶层设计"泛指从战略的高度筹划全局，实现宏观理念的具体化系统架构。这个词在工程学中的本义，是统筹考虑项目各层次和各要素，追根溯源，统揽全局，在最高层次上寻求问题的解决之道，将一项工程的"整体理念"具体化，是一个系统架构工作。第二次世界大战前后，这一工程学概念被西方国家广泛应用于军事与社会管理领域，是政府统筹内外政策和制定国家发展战略的重要思维方法。

"顶层设计"在我国的应用，通常意味着高层次的改革与创新，首次出现是在2010年10月中共中央关于"十二五"规划的建议中，这一政治新名词进入国家五年规划，预示着我国改革事业进入新的征程。推进韧性城市建设，是党和国家在"十四五"规划中首次提出的新时期发展理念,是党的二十大明确从高速发展转向高质量发展,改变超大特大城市发展方式,建设宜居、韧性、智慧的三大战略方向之一。因此,要深入贯彻这一宏观战略理念,就要从全局视角出发,建构理念一致、功能协调、结构统一、资源共享的系统框架,对韧性城市建设事业的各个层次、要素进行全面统筹。

9.1.1 韧性城市顶层设计经验借鉴

《中共中央关于制定国民经济和社会发展第十四个五年规划和二○三五年远景目标的建议》提出"建设海绵城市、韧性城市",二者作为转变城市发展方式的国家战略方向,在谋篇布局和发展实践上具有相似性。海绵城市相较于韧性城市,国家更早开始统一部署和推进实践,形成了可复制推广的经验,可以为韧性城市实践探索提供借鉴。

海绵城市和韧性城市在建设目标、建设任务、抓手工具等方面都面临着相似的问题。在建设目标方面,韧性城市与海绵城市都肩负着增强应对灾害和风险的抵抗能力,增强城市自我修复能力的共同使命,如何全面研判风险,并针对性解决核心问题是关键;在建设任务方面,韧性城市和海绵城市都是涉及多专业领域的系统工程,兼具专业性、复杂性和广泛性,如何协调联动多部门和多专业统筹推进,理顺工作组织是共同挑战;在抓手工具方面,海绵城市的专项规划作为建设海绵城市的重要依据,充分发挥了前瞻引领作用,这也得益于政策法规、技术标准、编制审批、实施监督全方位的系统性保障。因此,海绵城市发展路径可以为韧性规划提供参考借鉴。

深圳的海绵城市建设起步较早,早在2016年深圳获批成为国家海绵城市建设试点城市,并于2020年6月获得国家海绵城市建设试点绩效评价第一名,得到住房和城乡建设部的高度认可,并向全国推广建设经验。深圳海绵城市建设的整体推进模式可以概括为"七全模式",即全部门政府引领、全覆盖规划指引、全视角技术支撑、全方位项目管控、全社会广泛参与、全市域以点带面、全维度布局建设(表9-1)。

海绵城市"七全模式"要点解析

表9-1

模式分类	主要举措
全部门政府引领	成立市、区级海绵城市建设工作领导小组,明确各部门海绵城市"责、权、事"分工,并制定绩效考核制度
全覆盖规划指引	建立"市、区、重点片区"海绵城市规划体系,将规划成果纳入"多规合一"平台
全视角技术支撑	建立标准技术体系,覆盖投资、规划、设计、施工、竣工、维护管理全过程
全方位项目管控	因地制宜分类明确要求,对新建、存量改造、特殊项目提出不同要求,并将项目达标要求纳入诚信奖惩体系
全社会广泛参与	与非政府组织建立合作、与教育局联合开展科普活动、出台海绵建立政策
全市域以点带面	试点重点片区,总结可复制、可推广的试点经验,带动其他重点区域海绵城市建设工作
全维度布局建设	将海绵城市与治水、治城深度融合,逐项完成海绵城市建设近期目标

深圳海绵城市建设形成"七全模式"，核心在于建立了工作组织制度、法律规章制度、绩效考核制度、标准支撑体系和规划建设管控体系，形成长效、融合、全域的全流程闭环设计。

在工作组织制度方面，深圳市建立了市级海绵城市领导小组，负责组织拟订海绵城市建设政策、技术规范和标准、考核办法等，统筹协调、指导、督促相关单位开展海绵城市建设工作。领导小组下设办公室，负责全市海绵城市建设统筹协调、技术指导和监督考核等工作，当海绵城市建设理念已彻底融入政府日常活动中后，领导小组可逐步弱化机构职能、融入其他常设机构。海绵城市建设涉及城市建设的方方面面，系统性、综合性、创新性强，市政府作为海绵城市建设的责任主体，成立领导小组，能够有效组织各部门合力推动海绵城市的规划、建设和管理工作，协调解决全市海绵城市建设相关事宜，避免出现部权责混乱、效率低下的问题。

在法律规章制度方面，深圳对海绵城市进行专项立法，于2022年出台了《深圳市海绵城市建设管理规定》，将海绵城市工作机构管理职责法定化，对各部门协同推进海绵城市建设的责任进行清晰界定，并完善了规划传导体系，规范建设管理、厘清运行维护责任。同时，各区也结合各自特点和需求制定相应的管控文件，通过法律指导和规范性文件构建不同层次的海绵城市长效政策保障机制。法律规章制度的完善可以对海绵城市规划、建设、管理各个阶段进行规范，从而保障了海绵城市建设的可操作性。

在绩效考核制度方面，深圳以政府绩效考核为抓手，推动政府部门的主动作为，于2017年印发了《深圳市海绵城市建设政府实绩考评办法》，分部门、分区制定海绵城市建设考评内容及方法，为各级人民政府开展海绵城市组织、规划、协调进行自评提供标准依据。通过建立绩效考核制度，有助于检验海绵城市建设带来的中长期趋势变化，找准海绵城市建设工作的成效和不足，为海绵城市建设水平提升提供工作抓手。

在标准支撑体系方面，深圳自然资源局、交通运输委员会、住房和城乡建设局、水务局等部门出台了覆盖投资、规划、设计、施工、竣工、维护管理全过程标准、指引文件。保障基础性标准技术文件的完善，是推动海绵城市建设设计水平、工作效率和施工质量的重要保障。通过保障各编制主体充分贯彻落实海绵城市的先进理念和技术手段，保障海绵城市建设可持续健康发展，实现建设目标、建设要求和落地效果始终一致。

在规划建设管控体系方面，深圳融合现有规划建设管理体系，在各层级规划编制中落实海绵城市的建设要求，并于地块开发出让条件、方案设计审查、施工监理、竣工验收及运行维护管理中均提出海绵城市要求。该体系的建设大力促成了海绵城市专项规划与总体规划和其他相关规划的融合，解决了多领域交叉融合、海绵专项规划难协调统筹的难题。

综上，深圳海绵城市建立的"七全模式"，经过多年的实践经验，全方面保障了深圳海绵城市建设的长效和常态化开展。由此可见，从顶层设计出发，建立与战略导向相适应的管理体制，是系统推进战略工程的先决条件和重中之重。韧性城市建设，作为国家重大战略任务之一，正处于摸索做法的关键时期。应着重借鉴海绵城市的成功推进经验，找准难点痛点，在顶层设计上下足功夫，找准实施方向和路径，完善政策、统筹规划、有序推进，为逐步、稳步、全面推进韧性城市建设打好坚实的基础。

9.1.2　韧性城市顶层设计的问题与挑战

韧性城市建设正处于打开工作局面的关键时期，顶层设计建设尚处于探索阶段。结合海绵城市建设经验，梳理韧性城市顶层设计现阶段面临的问题和挑战。

1. 工作组织制度尚未健全

韧性城市建设是系统工程，核心工作任务涉及应急管理、规划、发展改革、住房和城乡建设、交通运输、水务等诸多部门，整体城市韧性提升工作更是几乎涵盖了城市系统方方面面的管理主体。当前，在条块分割的大框架下，各职能部门按照分管职责开展风险治理工作，不同部门分管不同种类的风险治理或是同一风险的不同治理阶段由不同部门负责。在韧性城市这个系统性战略工作的推进上，亟须一个强有力的统筹主体和相关工作机制。由于当前全国在统筹协调推进韧性城市建设工作上，没有明确的组织制度建设要求，各级政府在没有成立韧性建设领导小组的情况下分头推进韧性建设相关工作。整体来看虽然尽力而为，针对近年来层出不穷的安全事件做出了敏捷的反应，取得了不错的成绩，但也在一定程度上呈现系统性不强、目标不够清晰、方向和力度犹豫不决、任务不够明确、工作效率不高等不甚理想的现象。

2. 政策法规体系尚未完善

韧性城市建设是一个整体战略方向，同时也是城市各个系统安全发展的一个统筹集合。我国城市化发展进程推进至今，在没有韧性城市这个"大帽子"之前，城市各个系统的建设也都是伴随着相应的安全底线要求发展而来的。因此，从这个意义上来看，韧性城市建设不是改弦更张甚至全盘推翻。我国城镇化率逐年提高，超大、特大城市以及各级城镇遭受自然灾害损失和各种安全事故层出不穷，甚至愈演愈烈。一方面说明曾经城市各个系统既有的政策法规约束之下的"安全底线"，已不符合现在的城市发展水平，也不再满足今天这样一个高质量发展时代的可承受水平。另一方面说明城市这个复杂的系统发展至今，其复杂性使得内在规律已经发生变化，已无法再用分化系统的简单叠加来对城市风险进行管理，而是需要在更高维度上进行系统性的统筹才能解决。因此，要实现条块分割体制机制的高效联动，系统性统筹解决复杂巨系统的风险管理和韧性建设，必须建立有利于系统高效协作的政策法规体系，保障这个管理机器能从系统性层面上建立关于韧性建设的战略共识，形成关于韧性建设的协作框架，切实推进韧性建设工作。

3. 绩效考核制度尚未明确

韧性城市建设是个系统性、长期性工作，不仅需要计划周密，更需要扎实地贯彻执行，久久为功。因此，在明确的目标和计划指引下，根据动态的成效反馈，检验和优化调整建设任务是韧性建设水平不断提升的有效路径。韧性建设的绩效考核制度有助于各级政府开展自评，检验韧性城市带来的中长期趋势变化，并据此调整工作安排的依据。当前由于尚未形成韧性城市建设的绩效考评制度，政府部门难以找准韧性城市建设工作中的成效和不足，也就难以在建设工作推进中主动作为，韧性城市建设工作的整体统筹也面临力度有限的困境。

4. 技术标准支撑尚未健全

如前文所述，韧性城市建设并不是要改弦更张，但对技术标准的要求上，确实呈现出三个方面的变化趋势。首先，从要求力度上看，在前期以经济建设为中心的时代，技术标准的角色更多的是划一条安全底线，而今是要以高水平安全保障高质量发展，整体上看城市发展的目标变化使得对技术标准的要求提高了，标准不再是单纯的安全底线，而成为引导高质量发展的一个技术引导。其次，从内涵上看，如今城市发展的风险管理命题呈现复杂化的趋势，面对的不再是抗震、防洪、消防、人防几个单灾种的风险防范问题，而现实倒逼要去考虑新旧风险的交织，以及灾害链的问题。面对这种复杂性，以前能给出的策略，就显得要么太过纯工科、要么太过管理学，究其根源基于还原论的单学科体系难以适应"综合性、复杂化"的现实需求了，现实需要更全面的技术策略供给。最后，从实践上来看，一个复杂项目集成多专业联合攻关，受限于技术标准之于现实的滞后性，充其量也只是尽可能在各自专业领域按标准去协调，再完成拼合。而现实对于技术的要求早就是提供综合的解决方案。因此，对于韧性城市建设这个复杂领域，需要从技术标准这个根源上开始融合，才能真正有效指导实践。可喜的是，近年来在以上三方面，均有有益的尝试，系统性的技术标准提升还有待时日。

5. 规划建设管控路径尚未厘清

简单分解来看，韧性城市建设分为硬件建设和软件建设。硬件建设的部分是为城市提供一个安全韧性的物理底盘，从规划统筹、建设落地到管理运营，涉及主体多、程序复杂、周期长，任何一步路径不清的话，都会影响到韧性发展理念的传导和落实。规划，是统筹城市空间发展资源和设施配置的关键抓手，韧性理念要在硬件物理空间上落地，必须全面融入规划建设管理的既有体系中去。但由于前文所述韧性城市建设内涵的广泛性和复杂性，如何在尽可能不丢失其所承载的区别于防灾减灾的复杂特性的情况下，完全并合理转化为既有规划体系中一个专项规划，与现有城市规划建设管理体系可靠融合，对于保障韧性城市建设的战略意图切实落地至关重要。不丢失的特性，包括但不限于韧性建设对多主体参与的期待、对多领域融合的要求，以及对全过程策略的关注，显然，这些都不是传统规划体系可以承载的。然而，韧性城市规划是否有可能像在美国和日本一样，成为一个更高的战略性规划的一部分，落实到各个领域的发展规划和城市空间规划中，这就取决于我们对此问题的重视程度。

9.1.3 韧性城市顶层设计的体系构建

本节在现实的可操作的层面，从健全工作组织制度、建立法律规章制度体系、强化标准支撑体系、明确规划建设管控体系和夯实任务绩效考核制度五个方面（图 9-1），提出关于韧性城市建设顶层设计体系的思考与建议。

1. 健全工作组织制度

健全韧性城市工作组织制度，包括建立统筹分工全面参与的工作体制和全周期闭环的长效工作机制两部分。建立统筹分工全面参与的工作体制，首先需要明确责任主体，市、区两级人民政府可成立韧性城市建设工作领导小组，明确成员单位及各单位责任分工。领导小组的主要职能包括推进韧性城市建设，决策建设工作的重要事项，研究制定相关政策，协调解决工作中的重大问题等。市级层面领导小组主要解决统一标准、研究机制、探索社会化融资等问题，区级领导小组则着力统筹实施，抓重点区域和重点项目，纵

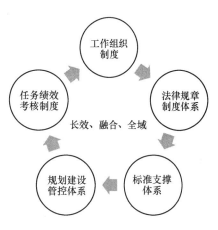

图 9-1 韧性城市建设顶层设计
框架结构示意图

向间相互协调，共同推进韧性城市建设。韧性城市建设工作领导小组涉及众多部门，应根据各地政府架构及职能划分，制定各成员单位职责分工，做到分工明确、各司其职。建立全周期闭环的长效工作机制，需要建立健全"建设推进—审查监督—绩效考核"体系，完善"试点—总结—推广"机制，力争将韧性建设合法合规、长效融入各区、各部门的日常工作。

2. 建立法律规章制度体系

韧性建设法律规章体系需要系统统筹韧性城市规划、建设、管理以及协调各部门履行工作职责，从立法层面将韧性城市建设的先进理念和方法及时巩固，在系统层面建立韧性建设的战略共识，例如韧性城市建设条例或相关管理办法等。通过政府各部门规章的逐步完善，如各相关部门推进韧性城市建设实施方案等，为韧性建设合法、合规、长效融入日常工作创造制度条件，促进条块分割体制机制的高效联动。韧性建设法律规章体系的建立需覆盖城市源头减灾、灾前备灾、灾中应急和灾后重建全流程，从全领域、全要素管控角度布局，保障法律规章体系整体架构的系统性。

3. 强化标准支撑体系

韧性城市标准支撑体系，需要结合各地本底特征和"综合性、复杂化"的现实需

求，建立多层级、精细化以及更具适应性的韧性城市标准体系。多层级的韧性城市标准体系要求各类标准能够对市、区、街道、社区多层级的韧性建设进行全流程技术指导；精细化的韧性城市标准体系要求各类标准能够指导各行业领域，并覆盖投资、规划、设计、施工、竣工、维护管理全过程；更具适应性的韧性城市标准体系要求各类标准能满足应对气候变化下愈加复杂的风险形势的要求，相关标准要求更具弹性和动态适应性。

4. 明确规划建设管控体系

韧性城市作为城市发展的新理念、新方式，需要融合现有规划建设管理体系，明确适应韧性城市建设发展的规划编制、审批和实施管理要求，以确保韧性城市建设任务切实落实。在规划编制管控方面，需要建立健全韧性城市的专项规划体系，明确组织编制主体与编制内容，并明确要求将其强制性或规定性内容，以及引导性内容纳入既有规划体系的不同层次，强化其传导落实。在规划审批管控方面，一方面要明确韧性城市专项规划的审批主体和法定审批程序；另一方面要在国土空间规划体系的法定审批程序和审查要点中明确对各级各类规划在安全管控和韧性城市建设内容上的要求，确保对韧性战略传导落实的约束。在规划实施管理方面，需要通过规划许可强力引导和调节城市各项用地和建设活动对城市安全韧性水平的影响，保障韧性城市建设战略管控落实到底。

5. 夯实任务绩效考核制度

韧性城市建设涉及多部门责任分工，任务绩效考核是保障韧性建设工作长效融入部门日常工作、韧性建设工作积极主动作为整体统筹的关键。通过建立韧性城市建设政府任务绩效考核体系，分部门、分层级制定不同的考评内容及方法，将年度新增韧性建设任务目标纳入政府绩效考核评估体系，将规划编制与执行情况、进度情况、能力建设情况等内容纳入考核内容，推动各级政府开展自评，检验韧性城市带来的中长期趋势变化，并依据自评结果调整工作安排。实现以政府绩效考核为抓手，推动政府部门的主动作为。

9.2 健全韧性城市建设制度体系

韧性城市建设是一项复杂的系统工程，需要相应的制度体系特征来支持和推动，特征应符合政策和战略要求，且具备创新和适应能力，并嵌入对韧性的理解，以有效管理不断变化的环境，提升城市应对破坏性事件的能力，并减轻潜在威胁的冲击和压力。结合韧性城市建设，在 ISEET 分析框架中制度（Institutional）的特征在于政府关于灾害预防制定的相关规章制度、应急措施以及体制机制，完善韧性城市建设制度是整体提升城市韧性力的重要前提，我国在制度体系方面优化韧性城市建设的空间主要体现在以下几个方面：

一是健全管理协调机制。当前，各部门在韧性城市建设中的职责划分不够明确，协同工作效率亟待提升。二是完善评估机制。科学、系统的评估机制是衡量城市韧性建设成效的关键。三是加强规范体系支撑。加强规范体系支撑是制度优化的基础，韧性城市建设需要一套完善的技术标准和规范体系作为依据。

9.2.1　健全管理协调机制

1. 我国韧性管理协调机制现状问题

在健全韧性城市建设制度体系中，建立有效的管理协调机制是非常重要的一环，有效的管理协调机制应兼顾系统性、协同性、效率性，能够保证韧性城市建设工作高效执行。当前，我国城市韧性建设管理涉及城市规划、建设、交通、水务、应急等多个部门，但是这些部门之间在韧性城市建设上往往难以形成合力，具体问题主要体现在：一是各部门之间在韧性建设方面缺少系统性统筹，各部门目标导向不一，韧性建设措施用力分散；二是城市管理部门之间在韧性建设方面缺乏协同性，容易各自为政，无法产生叠加效应；三是部门间韧性建设缺少专门沟通机制，易出现责任划分不清、工作重复的问题，进而降低工作效率。

2. 案例借鉴

1）100 韧性城市（100 Resilient Cities，100RC）

100 韧性城市（100RC）是一个全球性的韧性城市建设协调组织，其组织架构在协同性方面具有借鉴意义。100RC 由洛克菲勒基金会于 2013 年成立，旨在帮助全球城市在面对日益复杂的挑战时提高韧性，实现可持续发展。100RC 总部位于美国纽约市，拥有一支专业团队负责组织和推动全球韧性城市建设工作。

100 韧性城市的工作组织方式主要是通过韧性城市挑战来选拔城市。城市将提交提案，说明他们面临的挑战、需求和努力方向。经过评审，一批城市将被选为 100RC 的成员，并获得与 100RC 的支持与资源合作。每个 100RC 成员城市都会任命一位首席韧性官（Chief Resilience Officer，CRO），负责在本地推动和协调韧性城市建设工作。城市的首席韧性官可以是政府官员、城市规划师、社区领导人或其他相关领域的专家等在城市扮演一定领导角色的自然人。他们与 100RC 的总部团队合作，共同制定和推动城市的韧性城市战略，并领导城市各利益相关方的合作，实现多方参与、共建共享和跨区域合作联动。

其总部团队的组织架构为由总裁、执行团队、项目管理团队、合作伙伴发展团队、沟通和外部事务团队等组成，部门间沟通协作高效，协调和支持全球范围内的韧性城市项目。其中执行团队由一组高级管理人员组成，负责协助总裁管理和指导组织的各项工作，同时也是总部各部门之间的沟通桥梁；项目管理团队负责支持成员城市的韧性城市建设工作，提供指导、技术支持和资源整合，协助成员城市制定和实施韧性城市战略和行动计划；合作伙伴发展团队负责与各类合作伙伴（如政府机构、非政府组织、企业、学术机构等）进行合作，共同推动韧性城市建设的实施。他们建立和维护合作伙伴关系，促进资源共享和知识交流；沟通和外部事务团队负责组织和推动 100RC 的传播活动和公共关系工作，他们与媒体、社会公众和利益相关者进行沟通合作，宣传韧性城市建设的重要性和成就，促进公众参与和支持；都市技术与资源中心负责建设和维护数字平台，为 100RC 的成员城市提供技术工具、资源和知识库。通过这个平台，城市可以获得韧性城市战略和规划的工具、专家咨询、案例研究、培训材料等诸多支持。部门间有效沟通和协作，避免信息孤岛和职能重叠，具有较高的工作效率（图 9-2）。

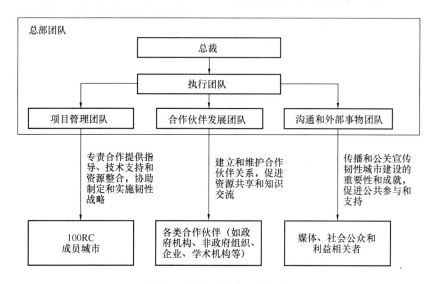

图 9-2   100RC 工作组织框架

2）美国联邦紧急管理署

美国联邦紧急管理署（Federal Emergency Management Agency，FEMA）在系统性上具有相当程度的借鉴意义。FEMA 隶属于美国国土安全部（Department of Homeland Security，DHS），其行政架构设计是为了系统性地高效响应灾难，并协助国家的灾害恢复和韧性建设。FEMA 并不直接领导各州或城市的应急管理部门，而是在其中起到统筹资源和优化配置的作用，其工作方式是基于合作和支持的关系，遵循美国联邦制的原则，在其中各州和地方政府拥有一定自主权的基础上系统性地进行资源统筹和配置。

在统筹联邦整体防灾工作方面，FEMA 负责制定和实施全国系统性的全面灾害应对政策和整体规划，数据驱动与科学决策辅助各级政府、非政府组织和私营部门的韧性建设工作，在韧性建设方面扮演着重要的角色，旨在增强美国国家范围的城市和社区的抵御自然和人为灾害的能力，提高其紧急响应和恢复能力。FEMA 通过制定和推广韧性建设政策、提供资金和资源支持、开展培训和教育活动等，促进韧性城市建设的推进，其行政架构设计是为了系统性地响应灾难，并协助国家的灾害恢复和韧性建设。FEMA 的韧性行政架构并非独立自主，而是一个与其他联邦机构、州政府和地方政府间密切合作的网络结构。这种协作确保了资源和信息能在需要的时候快速得到共享，并有效地投入到需要的地方。通过这种分层而又协作的系统，FEMA 提升了整个国家至社区的灾害恢复力和韧性。

在日常运营和灾害响应中，FEMA 与州、地方、部落和领土政府的应急管理部门密切合作，统筹资源与优化配置：①合作体系：FEMA 通过向州和地方政府提供资金、资源、培训和指导来支持他们的应急管理工作，而不是直接管理或领导它们；②自主性原则：在美国，应急管理主要遵循"地方政府先行"的原则，即地方政府首先对响应各种灾害或紧急情况负责。州政府在地方政府资源不足以应对灾害时提供支援。当灾害超出了州政府的处理能力时，才会请求联邦援助，此时 FEMA 才介入提供必要的援助和协调；③国家响应框架（National Response Framework，NRF）：FEMA 遵循 NRF，这是一个指导全国范围内灾害响应行动的协调框架。它规定了不同政府层级如何合作应对大规模灾害；④灾害声明：当某一地区的事件超过了当地和州政府的响应能力，州政府可以向联邦政府请求援助。这时，美国总统可以批准这一请求，随后 FEMA 会协同其他联邦机构提供援助。

总的来说，FEMA 在整个应急管理体系中扮演的是协调者和支援者的角色，提供资源和专业知识以系统性加强全国的应急管理能力，但它并不直接领导州和城市的应急管理部门。相反，这些部门通常隶属于州政府或地方自治体，并且根据自身法律和规章进行独立运作。由于每个州的法律不同，实际情况可能有所变化，但这种联邦、州和地方三级响应体系的系统性框架与原则通常是稳定的。

3）洛杉矶韧性城市组织架构

洛杉矶是 100RC 的成员城市，十分注重韧性发展，其努力探求高效率构建起可以应对各种社会、经济和自然挑战的体系，特别是面对气候变化、地震风险和社会经济压力等方面。洛杉矶的韧性城市行政架构是一个多层次、跨部门的系统，旨在使城市能够抗击、应对、恢复并适应未来可能的震荡和压力。它的架构不仅仅包括城市内部的各种部门和机构，还包括与联邦、州政府和私营部门以及非政府组织的合作网络。

在获取外部支持方面，FEMA 主要为洛杉矶提供：①资金和资源支持：洛杉矶在灾害响应和恢复时能够接受 FEMA 提供的资金和资源帮助；②规划和培训：FEMA 提供灾害准备性规划和培训，帮助洛杉矶提升应对灾害的能力；③联合行动：在灾害响应中，洛杉矶与 FEMA 通常会进行联合行动，以确保操作的一致性和效率。100RC 提供了一个全球性的平台，使城市可以共享最佳实践、解决方案和经验。洛杉矶得到 100RC 的支持制定了自己的韧性战略，并与其他城市构建了合作网络。100RC 还提供专业支持和资金，以鼓励洛杉矶为代表的成员城市在韧性相关项目实施上进行创新。

在组织架构方面，洛杉矶城市韧性的行政架构包括多个部门和机构。洛杉矶设韧性办公室，市长在任办公室直接负责人的同时，也是 100RC 成员城市的首席韧性官

（CRO），在市议会的监督下负责领导和协调整个城市的韧性工作，有效进行资源整合和成本控制。该办公室制定了《洛杉矶韧性战略》，规划了提高城市韧性的具体措施，并监督实施进度。应急管理部门、城市规划和开发部门、水务能源部门、消防部门、警察局等部门受市长直接管辖，各部门的韧性建设和韧性管理直接受市长统筹协调。洛杉矶通过各种公众活动、咨询、项目合作等方式鼓励市民、社区组织、资本等多方利益相关者参与到韧性计划的制定和执行中来。洛杉矶的韧性城市行政架构反映了一个效率性的模式，该模式通过不同政府层面和社会各界的合作，及时发现问题并进行动态调整，以共同构建一个更强大、更能适应未来挑战的城市。

3. 对我国健全管理协调机制的启示

（1）成立由市长或副市长牵头的韧性建设领导小组，系统性统筹本市资源优化配置，开展韧性建设与管理工作，组织研究制定韧性建设发展规划、政策措施并组织实施。领导小组成员应覆盖城市规划、建设、交通、水务、应急、财政等相关部门，形成工作合力。

（2）在领导小组下设立韧性建设工作组作为常设机构，专门协同各部门开展韧性战略研究、制度建设、项目论证、评估监测、信息管理、政策宣传、人才培养、国际合作等方面的有效沟通与协作。明确规划、建设、交通、水务、绿化、燃气、电力、通信、医疗等系统和相关职能部门在韧性建设与管理工作中的职责分工，多方参与共建共享，避免功能重复和责任缺失。

（3）在市政府和主要职能部门之间建立定期沟通机制，就韧性建设重大事项进行沟通协调，形成工作合力，或定期召开韧性工作联席会议等。通过建立统一领导与分工明确的韧性建设组织体系，持续改进与动态调整城市在韧性建设组织上的诸多问题，增强工作协同性，提高工作效率。

9.2.2　完善评估机制

1. 我国韧性评估机制现状问题

当前，国内城市韧性建设缺乏系统性评估机制，对韧性城市建设现状摸排标准不一。现阶段全国很多城市虽然开展了相当数量的与韧性相关的研究或规划编制工作，但是系统性的评估机制仍不完善。评估工作主要停留在学术研究层面，少有被应用到城市管理决策之中。这导致无法准确判断城市韧性状况、指导改进提升的具体方向以及检查评估提升建设的效果，也难以准确定位下一步工作重点。建立系统性的评估机制，是提升国内城市韧性建设科学性的重要途径。

2. 案例借鉴

1）新加坡韧性城市建设评估—实施过程

新加坡是较早开展城市韧性建设的国家之一，其注重对城市韧性建设的实用性和效率。新加坡政府通过多个部门和机构通过评估申请韧性项目立项，并由新加坡城市发展局（Urban Redevelopment Authority，URA）来进行总体韧性规划实施把控，URA 负责总体的城市规划工作，其他新加坡市本级部门如负责环境和可持续性相关事务的国家环境局、负责蓝色基础设施治理的水务局等与研究机构围绕提升城市防灾减灾、应对气候变化等方面的韧性工作开展大量研究，周期性地对新加坡进行韧性评估，评估结合定量和定性指标，判断城市韧性建设情况及存在的薄弱环节并提出韧性建设项目，如公共事业局、水务局 2006 年根据水环境评估结果联合提出的 ABC 水计划（Active Beautiful Clean Water Plan）；建屋发展局根据对社区居住环境评估结果提出的社区更新计划；国家公园委员会、市区重建局根据铁路利旧评估结果提出的铁路走廊计划；宜居城市中心、建屋发展局等根据淡滨尼人居及环境评估结果联合提出的淡滨尼再想象。

　　2）日本韧性建设中的脆弱性评估应用

　　日本国土复原力推进本部于 2013 年 12 月根据《国土强韧化基本法》制定了《大规模自然灾害等脆弱性评估指南》（「大規模自然災害等に対する脆弱性の評価の指針」），并在此基础上进行了跨部门的脆弱性评估。脆弱性评估类似于日本受灾脆弱性的"健康检查"，《脆弱性评估指南概要》（脆弱性評価の指針の概要）中提到的 45 个"最不应发生的最坏情况"被用作评估标准，当局确定采取的各项措施以避免这些情况，并尽可能设定了衡量其成效和进展的指标，对存在的问题进行了分析和整理。基于各项措施的分析，当局综合整理了避免"最不应发生的最坏情况"的一系列规划，并对每个规划和措施领域的现状脆弱性进行了全面分析和评价。基于这些脆弱性评估，内阁于 2014 年 6 月首次通过决议提出了《国家韧性规划》，规划涵盖了 12 个单独的政策领域，提出了大约 5 年的推进政策。规划设定了关键绩效指标（KPI）的目标值，以便尽可能定量地了解措施的进展情况。每年，当局都会制定下一年度的具体行动计划，通过"计划—执行—检查—行动"（PDCA）循环，有计划地实施措施，评估结果，并根据进展情况进行修改和改进，添加必要的新措施，以制定下一财年的行动计划，基于新发生的大规模自然灾害的 PDCA 循环将被添加到旧的 PDCA 循环中，以更有计划、更稳步地推进韧性建设工作。

3. 对我国完善科学评估机制的启示

　　制定科学、系统的韧性评估标准。评估应纳入城市经济、社会、环境等多个子系统，选取适宜的评估方法与定量定性相结合的指标体系，并周期性地开展城市韧性状况评估，判断城市韧性建设成效并发现薄弱环节。评估结果应积极反馈到城市发展战略制定以及规划编制与调整过程中。

9.2.3　加强规范体系支撑

1. 我国韧性建设规范体系现状问题

韧性城市建设制度的健全为城市韧性的提升提供了基础，其中由上至下分层制定相关法规和规章、韧性城市建设标准体系以及韧性工作评价机制是关键。当前，我国城市韧性建设与管理工作缺乏完整的法规规章、技术标准和评价体系作为支撑，主要问题集中在三个方面：一是相关法律法规不健全，缺乏韧性建设的法定依据。现阶段国内尚未建立系统完整的韧性建设法规体系，在已有的法规政策中，与韧性建设直接相关的规定也较少。这导致韧性建设与管理工作在实施过程中，责任主体、工作内容和工作程序都不明确，很难开展依法管理，制约了韧性工作的权威性与有效性。二是技术标准体系不完善，缺乏行之有效的韧性评估、设计、施工、验收规范等，影响了工程建设实践的规范性。不同地区不同单位有各自的标准，标准参差不齐，不利于形成规模化实践，因此亟须建立统一、规范的技术标准体系，以指导韧性建设全过程。三是韧性建设监管考核机制空缺。国内现阶段还没有建立系统的韧性工作监督检查机制，因此有必要健全韧性工作监管体系，强化过程管理和结果评价，确保韧性工作真正落到实处。

2. 案例借鉴

日本 2013 年制定《国土强韧化基本法》，韧性城市建设具有完整法定依据，东京都依据基本法的要求，制定出台了《东京都国土强韧化地域规划》等文件，全方位推进实施不确定性风险的提前预防和灾后恢复重建策略，明确了东京都政府、区政府、民众在韧性建设中的责任，提出建立韧性指标与信息公开制度，要求东京都政府应制定技术指南，用于指导韧性建设实践，一定程度上填补了技术标准的空白。截至 2017 年，日本在韧性建设方面有包括《日本韧性建设相关技术指南》（「大規模自然災害等に対する脆弱性の評価の指針」）、《国土复原力相关概算概要》（「国土強靱化関係予算概算要求の概要」）、《防灾城市建设·国家建设》（「防災まちづくり·くにづくり」）等涉及：①行政职能/警察/消防；②住房/城市；③健康医疗/福利；④能源；⑤金融；⑥信息通信；⑦产业结构；⑧交通/物流；⑨农业、林业、渔业；⑩国土保护；⑪环境；⑫土地利用（国土利用）12 个领域的韧性建设指南纲要。这些指南明确了韧性建设中需要关注的技术指标、设计规范、实施标准，为东京市韧性建设与管理工作提供了完善的法制化和规范化保障。此外，东京都在韧性建设的重要环节通常设有专业的委员会或者评价机构，通常由学者专家、民间团体代表组成，这些组织负责监督和评价东京韧性建设工作开展情况，并向政府提出改进建议，这种第三方评估机制，保证了东京韧性建设制度的有效执行。

3. 对我国加强标准依据支撑的启示

（1）逐步构建全国韧性建设法规体系。地方可借鉴日本经验，制定地方性韧性建设法规和技术指南。在此基础上，国家层面也应尽快提出统一的韧性建设管理办法，形成自上而下的法规保障体系。

（2）建立统一、规范的韧性建设技术标准体系。标准制定要本土化，结合国内实际情况和技术发展水平，确定合理的技术要求，并配套充分的技术培训和指导，帮助地方及相关企事业单位掌握标准的执行方法。

（3）健全韧性工作评价机制。在政府相关部门的日常监管之外，还可以设立独立的第三方评估机构，开放透明地对地方韧性工作开展情况进行评估考核，并给出改进建议。这可以客观反映当前韧性工作的实际效果，也有助于不断完善相关制度建设。

9.2.4　韧性城市建设制度体系发展对策建议

健全韧性城市建设制度体系是确保城市韧性和恢复力的前提，健全管理协调机制、完善评估机制、加强标准依据支撑是健全韧性城市建设制度体系的关键，也是构建韧性城市、实现可持续发展的重要前提。

1）健全管理协调机制

以系统性、协同性、效率性为目标导向，成立由市长或副市长牵头的韧性建设领导小组，负责统筹城市的韧性建设与管理工作，制定规划和政策并组织实施。在领导小组下设立韧性建设工作组，作为常设机构开展具体工作。同时，要建立政府部门之间以及与企业、社会组织之间的跨部门沟通机制，并明确分工。

2）完善评估机制

建立科学的评估机制至关重要，科学、系统的评估机制是衡量城市韧性建设成效的关键。应制定统一的评估标准和指标体系，对韧性建设的各个方面进行定期评估和反馈，以及时发现问题并进行调整，从而确保建设目标的实现。

3）加强规范体系支撑

加强规范体系支撑是制度优化的基础，韧性城市建设需要一套完善的技术标准和规范体系作为依据。应制定和推广符合国际先进水平的技术标准和规范，确保各项建设措施具有科学性和可操作性。同时，推动标准的动态更新，以适应不断变化的环境和技术进步。

9.3　优化城市安全韧性空间

统筹城市安全韧性空间格局，提升城市安全韧性空间品质是韧性城市建设的重要方面。各地对优化城市安全韧性空间已达成共识，2021 年北京市委办公室、市人民政府办公厅发布的《关于加快推进韧性城市建设的指导意见》中明确强调，统筹拓展城市空间韧性是韧性城市建设的主要措施之一。《深圳市推进自然灾害防治体系和防治能力现代化建设安全韧性城市的指导意见》也将统筹提升安全韧性空间列为安全韧性城市建设的重要工作内容。在全球气候变化和新型城镇化背景下，如何进一步优化城市安全韧性空间，以有限空间和有限资源应对复杂风险挑战，为城市高质量发展提供安全韧性的空间保障和资源配置是新时代的重要课题。

9.3.1　健全韧性规划体系

1. 目标导向

建立健全韧性城市规划体系，是充分发挥韧性城市规划的源头引领作用、优化城市安全韧性空间的关键。通过厘清韧性城市规划在国土空间规划中的定位，明确与其他相关规划的关系，紧密衔接、协同推进，为系统性推进韧性城市规划建设谋篇布局。

2. 案例借鉴

日本政府高度重视立法在减灾体系建立中的关键作用，通过一系列立法措施确保灾害对策事业的顺利实施以及支持减灾体系建立所需要的持续性政策保障和财政投资。1961 年日本出台的《灾害对策基本法》是综合性、计划性的减灾体系建立的关键节点，也为灾害预防、紧急应对和灾后重建提供了根本性法律支持，其他灾害管理法律法规均在此基础上展开。随后，一系列大规模灾害事件也不断推动着日本立法和法律修订的进程。

特别是 2013 年 12 月日本颁布的《国土强韧化基本法》更是为韧性规划的编制和实施提供了具有强大约束效力的法律框架，确保了韧性规划的地位和严肃性，进一步凸显了立法在减灾体系建立中的重要作用。吸取日本大地震的教训，日本从综合应对大规模自然灾害的角度提出"国土强韧化"理念，这是实施包括国土政策和产业政策在内的事前防灾减灾及其他有助于迅速恢复重建措施的综合规划理念，超越了以往的防灾减灾框架。日本将国土强韧化规划作为城市的最上层规划，在国家及各府县市层面均推进国土强韧化规划编制，为韧性城市建设奠定基础，初步形成韧性城市规划体系。国土强韧化规划体系可以分为国家和地区两级：在国家层级，《国土强韧化基本法》第十一条强调国土强韧化基本规划以外的国家其他规划，涉及国土强韧化的，应当以国土强韧化基本规划为基础；在地区层级，《国土强韧化基本法》第十三条规定，都道府县或市町村可以制定有关推进国土强韧性化政策的地域强韧化规划。同时，第十四条规定国土强韧化地域计划应当与国土强韧化基本计划保持协调一致。

3. 对我国健全韧性规划体系的启示

1）健全韧性城市规划政策法规体系

从国际经验来看，立法保障和政策支持是加快建立健全韧性城市规划体系、推动城市安全韧性空间优化的关键环节。结合城市底数实际与发展目标，构建涵盖各级、各类全主体的行动纲领、政策法规、韧性规划等在内的支撑体系，确保韧性建设工作在全要素系统管控和全周期赋能的基础上，高效、高质量扎实推进。

2）建立三级韧性城市专项规划体系

为保障韧性城市建设的战略意图切实落地，韧性城市规划必须全面融入既有规划体系，尽可能在不丢失其所承载的区别于防灾减灾复杂特性的情况下，合理转化为既有规划体系中一个专项规划。因此，在国土空间规划的"总体规划—分区规划—详细规划"三级体系基础上，提出建立三级韧性城市专项规划体系。市级由市应急主管部门牵头，会同市自然资源主管部门等相关主体部门，组织编制韧性城市总体规划，报市政府审批；区级由区应急主管部门牵头，会同区自然资源主管部门等相关主体部门，编制韧性城市分区规划，报区政府审批；韧性详细规划由街道办或片区主管机构牵头组织编制，报区政府审批。同时，编制防洪潮、地质灾害防治、防震减灾、消防、人防等单项自然灾害防治和事故灾难防控专项规划，以及生命线基础设施韧性规划，强化战略性韧性规划的全面落地和城市系统韧性的全面提升。三级安全韧性专项规划体系从宏观、中观、微观层面推进实施，对韧性城市建设任务进行全流程规划前瞻和全要素精细管控，全面统筹协调城市韧性发展。在这方面，北京做出了很好的示范。2023 年，由北京市规划和自然资源委员会会同北京市应急管理局组织编制的《北京市韧性城市空间专项规划（2022 年—2035 年）》，是新时期全国首个市级层面的韧性空间专项规划，紧密围绕国土空间规划、综合防灾规划、专项防灾规划等各级各类规划中的韧性要求，进一步明确了韧性城市空间专项规划的实施内容，是全国首个统筹性韧性空间专项规划，具有重要意义。

9.3.2　优化规划衔接落实

1. 目标导向

《中共中央　国务院关于建立国土空间规划体系并监督实施的若干意见》明确提出规划编制要注重操作性，"健全规划实施传导机制，确保规划能用、管用、好用"。然而在既有韧性城市建设实践中，韧性城市规划纵向、横向传导体系不健全是造成规划实施管控问题的重要根源。为进一步促进韧性城市规划落实，亟须优化韧性城市规划的纵向传导、横向衔接的路径、方法，保障韧性城市建设的战略意图落地。

2. 案例借鉴

1）韧性规划的指标传导管控体系

日本国土强韧化规划体系下传导及衔接落实的核心在于国土强韧性区域规划中的重点化施策和指标体系设计。重点化施策是指为了有效、高效地实施，国土强韧化区域规划进一步为各项措施设定优先顺序。根据区域面临的风险，考虑其无法回避时的影响程度、重要性以及紧急程度，对措施进行优先排序；此外，在考虑到国家的作用大小、影响大小和紧急程度的基础上，还考虑到措施的进展、社会形势的变化等因素，在选定 15 个应重点化的项目的同时，选定与这些项目关联性强的 5 个项目，作为特别重点。

在指标体系设计方面，国土强韧化区域规划强调通过指标的监督和评估，对措施进行进度管理并不断进行更新和修改。在采取措施方面，考虑到紧迫性等因素，在保持长期和短期平衡的同时，为了进行进度管理，设定了具体的指标（测定成果的数值指标等），定期（国家的指导方针大致每 5 年）进行修改。同时，也会根据社会状况等进行必要修改。以东京为例，在推进方针的制定上以脆弱性评估为基础，讨论对应方案，汇总达成面向全领域的分项施策的推进方针。根据各个领域，记载了为避免事态发生的相关对策的推进方针。国家、民间事业者等为了避免不应该发生的最坏事态，在确定当前正在实施的措施的同时，尽可能设定表示该措施的达成度和进度的指标。届时，除了使用相关机构现有的指标外，如果没有合适的指标，就设定新的指标。

美国同样侧重利用关键指标的设置来实现韧性规划的落实和传导。以《韧性旧金山》（*Resilient San Francisco*）为例，其是城市尺度的韧性发展与行动规划，旨在识别现状弱点，根据问题的紧迫程度对应制定场景化的实施战略和计划，进一步提高城市的韧性能力，并通过跟踪总体进展确保规划落实。《韧性旧金山》的内容以旧金山市的韧性发展建议与综合行动纲要为主，通过识别出旧金山市的地震、气候变化、海平面上升、基础设施系统老化、社会不公、生活负担重共 6 方面的挑战，针对性提出了 4 大韧性提升目标，并对应各个目标制定了行动方案、关键指标、倡议行动和示范项目。

以其中一个韧性提升目标，即社区赋能、加强联系目标导向为例，规划明确了 4 个关键评价指标分别为，在市行政之下设立韧性和恢复办公室；在 2025 年之前实现 90% 政府许可在线办理；在 12 个月内对 29 个社区发布社区资源测绘；在 12 个月内通过协调外联过程链接 4 万名旧金山居民。除此之外，各个目标之下同时设有多个倡议，每个倡议均对应了责任主体。整个规划穿插了多个特色项目以供推进落实主体参考。例如在赋能社区层面提出的湾区社区支持中心项目，依托当地已被居民广泛熟知并接受的教会和基金会，建立旧金山灾害应对社区与居民的联系，强化避难服务管理与防灾减灾宣传。

2）城市更新背景下的防灾城镇建设

为了应对城市高密度区域面临的频繁、严重的自然灾害和多元社会经济挑战，日本政府于 2020 年 6 月启动基于灾害风险评估的防灾城镇建设。防灾城镇建设的核心策略主要包括两方面：一是选址合理化，二是制定防灾指南。一方面，基于灾害风险评估，引导位于灾害风险区域内的居住区向非灾害风险区域进行转移安置，从空间布局上降低承灾体的暴露；另一方面，以《城市更新特别措施法》为依据，通过引导城镇区域制定防灾指南，将防灾部门拥有的灾害风险信息与城市部门拥有的城市规划信息叠加，分析各城镇在防灾上的问题并将区域内的灾害风险"可视化"。基于防灾指南中明确的防灾城镇建设目标、硬件和软件两方面的综合对策等信息，未来城镇的更新将以防灾和韧性为重要依据，促进包括道路、建筑物、应急设施等在内的设防标准和韧性品质的全面提升。

3. 对我国优化韧性规划衔接落实的启示

要把韧性城市建设放在更加突出的位置，将韧性落实到城市发展的全周期和各方面，需要抓住指标管控等传导手段和城市更新等关键时机，多维度多手段持续提升城市韧性。

1）多维弹性的韧性指标综合管控手段

指标体系的建立是发挥韧性规划统筹管控和层级传导的关键。当前虽然国内对于韧性城市的指标建立也有较多研究，但大多是基于韧性城市大尺度下的整体韧性评价，难以应用于小尺度的韧性规划领域。

从国际湾区城市对于韧性规划指标的构建思路来看，韧性规划的指标传导管控体系应从目标和问题出发，搭建贯穿规划、建设、管理全周期的多维弹性韧性规划指标体系，提出可适应未来气候变化下难以预见的极端灾况的弹性管控要求，对不同专业系统进行任务分工，充分适应规划区域规划、建设同步推进的动态时序上对韧性任务落实的影响。通过多维弹性的韧性指标综合管控手段，充分发挥韧性规划的统筹管控效能，提高规划的落地性和可操作性。

2）把握城市更新作为存量地区韧性建设的重要机遇

新型城镇化背景下，实施城市更新行动被赋予更高的历史使命，成为破解"城市病"、推动城市开发建设方式转型、促进城市高质量发展、助力社会主义现代化建设的重要途径。党的二十大报告也指出，"加快转变超大特大城市发展方式，实施城市更新行动，加强城市基础设施建设，打造宜居、韧性、智慧城市"。因此，韧性城市建设需把握更新行动时机，进一步保障城市安全韧性空间落地。

老旧小区、老旧厂区、老旧街区和城中村等区域，常存在人口密度高和建筑设施旧等问题，风险隐患多，灾害防御能力较弱。高度城市化地区的旧城改造、城市存量发展地区的更新改造，意味着需要重新对城市空间结构进行布局，这也必将为统筹发展和安全、建设韧性城市提供重要的机遇与载体。更新规划以空间和设施为抓手，在综合韧性规划的各个关键环节都有所体现，有助于实现更新与韧性规划的有效衔接。

9.3.3　践行平急复合开发

1. 目标导向

国内超大特大城市已经迈入加快转变发展方式的关键时期。从国际经验来看，当城市规模大到一定程度、密度高到一定程度时，风险隐患会快速增加，如果治理能力跟不上，就会产生大城市病。超大特大城市作为国家重要人口载体、经济社会发展的核心引擎以及参与国际竞争的发动机，加快转变发展方式对实现社会主义现代化强国目标具有重要意义。近年全国风险形势愈加复杂严峻，超大特大城市显现出的综合风险防控和应急治理实力，距离新时代高安全水平保障高质量发展的要求，还有一定差距。

"平急两用"公共基础设施是集隔离、应急医疗和物资保障于一体的重要应急保障设施。"平时"可用作旅游、康养、休闲等需求；"急时"可转换为隔离场所，满足应急隔离、临时安置、物资保障等需求。在现阶段发展背景下，积极稳步推进"平急两用"

公共基础设施建设、践行平急复合开发的韧性建设模式，无疑是加快转变超大特大城市发展方式、推进韧性城市高质量建设的重要抓手。

2. 政策解读

国家层面统筹谋划，积极推进超大特大城市"平急两用"公共基础设施建设工作。2023年4月18日，国家发展改革委在北京市平谷区举办"平急两用"设施建设现场会，7个部门、21个超大特大城市相关负责同志共同参会，开展"平急两用"公共基础设施建设经验交流。4月28日召开的中共中央政治局会议对"平急两用"公共基础设施建设做出重大决策部署，研究确定"在超大特大城市积极稳妥推进城中村改造和'平急两用'公共基础设施建设"。7月14日，国务院常务会议审议通过《关于积极稳步推进超大特大城市"平急两用"公共基础设施建设的指导意见》（以下简称《指导意见》）。7月20日，召开电视电话会议，动员部署落实《指导意见》，强调提升城市应急保障能力，并创造新的建设投资和消费增长点。7月24日，中共中央政治局召开会议再次强调要积极推动"平急两用"公共基础设施建设，盘活改造各类闲置房产。

全国各地超大特大城市纷纷开展试点，积极探索"平急两用"公共基础设施的建设模式和先进经验。北京市平谷区积极打造国家"平急两用"发展先行区。通过试点建设高标准平急两用健康设施，从政策规划制定、应用场景建设、平急功能转换等方面，聚焦"生产、生活、生态"三生融合，打造"平急两用"乡村休闲综合体，努力探索出郊区服务保障超大特大城市的有效路径，并形成可复制、可推广的平谷经验。例如，杭州作为特大城市之一，正处于从特大城市向超大城市跨越的高速发展期。积极谋划提升城市应急能力，推动"平急两用"公共基础设施建设是促进高质量发展、推动高效能治理、保障高水平安全的重要举措。杭州市明确"平急两用"公共基础设施建设工作要坚持目标引领，将"平急两用"理念嵌入公共基础设施建设，筑牢城市和人民安全底线，积极探索超大特大城市转型发展和增加城市韧性的有效路径；要坚持标准先行，围绕"建、用、转"制定各类标准，满足"平急两用"顺畅转换；要一举多得，统筹好应急和产业发展；要投资多元，积极探索市场化、可持续发展的经营管理模式；要先行先试，打造更多"平急两用"公共基础设施建设的全国示范样板。

2024年5月13日，自然资源部出台的《平急功能复合的韧性城市规划与土地政策指引》，为规划支持推动"平急两用"公共基础设施建设，打造宜居、韧性、智慧城市明确了政策指引。根据《平急功能复合的韧性城市规划与土地政策指引》，规划主管部门推进工作的要点有三个方面：一是做好调查评估，全面梳理"平急两用"的应用场景和空间载体，盘点具备条件的存量空间、潜在资源。二是坚持规划先行，开展平急功能复合的韧性城市规划指引。开展平急功能复合的空间需求分析，研究制定规划目标、规划指标体系，统筹规划全区"平急两用"公共基础设施布局。三是将"平急两用"功能复合的要求纳入国空规划体系，尤其在详规中明确相关用地的管控和引导要求，在专项规划中细化应用场景配置要求和设施布局。

3. 平急复合开发是我国城市空间韧性提升的重要举措

1）坚持规划先行

国家发展改革委在"平急两用"设施建设现场会上强调，"平急两用"公共基础设施建设是一个系统工程，要统筹谋划、一体推进，将"平急两用"理念融入城市整体规划。"平急两用"公共基础设施类别多样、建设形式多为结建、运营管理涉及多方协调沟通。因此，需要编制平急功能复合的韧性城市规划指引，开展规划指标体系与管控路径研究，加强资源整合，盘活城市存量资源、加强需求测算，按需新增相关设施。通过规划编制统筹引领"平急两用"公共基础设施建设，开展平急功能复合的空间需求分析，研究制定规划目标、规划指标体系，统筹规划全区"平急两用"公共基础设施布局，有效衔接国空规划体系下各级各类相关规划，确保"平急两用"公共基础设施建设落地，确保"平时"可持续、"急时"快转化的目标如期实现。

2）以保障平急功能转换为导向的全周期管理模式

除了空间规划和建设阶段落实平急两用公共基础设施的设计要求外，更要提前考虑运营管理阶段平急功能转换的需要，并体现在规划和建设阶段中，形成以保障平急功能顺利转换为导向的全周期管理模式。通过制度手段和机制设计，鼓励和吸引更多民间资本参与"平急两用"设施的建设改造和运营维护，进一步调动民间投资积极性、创新建设运营模式。同时，提出加强综合指挥调度协调能力、制定平急功能转换预案等策略建议，确保规划设施灾时有序启用、灾后及时恢复的平急转换目标如期实现。

9.3.4　城市安全韧性空间发展对策建议

安全韧性空间是韧性城市建设的重要抓手和发力点。存量发展背景下，超大特大城市如何以有限的空间应对愈加复杂的风险挑战是现阶段高质量韧性发展的核心问题。本小节从源头引领、实施保障和资源配置三个方面提出优化城市安全韧性空间的核心对策：健全韧性规划体系、优化规划衔接落实以及践行平急复合开发。

第一，健全韧性规划体系。通过构建全面完善的政策法规体系、建立三级安全韧性专项规划体系，切实解决城市安全韧性空间的保障和利用上普遍面临的相关规划类型过多、不同层级间规划边界不清晰、编制重点重叠冲突、约束指导能力不强等问题，充分发挥安全韧性规划在城市安全韧性空间的保障和利用上的源头引领作用。

第二，优化规划衔接落实。规划衔接落实是保障韧性空间落实落地的另一关键维度，要将韧性落实到城市发展全周期的各方面，需要抓住指标管控等传导手段和城市更新等关键时机，多维度、多手段持续提升城市韧性。

第三，践行平稳复合开发。在超大特大城市积极稳步推进"平急两用"公共基础设施建设是统筹发展和安全、推动城市高质量发展的重要举措，要坚持规划先行，将"平急两用"理念融入城市整体规划、优先开展类别研究，高质高效整合资源，充分发挥"平急两用"设施的效能、探索以保障平急功能转换为导向的全周期管理模式，保障"平急两用"设施可持续运营。

9.4　夯实韧性智慧技术对策

9.4.1　韧性智慧城市发展趋势

1. 韧性智慧城市的发展需求

综合各种文献资料，韧性智慧城市的发展为物理空间的城市提出了更高的要求，通过综合应用移动、物联网、云计算、大数据、人工智能、5G 等新一代信息技术，使城市具备设备设施互联互通、数据资源开放共享、各方协同运作、创新发展的能力，进而实现对城市资源优化配置与集约化利用，实现城市全生命期的数字化、在线化、智能化、精细化管理，提高城市安全韧性运行效率，助力城市实现可持续发展的先进发展模式。

因此，韧性智慧城市就是要利用新一代信息与通信技术来感知、监测、分析、控制、整合城市各个关键环节的资源，在此基础上实现对各种需求做出智慧的响应，使城市在灾前、灾中与灾后整体的运行具备自我组织、自我运行、自我优化的能力，为生活在城市中的人们创造一个安全、绿色、和谐的发展环境，提供高效、便捷、个性化的发展空间。具体表现为：

（1）智慧韧性基础设施，筑牢城市生命防线；

（2）智慧韧性运行系统，保障安全精准治理；

（3）智慧高效快速响应，健全平急结合机制；

（4）高水平智慧化研发支撑，提升持续发展能级。

2. 韧性智慧城市的发展趋势

1）技术创新驱动将成为城市韧性智慧化发展新常态

未来，韧性智慧城市发展通过融合发展培育新的经济增长点，以智能互联为基础，改变传统的模式及生活方式；发挥云计算、数据中心等新一代信息基础优势，加快各行业领域大数据中心建设，健全视频联网整合应用服务平台，通过算法服务整合共享设备、视频、数据等资源。依托监测预警中心平台，探索城市运行"一网统管"管理运营模式，加强大数据生命周期系列标准化建设，使用规范、统一的应急安全领域硬件设备技术、清洗与分析方法、系统开发与测试等，实现应急通信一网联动、应急资源一图管理、现场处置一屏可视、应急指令一键下达，提高应对突发事件的效率和精准度。针对韧性城市建设风险感知的需求，使用机器人、无人机、物联网等高端装备技术，持续提升城市应急预警和监测水平。

2）数字孪生与安全韧性发展协同促进

数字孪生技术作为智慧化建设的新型手段，与韧性城市之间具有价值理性与技术理性上的天然契合性，两者之间存在耦合效应。一是数字孪生技术能够助推组织工作协同。数字孪生从技术上赋予了政府组织活力，通过数据收集系统进行数据挖掘、整合、流通，在城市风险爆发的第一时间，各部门能够通过同一平台获得数据信息。二是数字孪生技术倡导以人为本，主张主体多元。以数字孪生技术为基础的城市开放治理平台通过专业术语来构建数据信息，政府仅仅提供技术支撑与维护，各层社会主体，例如政府、非政府组织、企业、公民等能够进行意愿表达，让社会成员的诉求通过数字化在平台中得到反映，公众能够通过数字语言参与到城市风险治理中，实现城市风险治理的多元协同共治。三是数字孪生技术有利于掌握城市运行规律，促进资源流通。城市治理资源通过数字孪生接受公众监督，实现集中管理与储存，由此在发生城市风险时，实现应急物资的迅速匹配与发放，促进资源配置的高效率，提高社会整体应急的弹性。四是数字孪生技术能够提高城市治理智能化。利用大数据平台及算法使得城市治理中的所有创新实践都能够在数字孪生虚拟平台上得到试运行，实现城市风险治理问题的虚拟场景化处理，从而能够实现实践结果的超前预判，避免实际消极社会影响的产生。而数字孪生技术的嵌入过程，将物联网技术、智能机器学习技术等融为一体，形成了庞大的技术融合产业链，不同的数据、技术、知识等资源要素通过数字孪生平台得到汇聚，为城市风险治理的智能化提供技术支撑，以提高城市治理的智能化水平。

3）韧性产业发展与城市发展通过智慧化深度融合

加大韧性产业发展资金投入，设立韧性城市发展专项扶持资金，配套定向风投基金，鼓励金融机构、社会资本、优质资源参与到韧性城市建设中。规划建设韧性产业园区，吸纳高精尖企业，孵化一批瞪羚企业和独角兽企业，构建韧性城市产业共同体。深化产城融合模式，打造韧性城市科技成果转化和产业集聚中心，培育韧性城市相关领域创新创业示范基地和国家高新技术企业。依托国资国企优质资源、先进制造业工业园区，借助产业链、创新链以及人才链等，加强人工智能、5G、工业互联网等新技术与制造业深度融合，孵化一批研发制造应急物资装备、信息化技术服务、专业救援服务的企业。

9.4.2　韧性智慧城市发展目标与规划原则

1. 发展目标

2022 年，国家发展改革委发布的《"十四五"新型城镇化实施方案》，进一步强调加快转变发展方式，建设宜居、韧性、创新、智慧、绿色、人文城市。为此，韧性城市建设需要在更高起点、更高层次、更高目标上，以"数字生态"的理念构建韧性智慧城市，包括智慧预警、智慧决策、智慧救援服务、智慧管理等方面，同时在技术层面构建"一云一网一底座多保障"数字化基础底座，保障各项业务高效平稳运行，层层推进阶段任务实施，支撑"城一人"协同的安全韧性发展模式，推进城市韧性智慧体系现代化。

2. 规划原则

（1）政府引导、社会共建：以发展需求、现状问题和建设目标为导向，积极构建城市政府、各部门管理者、企业、社会团体良性互动、合作共建的韧性智慧城市建设体系。发挥政府在顶层设计、标准制定、政策保障等方面的引导作用，加大政策扶持和财政投入力度。培育韧性智慧城市建设运营主体，完善互利共赢、安全高效的市场运作体系，激发市场活力，鼓励有技术、有资源的社会力量参与韧性智慧城市建设投资和运营。

（2）统筹规划、顶层设计：韧性智慧城市是一个有机的复杂系统，要从更长远、更广泛、更多视角来分析和研究。韧性智慧城市顶层规划应站在城市全局和战略高度进行顶层规划，转变为全局统一规划、统一布局、统一建设，按照一个体系架构、一个通用平台、一套城市数据、一套统一标准的理念，全面统筹规划网络、共性支撑平台、基础信息资源库等在内的统一信息化支撑体系。

（3）对标国际、绿色发展：韧性智慧城市规划应充分发挥后发优势，借鉴国内外韧性城市与智慧城市的先进案例，将数字经济思维深度渗透融合到韧性智慧城市规划，深入利用大数据分析、提炼的思路提高"智慧"层次，挖掘大数据背后的潜在价值，为城市发展赋能；将"推进生态优先、节约集约、绿色低碳发展，促进人与自然和谐共生"融入规划内涵，充分结合前置的国土空间规划进行功能场景的考量，将"低碳、循环、舒适、智能"的绿色理念融入韧性智慧城市智慧化场景规划，实现城市整体安全韧性，智慧高效。

（4）创新平台、智慧协同：韧性智慧城市规划应以新一代信息技术重大应用需求方向为牵引，依托韧性智慧城市创新平台推动智慧管理平台及应用场景相关基础理论、关键核心技术、软硬件支撑体系及产品应用开发，加强资源整合和协同分析，提高数据的关联度，推动跨部门、跨层级、跨区域的信息共享、业务协同和大数据创新应用，实现智慧协同。

（5）安全开放、适度超前：韧性智慧城市规划应以安全可靠为基础，采用开放的业务和技术的架构，按照服务化、模块化、协同化为中心的理念，突出技术体系的耦合特点，方便未来应用系统和业务之间的协同和扩展，从而能够保证未来业务的政策变化和发展的需要。落实国家安全韧性与智慧城市发展要求，结合先进经验和行业技术发展趋势，对韧性智慧城市的业务和应用的发展进行前瞻性的规划，在实现业务创新的同时，进一步做具有前瞻性的业务和技术方面的探索，帮助和推动韧性智慧产业业务和技术层面创新。

9.4.3 韧性智慧城市发展对策建议

1. 超前部署韧性智慧城市基础设施

韧性智慧城市通信网络规划以智能全光网和 5G 无线网为"双轮",打造"双千兆"新型基础网络承载底座,以数据中心和云计算为内核,构建高速、移动、安全、泛在的新一代信息通信基础设施。以全面感知泛在连接的物联网和时间敏感高度可靠的互联网为重要抓手,全面赋能安全监测、工业生产、环境监控、智能运营、智慧生活等业务。通过韧性智慧城市信息通信基础近期、中远期规划,为城市信息基础设施体系化发展奠定坚实基础,把数字世界带入韧性智慧城市的方方面面,让智慧触手可及。

为此,需持续推进 5G、人工智能、物联网等新技术的演进升级与融合应用,包括:5G 网络规划、承载网络规划、数据中心规划、通信光纤规划、通信管道规划、多功能智能杆规划,全方位赋能城市高质量发展。

2. 创新城市智慧化治理模式

加快建立可视化的数字平台,建立"数字孪生城市",升级"城市数字大脑"。依托城市 5G 通信、基础网络、物联网、大数据、云计算、区块链等技术应用,通过基础数据源的采集、CIM 平台的开发、数据的集成融合三个步骤完成智慧城市数字化底座的设计流程,在此基础上结合城市安全韧性治理的需求,建设数字孪生底座和重点防护区域与单位的精细化建模,全过程跟踪韧性建设、管理和测评工作,同步分析各领域韧性建设的全流程管理效能,进一步完善韧性建设管理的研发和评价管理平台。从管理工具角度,对韧性城市建设形成全面的科技支撑,全面提升韧性城市建设推进管理的科技化、信息化、智慧化和精细化水平。

数字基础设施包括 5G 通信、物联平台、CIM 平台、基础网络通信等模块,它们共同为智慧化场景之间的集成提供数据接入、数据分析存储、通用工具和业务逻辑服务,以达成汇聚生态、支撑上层智慧化应用、支撑水平业务扩展的目标。

1)5G 通信

5G 通信技术的超高速率、超大连接、超低时延特性,将全面支撑城市的新模式、新业态创新发展。以 5G 为基础的泛在传感网络是城市智能化的基石,也是实现超智能万物互联、人机物深度融合发展的关键设施。

2)数字孪生技术

基于数字孪生技术规划安全韧性智慧城市,利用 CIM+3D GIS 和物联网、云计算、大数据、人工智能等信息技术,实现物理城市全过程、全要素、全方位的数字化、在线化、智能化,构建起物理维度上的实体城市和信息维度上的数字城市协同运作、互联互通、全面感知、智能处理、虚实融合的线上线下相结合的发展新形态。

3）物联平台

物联网把新一代 IT 技术充分运用在城市的各个角落，通过把传感器嵌入和装备到各个场景空间中，以及供电、供水、交通等基础设施中，将"物联网"与现有的互联网整个起来，以实现物理设施与信息系统的整合，对整个网络内的设施设备、机器和基础设施进行实时管理和控制，从而以更精细和动态的方式管理城市，提高城市面临灾害风险的预警与决策水平。

4）大数据技术

基于城市多源异构数据接入、海量数据存储、数据资产管理、大规模分布式数据计算、可视化数据分析挖掘等数据应用。大数据技术可自助实现数据接入、存储、查询、计算、输出的核心功能，并能支持多个业务线和用户的并发操作，同时在部署、性能、安全等方面都具备相应的支撑和保障，最终确保大数据技术平台在韧性城市建设应用中稳定、安全、可持续使用。

5）区块链

基于城市基础设施、公共服务、信息安全、物联网、供应链等领域应用，实现区块链在促进数据共享、优化业务流程、降低运营成本、提升协同效率、建设可信体系等方面的作用。

3. 推动科技赋能融入韧性城市建设

为提高安全韧性城市的智能分析能力，应加快将前沿科学技术融入韧性城市建设的各个环节，广泛运用新一代信息技术，依托城市信息模型 CIM 平台，建立集城市风险评估、应急处置方案决策支持、防灾减灾效果评估于一体的韧性城市建设智慧化支持平台，为韧性城市建设的科学决策和高效推进提供工具抓手。建议以全力保障构建适应性系统和可持续防灾生活圈为原则，从区域联动防御、社区空间防御、基础设施控制和避难疏散空间控制等方面不断完善空间防御系统，实现区域协同防灾、微单元自治、"布局—管控—治理"系统防灾和智能避难疏散。

1）区域联动防御

基于大数据软硬平台架构及深度学习高准确率算法，探索"系统化、协同化"的智能规划和优化调度方案，如研究城市应急资源配置和交通组织耦合集成关键技术、基于动态资源与动态路网图融合的应急资源空间分布"一张图"技术等，从而搭建"空地一体"的立体化区域综合防灾体系。

2）社区空间防御

在人工智能和物联网技术的发展带领下，以社区生活圈为基本单元保障安全底线，结合"平时"与"灾时"、地域性治理与流动性治理，构建人地耦合、供需匹配的社区空间防御系统。同时，基于社区单元的风险精细化管理，有效引导人居安全格局模型的建立。

3）基础设施控制

为最大可能地避免群发性、链发性灾害引起的基础设施连锁联动效应，需要充分运用传感、无线通信和嵌入式计算等技术来实现基础设施与其他物理结构中的有线、无线计算机设备的持续通信，保障城市系统的安全运作。

4）避难疏散空间控制

在信息技术的带动下，应用 GIS、移动互联网和物联网等多项新技术，构筑与城市功能和空间布局相协调的智能化、物联化避难疏散及救援系统，这是实现避难疏散空间数字化管理和提高避难疏散协调指挥效能的有效路径。

4. 强化科研载体建设夯实理论技术基础

大力支持韧性城市建设在各领域的理论基础研究，结合城市建设过程中各领域科教与研究平台建设，加强韧性城市创新载体建设。加大韧性城市建设相关科研项目的政策倾斜和资金扶持力度，鼓励创新载体对韧性建设的理论和方法应用进行创新研究。

9.5 提高基层社会韧性治理能力

基层作为社会治理的基础和重心，是韧性城市建设的重要发力点。一方面，韧性城市建设的实践主体在基层；另一方面，基层也是韧性建设的政策自上而下落实落地的主战场。因此，积极培育城市社会韧性，提高基层社会韧性治理能力、构建"共建、共治、共享"的韧性社会治理新格局，是韧性城市建设的重要方面，对推进国家韧性治理体系和治理能力现代化具有重要意义。

提高基层社会韧性治理能力要从个人、社区以及社会三个层面着手，提高社会公众的韧性意识和自救互救能力、提高社区抵御风险的能力、优化提升基层社会应急能力，在居民自助、社区互助、社会互助三个方面形成合力，综合提升基层社会韧性水平。

9.5.1 居民自助

1. 目标导向

《"十四五"应急救援力量建设规划》明确指出，国家防灾减灾基础薄弱，发展不平衡不充分问题仍然突出，全社会参与应急救援的局面还没有完全形成。随着风险形势日趋复杂严峻，仅依靠政府主导的防灾、减灾、救灾措施在基层社会层面抵御灾害风险效果有限。从国际经验来看，超过七成的救援是政府到达前完成的（图 9-3）。自助因其在抢占黄金救援时间、提升救援效果等方面发挥着重要作用，在基层社会韧性治理中占据重要地位。因此，促进居民形成"自己的生命自己保护"的防灾意识、做好随时应对各类灾害的应急准备，有效提升居民的自救互救意识和能力是进一步提升基层韧性治理水平的关键。

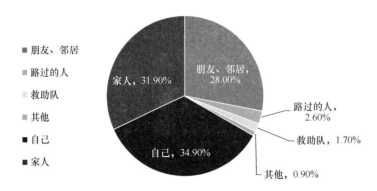

图 9-3 阪神大地震期间民众获救方式占比

2. 案例借鉴

"自助、互助与公助"的理念是近年来日本灾害管理的主要发展方向。"自助"是指在发生灾害时首先保护自己和家庭成员的安全。"互助"是指社区等身边的人合作和互相帮助。"公助"是指日本市政当局、消防部门、县政府、警察和自卫队等公共机构的救援和援助。在常态下，小事故或轻微损失可由行政部门妥善处理。然而，一旦灾害发生，伤员众多的紧急情况下，全面及时的救援与救护工作将面临极大挑战（图 9-4）。鉴于"公助"救援的局限性，加强居民自助、社区社会互助能力的培育显得尤为紧迫和重要。

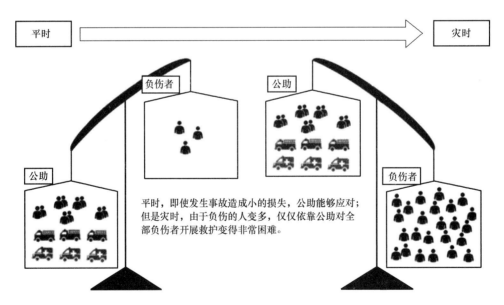

图 9-4 日本"公助"救援的局限性

因此，在提高居民自救能力方面，主要包括以下三种对策手段：

首先，提高居民备灾能力。通过充足的灾前准备，如有意识地收集台风及暴雨等灾害信息、明确附近的避难场所和避难路线、固定家具以防灾时家具翻倒、改造以增强私人住宅的抗震性能、在家中储备水和食物、储备备用电源和手电筒等方式，提高居民备灾能力、减轻灾时损失。

其次，推广实践性的防灾教育和避难训练。为了让孩子们从小就掌握必要的防灾知识和防灾行动，日本在全国范围内推广实践性的防灾教育和避难训练，并制作形成防灾教育指南。特别对幼儿期的防灾教育，针对性地制作教材和模型，以面向家庭内的监护人和幼儿同时开展防灾教育和普及。此外，日本还针对实践避难训练的实施状况和全国学校防灾教育相关的实施内容进行定期、具体的调查，依据设定的主要指标向公众公布。

最后，提高国民的防灾意识。通过举办防灾推进国民会议与防灾推进国民大会等，鼓励社会各界多种主体共同参与防灾意识普及活动。行政、公益团体、学术界、民间企业、NPO 等各种团体也通过举行不同主题的会议，就灾害教训和自救方法等进行讨论。此外，会上还会举办多种防灾活动，如舞台表演、制作海报、在室外车辆上开展地震体验等。

3. 对我国提高公众自救互救能力的启示

一是通过政策法规推动灾害教育的开展。关东大地震后，日本在《灾害对策基本法》等防灾法律法规中，针对不同的教育对象作出了相应的要求和规范，并提供了相应的资源平台和鼓励机制来促进灾害教育的开展，强调对灾害教育行动的重视。国内目前针对以居民为主体的韧性建设行动普遍面临形式单一、效果有限的问题，应通过加强相关政策法规的建设进一步提高居民自治在韧性城市建设中的地位和重要性。

二是建立以学校为中心的灾害教育立体化网络。当前，我国校园灾害教育在素质能力提升和防灾演练实践上与国际先进水平存在差距。对标国际灾害教育的教学理念和方式，特别是日本在家庭、学校、社会协同下实施的灾害教育模式，实现以学校为轴心构建灾害教育的全方位立体化网络，从而推动灾害教育辐射基层社会，提升全社会的防灾减灾能力。

三是积极倡导常态化和多样化的灾害教育形式。全民灾害教育能够显著提升社会的防灾减灾意识，使个体在面对突发事件时更加从容应对。利用多元化渠道和平台强化韧性宣传教育，创新科普宣传模式，着重培育韧性文化理念，以切实提升公民的自救、互救意识和防灾技能。

9.5.2　社区互助

1. 目标导向

社区作为社会治理的基本单元，是居民日常活动和居住的主要场所，也是安全韧性建设的"最后一公里"。《"十四五"国家综合防灾减灾规划》强调"发挥人民防线作用，提升基层综合减灾能力"，提升社区韧性水平是城市安全韧性发展的内在要求和重点任务。韧性社区建设工作涉及范围广、主体多、专业性强，通过编制社区韧性规划统筹安全韧性社区建设工作、通过多元手段赋能社区居民推进安全韧性社区建设，助力基层韧性水平切实提升是未来韧性城市建设的重点方向。

2. 案例借鉴

1）社区韧性规划

在社区韧性治理方面，美国和日本均聚焦于编制社区韧性建设相关规划如社区应急规划、社区灾害管理规划等，以系统性和前瞻性的视角推动基层社区韧性建设的全面发展。

美国通过《城市宪章》赋予社区规划以合法性，鼓励社区从整体利益出发，以制度化、程序化的方式赋权当地社区作为编制主体编制社区规划，形成社区应对外部变化、实现中长期发展目标的愿景性文件，为后续的具体开发计划实施提供规划依据。《社区应急规划》（2017）是纽约市应急管理局与市长办公室社区伙伴中心共同牵头，基于现有社区规划制度和程序制定的全面指导方案。该规划强调跨部门协作，通过系统地整合社区资源评估、加强社区网络建设以及累积社会资本等多种方式，旨在构建一个高效、灵活的社区应急管理网络，从而显著提升社区在风险准备、风险反应、风险恢复和风险缓解等各个环节的韧性（图9-5）。

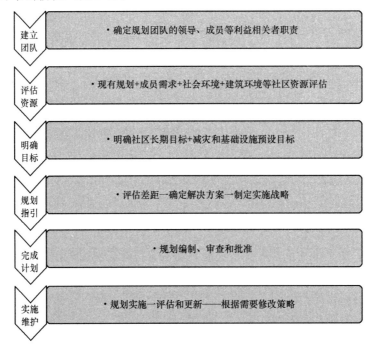

图 9-5　纽约市《社区应急规划》韧性规划技术路线

在参与主体方面，社区应急响应团队作为规划实施的核心力量，由多方利益相关者共同组成，包括但不限于社区委员会、地区议员、社区社会组织以及专业的非营利组织（这些组织涵盖了住房权利、气候变化应对、残疾人权益保护等多个领域）。团队成员定期会面，与所服务的社区保持紧密沟通，确保应急规划能够精准地反映社区需求，并有效地应对各类风险挑战。通过这种模式，纽约市成功地将社区应急规划转化为一项多方参与、共同治理的实践活动，为提升社区整体韧性奠定了坚实基础。

此外，《社区应急规划》还进一步结合了《纽约市应急管理工具包》和《社区建筑和基础设施系统韧性规划指南》等标准，为规划落实提供技术指引和专业支持，进一步促进规划落地实施。

制定社区灾害管理规划也是日本自下而上提高社区灾害管理能力的重要手段之一。为鼓励和促进本地区居民本着自助、互助的精神积极开展灾害管理活动，在韧性城市规划体系中，日本政府特别规定制定凸显社区灾害管理特色的规划。社区居民可以共同向市灾害管理委员会提出建议，倡导在市灾害管理规划中纳入社区灾害管理规划（建议规划）。在制定规划时，日本尤为注重在规划初期就积极吸纳地区居民的参与，以确保其声音和需求得到充分考虑。截至 2016 年，已有 44 个地区成功建立了灾害管理规划。

2）多元手段赋能社区居民

英国在基层韧性建设方面旨在帮助社区居民理解所在区域内的灾害风险，通过向公众提供社区的风险的信息，就相关机构正在采取的措施提供建议，并分享有关个人和社区如何准备和应对这些风险的信息，以提高社区抵御风险的能力和韧性水平。

苏格兰社区风险登记册（CRR）用于以用户友好的方式向公众通报他们所在地区的风险（图 9-6）。CRR 是由苏格兰区域韧性伙伴关系开发的多机构出版物，旨在识别该地区可能存在的风险，并根据其潜在影响和发生的可能性对其进行评级。这些评估的结果用于为社区和其他韧性相关主体提供信息，并制定和商定有效的多主体参与的规划。其内容包括告知所在社区最高风险及其后果，并描述这些风险对该社区的影响、为社区提供相关组织和网站的链接，以了解更多灾害信息、鼓励家庭、企业和社区在紧急情况下采取措施和行动，在灾前做好准备并提升韧性水平。

在阪神大地震后，日本灾害风险管理模式向基于社区的灾害风险治理模式转型。日本政府提倡自助互助精神，鼓励以社区为单位来开展灾害教育活动，通过多媒体信息共享网络平台、纪念馆等方式，营造灾害教育的良好氛围。日本各地还会绘制详细的灾害风险图，细化到每个社区、每个街道甚至每个住户（图 9-7）。由社区管理人员来为居

图 9-6　苏格兰社区风险登记册（CRR）

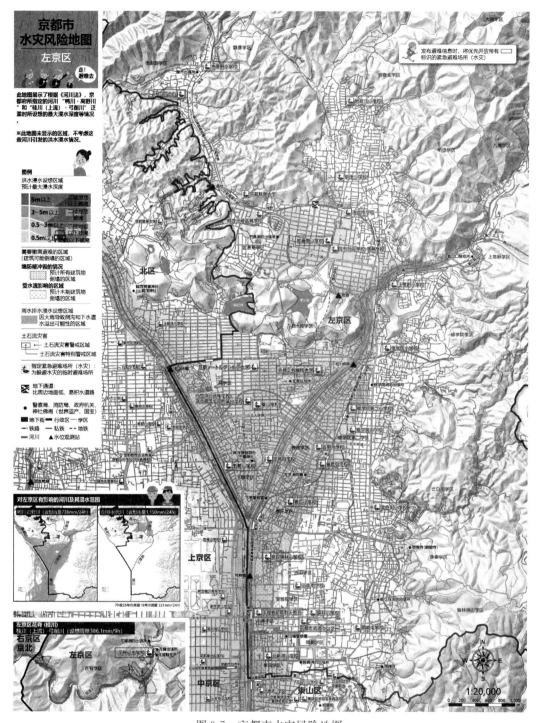

图 9-7　京都市水灾风险地图

图片来源：京都市防灾门户网站

https：//www. bousai. city. kyoto. lg. jp/cmsfiles/contents/0000000/143/03sakyou. pdf

（注：原图系彩色图片，蕴含信息更为丰富。有兴趣的读者可根据图片来源访问原图）

民进行讲解和防灾知识培训，还会在地图上标注灾害易发区和相应的疏散路线，同时对老弱病残孕等脆弱群体所在地进行了重点标注。

3. 对我国提升基层社区安全韧性水平的启示

社区作为基础的治理单元，其韧性体系和能力建设尤为重要。从国际经验来看，编制社区韧性规划、赋能社区居民是基层韧性水平提升的关键。

首先，开展社区韧性规划编制。引导社区认识灾害风险是提高基层韧性水平的重要前提条件，应通过政策法规等文件鼓励社区编制韧性规划，鼓励社区从整体利益出发，以制度化、程序化的方式赋权当地社区作为编制主体，形成社区应对外部变化、实现中长期发展目标的愿景性文件，为后续的具体开发计划实施提供规划依据。同时，面向综合社区治理，构建以社区韧性规划为基础的韧性建设过程机制，并给予技术指引和专业支持，结合工具包和指南标准的制定为社区韧性规划的落地性和可操作性提供保障。

其次，注重赋能社区居民。居民等各类主体对安全韧性建设的意识缺乏是街道减灾社区创建等社区韧性建设活动难以实现高效、实效、长效的关键之一。同时，赋能居民也是后续安全韧性社区创建顺利推进、培养基层减灾内生动力的前提和基础。一是培养意识，激发和引导参与者在心理上对安全韧性社区建设的认同感；二是习得知识，扩充参与者应对灾害事故等突发事件、开展自助互助公助的知识储备；三是切身感受，加强参与者自身与灾害发生的联系和对安全韧性社区建设的重视程度；四是加深认知，应用和锻炼培养的安全韧性意识和习得的安全韧性知识。

最后，通过系列活动的艺术设计和组织实施，由浅入深、由内而外、由己及人地提升参与者的安全韧性意识和能力，从而最终实现共建安全韧性社区的诉求、打造安全韧性社区高质量建设示范样板。

9.5.3 社会互助

1. 目标导向

随着我国志愿服务理念的广泛传播，社会公众参与志愿服务的意愿不断增强，志愿者队伍越来越壮大。在汶川特大地震、玉树地震和甘肃舟曲泥石流等重特大灾害中，志愿者行动带来了良好的成效和社会影响。要重视和加快志愿者队伍建设，进一步发挥专业人才优势、拓展志愿服务范围，促进志愿者在灾时能最大限度发挥作用。

2. 案例借鉴

以 1995 年阪神大地震为起点，日本社会涌现了前所未有的志愿者热潮。当时，超过130 万人次的志愿者，包括个人、NPO-NGO 组织、医疗等专业团队，纷纷涌向灾区，他们在救灾与重建工作中发挥了举足轻重的作用，这一年也因此被誉为"志愿者元年"。地方政府与灾害志愿者组织紧密合作，共同规划救援救助方案，确保了救援工作的有序进行。灾后重建阶段，政府高度认可志愿者组织的作用并给予经费支持，全国各地各种各样的志愿者活动蓬勃发展并逐渐形成了独特的支援文化。此后，熊本地震、东日本台风等灾害中都有大量的灾害志愿者奔赴灾区，在恢复重建工作中扮演了重要角色。

早期志愿者活动主要集中在清除瓦砾、分类垃圾、挖泥等体力密集型工作上。然而，随着时间的推移，日本灾害志愿者的救灾模式发生了显著的转变。这一转变体现在救灾活动的多样化、灾后不同时期的明确分工、专业优势的突出展现，以及对灾后人际关系的关注。具体来说，志愿者们不再仅局限于体力工作，还开始关注灾后重建中的非体力劳动，如协助志愿者中心的运营、支持各类灾后重建活动和沙龙的开展等，这些活动有助于促进受灾地区人与人之间的联系，加速社区重建和心理恢复的进程（表9-2）。

日本阪神大地震中灾害志愿者的救灾活动　　　　　　　　　　　　　　　　表9-2

时间阶段	救灾活动
灾后1周	紧急救助活动、医疗救护活动、居民避难引导、建筑物危险等级判定活动等
灾后2个月	物资运送活动、避难场所及志愿者中心运营、信息收集活动、脆弱人群照顾等
灾后3个月	社会福利制度重建、临时住宅入住者支援、城市建设支援、就业支持活动等

3. 对我国灾害志愿者队伍培育的启示

加强服务韧性城市建设的灾害志愿者队伍培育，积极构建全角色协同和全龄安全体系是韧性城市高质量建设的重要方向。灾害志愿者作为促进全主体协同参与应急响应的重要形式，建立健全灾害志愿者培养机制和管理体系，重点培养志愿者队伍和"应急第一响应人"是未来基层社会应急救援力量建设的重点任务之一。聚焦国内灾害志愿者面临的现实问题，一是基本技能待提升，非专业志愿者大多缺少基本救助技能和救援经验，难以完成高质量救助。二是职业专长难以转化，专业人才难以因地制宜、专长专用。究其原因在于灾害志愿者培养机制和管理体系缺乏，高效率志愿服务仍待探索。通过建立完整的灾害志愿者培训、考核、认证机制，保证灾害志愿者基本素质提升和职业专长转化，进而实现从2008年的"志愿者元年"向"灾害志愿者新元年"的跨越。健全社会动员机制，织密基层应急动员、响应和服务网络，充分发挥应急志愿者队伍及其他社会组织和社会公众在应急工作中的作用。

9.5.4 基层韧性治理能力发展对策建议

展望未来，进一步提高基层社会韧性治理能力，推动"共建、共治、共享"的韧性社会治理新格局形成，要从个人、社区以及社会三个层面着手：

个人层面，着重提升公众韧性意识和自救互救能力。通过推动灾害教育的开展、建立以学校为中心的灾害教育立体化网络、鼓励常态化、多样化的灾害教育活动等筑牢防灾、减灾、救灾人民防线。

社区层面，提高社区抵御风险的能力。作为城市空间配置的基本单元，社区在城市韧性体系和能力建设中尤为重要，是韧性城市建设关键一环。积极推进和鼓励社区自下而上编制韧性规划、通过社区创建赋能社区居民，这是社区层面韧性水平提升的关键。

社会层面，加强基层社会灾害志愿者队伍建设，积极构建全角色协同和全龄安全体系。

9.6 建立完善经济保障和激励机制

城市韧性发展需要大量资金支持，包括基础设施改造、生态环境恢复、防灾减灾措施等方面。然而，在全球经济复苏缓慢、财政压力加大的背景下，政府需要在多个领域实现资金的合理分配。因此，创新金融手段，为韧性发展提供资金保障变得必不可少。韧性城市建设是全社会共同参与的过程，需要民间企业、金融机构等多元主体共同投入。创新金融手段有助于引导社会资本投入城市韧性建设，促进各方之间的合作与协同。城市韧性发展面临着多种风险，包括气候、地缘政治、经济等方面的不确定性。借助创新金融手段进行风险管理，可以分散风险，降低政府和企业承担政策及市场风险的压力，创新金融手段不仅可以为城市韧性发展提供短期资金，还可以通过长期投资和项目管理，为城市未来的可持续发展提供持续资金保障。探索创新金融手段为城市韧性发展提供资金保障具有重要的现实意义。这可以实现政府、民间企业及金融机构之间的优势互补，推动城市实现可持续、韧性和绿色发展。

9.6.1 强化韧性城市建设资金保障

1. 我国韧性建设资金保障现状问题

韧性城市建设需要大量的资金投入，与传统的城建不同，其投资规模更大，建设周期更长，没有坚实的资金基础，很难开展系统性的韧性建设。当前，我国韧性城市建设资金保障方面的短板主要有两处：一是社会资本和金融资本的参与十分有限，导致韧性建设资金保障机制不完善，严重制约了韧性发展；二是灾害风险转移机制有所欠缺，城市面临着多种灾害风险，如没有风险转移机制，愈加频发的水旱灾等极端天气事件一旦发生，特定群体将独立承担重大损失。目前巨灾保险作为新兴领域还不尽完善，一旦极端灾害来袭，会加重城市的财政压力。

2. 案例借鉴

日本的巨灾保险和再保险运营机制有效增强了韧性资金保障并减轻了特定群体承担的灾害风险。1964 年 6 月的新潟地震促使日本当局与保险公司共同努力建立地震保险机制。日本政府和非寿险行业对地震保险制度进行了详细的考察，最终时隔两年，在1966 年颁布了《地震保险法》。由于地震及其次生灾害如火灾和火山喷发导致的建筑物及其他财产损失巨大且难以预测，因此在《地震保险法》基础上，日本建立了针对住宅与住宅内财产的地震保险制度，并成立了日本地震再保险公司，对非寿险公司签订的地震保险合同进行再保险，旨在分散风险。地震保险的目标是稳定受地震影响的居民的生计，它是根据政府建立的，对超过私营保险公司承保的一定责任数额的大规模地震损害进行再保险。为了稳定地震灾民的生计，政府对私营保险公司承保的地震保险责任进行再保险。

再保险的保费在地震再保险专户中单独收取和管理。当大地震发生时，再保险索赔被支付给私人保险公司。政府为一次地震等支付的再保险理赔总额必须在每个财政年度由国会决定的限额内。截至 2021 年，日本地震保险单次地震赔付上限为 11.7751 万亿日元。加上私营保险公司的责任分担，单次地震等的总赔付限额为 12 万亿日元。总赔付限额一直被设定在一个能承受与关东大地震相当的大地震水平的数值上。过去的大地震赔付总额，包括阪神大地震和东日本大地震，都在这一限额内，保险理赔能够顺利支付。在地震造成的损失超过限额的情况下，日本政府将根据损害的实际情况，及时做出适当的政策决定，包括确保财政资源的决策，而不考虑保险制度的框架，同时也考虑其他可能的措施。

通常巨灾的发生会造成巨额人民生命财产的损失，保险公司的巨灾保险业务将面临其不可承受的索赔，可能会造成巨灾保险行业整体崩溃的局面，使之停止运行。在日本，为了分担此类风险，日本政府与行业共同成立日本地震再保险株式会社（Japan Earthquake Reinsurance Co，Ltd.，简称 JER），通过再保险与行业分担风险。JER 对由非人寿保险公司承保的地震保险合同进行再保险，以确保地震保险在灾时正常运行，JER 将风险按比例转移给非人寿保险公司和政府之前将其同质化，日本当局及 JER 将共同承担剩余的赔偿金。

投保人因地震等遭受一定损失或损害时，投保人向非人寿保险公司给付保险金，公司将向投保人支付保险金。向投保人支付保险索赔的非人寿保险公司将通过再保险向 JER 索赔全部金额。JER 将向非人寿保险公司全额支付再保险索赔费用。这意味着由 JER 支付的再保险索赔金额与非人寿保险公司支付给投保人的保险索赔金额相同。当发生大地震时，非寿险公司必须准备好大量的资金，以便能够支付大量的保险索赔。为了避免在支付保险索赔方面出现问题，政府制定了一项部级条例，根据估计通过 JER 支付地震保险的再保险索赔。为了使政府、非寿险公司和 JER 能够公平地分担保险责任，首先要均匀地收集和规范非寿险保险公司承保的风险，然后再分发给相关组织。还必须收取再保险费和追溯保费作为承担保险责任的补偿。为了收集、均匀规范和分配风险，发放再保险费和追溯保费，以 JER 为中心进行再保险交易。JER 首先为由非寿险公司承保的地震保险合同进行再保险，然后平均分配风险。在排除 JER 所持有的风险后，JER 根据各组织所承担的风险负担，对政府和非寿险公司实施追溯转让（图 9-8）。

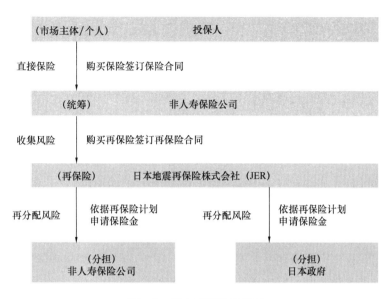

图 9-8　日本再保险流程图

3. 综合对策

（1）创新韧性项目融资模式。可以发挥政府引导基金的作用，带动金融资本和社会资本共同参与韧性建设。探索运用 PPP 等模式，通过股权投资、债权融资、项目运营收益分红等方式，吸引企业和公众加入韧性建设。

（2）健全巨灾风险分担机制，推广巨灾保险应用。政府可发起设立城市灾害风险分担机制，吸引保险公司等推出相关产品，通过风险池等方式分散城市重大损失风险，鼓励大城市通过市场化方式购买巨灾风险保险，实现风险分摊。同时引入再保险，实现多层次风险转移，将损失阈值内的低概率高损失灾害风险部分转移给保险公司，并兜底损失阈值外部分潜在风险，从而增加经济系统韧性。

9.6.2　推进产业链韧性化发展

1. 我国产业链韧性现状问题

推进产业链韧性化发展是保障城市经济安全的迫切需要。产业链是支撑城市经济运行的重要组成部分，核心产业链的中断会引发产业间的联动性危机，导致就业和财政收入的大幅下滑，进而影响社会稳定。在全球气候变化加剧的背景下，通过提高产业链自身的抵御和调整能力，可以有效保障城市经济的连续稳定运行。这不仅是应对外部环境风险的重要举措，也是提升城市综合实力的必然要求。

产业链的稳定和繁荣直接关系到区域内企业的生存和就业岗位的保障。推进产业链韧性化发展，可以进一步增强企业的可持续性和就业的稳定性，从而提升城市的综合竞争力。此外，通过打造韧性产业链群，也为城市未来的产业转型升级储备了重要动力，且提供了强大的支撑。因此，推进产业链韧性化发展，既是保障城市安全的必要手段，也是提升城市发展实力的必然要求。

目前，全国城市在推进产业链韧性化发展过程中主要面临以下两个问题：

一是重要产业链节点企业集中度高。部分城市的关键基础产业链存在节点企业集中度过高的问题。这些"大而全"的企业一旦遭遇自然灾害、安全事故等重大事件，将会引发区域乃至全国性的连锁供应中断，对城市经济运行和就业带来严重冲击。

二是企业间信息共享和联动配合机制不完善。当前，国内城市大多数产业链相关企业之间尚未建立畅通的信息共享渠道，亦未形成定期演练的响应机制。这导致在产业链上下游企业遭受危机冲击时，其他环节的企业无法快速响应并提供帮助，难以实现有效的联动保障，抵御中断风险的能力较低。

综上所述，推进产业链韧性化发展不仅是保障城市经济安全的重要举措，也是提升城市综合实力的关键手段。解决企业集中度高和信息共享机制不完善的问题，将有助于增强城市在面对外部风险时的应对能力，确保城市经济的持续、稳定与高质量发展。

2. 案例借鉴

2011年日本东北地区遭受大地震和海啸重创，全球最大制气机生产企业东芝也一度陷入运营危机。这严重影响到全球电子、船舶等多个产业链。为应对突发事件对产业链的冲击波及影响，日本经济产业省于地震后发起成立建立了多个民间组织平台，引导核心企业之间签订供应链合作协议、明确权利义务、分散经营风险、共享信息、建立联动机制，旨在提升产业链韧性。

日本电装（DENSO）公司位于日本爱知县，是日本最大的汽车零部件生产商，在全球拥有17万员工。公司位于岛屿上填海地带，经桥梁与外界相连，地震发生时易触发砂土液化、桥梁坍塌等次生灾害，是震灾敏感区。其对预防震灾采取了一系列响应机制：一是搭建紧急出岛机制，常规交通瘫痪时，启动应急机制，优先通过海陆空路运送伤员；二是建立应急信息通路，保证灾时与外界信息畅通；三是强化交通基础设施建设，减少因土地液化造成的桥梁、道路垮塌；四是培养从业者灾时自救互救能力，在减少生命财产损失的同时，可以缩短因灾阻滞生产的期限。

3. 综合对策

（1）构建关键产业数据库。监测重要产业链节点企业的运营和信用情况，评估存在的风险因素，建立产业链企业数据库。及时将监测结果上报政府决策部门，有针对性地采取提高产业链韧性的政策举措。

（2）支持企业开展供应链合作。出台政策法规和相关扶持措施，鼓励产业链核心企业同上下游企业建立战略合作关系，签订供应链协议。明确信息共享、资源互助、联动演练、利益共享分配等机制，形成产业链共同体。

（3）建立应急响应机制提高核心企业抗风险能力。核心企业可通过建立有效的应急响应机制、强化应急通信和交通基础设施、培养员工自救互救能力等方式最小化因灾受损，从而快速恢复供应。这些举措将增强整个产业链的抵御中断的能力。

9.6.3　经济保障发展对策建议

保障韧性资金和推进产业链韧性化发展，是提升城市经济韧性的两大关键举措。在保障韧性资金方面，可以发挥政府引导基金的带动作用，拓宽社会资本投入渠道，共同投入城市韧性建设；还可以建立城市灾害风险分担机制，引入保险和再保险安排，实现低概率高损失风险的转移，避免政府和企业面临难以承受的巨额索赔压力。此外，大力推广城市巨灾保险，使城市面临的各种重大自然灾害风险能够商品化，将部分压力转移给市场，分散经济损失压力。在推进产业链韧性化发展方面，政府可构建关键产业数据库，持续监测重要产业链节点企业的运营风险，并支持企业开展供应链合作，建立应急响应联动机制。还可以建立应急响应机制，直接增强核心企业的抗风险能力，提高整个产业链抵御中断的能力。政企密切配合、通力协作，通过经济保障创新，增强城市应对重大破坏性事件的经济基础，使城市经济实现快速恢复和重建，进而保障城市韧性发展和可持续繁荣。

第 3 篇
实践案例篇

　　韧性城市规划，一方面要自上而下统筹落实韧性发展理念，另一方面要自下而上切实前瞻并引导规划区降低风险影响。因此，不同规划层次和尺度的规划目标与任务有别，不同规划区的基底条件、亟须解决的风险问题、韧性建设的目标也可能全然不同。所以，尽管基础原理相同，但不同层次、不同区域的韧性规划的编制内容、重点、技术路径均应具体问题具体分析、因地制宜。

　　本篇在总体规划层面，选取了地区级、市级和区级三个不同尺度的案例，在详细规划层面，选取了重点片区和街道城市更新三个案例以及基层韧性社区建设的一个案例，多角度呈现韧性城市建设的特殊性和复杂性。以上案例源自的规划项目均由深圳市城市规划设计研究院股份有限公司编制完成。

第 10 章　总体规划层次的韧性城市规划

10.1　地区级韧性城市规划总体案例

10.1.1　塔城地区国土空间综合安全与韧性空间体系研究

1. 基础概况

1）规划背景

塔城地区地处亚欧大陆的地理中心、新疆维吾尔自治区西北部，毗邻哈萨克斯坦，是丝绸之路经济带北通道的重要节点、我国西北边境的门户，整体表现出"山多、水匮、林阔、田丰、草广、矿富、城稀"的现状特征。塔城地区作为国家重点开发开放试验区，承担着"深化与中亚国家合作的重要平台、沿边地区经济发展新的增长极、维护边境和国土安全的重要屏障"等重要战略功能。提高塔城地区的安全韧性水平，是保障其可持续发展，维护社会稳定的重要前提条件。

《塔城地区国土空间综合安全与韧性空间体系研究》作为《塔城地区国土空间总体规划（2021—2035 年)》的重大专题之一，旨在通过开展地区层级总体规划层次的安全韧性规划研究工作，为国土空间规划提供安全保障方面的技术支撑。《塔城地区国土空间总体规划（2021—2035 年)》已于 2023 年 3 月 15 日完成批前公示。

2）规划范围

规划范围包括 3 市 4 县，面积约 8.42 万 km²，行政辖区包括塔城市、额敏县、乌苏市、沙湾市、和布克赛尔蒙古自治县、托里县和裕民县以及协调兵团 4 个师部分连团，面积约 1.07 万 km²。

3）规划诉求

在全球气候变化和国家发展模式转变的整体视野下，结合塔城地区发展形势、定位与诉求，对塔城地区安全韧性建设工作形势和趋势进行研判，在此基础上落实《省级国土空间规划编制指南（试行)》关于防灾减灾与安全韧性的规划技术要求，提出塔城地区安全韧性体系构建的空间规划导则以及重大项目建议，从源头引导安全韧性建设。

（1）总结塔城地区的历史灾害状况，并对塔城地区存在的洪涝、地震、地质灾害、火灾、风灾、雪灾等各类存在潜在风险的自然要素和灾害影响进行全面评估，明确地区不同类型的灾害易发区域和受风险影响的程度。

（2）确立安全韧性城市建设的规划目标，提出各灾害风险的防治目标和对策体系，为相关管理主体对不同类型、不同等级的风险开展风险治理工作提供空间维度的对策技术支撑。

（3）构建塔城地区安全韧性空间体系，形成韧性空间资源配置格局，明确相应的传导管控要求。

（4）在前瞻防灾减灾工作、安全风险防控工作形势和发展要求的基础上，明确塔城地区下一阶段安全韧性规划建设工作重点。

2. 规划要点

本项目规划的核心要点为综合分析评估、宏观减灾策略、安全空间体系，其是地区重点安全项目，同时也是下层级市县构建安全韧性空间与设施体系上位规划的基础（图 10-1）。

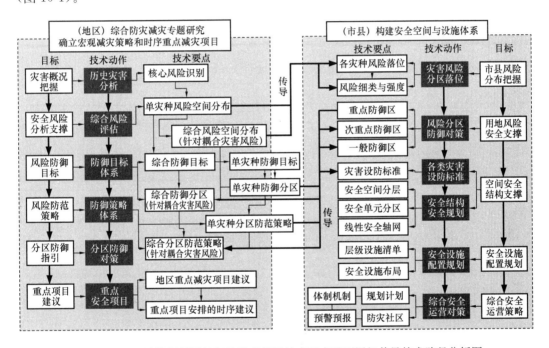

图 10-1　地区总体规划层级韧性城市规划技术要点及下层级传导技术路径分析图

1）系统风险评估

首先开展历史灾害分析，把握灾害风险总体概况，在此基础上开展综合风险评估，识别单灾种风险和耦合灾害风险的空间分布情况。

2）安全韧性与重大风险对策体系

制定安全韧性城市建设目标，明确单灾种风险和耦合风险的防御目标，划分风险防御分区，提出分区防御对策指引。

3）安全韧性空间体系

构建地区层级的安全韧性空间体系，划定安全分区，保障塔城地区与周边区域建立应急协同防护格局，内部各分区具备独立防护能力，提出各分区设施配置管控要求。

4）安全韧性建设重大项目建议

提取地区层级的重点项目建议，根据不同灾种发生灾害的空间分布特征，提出地区重点安全设施和区域协同应急交通项目建设区位和时序建议。

3. 成果内容

1）塔城地区系统风险识别与重点灾害风险评估

在历史灾情的基础上，结合现状条件和规划目标，针对地震、地质灾害、建成区和森林草原火灾、洪涝、风灾、风雹、雪灾和低温冷冻、干旱、生物灾害、传染病疫情、战争空袭和恐怖袭击等 15 种灾害风险开展全灾种评估，通过单灾种风险和耦合灾害风险评估，分析明确地区的重点灾害风险。在此基础上，对地震、地质灾害、地震与危险源耦合灾害、建成区火灾、森林草原火灾、综合火灾风险 6 种灾害风险，开展空间影响评估，形成重点灾害风险空间影响程度和分布系列图纸，例如形成塔城地区地震风险空间分布情况表（表 10-1），并详细说明不同等级风险在行政分区上的分布情况，为风险治理提供坚实的技术基础。

地震风险空间分布情况表

表 10-1

县市	高风险区	较高风险区	中风险区
乌苏	塔布勒合特蒙古民族乡、西大沟镇、巴音沟牧场	古尔图镇	甘河子镇、吉尔格勒特郭楞蒙古民族乡、西湖镇、八十四户乡、夹河子乡、奎河街道、虹桥街道、新市区街道、南苑街道九间楼乡南部、皇宫镇南部、百泉镇东部
沙湾	沙湾县直属	沙湾县直属	西戈壁镇、博尔通古乡 牛圈子牧场、东湾镇、大泉乡、金沟河镇、三道河子镇、安集海镇
其他县市	—	—	托里、额敏乡镇均以一般防御区为主；和丰除南部县辖区、巴尔鲁图布拉格牧场均以一般防御区为主；塔城中部、裕民西南部乡镇以一般防御区为主
面积	521hm²	1330hm²	26264hm²
比例	1.08%	2.76%	54.41%

2）塔城灾害风险防御对策及标准

明确重点灾害的风险防治目标与标准，并在风险空间分布的研究基础上，划定相应的风险防御分区，形成地震、地质灾害、地震与危险源耦合灾害、建成区火灾、森林草原火灾、综合火灾风险等重点灾害风险的防御区划图和防御区划表。结合风险理论，从致灾因子、承灾体脆弱性、暴露性和防灾能力四方面，提出分级分区的治理策略体系，形成灾害防御对策表。

3）塔城地区韧性空间体系

明确韧性空间体系构建的目标和构建原则，结合塔城地区的行政分区和规划单元，划定塔城地区安全分区，形成塔城地区安全大区层级安全分区（塔额盆地安全大区、天山北坡安全大区、和布克赛尔安全大区）以及安全生活圈层级安全分区（各市县中心城区）。根据单元独立防护原则，对塔城地区各层级安全分区逐级进行科学、合理、均衡、完备的安全资源配置，逐步释放减灾、备灾安全责任，为平时防灾减灾工作提供支撑的同时，也为应急时刻分区、分级、就地、就近的安全防护、救助救援、物资供应、避难组织及灾后重建等活动提供设施基础。

重点对安全大区层级提出设施配置要求，配置包括安全大区级应急指挥中心、安全大区级应急救援干道、应急物资储备库、调配站，以及包括应急中心医院、通航应急救援基地等应急基础设施在内的地区协同保障级安全设施，保障塔城地区整体防护能力和协同应急能力。在保障规划向下层级传导的过程中，明确相应的技术要点，在项目中也对安全生活圈提出了相应的韧性服务设施配置建议，并作为安全生活圈及以下层级单元的配置参考。塔城地区安全空间体系结构如图 10-2 所示。

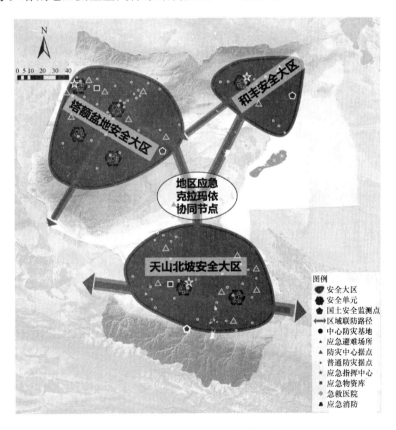

图 10-2　塔城地区安全空间体系结构

4）塔城地区安全韧性建设工作重点与重大项目建议

提出塔城地区防灾减灾与安全韧性建设的重要工作目标，明确防灾减灾与安全韧性建设的工作重点，提出塔城地区防灾减灾与安全韧性建设的重大项目建议，包括地区结构性重点安全设施布局、地区区域协同应急交通、地区森林草原火险防控中心、地区灾害急救中心、地区特种应急救援基地等。根据设施使用的紧迫性和既有的可利用资源情况，规划各类重大项目的建设时序。

4. 规划创新

1）建立宏观层级韧性总体规划工作技术路径

高效地对规划进行细化和传导，是高效、顺畅实施和管控的基础，是新时期规划改革的核心要求之一。作为地区层级总体层次的安全韧性规划，在国土空间规划编制指南的基础上，细化地区层级韧性规划工作重点和核心管控要求，深化地区到市县的传导要求，构建风险评估、防御分区传导、安全韧性空间设施传导、运营对策等全方位的层级传导工作路径，使其能够为精细化风险管理的顺畅传导与实施提供相匹配的空间、设施和对策基础，为塔城地区开展下阶段市县层级的安全韧性规划工作的细化传导和实施指明路径。

2）建立服务于应急精细化管理的风险防御对策体系

针对城市风险管理的行政区设置、事权分级、管理目标与其所依赖的空间、设施和对策基础不相匹配的问题，在本项目中对六大重点灾害风险分别划定风险防御分区，明确各行政区的防御等级，从致灾因子、承灾体脆弱性、暴露性和防灾能力四方面分别提出防御对策，为应急管理主体提供清晰对应的防御对象、防御对策建议，为应急管理实现精细化管理的顺畅传导和实施提供技术支撑。

3）提出国土空间韧性建设的三层次架构

在新时期城市安全发展和国土空间规划体系的新要求下，为科学、完善的安全韧性规划提供全新的体系化规划模型。一是构建安全的国土基底，从自然灾害风险、事故灾难风险、人居生态安全多方面提出构建安全国土基底格局的对策建议；二是构建安全的空间格局，重视韧性设施的层级传导，并与国土空间总体规划体系充分衔接，对韧性城市相关专项规划提出相应编制要求；三是构建安全的运营体系，提出安全大区—生活圈—单元—社区各层级防灾、减灾、救灾协同处置防控体系建立的对策建议。

10.2 市级韧性城市规划总体案例

10.2.1 金华市韧性城市规划案例

1. 基础概况

1）规划背景

金华市区下辖婺城区与金东区，位于浙江省中部。市区东邻义乌，南连永康、武义，北靠兰溪，是浙中城市群的核心区。同时，金华市区也是上海经济区、沿海发达地区和内陆腹地的接合部，东衔沪、甬、温三个港口城市，西邻浙江西部及闽赣皖三省，是我国重要的交通枢纽、闽浙皖赣四省的交通要道。金华市区作为全市及其周边区域的政治、经济、文化中心，城市综合防灾事关人民群众生命、财产安全及社会和谐稳定，构建城市安全和应急防灾体系，有效防范和坚决遏制重大特大事故发生、减轻各种灾害风险，是金华实现高质量发展的必要条件。

金华市区面临着实现综合化应急管理与专业化危机治理的双重压力。科学把握应急管理现代化发展方向，加快构建"大安全、大应急、大减灾"应急管理体系，全面促进应急管理事业改革发展，推动全市应急管理体系和能力现代化，是金华市区综合防灾工作的新使命。《金华城市综合防灾专项规划（2021—2035 年）》（以下简称《规划》，该文件已于 2022 年 9 月通过专家评审）作为金华市首个综合防灾领域的专项指导性规划，将为提升金华综合防灾能力，提高城市韧性，保障金华市人民的生命财产安全，促进金华市的可持续发展，降低金华市灾害风险水平，整合金华市防灾减灾资源，发挥至关重要的作用。

2）规划范围

金华市区（婺城区和金东区）面积约为 2049km²（图 10-3）。

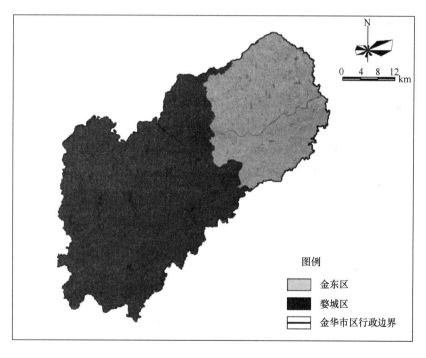

图 10-3 金华市区范围

3）规划诉求

统筹存量和增量、地上和地下、传统和新型基础设施系统布局，构建集约高效、智能绿色、安全可靠的现代化基础设施体系，提高城市综合承灾能力，引导和支撑金华建设韧性城市。

（1）以协同融合、安全韧性为导向，结合空间格局优化和智慧城市建设，优化形成各类基础设施一体化、网络化、复合化、绿色化和智能化布局。

（2）基于灾害风险评估，确定主要灾害类型的防灾减灾目标和设防标准，划定灾害风险区。

（3）以社区生活圈为基础构建城市健康安全单元，完善应急空间网络。

（4）预留一定应急用地和大型危险品存储用地，科学划定安全防护和缓冲空间。

（5）确定重要交通、能源、市政、防灾等基础设施用地控制范围，划定中心城区重要基础设施的黄线，与生态保护红线、永久基本农田等控制线相协调。

2. 规划要点

1）灾害风险研究与安全韧性评估

总体层次韧性城市规划应当建立和完善城市总体层面、系统性灾害风险研究分析与安全韧性评估工作机制，并成为城市总体层面规划建设的工作基础与前提。

一是开展城市风险的系统评估。评估范围包括各类常见自然灾害、气候变化导致的海平面上升等潜在威胁，易燃易爆危险品相关场所，各类管网，可能引发的次生灾害、关联影响等。在风险评估的基础上，还应对城市内高风险地区、脆弱地区应对灾害的安全韧性进行重点评估。

二是加强城市灾害的历史研究。以地方史志文献中积累的丰富历史灾害记载为基础，全面研究城市灾害历史。

三是运用情景分析方法。对多种灾害可能出现的重叠情景，对主要单一灾害、可能引发的次生灾害和关联影响，进行不同条件下的灾害损失与影响的情景分析，这是提高城市总体层面应灾能力的重要方法。

2）优化国土空间布局与选址

应从安全韧性的角度，控制人口规模，优化市域城镇体系空间布局。同时，优化城市中心城区用地布局，在组团式精细化布局的基础上，引入大型绿带绿楔与风廊，减缓热浪、强降水的灾害影响，并为城市提供更多的避灾空间。

利用安全底线控制，降低居住用地的土地开发强度，防止因人口密度过高导致灾害损失扩大。对城市的新城、新区选址应进行严格的灾害风险评估，尽量选用安全的场地，避让危险源。滨水区域开发须以科学安全的防灾体系规划、场地竖向规划为依据，严格限制填河填湖、削山填谷等选址与建设方式。易燃易爆危险品相关场所必须远离人口较密集地区并设置充分的安全距离，具有安全风险的油气管线走廊同样必须设置安全距离与防灾措施。

3）加强灾害防御体系建设

国内城乡防灾体系还有待完善，因此应持续完善城市防洪抗涝体系。面对地震灾害威胁，城市应持续开展老旧建筑的抗震加固工程，重视重要公共服务设施、供应保障设施、生命线工程和大量人流聚集场所的建筑抗震加固工作。针对大中城市高层住宅面临的消防隐患问题，一方面要加强城市高层、超高层建筑消防救援能力建设；另一方面可借鉴日本、新加坡等国的经验，研究探索多层住宅垂直逃生、救援通道技术。此外，应当建立更加有效的引导和约束性制度，对防灾工程、供应保障工程的投资和建设质量实施全过程监控，避免资金的滥用或低效利用。

4）制定有针对性的防灾对策与措施

城市的老城与新区之间，不同地区的城市之间面临的灾害风险和安全韧性短板各不相同，故应采取不同的防灾对策。远离中心城区的新城、新区应加快建设本地的救灾应急、供应保障体系。一些规模较小、难以完整配套的远郊产业园区和住宅区，要重点加强灾害防御工程和生命线工程的防灾能力建设，保障外部交通联系，避免在灾害中成为无法接收外部救援的孤岛。老城区人口密度、建筑密度较高，基础设施老化现象普遍，应重视房屋建筑质量和抗震抗灾能力，市政基础设施更新维护，增加公共避灾场所。城中村与城乡接合部安全韧性短板突出，应完善相关基础设施，加强安全管理，控制和降低建筑密度和人口集聚规模。

3. 成果内容

1）综合防灾评估

开展灾害危险性和抗灾能力分析，并结合分析结果明确城市灾害风险程度及空间分布（图 10-4）；识别抗灾设防、防灾设施和应急救灾体系存在的主要问题，明确城市防灾薄弱环节；提出重大灾害源点、重大危险源、重要防护对象及重要应急保障对象清单，分析相应防护措施和保障措施的有效性及存在的主要问题；提出需要加强抗灾设防的片区和工程设施等重要设防对象清单，明确相应的设防标准和配套防灾措施的有效性及存在的主要问题。

2）防灾分区规划及策略

提出金华市城市防灾减灾空间布局规划的总体策略，包括有机融入与体系构建、防灾分区与有效隔离、综合分析与全面规划、建立标准与精准管控、多方建设与全面动员；制定防灾分区，包括北部山区防灾分区、市区西部平原防灾分区、市区中部平原防灾分区、市区东部平原防灾分区、南部山区防灾分区（图 10-5）。进一步针对金华市孕灾环境与灾害风险特征，提出相应的防灾减灾策略。在此基础上，根据城市发展规划，梳理市域各分区的防灾减灾规划重点问题。

3）应急救援通道规划

依托城市出入口和城市高快速路网体系布局骨干应急通道，包括：规划新增金千黄高速、甬金衢上高速、建金高速形成"井形九射"高速公路网络；形成"两环三纵九射"快速路网体系；形成"环＋放射"的骨干应急通道结构；布局一般应急通道，一般

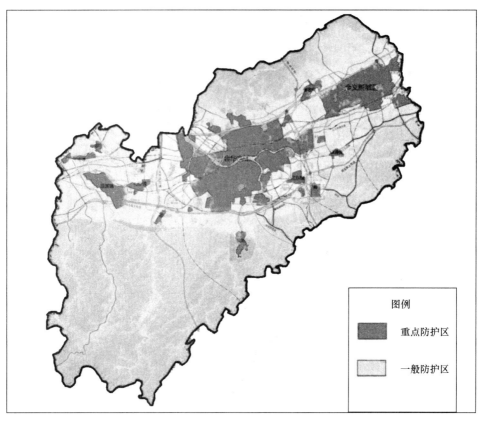

图 10-4　市区重点及一般防护区域分析示意图

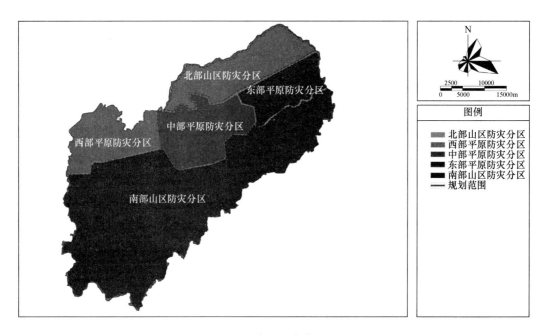

图 10-5　市区防灾分区图

应急通道从城市次干路中选取，与骨干应急通道相交成网，重点连接避难场所、救援物资调配站等应急服务设施（图10-6）。

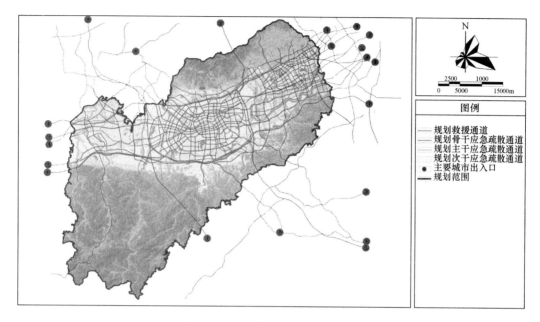

图10-6 市区救援疏散通道分析图

4）防护隔离空间规划

防护隔离空间规划的主要内容包括危险源的防护隔离带设置、防疫隔离带设置、道路防护隔离设置、火灾防护隔离带设置、水源地防护隔离空间设置等。

5）重大防灾工程规划

重大防灾工程规划的主要内容包括救灾指挥中心、救灾队伍、救灾物资等规划。

6）建设用地防灾减灾规划

明确影响因素，重点对包括工程地质条件、地震影响、地质影响等在内的主要影响因素进行分析，为防灾用地适宜性综合评价提供支撑。提出用地防灾适宜性分区，根据用地适宜性综合评价结果将金华市区划分为四类区域：适宜区、较适宜区、有条件适宜区和不适宜区（图10-7）。

7）重大危险源管控规划

重点对产业集聚区、加气站、加油站、液化气配送站等危险源进行防治。评估相邻城市道路构成产业集聚区的防护隔离需求，并设置防护隔离绿带，阻挡有毒有害气体对中心城区的影响。同时，对公共设施、商业娱乐设施以及成片的居住小区等重大危险源周围提出管控要求。

8）建筑工程防灾规划

提出建筑综合防灾标准，即当遭受相当于建筑抗灾设防标准的灾害影响时，重要建

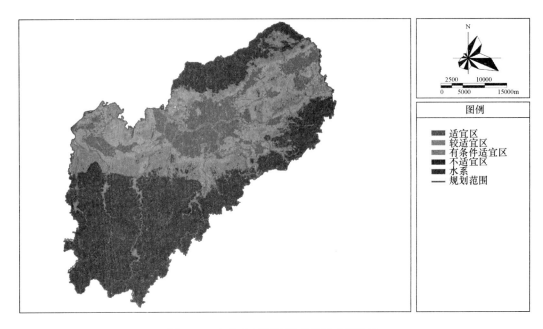

图 10-7   金华市区用地适宜性综合评价图

筑不应产生严重破坏，且可发挥基本作用；一般建筑不应发生危及救援和疏散功能的中等破坏，无重特大人员伤亡。重要建筑主要是指政府办公大楼、高层建筑、学校、医院等；一般建筑主要指住宅等民用建筑。

明确建筑综合防灾规划措施，重点针对"建筑抗震、建筑防火、建筑防洪"等提出适用的规划措施，包括为降低各种灾害的直接危害效应所采取的用地安全规划管控措施、防灾设施应急保障措施以及建设工程抗震措施等。

9）基础设施防灾规划

防灾基础设施属于交通、供水、供电、通信、医疗、物资储备等基础设施的关键组成部分，要求具有高于一般基础设施的综合抗灾能力，灾时可立即启用或很快恢复功能，为应急救援、抢险救灾和避难疏散提供保障的工程设施。

结合金华市基础设施建设情况及相关专业的规划，提出金华市基础设施防灾规划布局和防灾措施。主要内容为：分析金华市需提供应急供能保障的各类设施等应急供能保障对象，确定应急供水、供电、通信等设施的保障规模和布局，并明确应急功能保障级别、灾害设防标准和防灾措施；确定城市疏散救援入口、应急通道布局和防灾空间整治措施；提出防灾适应性差地段应急保障基础设施的限制建设条件和保障对策；明确需要加强安全的重要建设工程，针对其中薄弱环节，提出规划和建设改造要求。

10）应急服务设施规划

应急避难场所是市民避难行动和避难生活的空间。避难的安全性、时效性和成功性不仅取决于防灾减灾指挥机构的组织、指示、引导和劝告，市民的综合防灾意识、承灾能力强弱以及志愿者在防灾减灾中的活动能力的高低，在很大程度上还取决于避难场所的综合防灾能力、安全设施与安全保障、防灾减灾资源的支持力度等。

规划主要确定了应急指挥、避难、医疗卫生、物资保障等应急服务设施的服务范围和布局，分析并确定其建设规模、建设指标、灾害设防标准和防灾措施，进行建设改造安排，提出消防规划建设指引，制定可能影响应急服务设施功能发挥的周边设施和用地空间的规划控制要求，提出避难指引标识系统的建设要求。

11）智慧防灾减灾规划

智慧防灾减灾是在智慧城市建设过程中，伴随新兴技术发展与国家政策的有力支持应运而生，是集全面感知、动态监测、智能预警、快速响应、精准防控及优化反馈的模块动态化过程，即通过深度融合"物—机—人"之间的合作而达到的动态化过程。

金华防灾减灾的智慧化应用措施可分为三部分（图 10-8）：

一是全系统构建，即在构建"数字大脑"的过程中，应当按照智慧城市的新方法、新模式，坚持"数字把脉、源头防控"，运用科学决策思维方式加快摆脱传统物质型防灾规划存在的"部门分治、重城轻乡、静态方案、编管脱节"的困境，探索"部门统筹、全域管控、动态蓝图、编管协同"的智慧人本型综合防灾规划，打造全生命周期政策法规系统。

图 10-8　金华城市防灾减灾智慧化
板块构架示意图

二是硬实力强化，加强"数字大脑"的硬件力量，加快卫星、通信波段等交流设施的部署，加大对相关探测器、无人机等信息采集设备的采购力度，提升需求，汇入资本，利用好金华市及周边地区强大的生产力，使市场充分良性竞争，科学部署提高相关科研质量。此外，将各种信息采集设备通过物联网的整合，实现动态赋能的空间防御。

三是软实力提升，加强"数字大脑"的软件力量，强化信息化建设，加大对软件开发的投入，清晰算法的采购需求，使灾时的各层交流顺畅化、可视化、扁平化，增加信息共享效率，打造综合决策支持信息化系统。

12）控制性编制单元与防灾减灾规划指引

明确单元划分。规划管控单元划分依据金华市国土空间规划，以"三区三线"以及城市主要道路及次要道路作为划分控制单元的分界线，结合金华市区控制性详细规划单元范围，尽量考虑与街道办事处、镇政府行政管理分区一致，将规划区划分为 100 个控制单元，每个管控单元为 $0.54 \sim 10.30 km^2$。

制定防灾减灾规划指引。本规划明确中心城区范围内 100 个控制性编制单元内场地安全、建筑安全、救灾和疏散通道、应急避难场所和防灾工程设施等内容（图 10-9）。

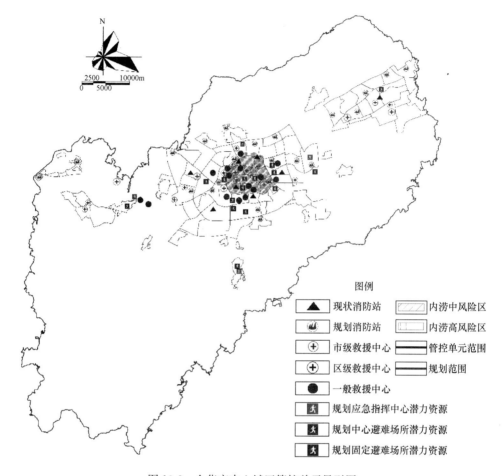

图 10-9　金华市中心城区管控单元导引图

4. 规划创新

《规划》在综合防灾评估与城市防灾安全布局的科学分析研究基础之上，紧密衔接2018 年颁布的《城市综合防灾规划标准》GB/T 51327—2018 内容要求，全面建构了金华防灾体系，明确抗灾设防、防灾安全布局、防灾设施部署及相应的防灾措施和减灾对策。

1）首次系统性构筑城市发展安全框架

作为金华市首个综合防灾规划项目，本项目以"韧性城市"为核心理念，在深入开展"综合防灾评估"与"防灾安全布局"的科学研究与分析的基础上，遵循"灾前防御、灾时应急、灾后重建"的全周期管理理念，系统地构建了一个包括了"灾害防御设施、应急保障基础设施、应急服务设施"在内的综合防灾设施体系。此举旨在引领金华市率先实现市区应急管理体系和能力的高水平现代化，为金华城市的持续、稳定发展奠定坚实的安全基石，构筑起金华城市发展的安全底色。

2）建立全过程、全灾种与全链条防灾综合架构

事前防御——提前识别金华市灾害危害性，并结合金华市国土空间实际情况与规划要求，分析研判防灾空间适宜性；针对金华市灾害特点，提出防灾策略，划分防灾分区，明确金华城市用地安全布局。统筹建立起包括"防洪设施、内涝防治设施、防灾隔离带、地质灾害综合整治工程、重大危险源防护工程"等在内的灾害防御设施。

事中保障——通过综合规划，架构起包括"交通、供水、供电、通信等"在内的关键基础设施，形成灾时可立即启动，快速响应，为应急救援、抢险救灾和避难疏散提供保障的应急保障工程设施。

事后服务——包括"应急指挥、医疗救护、卫生防疫、消防救援、物资储备分发、避难安置"等应急服务场所和设施。系统发挥出高于单项工程的综合抗灾能力，灾时可用于应急抢险救援、避险避难和过渡安置，并能够提供临时救助等功能。

3）健全金华全域智慧防灾体系

健全金华智慧防灾体系，紧密衔接浙江省"智慧防灾"建设工作。主要包括：构建区域联动与社区空间"双层级"智慧防御系统；提出基础设施控制、避难空间疏散等适宜金华实际的智慧防灾规划措施。

4）形成综合防灾规划"一张图"

融合并统筹了金华各类单项灾害专项规划，形成了百余个国土空间管控单元图则。依据金华市国土空间规划，以"三区三线"和城市主要道路及次要道路作为划分控制单元的分界线，将规划区划分为 100 个控制单元，重点针对单元需落实的场地安全、建筑安全、救灾和疏散通道、应急避难场所潜力资源和防灾工程设施的主要标准、布局示意等内容，为下阶段各片区详细规划、设施选址建设提供指引与参考。

10.2.2　盐田区国土空间韧性城市规划案例

1. 基础概况

1）规划背景

盐田区是广东省深圳市辖区，位于深圳东部滨海地区，西接罗湖，东连大鹏，北邻龙岗、坪山，南与香港陆海直连。城区倚山拥海，山、水、林、湖、海、湿地自然资源要素齐全，呈现"七分山，三分城，一面海"的空间格局。作为现代化国际化创新型滨海城区，要实现高质量发展，离不开高标准的安全韧性保障。

《深圳市盐田区国土空间分区规划（2020—2035）》支撑专题研究之一的《盐田区综合防灾减灾规划专题研究》旨在分析研究盐田区面临的城市综合风险及其影响，全面提升盐田区防灾减灾和韧性建设能力，强化全社会抵御灾害的综合防范能力，促进盐田区安全、健康可持续发展。

2）规划范围

规划范围为盐田区行政辖区的全域国土空间，共97.94km²，其中陆域规划面积74.15km²，海域规划面积23.79km²（含海岛）。

3）规划诉求

（1）全面预估盐田区可能发生的各类灾害的规模强度、影响范围及其对城市发展建设及人居环境可能造成的影响，为盐田区各街道和社区制定体系化的安全对策，并且树立精确的防范目标。

（2）建立健全"区—街道—社区"三级防灾减灾与安全韧性建设体系，确立盐田区灾害风险防范标准与安全韧性建设目标，建构灾害风险综合治理对策体系。

（3）前瞻风险，引导空间结构优化和设施科学布局。一是通过用地规划和管控等措施降低人口和经济的暴露性；二是通过提升空间结构、建筑物、基础设施等承灾体的设防和抗灾韧性，降低系统各要素的脆弱性；三是通过完善防灾减灾和安全服务基础设施，形成安全空间格局体系，提升盐田空间结构韧性和应急服务供给韧性。

2. 规划要点

1）盐田区综合灾害风险评估和灾害链影响分析

对盐田区开展全灾种风险评估，重点识别高频、高概率且影响重大的灾害风险，对该类风险展开翔实的风险研判工作，包括灾害成因、历史灾情、灾害风险的空间分布和影响程度，识别风险影响的承灾体暴露性和脆弱性。针对重点耦合风险，开展灾害链风险评估，识别耦合风险重点影响空间对象和可能造成的灾害损失。

2）风险治理综合对策体系

结合灾害风险评估结果和盐田区整体发展定位，制定安全韧性建设目标，形成防御分级区划图，识别防御分区影响的街道范围，并提出相应的治理对策。

3）安全韧性空间体系布局

构建邻区区域协同防护格局和盐田区内部安全韧性空间体系，形成韧性空间设施布局，明确"区—街道—社区"三级传导要素，对各层级单元化分区提出管控要求。

4）提出系统性非工程性策略指引

结合盐田区安全韧性建设目标，从安全法规、专项规划、监测预警能力、应急处置能力、灾后恢复重建能力等方面提出系统策略指引，提升盐田区精细化、智慧化风险管控软实力。

3. 成果内容

1）盐田区综合灾害风险评估和灾害链影响分析

在灾害风险与历史灾害概况的基础上，根据现状条件和规划目标，对各单灾种和耦合灾害风险进行风险评估，结合美国联邦应急管理局《地方减灾规划指南》基础方法，优化选用频率、概率、持续时间、影响范围、人口易损性、直接损失重大性和间接损失重大性七个指标，通过层次分析法，开展定性全灾种风险评估，识别影响盐田的重点灾害风险。

对重点灾害风险，开展台风、海洋灾害、洪涝灾害、地震、地质灾害、森林火灾、建成区火灾的灾害风险分区分级评估，识别风险隐患点，形成综合风险评估图（图 10-10），重点识别高风险和极高风险的影响区域、影响承灾体，并对盐田区的现状防灾能力开展系统评估，对各类应急服务设施的服务范围、服务能力开展精细化测算分析。

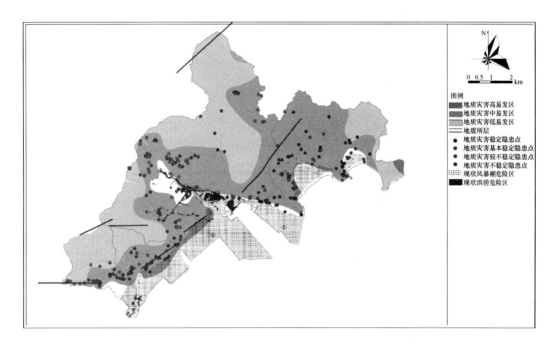

图 10-10　盐田区综合风险评估图

基于灾害学基础，分析影响盐田区的重点耦合风险：台风—暴雨—风暴潮灾害链的风险影响，识别灾害链的影响过程以及在空间上影响承灾体受损的可能性。

2）盐田区风险治理综合对策

根据盐田区重点灾害风险的空间影响分布评估结果，构建以重点防御区和次重点防御区为主的分级分区空间防御体系，提出包括深化风险评估、明确防治标准、加强救援体系建设、提升防灾工程防御能力，强化监测预警能力等方面的对策要求，从降低致灾因子、降低承灾体脆弱性、降低承灾体暴露性、提升防灾能力四个方面构建重点灾害风险的分级分区治理策略体系。

3）盐田区安全韧性空间体系

明确空间体系规划的目标与途径、制定空间体系规划原则，明确划分依据，开展盐田安全分区规划，构建"区—街道—社区"三级安全分区体系。在分区体系建设上，规划盐田应急交通网络，包括明确应急交通布局要点、依托通用航空、干线道路、海上航线，构建全天候系统化的立体应急救援网络，完善以快速路和干线路网为主通道的城市分级疏散救援通道体系。最后，构建盐田"点状"防灾减灾和安全服务设施体系，包括综合防灾与应急指挥中心、综合救援体系、应急医疗救护设施体系、应急物资储备设施体系、应急避难设施体系，形成分级设施配置清单和安全韧性空间体系规划图（图 10-11）。

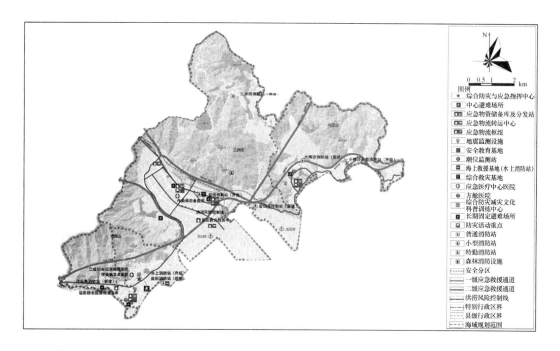

图 10-11　盐田区现状消防站 5min 可达区域范围分析图

4. 规划创新

1）探索空间要素供给与基层风险治理协同

作为区级韧性城市规划，本项目构建"区—街道—社区"三级空间要素与传导框架，在规划中调研并分析基层风险治理诉求，考虑基层风险治理的应急响应需求，确保服务供给、功能配置、设施布局等硬件支撑能够精准对应到各行政区划的管理范畴内，形成覆盖均匀、精明有序的韧性要素配置体系，为基层风险治理网络提供全方位的支撑。重点明确区级资源配置要求的同时，对于街道和社区层级也提出服务设施配置建议，以保障韧性规划的层级传导，前瞻基层风险治理需求。

2）提出兼顾工程性与非工程性的综合风险治理对策

现阶段国土空间规划编制指南中，涉及风险防范与国土安全的整体规划任务导向仍以"工程防风险"为主，未能很好体现韧性发展理念。本项目在关注物理空间韧性提升的同时，注重后端韧性治理主体的管理需求，提出综合的风险治理对策，包括建立健全安全法规、强化早期监测预警信息化建设、完善各类灾害应急预案等。保障在规划期，空间规划方案中能为韧性软实力的提升预留接口，为灾时高效应急响应提供空间和设施基础，为后续各项工作的开展提供规划依据。

第 11 章　详细规划层次的韧性城市规划

11.1　重点片区韧性城市规划案例

11.1.1　前海深港现代服务业合作区韧性城市规划案例

1. 基础概况

1）规划背景

2021 年，中共中央、国务院印发《全面深化前海深港现代服务业合作区改革开放方案》，开发建设前海深港现代服务业合作区（以下简称"前海合作区"）是支持我国香港地区经济社会发展、提升粤港澳合作水平、构建对外开放新格局的重要举措。前海合作区具备空港枢纽、海港枢纽、金融中心、会展中心等重大发展平台，拥有良好的生态资源和交通条件。基于前海重要的湾区战略地位，本项目作为《前海深港现代服务业合作区国土空间规划（2021—2035 年）》的支撑专题，面向高水平对外开放门户枢纽滨海新城的系统风险治理与韧性建设，突出对标国际先进水平，探索前海多个组团片区资源统筹配置的韧性建设规划路径框架，为滨海新城韧性建设关键议题提供综合解决方案。

2）规划范围

该项目规划范围为《全面深化前海深港现代服务业合作区改革开放方案》明确的前海扩区后的范围，总面积 120.56km²，陆域、海域分别划定协调区范围。其中，陆域协调区范围为南山区、宝安区两区陆域行政范围；海域协调区范围为深圳西部海域，面积约 600km²。规划范围内包括蛇口及大小南山片区、桂湾前湾及妈湾片区、宝中及大铲湾片区、机场及周边片区、会展新城及海洋新城片区（图 11-1）。

3）规划诉求

（1）安全系统韧性

保障前海合作区各片区有精准迭代的韧性对策引导，城市机能永续安全提升。结合前海各片区生态环境特征，为前海可持续发展提供精准韧性对策，对灾后不同情景具备应对策略，可满足前海多场景的未来新城韧性发展需要。

（2）基础设施系统韧性

保障前海合作区未来新城具备灾时城市活动各系统运行的连续性，以及灾后可迅速恢复的能力。首先，需要摸清前海的典型湾区灾害风险底数，构建前海合作区风险治理

图 11-1　前海合作区城市空间格局规划图

与防范体系。其次，优化提升基础设施建设标准，提高风险适应力，并进一步优化城市能源布局，确保深圳西部能源网络供给，进而降低安全风险。

（3）安全资源系统韧性

保障安全资源为前海提供世界先进应急服务，助力前海合作区能源体系成为湾区能源高效利用标杆。提供充足、便捷、强韧、多元的应急交通、医疗、避险等安全资源，形成世界先进应急服务资源系统。保障公共设施、企业等自身防灾资源充足，提高各单体的韧性承担能力，保障日常工作活动具有可持续韧性。

2. 规划要点

开展前海合作区综合灾害影响评估，重点评估自然灾害和事故灾难的风险影响；结合前海扩区背景和前海合作区发展形势、定位与诉求，对前海合作区防灾减灾工作形势和趋势进行研判，确立前海合作区韧性体系建设的目标战略与技术标准，明确防灾减灾的主要任务；以风险前瞻、韧性标准、空间优化、设施完善四部分为核心任务提出前海合作区安全韧性体系构建的空间规划导则（图 11-2）。

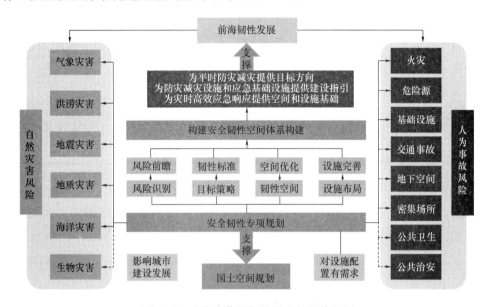

图 11-2　前海合作区韧性城市规划路径图

1）综合灾害影响评估和风险区划

分析前海合作区历史灾害状况，开展综合灾害影响评估和风险区划分析工作。考虑灾害耦合效应，全面预估前海合作区可能发生的各类灾害的规模强度、影响范围及其对城市发展建设及人居环境可能造成的影响。这些灾害风险给人民生命财产、城市经济发展和社会稳定造成潜在的巨大影响，防范这些影响关系到城市的安全韧性可持续发展。据此制定单灾种风险和综合灾害风险分级区划，为前海合作区制定体系化的安全对策树立精确的防范目标。

2）防灾减灾工作形势和趋势研判

全面分析前海合作区防灾减灾与城市公共安全风险防控工作现状、成效和存在问题；在全球气候变化和国家发展模式转变的整体视野下，结合前海合作区发展形势、定位与诉求，研判前海合作区面临的防灾减灾工作和公共安全风险防控工作形势和发展要求。

3）落实韧性体系建设目标战略与技术标准

以前海合作区公共安全风险及其影响为基础，制定前海合作区风险防控系统对策，确立综合防灾减灾及安全韧性城市建设的规划目标、各项防灾减灾的技术标准和防灾减灾主要任务。

4）安全韧性问题对策和安全韧性体系构建

针对前海合作区重点风险，提出综合对策建议，构建"区—片区—街道/社区"三级安全分区体系、应急交通网络和防灾减灾服务设施体系在内的"面—线—点"韧性城市空间体系，明确相应的单元化传导管控要素，从规划源头降低风险，为前海构建安全的国土空间体系提供技术支撑。

5）规划布局韧性服务设施

规划布局应急避难场所、应急医疗服务设施、应急物资储备设施、监测预警设施、应急指挥中心、应急救援设施等韧性服务设施，提出设施建设形式、建设时序、设备配置要求等建议。

3. 内容成果

1）重点灾害风险识别与评估

（1）全灾种评估与重点灾害风险识别

对各单灾种进行风险评估，在美国联邦应急管理局《地方减灾规划指南》的基础上，优化选用频率、概率、持续时间、影响范围、人口易损性、直接损失重大性和间接损失重大性七个指标。在此评价体系下，对前海存在的十五种灾害风险的指标按风险等级进行逐一打分。基于各单灾种的成灾原因，可分析判断各单灾种之间的灾源和被触发灾害关系。综上，将单灾种风险与耦合风险评价结果相叠加，得到综合风险。由于本评估侧重灾害造成损失的风险，而对灾害概率给予了较低的权重，因此评价结果会显现出相应的特征。评价结果显示，除了战争空袭和恐怖袭击两个概率极低的灾种之外，台风、海洋灾害风险、地震、危险源事故、传染病疫情、建成区火灾、内涝地质灾害和暴雨为中风险灾种，应予以重点关注。

（2）典型自然灾害灾害链风险分析

在全灾种评估的基础上，基于灾害学分析前海典型灾害链及其影响。首先对台风、风暴潮、海水入侵、地面沉降、海岸侵蚀以及赤潮等几个核心灾害的影响关系、频率和造成的损失进行分析（图11-3）。选择影响频率最高、影响最大的台风—暴雨—风暴潮灾害链展开研究，结合前海合作区规划地块功能特征，分析灾害链在空间上的影响（图11-4）。

（3）重点自然灾害风险的空间影响评估和现状评估

自然灾害风险评估重点针对台风、海洋灾害、暴雨内涝、地震和地质灾害四种重点自然灾害风险，以及建成区火灾、森林火灾两种重点事故灾害风险进行深入研究，明确其影响的特征和空间分布，为国土空间规划的用地安全和盐田区各层级防灾减灾和安全服务基础设施的配置提供技术支撑，并据此得出各种灾害风险分布和影响评估。基于以上风险评估，为后续防御对策提供准确依据，现从防灾工程、防灾标准、防治措施、防

灾害	对前海影响频率	造成的主要损失
台风	高	1. 狂风破坏建构筑物、基础设施 2. 暴雨引发内涝，影响人员出行，浸水设施损毁
风暴潮	高	1. 直接损毁船只、滨海设施，港口地区人员被冲走 2. 海水倒灌引发内涝，侵蚀城市建筑，地面基础设施易受损
海水入侵	中	1. 海水渗入地下淡水，威胁地下水安全 2. 易发生腐蚀影响设施安全 3. 土地盐化影响路面绿化草木的生长与沿海生物群落的生存
地面沉降	低	部分填海区土体较软，压缩沉降易引起地面变形，损坏地下管网形成空洞，引发地陷
海岸侵蚀	低	土地流失、道路损毁
赤潮	低	水体变色、危害海洋生物

图 11-3　灾害耦合影响与主要损失分析图

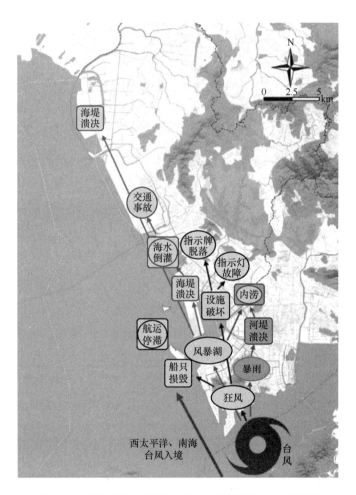

图 11-4　前海合作区台风—暴雨—风暴潮灾害链分析图

灾设施等方面，对前海重点灾害防灾现状进行评估。

2）综合风险防御标准及策略

（1）重大危险设施安全保障应对策略

前海范围内的重大危险设施的落位需与前海各片区的发展目标、定位相适宜，因地制宜择址布局，与所处片区形象风貌相协调，与周边产业类型、功能定位相匹配。以符合发展定位为前提、以保障城市安全为根本，稳定能源供给，优化城市能源设施布局，保障重大危险设施安全管控范围，最大化消除风险隐患，最小化后果损失，提升城市韧性，保障发展的可持续性。本项目针对不同的重大危险设施提出相应的组合对策建议，包括"安全风险评估＋适时取消""去功能化＋协调拆改""全风险评估＋保留/替代/异地储备""安全风险评估＋保留""安全风险评估＋优化提升"等。

（2）重点自然灾害风险的防御对策

根据"中灾正常、大灾可控、巨灾可救"的总体目标，构建前海合作区综合灾害防御系统，提升多种灾害的分级分区综合防御能力。提出台风风险、海洋灾害风险、洪涝灾害风险、地质灾害风险治理策略。

台风风险治理策略：一是提高室内应急避难场所服务能力；二是开展全域重点建筑隐患排查；三是完善"台风—暴雨—风暴潮—洪涝"灾害链预警机制；四是加强气象站规划建设。

海洋灾害风险治理策略：一是开展风暴潮、海水入侵灾害风险排查，重点对沿海重点工程等实物进行定量脆弱性分析的同时，兼顾安全、生态与活力的"海堤防护工程"；二是高标准建设防洪挡潮水利设施，提高风暴潮防御能力。重要承灾体按照 1000 年一遇的标准形成海堤防潮封闭圈；三是加强海洋灾害风险评估和成果应用工作，实施海洋灾害风险评估工程，制作全区海洋灾害风险"一张图"，开展风暴潮灾害风险评估与成果示范应用。

洪涝灾害风险治理策略：一是提升排水防涝治理能力，提升风险水库、河道防灾标准；二是多元工程措施韧性防治，通过"滞、蓄、疏、扩、抽、调"等手段进行内涝防治工程体系建设；三是优化现有排涝设施设备，加强低洼区域防洪排涝设施建设；四是全力推进行泄通道建设；五是根据降雨强度，明确内涝淹没水深、淹没范围，编制城市内涝风险图，评估淹没范围的灾害损失等。

地质灾害风险治理策略：加强前海全域地质灾害监测预警系统建设，提高地质灾害预报预警水平。分步加快推进地质灾害隐患治理工程，严格执行建设项目的地质灾害危险性评估制度，对地质灾害易发区可能诱发地质灾害的工程建设项目严格执行建设用地地质灾害危险性评估工作，逐步建立并完善地质灾害防治监督管理体系。

3）前海韧性空间体系规划

（1）前海"面域"安全分区规划

根据前海的空间构成，构建前海"安全大区（合作区级）—4个安全组团（片区级）—若干个安全单元（街道/社区级）"三级安全分区体系。安全大区（合作区级）需配置综合应急指挥中心、中心防灾基地、特勤消防站、应急中心医院、方舱医院、应急物资储备库、物流转运中心以及海上救援基地等；安全组团（片区级）需配置固定避难场所、应急物资储备库及物资分发站、应急急救医院、消防站以及应急基础设施等；安全单元（街道/社区级）需配置室内固定避难场所、应急物资储备库、应急救护站以及应急基础设施等。

（2）前海"线性"应急交通网络规划

构建"海、陆、空"立体协同的应急救援与疏散交通网络体系，强化高效可靠的陆路应急交通体系，以保障各安全分区应急救援和疏散的可靠性和弹性、各项应急安全服务的公平性和可达性以及应急物资调配的高效性，逐步规划形成应急交通网络。

（3）前海"点状"防灾减灾和安全服务设施体系构建

前海按照"平战结合、资源整合、功能复合"的原则，建立、健全完善均衡的防灾减灾和应急服务设施体系。明确应急指挥中心、综合应急救援基地、应急医疗救护设施、应急物资储备设施、应急避难设施体系、应急消防设施的层级体系、布局选址、服务范围、需求规模以及建设形式要求。

4. 规划创新

1）探索多片区资源统筹配置的韧性建设规划路径

前海合作区涉及宝安区与南山区部分街道，由四个片区单元组成，各片区的规划特征、建设进程不同，为保障多片区的资源统筹配置合理性和规划的可实施性，本项目一方面与宝安区和南山区的国土空间规划相衔接，在落实区级总体规划传导的同时，根据片区自身发展定位和详细规划尺度的要求，在行政层级资源传导下，深化细化资源配置要求；另一方面充分考虑多片区的规划建设进程和韧性服务需求，坚持协防互助和自身防护独立性，明确各片区韧性服务资源的配置管控要求。

2）提出动态前瞻的韧性规划、韧性目标与管控要求

结合前海合作区高定位发展要求，由终极蓝图式的防灾静态目标转变为适应性的动态弹性规划目标，通过强调对未来风险变化趋势的精准预测和持续跟踪，结合海平面上升与极端多碰头灾害风险影响预判，对滨海重要承灾体提出高标准海洋灾害防御要求，重点加强预警监测能力，进而提出冗余配置的空间资源配置体系。

3）应用面向规划的多灾耦合灾害链风险评估方法

本项目通过分析风险耦合作用与空间上的影响，识别重要承灾体的受损情况，将各类灾害风险影响、链式反应体现在前海合作区的规划用地中，为安全用地布局、韧性措

施保障提供科学支撑。

11.1.2 深圳湾超级总部基地韧性城市规划案例

1. 基础概况

1) 规划背景

深圳湾超级总部基地是深圳定位最高、影响最大的重点片区，是世界 500 强的总部集聚区，是代表粤港澳大湾区参与世界级竞争的战略性地区，需承担重要的"时代使命"。作为滨海填海城区，其面临复杂的潜在风险影响，且具有超大规模、超高强度、超密人口等复杂规划条件，规划与建设正在同步快速推进。其高标准的功能定位在区域复杂灾害风险背景下，凸显出安全韧性建设的必要性和高难度。

2) 规划范围

深圳湾超级总部基地位于深圳市华侨城南部滨海地区，是"塘朗山—华侨城—深圳湾"城市功能空间轴的核心区段之一。该片区南接深圳湾，与香港地区隔海相望，北倚华侨城内湖湿地，西邻沙河高尔夫球场，东至华侨城欢乐海岸地区，由滨海大道、深湾一路、深湾五路、白石三道、白石路围合，用地面积 $117hm^2$。

3) 规划诉求

(1) 核心自然灾害风险高标准防御的问题

在风暴潮、天文潮等多碰头灾害风险影响下，深圳湾超级总部基地滨海超高强度开发、滨海大道下沉段连接地下空间如何高标准防御、系统性防范是本区域的核心诉求之一。深圳湾超级总部基地区域位于填海区，超级总部基地地下空间与滨海大道下沉段相连，台风暴雨等自然灾害多发、易发，该地段水量充沛，地下水与海水联系密切，且滨海区域易下沉，故引发内涝灌水及其他次生灾害、衍生灾害概率较高且破坏性较强。

深圳湾超级总部基地受强台风、地震和轨道交通等复杂环境带来的振动影响，在风场作用下，超高密度的超高层建筑群共振隐患加剧。深圳湾超级总部基地在台风高发区，易受强台风侵袭，存在地震隐患，且地下轨道交通路网密集，或对建筑产生振动影响。场地内超高层建筑密集，各单体建筑间的震动对周边建筑风场会产生影响，建筑群共振使得风环境更加复杂。

(2) 区域应急能力保障的问题

人员资源、产业超高价值聚集于此，生命线基础设施一旦中断，直接和间接损失巨大，如何实现生命线基础设施体系高标准保障亦是核心诉求之一。台风、暴雨等气象灾害存在对片区交通造成破坏的风险，道路交通系统将会呈现一定的脆弱性。而水、电、气、通信等设施具有"点多、线长、面广"的特征，易遭受灾害损坏。极端情况出现时，供电、通信系统一旦中断，将严重影响灾情通报、灾时疏散、救灾组织、救援联络等工作效率，从而致使风险进一步提高。

（3）复杂灾况下应急救援与疏散的问题

复杂灾况下要保障规划高密度人口、高强度开发建设地区的安全，需要深圳湾超级总部基地高水平配置应急救援设施，保障人员高效疏散救援。深圳湾超级总部基地内的超高层建筑密集且地下空间规模体量大，在发生火灾、极端暴雨、风暴潮、海水倒灌等极端灾况时，人员疏散救援难度大，易造成严重损失。

（4）受灾人员避难救助满足国际标准的问题

深圳湾超级总部基地是世界性形象窗口、国际人才聚集，易成为舆论关注和发酵点，救助设施的服务水平要体现高定位、高标准。在受到风暴潮、极端暴雨等水涝淹没灾害以及面对公共突发事件时，深圳湾超级总部基地大规模受灾人员需第一时间安全转移到受灾区域外的避难场所转移，会面临有效生活收容难度较大、应急医疗平灾转换、收容能力有限等诸多挑战。

2. 规划要点

（1）多碰头灾害地下空间安全应急系统性防御策略与空间规划。采用组合措施进行合理规划：一是规划提标，实现高标准的基底刚性防御；二是灵活联动、弹性适应，以集水、渗水、止水、防水、排水、抽水等系统性设施，共同实现风险消纳；三是监测预警设施应急防控，实现突发状况的智慧应对。

（2）生命线基础设施系统的高标准系统性保障策略与空间规划。针对生命线六大系统，本项目确立了"强自身、保供给、优应急"三个保障维度。一方面，通过自身韧性提升、冗余供给和多样供给达成"强身保供"；另一方面，基于片区物联网，打造生命线智慧监控、预警以及处置，同时将此纳入区域生命线系统应急保障网络，优化应急资源配置。

（3）应急救援与疏散体系的高标准系统性保障策略与空间规划。针对深圳湾超级总部基地超高层、大规模地下空间和灾时大客流三大难点，构建内外安全协防分区体系，开展应急交通规划以及应急指挥、救援设施规划，对深圳湾超级总部基地救援疏散三大难点提出系统解决方案。

（4）灾后避难安置与救助设施体系高品质保障策略与空间规划。针对高密度人群高效转移、高质量安置等多样需求，规划建设集避难、物资医疗等应急服务于一体的应急服务"综合体"，实现 8min 高效固定避难、零等待避难物资、零距离应急救助。

3. 成果内容

对深圳湾超级总部基地的安全韧性空间、基础设施安全韧性提升、防灾减灾设施规划、应急服务设施规划四个方面，在明确设施规模和相关建设要求的基础上，提出安全技术管控、相关规划指引，进而构建现代化城市安全体系（图 11-5）。

1）典型灾害风险前瞻

对深圳湾超级总部基地的气象、海洋、地质等多灾种多碰头风险强度、分布进行预

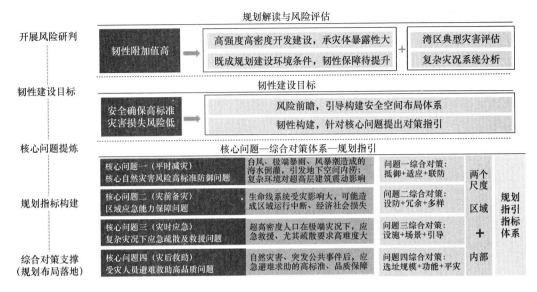

图 11-5　规划内容框架图

判。对深圳湾超级总部基地存在的 14 种灾害风险的频率、概率、持续时间、影响范围、人口易损性、直接损失重大性和间接损失重大性进行评估。

2）韧性指标体系构建

深度研判深圳湾超级总部基地发展目标与现实条件，构建 4 大类共 27 项 3 级韧性规划指标体系筹韧性建设，对空间、基础设施、防灾减灾和应急服务设施的韧性保障能力做出全面要求。评价指标主要包括安全空间体系韧性保障能力、基础设施韧性保障能力、防灾减灾设施韧性保障能力、应急服务设施韧性保障能力四个部分。

3）韧性评估诊断

对既有规划和建设现状展开全面、系统、动态的韧性校核，如对道路设计规划的转弯半径开展应急转弯半径要求校核，保障应急救援车辆通行（图 11-6）。统筹协调相关专业全面贯彻韧性理念，落实韧性规划相关指标。

4）安全韧性规划管控要求

（1）安全空间防护结构

在深圳湾超级总部基地规划风险评估和安全对策体系指引下，细化落实上位规划安全技术要求，构建深圳湾超级总部基地"小区域—超总—内部单元"三层级安全空间防护结构，形成区域协防互救和深圳湾超级总部基地内部自救的双层防护体系。通过设计多层级、单元化防护体系，构建独立防灾减灾和应急协同救灾的安全韧性空间；通过应急交通网络的保障，构建多类型、全天候应急交通网，提升应急协同救援交通能力；通过构建各层级相应的应急保障设施、防灾减灾设施和应急服务设施体系，全面提升安全韧性水平。

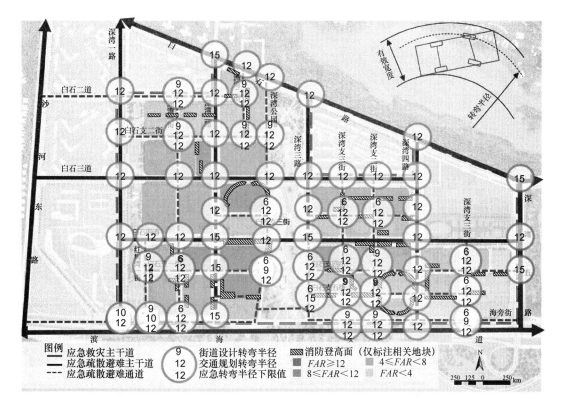

图 11-6　道路设计转弯半径与应急转弯半径校核分析图

（2）应急交通网络安全规划

为保障各安全分区应急救援和疏散的可靠性和弹性、各项应急安全服务的公平性和可达性，以及应急物资的调配的高效性，构建应急交通体系。深圳湾超级总部基地应急道路交通体系分为 3 级：应急救灾干道、应急疏散避难主干道和应急疏散避难通道。其中，应急救灾干道是深圳湾超级总部基地应急对外联系的主要通道，连接着深圳湾超级总部基地出入口、交通枢纽设施、各安全单元、片区应急指挥中心、各固定避难场所、应急医疗设施以及应急物资储备中心等重要安全设施，是灾后应急救援、物资运送等救灾活动的主要通道；应急疏散避难主干道，是联系安全单元与固定避难场所、应急医疗救护设施、应急物资库等重要安全服务场所，为受灾人员提供应急疏散、应急医疗救助、应急避难、应急物资供给等安全服务的重要通道；应急疏散避难通道，是片区内人员疏散避难的毛细通道，是联系各建筑物、地下空间与疏散避难主干道的重要通道。

（3）基础设施安全韧性提升规划

以提高基础设施抵御冲击的能力和恢复能力作为韧性规划的核心，针对极端天气、灾害防御等分析研判风险点，分别提出深圳湾超级总部基地片区道路（含地下道路）、管廊、给水排水、供电、供气、交通、通信等基础设施安全韧性能力提升策略与安全设计指引。

5）重点灾害风险规划管控

防潮排涝规划。通过合理确定深圳湾超级总部基地内涝防治标准、竖向和蓝绿空间管控提升手段，促进"源头—过程—末端"全过程雨水管理，利用综合排涝模型评估风险，辅助制定方案，通过大水务信息化平台建设推动深圳湾超级总部基地内涝防治。

抗震抗风设防规划。提出抗震防风设防目标和设防标准，确保震后关键设施功能基本不受影响或可快速修复，避免或减轻次生灾害和生态灾难。对可能发生次生灾害的基础设施、生命线工程，引入地震预警自动处治系统，提升地震预警应急处置能力。建议根据风洞试验确定建筑物的风荷载，在风荷载的标准值作用下，利用减隔震技术提高建筑风振控制，结构顶点的顺风向和横风向振动最大加速度下限需尽可能低于有感振动加速度，进而提高风振舒适度。

消防安全规划。构建兼顾区域消防协同防护与深圳湾超级总部基地内部自救的两级消防体系。在区域消防协同防护体系上，深圳湾超级总部基地在一级消防站有效服务范围内，考虑到深圳湾超级总部基地开发强度高、超高层建筑密集、地下空间体量大等现实情况，火灾蔓延易造成较大损失，因此需要提高内部消防自救能力，提升火灾初期应急处置效率。深圳湾超级总部基地宜单元化布局小型消防站，达到小型消防站4min救援可达并覆盖全域的水平。

6）应急服务设施规划

衔接防灾减灾相关上位专项规划，细化落实应急指挥救援、疏散通道与避难设施、消防、应急医疗、应急物资储备等设施布局，充分利用地下空间；进一步核实和落实应急服务设施级别、规模、服务范围，并在兼顾景观协调的基础上，提出相关设计指引。

室内、室外避难场所规划。构建区域协防互救与深圳湾超级总部基地内部自救的两级应急避难体系，形成"内外呼应、平灾结合、功能多样"的分类避难空间体系。在区域避难协同防护体系上，充分利用深圳湾超级总部基地区域防护空间内的应急避难场所，与周边应急避难场所建立联防机制。基于深圳湾超级总部基地内部避难体系，在考虑深圳湾超级总部基地高密度人员应急避难需求的基础上，充分利用公共服务设施和公园绿地，以复合建设等形式设立室外固定避难场所、室内固定避难场所和紧急避难场所，结合实际步行距离测算避难场所的可达距离（图11-7），并以此作为固定避难场所布局选址的依据。

应急医疗救助设施规划。基于深圳湾超级总部基地内部应急医疗救助体系，考虑深圳湾超级总部基地人员密集的特征和防疫常态化的要求，构建深圳湾超级总部基地安全组团层级。通过与规划的社康中心结建或与入驻的医疗机构签订应急协议等方式结合设置应急医疗救护站。

应急物资储备设施规划。按照政府、社会、家庭储备等多种形式应急物资储备体系要求，根据深圳湾超级总部基地内部空间防护结构，建立分层分类的应急物资储备体

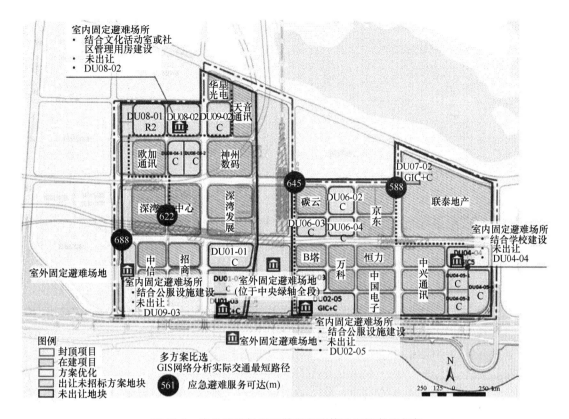

图 11-7 应急避难场所疏散距离测算及规划布局方案

系，以减少物资跨区域调配的时间与经济损耗，减轻交通中断等情况对应急物资发放的潜在影响。考虑到深圳湾超级总部基地人员密集的特征，内部设置深圳湾超级总部基地安全组团级应急物资储备库；鼓励每个安全单元配置小型应急物资储备设施，并纳入日常管理；同时，引导入驻企业按需储备必要应急物资，提升深圳湾超级总部基地内部的应急物资保障能力。

应急指挥中心规划。按照"平—灾"结合方针，深圳湾超级总部基地综合应急指挥中心平时作为深圳湾超级总部基地安全管理中心，灾时作为应急指挥中心使用。应急指挥中心内部须有一定的设施设备和应急物资，以供应急支持，最终建筑面积可结合智慧城市管理中心实际建设情况确定。

4. 创新与特色

（1）深度咨询新产品。本项目是深圳首个详规级重点片区安全韧性规划，超越传统防灾减灾的静态设防、单维刚性对策的专业配套，以动态情景防御指导，弹性综合施策。

（2）韧性建设新标尺。本项目不局限于落实上位规划的技术要求，而是以片区"1.0 保障韧性底盘、2.0 保障人的安全、3.0 保障全天候业务持续"为三层次韧性发展的目标标尺。

（3）动态规划新模式。本项目探索了动态追踪高质量目标的韧性规划新模式。以 PDCA 动态管理模型，频繁研判、校核、施策、评估，动态协调落实韧性对策要求。

（4）协同工作新机制。本项目区别以往作为市政配套的防灾规划，构建协同工作机制。一方面紧密对接发展战略，另一方面积极统筹协调相关专业落实韧性发展策略，取得了良好的效果。

11.2　街道级韧性城市详细规划案例

11.2.1　华富街道综合整治韧性城市规划案例

1. 基础概况

1）规划背景

华富街道位于深圳市福田区中部，紧靠深圳市 CBD，位于福田区重要位置。该街道北向衔接梅彩深圳智谷、延伸衔接东莞，南接河套深港科技创新合作区、延伸连通我国香港地区，西邻深圳行政 CBD 中心，东达华强北电子创新中心。作为中心城区和较早发展的高度建成区，华富街道老旧小区多、人口和经济活动密集，土地资源约束特征显著、空间和设施品质不足。2020 年，福田区率先破题，提出"三大新引擎"，其中包含了华富街道所在的环中心公园活力圈，为华富街道的更新带来了新的契机。本规划作为华富片区综合整治和危旧片区改造统筹方案的配套韧性专项规划，旨在探索老旧城区的韧性提升路径。

2）规划范围

华富街道坐拥笔架山公园和中心公园两大市政公园，福田河南北贯穿地块中心，整体呈现半山半城的空间结构（图 11-8）。该街道位于福田区中部，东起华富路，与华强北街道相连；西至彩田路，与莲花街道接壤；南邻深南大道，与福田街道毗邻；北接北环路，与梅林街道相接，辖区面积 5.75km²，规划人口为 7.2 万居住人口和 4.7 万就业人口。

3）规划诉求

（1）高标准防御核心自然灾害风险的问题

面对地震、地质灾害、气象灾害等自然灾害风险，华富街道承灾体暴露性大、脆弱性高，如何高标准防御非常态风险是本区域的核心诉求之一。

华富街道北侧有笔架山崩塌、滑坡地质灾害高易发区，区内的华富村等老旧社区、华富中学和黄木岗网球中心等人员聚集场所易受风险扰动。九尾岭地震断裂带穿越该规划区，且街道周边存在最高 3～3.9 级的小震震中，虽然历史上未发生过破坏性地震灾害，但规划区内存在老旧社区和地下空间，仍需考虑地震灾害防治。福田河南北向贯穿

图 11-8　华富街道范围及面积标示图

华富街道，属深圳河的一级支流，干流全长 6.8km，流域面积 15.9km²。深圳市易受气象灾害影响，台风暴雨带来的强降水可能引发河涌漫溢、洪涝、地质灾害等次生灾害。经调研，华富街道内 76% 的小区存在管网老化破损、排水性能不足等问题（图 11-9），受到气象灾害影响的可能性较大。

（2）精细化防范核心事故灾难风险的问题

华富街道建成时间较早，部分空间设施老旧，如何精准识别、精细规划、精确防控事故灾难风险是本区域的韧性提升核心诉求之一。

经调研，华富街道内 71% 的小区有供电线路老化的问题，存在消防隐患。街道内 11 个小区有违搭乱建的问题，以田面新村为代表的城中村等局部片区建筑排列密集、建筑间距小，存在消防通道被占用等现象，一旦发生火灾，易引发连片反应，且存在人员疏散难、救援进入难等问题。除消防风险外，华富街道内多个居住小区存在设施老旧的安全隐患。其中，存在电梯安全隐患的小区达 27 个，可能发生电梯困人等事故；存在外墙隐患的小区达 36 个，在地震、台风等灾害影响下易发生墙体脱落、坠落伤人等次生灾害。

（3）高效保障应急救援与疏散时效的问题

如何保障规划区内 7.2 万居住人口和 4.7 万就业人口在灾时快速疏散，以及街道外

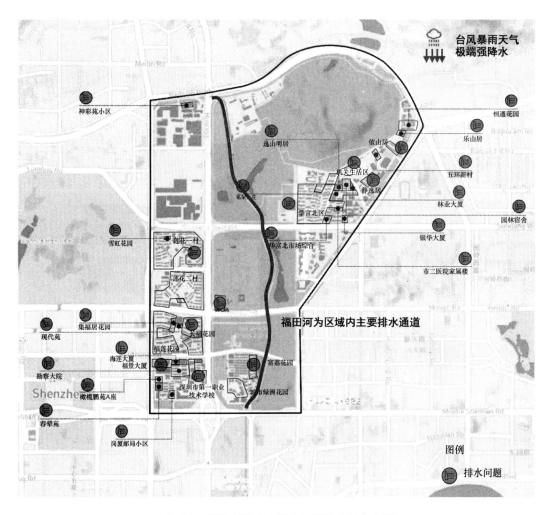

图 11-9　华富街道存在排水问题的小区分布图

部应急救援力量高效抵达，是本区域的韧性提升核心诉求之一。

华富街道交通网络存在支路密度低、部分道路窄、停车占道等问题，影响应急救援与疏散的时效性。其一，城中村和老旧小区普遍存在建筑间距过小、消防通道窄的情况，灾时易造成人员拥堵、救援车辆和力量难抵达等问题；其二，北环大道、彩田路、莲花路、皇岗路围合区域，莲花村片区，华富路、泥岗西路、笔架山公园和深圳中心公园围合区域，均存在支路密度低的问题，区域可达性不足；其三，部分道路和小区内部通道存在停车占用消防通道的现象，道路通达性不佳。

（4）高品质提供应急救援避难服务的问题

华富街道存在居住小区、三甲医院、体育中心等人员密集场所。随着福田区环中心公园活力圈的规划与发展，未来可能为片区吸引更多生产、生活人群，如何以高质量应急救援避难服务保障人员安全是本区域的核心诉求之一。

消防站点方面，依据《城市消防规划规范》GB 51080—2015，华富街道责任范围涉及街道的消防救援站救援可达覆盖率为 57%，街道内的小型消防站救援可达覆盖率为 80%，街道内的微型消防站救援可达覆盖率为 27%，各级消防站未能实现规划区建成范围全覆盖。应急避难场所方面，依据《城市综合防灾规划标准》GB/T 51327—2018，华富街道室内应急避难场所人均有效避难面积为 2.1m²，虽高于深圳市现状的 1.6m²，但低于标准要求的 3m²。应急物资储备设施方面，存在存储模式单一、缺乏固定存储空间、存储物资类别与数量未充分与需求挂钩、服务承载力和经济性不明确、难以切实保障应急物资供应能力等问题。应急医疗设施方面，街道内的 3 所现状社区健康服务中心均未达到《深圳市城市规划标准与准则》中不低于 1000m² 的要求。

2. 规划要点

（1）情景式的系统性风险评估。全面评估地震、地质灾害、气象灾害等自然灾害和火灾等事故灾难风险。结合华富街道的现状与规划实际，顺应当前灾害风险次生、衍生、多灾种耦合的现实难题，模拟潜在风险情景，力求精准识别规划区的风险。

（2）单元化的韧性空间体系构建。以单元化风险管理为目标，根据华富街道的结构形态、灾害影响、行政事权分级等因素，合理分级划定安全分区。通过对华富街道空间结构的韧性优化，满足防止灾害蔓延，强化韧性设施的科学合理配置，提高韧性规划的层级单元传导落实效能。

（3）多层级的应急救援与疏散规划。结合华富街道支路密度低、消防通道窄、停车占道严重的难点，确立了保障小区内外部道路系统通达性的韧性优化目标。针对城市道路构建了应急救灾主干道、应急疏散避难主干道和应急疏散避难通道三级应急道路体系，并提出了各级应急道路有效宽度和净空高度等规划要求。针对小区内部提出了设置应急疏散引导系统、应急照明系统、智慧城市系统等综合韧性提升对策，辅助高效疏散救援。

（4）平急结合的韧性设施规划。针对华富街道高度建成、老旧建筑设施多、可用于韧性提升的空间设施少、韧性服务供给不足、品质不佳等现实困境，一方面，依据安全分区，以层级单元化、集中配置、分散布局的原则设置韧性设施，提出韧性设施与其他公共服务设施结合建设的要求，保障应急救援"零等待、零距离"的同时，实现韧性设施"零占地"的目标。另一方面，紧抓片区城市更新的契机，将韧性空间与设施的管控要求与更新规划充分对接，促进韧性要素的落实。

3. 成果内容

1）**核心灾害风险预判**

依据历史灾情和片区国土基底，识别华富街道的地震、地质灾害、气象灾害、火灾等核心灾害。结合建设情况和既有规划，以情景化的方式评估多灾种风险的潜在影响强度和范围。

2）**片区韧性现状研判**

根据国家、地方有关标准，结合华富街道的规划居住和就业人口考虑设施需求，从韧性空间与设施的布局规模、场所设计、设施配置等维度，评估应急交通系统、消防设施、应急避难场所、应急物资储备库、应急医疗设施等韧性设施的应急服务供给能力。

3）韧性规划对策指引

（1）安全空间防护结构

以华富街道的核心风险、韧性资源和行政区划为指引，考虑实际空间结构，构建华富街道"安全组团—安全单元"两级安全空间体系。通过安全分区的构建，辅助合理规划布局各级各类韧性设施，促进形成既相互独立又可以按需及时联动的防护单元。

（2）应急交通网络安全

结合华富街道现状与规划情况，构建"应急救灾主干道—应急疏散避难主干道—应急疏散避难通道"三级应急交通系统（图 11-10）。其中应急救灾主干道负责实现华富街道与周边区域的连通；应急疏散避难主干道主要保障各安全分区之间的连通；应急疏散避难通道主要保障人群与各级各类韧性设施之间的连通。在完善应急交通体系的基础上，针对各类应急通道提出有效宽度、净空高度、关键节点转弯半径、抗震设防等级、通道坡度等规划指引。考虑华富街道消防隐患多的难点，重点明确消防通道回车场地、

图 11-10　华富街道应急交通网络规划图

消防车停留作业场地的规划要求；提出设计疏散指示系统、设置应急照明系统、结合智慧城市系统等策略，优化空间引导，提升疏散反应效率，保障疏散安全性。

（3）消防设施规划

华富街道山体多、老旧小区多、消防设施未能完全覆盖建成区，消防安全隐患较大，亟待提升规划区内部的消防救援水平。以规划区内部及周边消防站点的覆盖范围为基础，通过规划新增小型消防站，优化消防站点布局，实现建成区消防站点 2min 可达全覆盖。依托城中村、工业区等消防重点单位，设置微型消防站，并鼓励物业等企事业单位设置微型消防站，提升火灾初期的消防应急处置能力。排查并整改老旧消防设施，落实实时监测预警系统的安装与应用，提升老旧片区的消防水平（图 11-11）。

（4）应急避难场所规划

根据应急避难场所有关标准，结合华富街道实际需求，设定人均有效避难面积下限 $3m^2$、避难场所服务范围 100％覆盖建成区的目标。以目标为导向，考虑空间结构和应

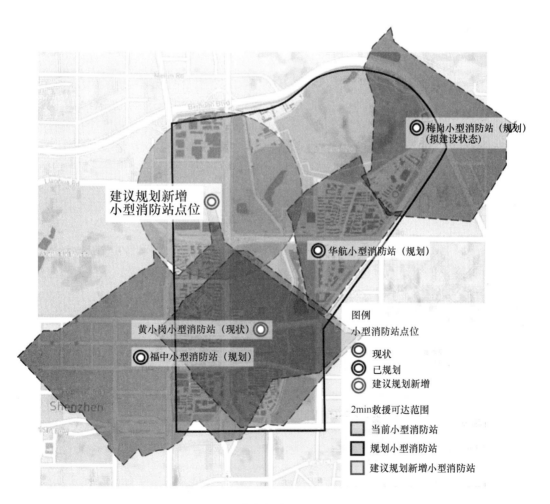

图 11-11　华富街道消防设施规划图

急管理需求，结合目前未覆盖的、可用于规划的学校和体育场馆，及时增补应急避难场所，实现应急避难设施体系的优布局、扩规模。以保障基础避难需求为前提，面对应华富街道的高品质服务供给诉求，通过提高建筑型场所抗震设防等级、合理设计场所内部功能分区与人流物流动线、完善应急物资储备、设置无障碍设施、制定平急转换方案等策略，提升场所的平急转换与精细化服务能力。

（5）应急物资储备库规划指引

以高效供给、安全保障、集成供给为核心原则，考虑华富街道实际供给需求，选择中心区位和缺口区域的室内型应急避难场所，结合设置"安全组团—安全单元"两级应急物资储备库，以保障应急救援设备与应急物资的单元内高效供给。每处应急物资储备库重点储备应急救援设备、救灾物资、防疫用品与三防物资，实现保障安全分区内部应急物资快速供给的同时，为周边安全分区提供物资支援。储备库周边宜预留一定面积的空旷场地用于物资临时堆放、车辆临时停靠、搬运和装卸。对于保质期短、流通度高的物资，鼓励与片区企事业单位、商户签订协议，以仓代储。

（6）应急医疗设施规划

以周边和内部应急医疗设施协同联动的方式，提升华富街道应急医疗保障能力。盘活华富街道内部的医疗设施，规划与社区健康卫生服务中心结合建设应急医疗站点，并对规划新增的社康中心提出纳入应急医疗服务供给能力建设的要求，提升在地应急医疗服务能力。联动周边医疗设施，与邻近华富街道的综合医院结合建设应急医疗医院，形成区域协同防护。灵活应用绿色空间，为救护车临时停运预留安全作业空间；为气膜隔离病房、车载核酸检测实验室等灵活可移动的新型防疫设施预留在地临时应急医疗安全作业区域，提升初期医疗处置能力。

4）项目库韧性提升方向

结合综合整治改造项目提出韧性提升改造方向，提高韧性策略的可行性，保障韧性设施的落地性。综合整治改造项目库共包含老旧小区、老旧商业办公、文体设施、教育设施、街区综合整治提升、街道景观共6类项目并提出了更新内容（表11-1）。依据各类项目特征与韧性提升诉求，策划了包含消防安全设施评估与提升、避难功能评估提升及场所改造、应急疏散引导系统评估与提升、应急疏散救援通道评估与安全性改造共4个韧性提升方向。

华富街道综合整治类项目的韧性提升改造方向一览表 　　　表11-1

序号	改造类型	问题	更新改造内容	韧性提升方向
1	老旧小区	安全隐患、三线混乱、服务较差等	社区治安、弱电管线、用电安全、市容秩序、电梯改善、交通秩序、海绵城市、节能改造与能耗监测	消防安全设施评估和提升 应急疏散引导系统评估和提升

续表

序号	改造类型	问题	更新改造内容	韧性提升方向
2	老旧商业办公	形象破旧、低效利用、缺乏亮点与吸引力	功能活化利用、时尚产业提振、时尚形象包装	消防安全设施评估和提升 应急疏散引导系统评估和提升
3	文体设施	功能单一、缺乏亮点与吸引力、不能匹配年轻人需求	特色化改造、智慧化改造	避难功能评估提升及场所改造
4	教育设施	引领性差、品牌性不强	凸显特色、推出品牌、师生友好的校园空间改造	避难功能评估提升及场所改造
5	街区综合整治提升	小区建设年份新，但周边街区吸引力弱、第六立面缺乏利用、安全性与智慧性略弱	景观绿化整治、公共空间整治、连廊加建、节能改造与能耗监测、光伏应用	应急疏散引导系统评估和提升 应急疏散救援通道评估与安全性改造
6	街道景观	景观单调缺乏特色、慢行系统不连贯、安全性欠佳	景观绿化整治、慢行系统完善	应急疏散引导系统评估和提升 应急疏散救援通道评估与安全性改造

4. 创新与特色

在高度集成的城区复杂系统中，一方面各要素之间相互关联的作用机制复杂，牵一发而动全身；另一方面资源要素密集，腾挪难度大、成本高，韧性品质的全面提升需要精密规划、前瞻引导、系统协同、整体联动、有序推进。

随着城市化进程的持续深入，我国经济已由高速增长阶段转向高质量发展阶段，高密度城市建成区的安全和韧性建设与运营意义重大。目前尽管北京、上海等城市都提出相应的目标，但缺乏具体的重大举措和实施抓手，"韧性城市"建设仍处于起步阶段。

如何才能统筹好发展和安全，高度城市化地区的旧城改造、城市更新是主战场。城市存量发展地区的更新改造，意味着对城市空间结构进行重新布局，对土地资源进行重新开发，对经济利益进行重新分配，对区域功能进行重新塑造，这也必将为韧性城市建设提供重要的机遇与载体。然而，现阶段结合城市更新展开韧性规划与建设，其技术路径还有待进一步探索。

本规划针对高度建成环境中安全和韧性品质薄弱的老旧城区，开展关键技术研究，探索出了一套适合高度建成环境的依托城市更新解决韧性提升问题的技术路径，具有以下三个方面的重要意义：

一是切实传导，明确更新规划中的韧性传导技术路径。结合更新项目库推动韧性策略的实施，完成韧性规划从顶层设计的向下传导，切实提升城市韧性品质。

二是星火燎原，解决高度建成环境中韧性品质提升难的问题。通过局部更新项目，从大量小片区的韧性提升着手，逐步实现整个城市的韧性品质提升。

三是长远保障，通过更新行动落实韧性提升。不仅成本可控、便于推进，而且从长远来看，能直接降低更新区域未来灾害直接损失和因受灾停摆造成的间接经济损失，进一步保障更新所带来的社会经济效益。

第 12 章　其他韧性城市规划建设案例

12.1　综合减灾社区创建案例——华强北街道综合减灾社区创建案例

1. 基础概况

1）项目研究范围

深圳市华强北街道办事处辖区东起红岭路，西至华富路，南临深南路，北至红荔路、华富路，面积 2.96km² （图 12-1）。

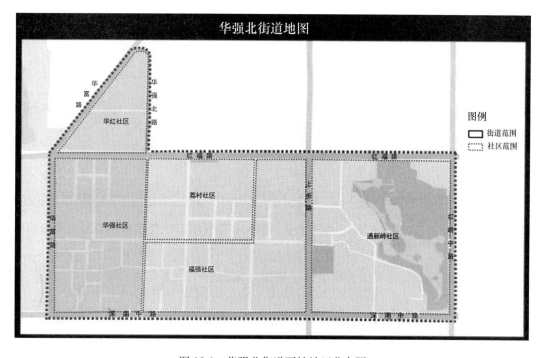

图 12-1　华强北街道下辖社区分布图

2）项目研究基础

（1）现状概况

福田区华强北街道下辖福强、荔村、华红、华航、通新岭 5 个社区，管理人口超 10 万人，其中户籍人口 6.1 万。街道范围内有中小学 3 所、幼儿园 2 所，市政公园 1 个（荔枝公园），深圳市委、市人大和政协礼堂，邓小平画像广场、赛格广场、华强北商圈等重要场所，其中"中国电子第一街"华强北商圈占地 1.45 km²。

（2）风险形势

华强北街道的整体风险形势主要包含风险特征和韧性建设情况两方面。

从街道的风险特征来看，华强北街道人口密集、经济总量密度高，承灾体类型多样，特征鲜明，安全管理压力相对较大。街道常住人口密度 3.74 万人/km²，是福田区除南园街道、园岭街道和福田街道以外，人口密度最高的街道。街道内承灾体以物流点、"三小"场所、老旧社区等为主，具有易受风险扰动的典型特征。街道内还存在易涝点、斜坡类地质灾害隐患点、地面塌陷等风险点位需要重点关注。

从街道的韧性建设情况来看，华强北街道已经通过制度建设、队伍建设、风险评估、隐患治理、应急保障、公众宣教等维度的策略提升了街道的韧性水平。但仍存在韧性建设目标性与系统性待提升、资金与人员投入保障待优化和公众安全韧性意识待加强等难题，暂未完全实现应急管理端口前移，街道的韧性建设仍有巨大提升潜力。

3）项目背景

基层作为社会治理的"最后一公里"，韧性建设备受重视。《"十四五"国家综合防灾减灾规划》强调"发挥人民防线作用，提升基层综合减灾能力"。深圳市积极响应国家政策，在《深圳市应急管理体系和能力建设"十四五"规划》中提出"打牢防灾减灾救灾基层基础"。

2021 年，深圳市减灾委员会办公室、深圳市应急管理局、深圳市气象局、深圳市地震局制定了《深圳综合减灾社区创建实施方案（2021—2023 年）》。该方案为全面推进深圳综合减灾社区创建设立了目标：2021 年，各区 35％的社区完成深圳综合减灾社区创建；2022 年，各区 70％的社区完成深圳综合减灾社区创建；2023 年，全市所有社区完成深圳综合减灾社区创建。

为落实基层防灾减灾救灾标准化建设，进一步提升基层应急管理水平，健全综合减灾长效运行机制，福田区先后发布了《深圳市福田区综合减灾社区创建实施方案（2021年度）》和《深圳市福田区综合减灾社区创建实施方案（2022 年度）》指引街道和社区开展综合减灾社区创建工作。

综合减灾社区创建，是坚持以人民为中心，推动管理手段、管理模式、管理理念创新，推动防控资源和力量下沉社区，实现社区防灾减灾科学化、精细化、智能化，完善基层治理体系，健全社区管理和服务体制，打造共建共治共享社区治理新格局，筑牢社区安全防线的重大举措。这一理念并非 2021 年全新出现，而是在过去几年间已经在全国范围内陆续有实践案例。然而全国普遍存在创建同质化程度高、未能结合各社区实际切实提升社区韧性水平的情况。因此，本项目的关键难点在于如何在达标的前提下，因地制宜地探索贴合各个社区的韧性提升路径。

2. 项目目标

从组织管理、队伍建设、风险评估、隐患治理、预案编制与演练、应急保障、宣传教育、亮点建设八个方面着手，开展华强北街道综合减灾社区创建工作。在完成全面细化落实工作任务要求的基础上，探索创建任务轻量化、常态化、规范化、专业化落实的路径，切实赋能社区，促进实现社区多元主体共建共治，长效推进社区综合韧性提升。

3. 创建模式

依据《深圳综合减灾社区创建实施方案（2021—2023 年)》，综合减灾社区创建工作涵盖组织管理、队伍建设、风险评估、隐患治理、预案编制与演练、应急保障、宣传教育和亮点建设共 8 方面 45 类 97 项任务，具有涉及范围广、要素多、主体多的特点。

1）主体构成

为了更加高质高效地落实综合减灾社区创建各项任务，在项目初期对《深圳综合减灾社区创建实施方案（2021—2023 年)》进行深入解读，明晰了各项任务的责权事分工。以此为基础，项目组推动构建了"街道—社区—第三方"的协同推进网络，旨在充分发挥各方效能，促进建立共建共治共享格局（图12-2）。

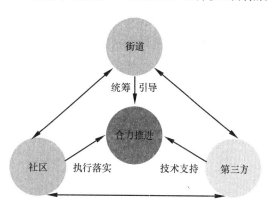

图 12-2　华强北街道综合减灾社区创建模式示意图

2）主体职责

该模式中，华强北街道为统筹指导主体，主要职责是统筹综合减灾社区创建工作，指导各社区开展创建工作，及时向上级主管单位报告实施工作情况，建立实施工作相关的会议会商制度，听取各社区和第三方的工作汇报和意见反馈，完成创建工作中以街道为责任主体的创建任务。华强北街道下辖的 5 个社区为主要执行主体，主要职责是承担综合减灾社区创建任务，协调社区安全员和网格员等工作人员、辖区内学校、社康、物业等相关企事业单位负责人做好各项任务的执行和落实工作，收集、汇总、评估、报告实施信息、需求和工作情况并及时上报街道。项目团队的主要工作任务是会同街道和社区组建工作小组，结合各方实际情况科学制定实施方案，制定长效管控措施，制作标准化模板和专业图件文件。

4. 关键成果

1）以精细化分工落实创建任务

全面梳理工作内容，细化分解，同类归置，精细化明晰创建要求。在创建工作之初，本项目明确了系统统筹创建任务和既有工作，以目标导向、问题导向和结果导向推进综合减灾社区创建的工作原则。以该原则为指引，项目组基于对创建标准的解读，按照社区工作的分类方式，将创建工作进行梳理归置，使其更贴合社区工作者的常用语境，有助于其在已经繁重的工作任务基础上，快速理解本次创建内容与要求。

2）以常态化机制实现长效管控

深入调研社区既有的工作机制和内容，衡量创建任务的频率和工作量，科学制定工作计划，实现创建任务与日常工作的轻量化有机结合。确认社区既有工作内容，将创建任务按已开展、需更新和需新增进行分类，明确各个社区的实际创建工作量。在考虑各项创建任务时效性的基础上，根据各个社区的创建工作量、既有工作模式和人力投入等情况，有针对性地制定《综合减灾社区创建年度计划表》。表中明确了任务类型、工作内容、具体要求、责任主体、提交时间和频次等要素，为各创建主体描绘了一张清晰的蓝图。通过制定创建任务与日常工作相结合的工作计划，指引各主体有序高效地完成创建的同时，推动实现社区动态更新、实时记录、常态化开展综合减灾工作（图12-3）。

备注：未填色单元格为需要社区完成的任务项，标黄单元格为需要街道协助完成的任务项，标绿单元格为深规院协助完成的任务项。

类型		编号	评估内容	分值	评分标准	评分依据	完成程度（已有/需更新/新增）	工作要点	提交节点
文件类	经费	1.4A	在防灾减灾救灾、安全生产等方面有经费保障，并严格管理和规范使用。	1	未投入经费，扣1分	批复文件经费使用表	需更新	由街道统一提供	3月30日
硬件类	设备配置	6.1B	配置应急值班值守终端，接入广东省应急管理值班值守系统，实行24小时值班制。	1	1. 未配置应急值班值守终端，扣1分。2. 配置应急值班值守终端，但未接入广东省应急管理值班值守系统，扣0.5分。3. 未实行24小时值班，扣0.5分。	现场查看	已有	可以沿用2021文件，如有更新需加入更新部分	3月30日
		6.1C	社区工作部配置"深圳应急一键通"移动端、对讲机等。	1	未配置"深圳应急一键通"移动端，每发现一人，扣0.2分。	现场查看	已有		
		6.2A	灾害事故预警系统正常运转，能够迅速起到预警信息。	1	1. 无灾害事故预警系统，扣1分。2. 有灾害事故预警系统，但不能正常运转，扣0.5分。	现场查看	已有		
	图件制作张贴	6.3B	根据要求制作应急避难场所功能分区图，并张贴在醒目位置。	1	无应急避难场所功能分区图，每发现缺少一处，扣0.25分。	张贴照片 现场查看	新增	6.3BC为同一张图，由深规院制图完成后打印，各社区组织张贴	
		6.3C	根据要求制作应急疏散路径图，并张贴在醒目位置。	1	1. 无应急疏散路径图，扣1分。2. 有应急疏散路径图，但未张贴，扣0.5分。	张贴照片 现场查看	新增		
	防灾减灾手册宣传	1.1C	组织机构对外公布（电子屏幕、宣传手册等形式）。	1	未对外公布，扣1分。	公布照片	需更新	沿用2021手册，在活动中和社区工作站进行干部发放并拍照形成word记录文档，格式参照附件2	
		1.2B	各项制度对外公布（电子屏幕、宣传手册等形式）。	1	每缺少一项制度对外公布，扣0.2分。	公布照片	需更新		
		1.5A	鼓励社区居民、企业事业单位参加各类灾害事故保险。	1	未开展相关宣传，扣1分。	活动图片 宣传资料	需更新		
		3.2A	根据灾害风险评估结果，制定相应防范应对措施，制作防灾减灾明白卡。	1	1. 无防灾减灾明白卡，扣1分。2. 有防灾减灾明白卡，但内容不全，扣0.5分。	防灾减灾明白卡	需更新		
		3.2B	制作社区干部与居民的责任联系卡。	1	1. 无责任联系卡，扣1分。2. 有责任联系卡，但内容不全，扣0.5分。	责任联系卡	需更新		
		5.1C	应急预案中的处置流程对外公布（电子屏幕、宣传手册等形式）。	1	未对外公布，扣1分。	公布照片	需更新		
		6.4C	根据《深圳市家庭应急物资储备建议清单》，引导居民家庭储备必要的应急物品，推广使用家庭应急包。	1	未开展相关宣传推广活动，扣1分。	活动记录	需更新		
		7.4A	制作并发放社区和家庭防灾减灾手册。	1	1. 未制作防灾减灾手册，扣1分。2. 制作防灾减灾手册，但未发放，扣0.5分。	防灾减灾手册、发放照片	需更新		

表1. 按频率准备　表2. 第一季度（除表1外还需准备的）　表3. 第二季度（除表1外还需准备的）　表4. 第三季度（除表1外还需准备的）　表5. 第四季度（除表1…）

图12-3　通新岭社区综合减灾社区创建年度计划表（局部）

3）以多主体模式促进共建共治

突破以社区为责任主体的创建方式，推动建立多主体共同参与的创建模式，促进形成工作合力。构建以街道、社区和第三方团队为主，以学校、物业、社康等其他主体为辅的创建团队。明确各主体的责权事分工，培养社区管理者从自主创建综合减灾社区，转向组织、动员、凝聚多主体共同参与，发挥各方效能，促进创建资源互通、经验互享、成果互惠，合力提升社区防灾减灾与应急治理能力。

4）以规范化工具保障创建成效

持续在创建过程中总结经验、调整优化，突破创建标准的局限，制定形成了一系列综合减灾社区创建工具包，辅助社区标准化、规范化创建。工具包包括工作记录模板、活动方案、风险分析记录模板以及年度工作检查清单等内容。在制作工具的基础上，按季度组织街道和社区的创建管理者、执行者开展工具包使用教学和成果检验培训，使社区主体逐步从依赖第三方团队完成创建任务转向能够利用工具包在日常工作中创建减灾社区，方位协助支撑了社区的自主创建，真正实现了赋能社区。

5）以专业化图件赋能社区治理

实地考察街道辖区内的各处风险点位和应急服务设施，为街道绘制了系列专业图件。

一是统筹标识了各社区风险点位与应急资源的社区风险与应急地图（图 12-4）。面向公众，图件以易懂的卡通版式，展示了社区的易涝点、危险边坡、在建工地等风险点位，社区工作站、应急避难场所、医疗卫生机构、派出所、微型消防站、公共厕所等应急服务设施，以及救灾主干道、疏散主干道和疏散次干道的三级应急救援疏散道路体系。同时，图件包含了社区内的地标建筑以帮助读者快速定位。通过将以公众更能理解的方式绘制并广泛张贴社区风险与应急地图，起到提示公众绕行风险点、应急时刻快速定位应急资源的作用。面向街道和社区工作人员，图件标明了各个社区内已整改和未整改的易涝点、斜坡类地质灾害隐患点和地面坍塌隐患点等风险点位，同时标注了各风险点的临灾值守单位、治理/预防/巡查单位、整改单位，有助于工作人员第一时间定位对应责任人。

图 12-4　社区风险与应急地图（以福强社区为例）

图片来源：华强北街道综合减灾社区创建服务项目

二是街道内各个应急避难场所的平灾功能分区与行动流线图（图 12-5）。本项目针对学校作为应急避难场所启用时的内部分区不明、平急转换效率不高，人、车、物的动线交叉，管理人员与避难人员动线混乱，场所内固定设施过多、挤占避难空间等难点痛点，结合国内外先进案例和有关研究，创新性地考虑结合场所内部平时功能设置分区，并分别针对不同人群、车辆和物资设计动线。这份图件不仅可以指引避难人员在一个陌生的场所高效定位各个功能分区、快速开启避难生活，更能协助避难场所的管理人员和志愿者在应急时刻维持管理效率与秩序，通过精细化设计，提升了场所的平急转换能力。此外，本项目建议街道结合本图件开展日常的应急避难演练和灾时的应急避难引导工作，促进场所管理人员熟练图件指引的避难分区与动线，鼓励有关人员实时总结使用中的问题，反馈分区与动线的优化建议，使得设计人员得以更新图件并更好地支撑未来的场所应急避难功能。

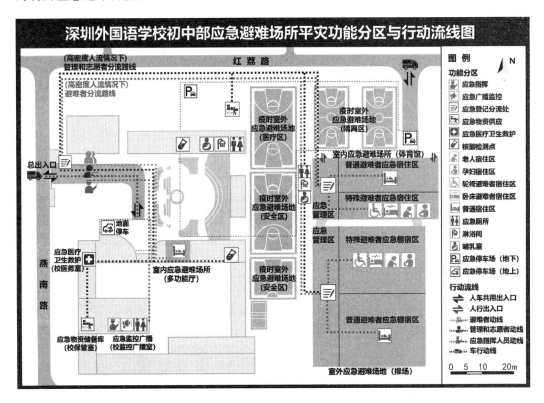

图 12-5　应急避难场所平灾功能分区与行动流线图（以深圳市外国语学校初中部为例）

图片来源：华强北街道综合减灾社区创建服务项目

6）以多样化活动鼓励全民共创

在创建标准的基础上，策划举办了一系列亮点活动，拓宽了宣教活动的内容与形式。其中重点包含科学教育讲座进社区、综合减灾艺术营方案共创、社区防灾减灾研讨会等活动。通过开展面向不同年龄段、不同群体的活动，不断探索社区综合减灾宣教活动的开展方式，使其更具多样性、新颖性、互动性和趣味性，吸引更多人群积极参与、深度学习，培养了社区居民的风险防范意识，促进了基层民众对减灾社区的认识和关注。

12.2　重大危险设施空间安全管制规划案例——某市 LNG 项目规划布局研究

1. 基础条件

1）规划背景

广东 LNG 项目一期工程的建成投产，标志着广东省珠江三角洲地区能源结构开始了重大调整。清洁、方便、安全及相对经济等优势，使天然气的市场潜力剧增。目前广东 LNG 项目的供气规模已无法满足珠江三角洲地区经济发展对于天然气的需求。国家西气东输二线、川气东送南下、海气登陆等重大项目的实施，对广东省，特别是珠江三角洲地区天然气行业的发展带来了重大机遇。

根据西气东输二线的相关规划，从广州从化到香港的"深港支干线"穿越东莞后在深圳观澜求雨岭设分输站，在大铲岛建设分输站、门站和应急调峰站，分供深圳和香港，并为西气东输二线珠三角片区用户调峰。以下将"西气东输二线深港支干线"简称为"西二线深港支干线"。

2）规划目的

本路由规划研究以符合城市规划、实现深圳能源供应战略部署、构建安全供气格局为前提，选择符合安全、协调、可行等原则的管道初步路由，为下阶段详细设计提供依据。

3）规划范围

中国石油集团工程设计有限责任公司西南分公司进行了深港支干线深圳境外段线路方案比选，取西线方案，由广州末站至东莞樟木头，再进入深圳市求雨岭分输站。

4）规划内容

根据本项目规划目的及范围，确定本次规划的主要内容包括以下几方面：一是选线的原则及依据；二是路由规划方案分析；三是路由规划方案比选；四是存在问题与实施建议。

2. 规划要点

1）选线要求

一是贯彻落实国家和地方政府的相关法规和区域规划的要求。二是线路应尽量避开重要的军事设施、易燃易爆仓库、国家重点保护单位的安全保护区及文物区。三是充分考虑管道沿线、近远期城乡、水利、交通建设等与管线走向的关系。四是选择有利地形，尽量避开施工困难段和不良工程地质地段。避开或减少通过城市人口、建构筑物密集区，减少拆迁量。五是尽量依托和利用现状公路，方便管道的运输、施工和维护管理。六是线路力求顺直，缩短长度，节省投资。

2）选线原则

（1）确保安全

确保实现东、中、西部气源的形成，促使全市超高压管的降压使用。深圳 LNG 接收站位于东部的现状，导致一条压力达 9.2MPa 的超高压供气管道自东至西穿越城市，部分管线从城市密集区穿越，造成较大的安全隐患。

高压管线路由尽可能走城市外围，避免高压干管在城市密集区内穿越，有利于减少或避免穿越城市建成区，降低影响人口规模；有利于沿线规划布局与未来发展。

遵守相关规范，保障城市供气和用气安全。管道建设要尽量采用先进技术手段，路由选线要符合有关安全规范要求。

（2）综合协调

一是与城市规划相协调，尽量降低对城市重要建设区域的影响。高压、超高压管线会对周边城市用地造成影响，必须与深圳市城市总体规划、组团规划、道路交通、生态控制线、水源保护线、油气危险品仓储区布局规划等重大市政设施规划进行充分协调。

二是与沿线的城市建设相协调，特别是与管道沿线的道路设计与施工进度相协调。

三是与城市整体能源供给系统及应急救援系统的分工与要求相协调。天然气的供给是城市能源保障的重要组成部分，其选线必须与深圳市能源战略规划协调一致，选择全市能源供给路线，而避免选择城市主要的应急救援线路。

（3）集约用地

深圳面临土地资源难以为继的重大问题。在科学发展观、效益深圳等思想指导下，路由要尽可能短、少占城市用地。多管线并行时要整合优化、同沟敷设，共同管理，节约市政走廊空间。

（4）合理可行

所选路由首先在布局上是合理的、可行的。西二线深港支干线是深圳市能源战略需要，又具有商业性质，选线时应考虑工程造价的经济性，尽可能整合利用现有资源，沿现状道路敷设，尽可能敷设在城市公用市政走廊或政府控制用地内，并同电力、成品油管线做到互相协调，尽量避免穿越建成区，减少拆迁量，节省投资。

3）路由规划主要协调因素

一是安全影响；二是沿线人口与产业密度、区域发展前景；三是道路现状及规划；四是周边土地利用现状及规划；五是重大市政设施现状及规划（成品油管道、高压走廊）；六是水源保护区。

4）管道敷设要求

（1）陆路管道敷设

管道敷设方式：埋地，特殊地段可采用土堤、地面等形式，管道埋深为 1.50~2.00m。

管位通道宽度：两条 DN1000 的高压管道并行敷设，管位通道宽度按 5m 考虑，一条 DN1000 的高压管道管位通道宽度不少于 3.5m。

相关安全间距：一是周边建筑物应按照《城镇燃气设计规范》（2020 年版）GB 50028—2006，高压 A 地下燃气管道与建筑物外墙面之间的水平净距不应小于 30m；当管壁厚度 δ≥9.5mm 或对燃气管道采取有效的保护措施时，不应小于 15m。二是电力变电站与高压 110kV 变电站接地体安全间距为 15m；与高压 220kV 变电站接地体安全间距为 30m。三是电力高压走廊按照《城镇燃气设计规范》（2020 年版）GB 50028—2006，电力高压走廊与高压 110kV 铁塔接地体安全间距为 5m；与高压 220kV 铁塔接地体安全间距 10m。四是平行的金属、电力、通信管道方面：当埋地输气管道与其他管道、通信电缆平行敷设时，其间距应符合国家标准《城市工程管线综合规划规范》GB 50289—2016 的有关规定。五是交叉的金属、电力、通信管道方面，按照《输气管道工程设计规范》GB 50251—2015，管道与电力、通信电缆交叉时，其垂直间距不应小于 0.5m，交叉点两侧各延伸 10m 以上的管段，应采用相应的最高绝缘等级。六是高速公路方面，管道中心线距高速公路用地边界不应小于 8m。七是铁路方面，管道距铁路路堤坡脚不应小于 8m。

（2）海底管道敷设

管道敷设：依据《海底管道系统》SY/T 10037—2018 的相关规定。

敷设要求：海上的管道通常会埋在现有海床下 3m。在一些由于有船只抛锚或拖锚，而可能会损害管道系统的海域采取加石块保护层等保护措施。海底输气管道外面宜以沥青搪瓷的外层包裹，并在最外面再加一层钢筋混凝土压重层。

海底输气管道一般采用挖泥和冲喷技术装设。大部分路线上的管道都会采用冲喷方法装设，借此避免挖掘海洋沉积物和事后再觅地处置，同时有助于减少水质和海洋生态所受到的影响。若需要挖出沟槽（例如当管道的路线横过水道时），会采用挖泥及回填的方法，再加上碎石和石块的保护层。

3. 成果内容

1）初步路由方案

通过充分的调研和沟通，综合现状各种因素，拟定从观澜求雨岭分输站至西部大铲岛大体有南线和北线两个初步路由方案。

南线方案：深港支干线从求雨岭分输站出站后，沿清平路向南至机荷高速，再沿机荷高速向西至机场附近（机荷与广深高速交接处），而后沿机场旁的大铲湾疏港通道下海至大铲岛分输站。

北线方案：深港支干线从求雨岭分输站出站后，沿北外环高速公路西行至南光高速，沿南光高速向南至机荷高速，再沿机荷高速向西至机场附近（机荷与广深高速交接处），而后沿机场旁的大铲湾疏港通道下海至大铲岛分输站。

本次规划在对这南、北线两个方案进行系统分析，全方位比较，综合权衡，确定路由大走向的基础上，对推荐路由局部进行优化，最终确定科学、可行的路由方案。

2）方案比选

（1）重点考虑选线要素

依据油气管道的相关规范，结合其他市政管线设施的选线经验，确定在西二线路由选择中应具体考虑两类要素分别为决定要素和影响要素（表12-1）。

决定要素：对备选方案的筛选起到一票否决的决定性作用。

影响要素：对选线构成一定影响，可作为备选方案横向比较、选择较优方案的依据。

西二线深圳段路由的选线要素 表12-1

选线要素		选线要求
决定要素	安全影响	主要包括对周边的安全影响和本体安全两方面，影响范围的大小，影响区域的重要程度
	人口密度	沿线300～500m范围内的现状及规划人口密度
	协调难度	包括与相关规划的协调，与驻地及附近居民、基层政府的协调，与依托道路建设推进时序的协调
影响要素	经济成本	综合造价（包括拆迁成本、建设造价和后期维护成本）的高低
	配套与维护	后期的系统维护、消防救援是否方便，能否保障后期的安全运行

（2）优劣势分析

一是从安全影响看。作为长输天然气高压管线，其压力都在4.0MPa以上，因此对其安全影响的考虑特别重要。

南线方案通过的清平快速（或坂雪大道）、机荷高速等段，除了与北线重合的部分外，还影响观澜、平湖、坂田、龙华等重要区域，影响区域面积大；沿线建设活跃，容易造成对管线的破坏，不利于管线的保护。

北线方案主要依托大外环路，除了与北线重合的部分外，途经的区域大部分为城市建成区边缘，影响建成区面积小；沿线建设少，对管线的破坏的几率小，有利于管线的保护。

二是从沿线的人口密度看。南线方案涉及与影响区域建成区密集，建设强度大，现状与规划的人口密度及经济强度都较大。北线方案主要穿越建成区边缘，涉及与影响的建成区少，且建设强度小，现状及规划的人口及经济强度都较小。

三是从协调难度看。根据上述方案介绍，南线方案与周边土地利用现状及规划的协调难度较大；依托的现有道路较多，实施时序较有保障。北线方案与周边土地利用现状及规划和高压走廊的协调难度较小，且避开了规划的输油管道；主要依托大外环路，协调方较少，但需保障设计与施工时序的同步，有一定难度。两方案都须穿越铁岗水库一级水源保护区 3.5km；须穿越铁路和轨道线的次数一样。

四是从经济成本看。南线的总长度约 43km，北线的总长度约 44km，南线路由较短，但南线方案穿越城区多，所以经济成本更大，而北线依托大外环高速建设，如能同步实施，可以节省投资。

五是从配套与维护看。南北两方案后期的系统维护、消防救援的便捷程度差别不大，都能保障后期的安全运行。

3）综合比选

根据以上的分析，可大致归纳出两个备选方案的优劣势，并对各个备选方案的基本要素进行评估打分，以量化的形式确定西二线深港支干线路由最适宜的空间线位（表12-2、表 12-3）。

西二线深港支干线备选路由方案比选汇总   表 12-2

场址	主要优点	存在问题
南线	① 依托的现有道路较多，协调难度较小，实施时序较有保障； ② 沿途问题节点较少	① 影响的区域重要，影响建成区面积大，安全影响大； ② 沿线的人口密度和经济强度大； ③ 与规划的输油管道交叉，施工难度大
北线	① 处于建成区边缘，影响建成区面积小，影响区域重要程度低，安全有保障； ② 沿线的人口密度和经济强度小； ③ 主要依托大外环，协调方较少； ④ 总体经济成本小	依托规划道路，设计与工期需要充分协调

西二线深港支干线备选路由方案选线要素评估统计表   表 12-3

要素	南线路由	北线路由
安全影响	5	20
人口密度	5	15
协调难度	15	10
经济成本	6	5
配套与维护	5	5
合计	36	55

根据五大要素的重要程度，每项决定因素满分为 20 分，每项影响因素满分为 10 分。按照 3 个备选场址对应具备各种要素的相对优劣势进行打分。要素评估中选取的加权系数主要考虑该因素对一个选线能否成立的影响程度，其中安全影响、人口密度、协调难度等决定因素对西二线深圳段路由的落实有至关重要的影响，而经济成本、配套与维护等影响因素，虽然对选线有一定影响，但都可以采取一定措施予以完善，比较容易

解决。因此每项决定因素满分取 20，每项影响因素满分取 10；这样的赋值有利于区分优劣，较公正合理地比较。

经过要素评估和筛选分析，这两个备选路由的最终得分情况依次为：北线方案得分高为 55 分，南线方案得分较低为 36 分。

4）比选结论

通过上述比选分析北线方案比选评分高，南线方案比选评分较低。

北线方案比选评分高，具有明显的优势。该方案整体安全影响小、影响建成区少、人口密度小，经济强度低，从长远来说，对确保城市安全、促进城市发展有重大意义。虽然北线方案存在距离较长，需要与大外环建设方协调的问题，但通过各方努力、重视与充分协调，采取同步设计、同步施工的推进方式，是切实可行的。因此北线方案是建设西二线深圳段管道路由的适宜路，作为推荐方案。

南线方案比选评分较低。该方案虽然在实施进度协调及经济成本等方面较为可行，但对城市的安全隐患大，对城市的布局和长远发展有较大影响，所影响的人口密度大、经济强度高，为不可行方案。

5）方案优化

为了使方案更优化，将路由划分 11 个节点，针对 6-11 节点所在片区现状情况比较复杂的难点，规划对通过该片区的路由走向进行优化研究（图 12-6）。

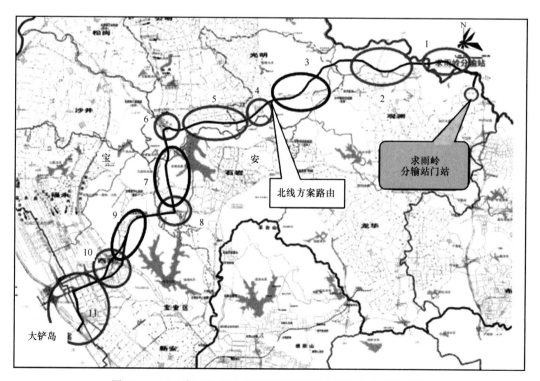

图 12-6 西二线深港支干线深圳段推荐路由需优化片区示意图

路由优化片区有石岩水库一级水源保护区、铁岗水库一级水源保护区、黄鹤收费站、鹤州立交、宝安国际机场、广深高速、107国道和宝安大道等重要的基础设施及通道，区位非常重要。结合路由的建设难度系数、沿线影响因素、人口密度和经济强度等因素，对路由进行方案优化。

4. 规划创新

针对两二线深圳段管道对深圳的巨大影响，结合深圳人口、经济高密度的实际，如何在确保城市安全的前提下解决西二线深圳段的安全过境与可靠供气问题，引导西二线深圳段路由沿线地区的科学发展，实现两二线与深圳城市发展的和谐，成为规划的主要目的。

本规划对上述课题进行了深入研究，在前期选线规划和后期管道建设确保安全的基础上，提出了制定管道影响区的规划及建设指引，通过城市规划这一"公共政策"平台，促进管道影响区内与城市相协调，实现了长输天然气管道与城市发展相互和谐的理念，在国内尚属首次。

1）结合规范及安全评估结论，划定不同的影响区

规划研究依据《万油天然气管道保护条例》和《输气管道工程设计规范》GB 50251—2015要求，以及《西气东输二线深港支十线深圳求雨岭至大铲岛段路由规划安全咨询报告》结论，结合《深圳市橙线规划（2007—2020)》的指导思想，按照不同影响程度，将影响范围分成控制范围、限制范围和协调范围3个级别，分别对应不同的规划要求，制定不同的指引内容。

2）明确不同影响区的控制要求

控制区——由不可接受的事故影响范围所组成。控制区内除道路和市政公用设施外，禁止其他项目建设；允许建设的项目应制定重大危险设施保护方案并按规定严格执行。

限制区——为加强对受场外外力影响较敏感的危险设施的保护，在控制区范围内紧邻危险设施的一定范围内还要划定限制区。限制区范围内原则上不批准商业、居住、大型公共建筑等与安全要求不相符的建设项目。

协调区——对所处环境比较特殊（如山谷等）或受外力影响较大的危险设施还应划定协调区。在协调区内任何单位或个人拟进行爆破、开山采石等可能危及重大危险设施安全的活动，应事先制定安全作业防护方案，并按规定严格执行。

3）按照控制要求，合理调整周边用地规划

要依据安全风险指引指导周边地区的规划建设，一个重要前提是将定风险评价所得的安全风险值（主要是个人风险值）与城市功能建立起联系，即要确定各类城市功能区可以接受的风险水平，进而确定不同等级的建设限制区。

4）调整相关用地布局及设施布点

通过对线路的选择要求，以确定的西二线深港支干线路由方案（经综合比选、系统优化）为基础，按照《输气管道工程设计规范》GB 50251—2015 的有关要求调整相关用地布局及设施布点。

5）制定分区控制指引

控制区——将中、高密度区对应的城市功能类别调整为低密度区对应的城市功能类别，使控制区的个人风险最大可接受标准达到 1×10^{-4} 以内。具体内容包括将建设区调整为非建设区；将大型公建调整到影响区外；将与管线沿线的公建、居住等涉及人口多的产业类型调整为非建设用地或堆场、公园、防护区和生态开敞区等用地类型。

限制区——将高密度区对应的城市功能类别调整为低密度区或中密度区对应的城市功能类别，使限制区的个人风险最大可接受标准达到 1×10^{-5} 以内。具体内容包括将建设区调整为非建设区；将大型公建调整到影响区外；将与管线沿线的公建、居住等涉及人口多的产业类型调整为非建设用地或堆场、公园、防护区和生态开敞区、广场、物流及仓储区等用地类型。

影响区——将较高人口密度的高密度区对应的城市功能类别调整为低密度区或中密度区对应的城市功能类别，使限制区的个人风险最大可接受标准达到 1×10^{-6} 以内。具体内容包括将建设区调整为非建设区；将大型公建调整到影响区外，将与管线沿线的公建、居住等涉及人口多的产业类型调整为广场、物流及仓储区和低人口密度的工业区等用地类型。

6）编制指引图则

根据分区控制指引，结合西二线深港支干线深圳段沿线的具体情况，编制具体的分段指引图则。

附录　韧性城市建设相关法规、 政策及标准

附录 1　国内韧性城市建设相关法规

一、国家韧性城市建设相关法规

1.《中华人民共和国突发事件应对法》

该法规的制定旨在预防和减少突发事件的发生，控制、减轻和消除突发事件引起的严重社会危害，提高突发事件预防和应对能力，规范突发事件应对活动，保护人民生命财产安全，维护国家安全、公共安全、生态环境安全和社会秩序。法规适用于突发事件的预防与应急准备、监测与预警、应急处置与救援、事后恢复与重建等应对活动。

2.《自然灾害救助条例》（2019 修订）

该条例的制定旨在规范自然灾害救助工作，保障受灾人员基本生活。条例要求"自然灾害救助工作实行各级人民政府行政领导负责制"，并对救助准备、应急救助、灾后救助、救助款物管理及法律责任等方面做出规定。

3.《中华人民共和国城乡规划法》（2019 修正）

法规提出制定和实施城乡规划应当"符合区域人口发展、国防建设、防灾减灾和公共卫生、公共安全的需要"，并要求城市总体规划、乡规划、村庄规划应当包括防灾减灾的内容。

二、地方韧性城市建设相关法规

1.《贵州省自然灾害防治条例》

该条例的制定旨在加强和规范自然灾害防治工作，提高全社会自然灾害防治能力，减轻灾害风险和灾害损失，保护人民群众生命财产安全，促进经济社会高质量发展。条例适用于贵州省行政区域内自然灾害防治规划、风险防控、应急准备、监测预警援救灾、恢复重建等活动。

2.《深圳经济特区自然灾害防治条例》

该条例的制定旨在防治自然灾害，建立科学高效的自然灾害防治体系，提高自然灾害防治能力，减少自然灾害风险，减轻自然灾害造成的损害，保护人民生命财产安全。条例适用于深圳经济特区内的自然灾害防治工作，包括对水旱灾害、气象灾害、地震灾

害、地质灾害、海洋灾害和森林火灾等自然灾害的防治规划、风险治理、应急准备、监测预警、应急响应、灾后恢复及相关管理工作。

3.《北京市城乡规划条例》

该条例的制定旨在做好北京市城乡规划工作，协调城乡空间布局，改善人居和发展环境，促进经济、社会、人口、资源、环境全面协调可持续发展。条例适用于北京市城乡规划的制定、实施、修改、监督检查和相关城乡建设活动，并要求北京市城乡规划和建设应当"推进城乡基础设施、公共服务设施和公共安全设施以及防灾减灾体系建设"。

4.《北京市生态涵养区生态保护和绿色发展条例》

该条例的制定旨在落实北京城市总体规划，推动生态涵养区生态保护和绿色发展，实施绿色北京战略，保障首都生态安全，促进区域协调发展，建设国际一流的和谐宜居之都。条例适用于北京市生态涵养区生态保护和绿色发展的相关活动，并要求北京市"强化生态涵养区城市公共空间风貌设计……建设海绵城市、韧性城市、智慧城市"。

5.《北京市建筑绿色发展条例》

该条例的制定旨在贯彻绿色发展理念，节约资源能源，减少污染和碳排放，提升建筑品质，改善人居环境，推动建筑领域绿色低碳高质量发展。条例要求北京市建筑绿色发展遵循"与市政基础设施建设、韧性城市建设等相衔接"的基本要求。

6.《上海市城市更新条例》

条例要求编制城市更新指引应当遵循"加强城市风险防控和安全运行保障，提升城市韧性"的原则，提出"确定更新区域时，应当优先考虑居住环境差、市政基础设施和公共服务设施薄弱、存在重大安全隐患、历史风貌整体提升需求强烈以及现有土地用途、建筑物使用功能、产业结构不适应经济社会发展等区域"，并要求上海市设立城市更新专家委员会，其中由规划、房屋、土地、产业、建筑、交通、生态环境、城市安全、文史、社会、经济和法律等方面的人士组成。

7.《上海市安全生产条例》

该条例的制定旨在加强上海市安全生产工作，防止和减少生产安全事故，保障人民群众生命、财产安全和城市安全，促进经济发展和社会稳定。条例要求上海市"编制城市总体规划及国土空间规划、应急管理规划、城市综合防灾减灾规划等规划时，应当综合考虑安全防控需要，实行地上地下空间统筹和一体化提升改造，推进韧性城市建设"。

附录 2 国内韧性城市建设相关政策

一、国家韧性城市建设相关政策

1. 2018 年 1 月 7 日，中共中央办公厅、国务院办公厅发布《关于推进城市安全发展的意见》（中办发〔2018〕1 号）

该意见的提出旨在强化城市运行安全保障，有效防范事故发生。意见对加强城市安全源头管理、健全城市安全防控机制、提升城市安全监管效能、强化城市安全保障能力、加强统筹推动五个方面做出要求。

2. 2023 年 7 月 14 日，国务院常务会议审议通过《关于积极稳步推进超大特大城市"平急两用"公共基础设施建设的指导意见》（国办发〔2023〕24 号）

该意见明确了超大特大城市"平急两用"公共基础设施建设的总体要求、建设任务和建设规范、组织实施保障等方面内容，要求打造一批具有隔离功能的旅游居住设施、升级一批医疗应急服务点、新建或改扩建一批城郊大仓基地，进一步完善医疗应急服务体系，补齐临时安置、应急物资保障短板，推动大城市更高质量、更可持续、更为安全地发展。

3. 2024 年 5 月 13 日，自然资源部发布《平急功能复合的韧性城市规划与土地政策指引》（自然资办发〔2024〕19 号）

该指引要求各地"充分发挥国土空间规划对韧性城市建设的战略引领和刚性约束作用，统筹经济、生活、生态、安全等高质量发展需求，统筹规划和土地政策资源，系统推进大城市病治理和城乡融合发展，加快完善'平急两用'公共基础设施，打造宜居、韧性、智慧城市"，提出"平急两用"应用场景应包括"平疫""平灾""平赛""平假""平战"等。

4. 2023 年 11 月 10 日，自然资源部办公厅关于印发《支持城市更新的规划与土地政策指引（2023 版）》的通知（自然资办发〔2023〕47 号）

指引要求全国各省市"发挥'多规合一'的改革优势，加强规划与土地政策融合，提高城市规划、建设、治理水平，支持城市更新，营造宜居韧性智慧城市"。

5. 2021 年 10 月 21 日，中共中央办公厅、国务院办公厅发布《关于推动城乡建设绿色发展的意见》党内法规制度

意见对推进城乡建设一体化发展、转变城乡建设发展方式、创新工作方法、加强组织实施等方面提出建议，要求各地"实施海绵城市建设，完善城市防洪排涝体系，提高城市防灾减灾能力，增强城市韧性"。

6. 2020 年 9 月 22 日，自然资源部办公厅发布《自然资源部办公厅关于开展省级国

土空间生态修复规划编制工作的通知》（自然资办发〔2020〕45号）

该文件的编制旨在依法履行统一行使所有国土空间生态保护修复职责，统筹和科学推进山水林田湖草一体化保护修复。文件要求各地"保护和修复城市自然生态系统，提高城市韧性和通透力，提升城市人居生态品质"。

7. 2020年12月30日，住房和城乡建设部发布《住房和城乡建设部关于加强城市地下市政基础设施建设的指导意见》（建城〔2020〕111号）

该意见的提出旨在进一步加强城市地下市政基础设施建设。意见要求各地"消除城市地下市政基础设施安全隐患……建设海绵城市、韧性城市，补齐排水防涝设施短板，因地制宜推进雨污分流管网改造和建设，综合治理城市水环境"。

二、地方韧性城市建设相关政策

1. 2021年11月11日，中共北京市委办公厅、北京市人民政府办公厅联合发布《关于加快推进韧性城市建设的指导意见》

该意见的提出旨在防范应对自然灾害、安全生产、公共卫生等领域的重大灾害，持续提升城市整体韧性，保障人民群众生命财产安全，加快推进韧性城市建设。意见对拓展城市空间韧性、强化城市工程韧性、提升城市管理韧性、培育城市社会韧性四个维度做出工作安排。

2. 2024年5月22日，上海市应急管理局发布《上海市关于加快推进韧性安全城市建设的指导意见》（征求意见稿）（沪应急行规〔2023〕52号）

该意见的提出旨在全面提升灾前防范的功能韧性、灾中应对与灾后发展的过程韧性以及数治动能保障的系统韧性。意见要求"打造功能韧性，推动公共安全治理模式向事前预防转型……打造过程韧性，提升维持力恢复力发展力统筹协同水平……打造系统韧性，增强城市韧性安全数治现代化全新动能"。

3. 2023年7月10日，深圳市人民政府办公厅发布《深圳市推进自然灾害防治体系和防治能力现代化 建设安全韧性城市的指导意见》（深府办函〔2023〕40号）

该意见围绕安全韧性制度、空间、设施、政府、社会提出32项重点举措，旨在加速推动安全韧性城市建设进程，提升城市应对重大风险灾害的抵御、防范、适应和快速恢复能力。

附录3　国内韧性城市建设相关标准

一、韧性城市建设相关国家标准

1.《城市综合防灾规划标准》GB/T 51327—2018

该标准适用于城市规划中的防灾规划和城市综合防灾专项规划，要求各地"城市综合防灾规划应贯彻落实'预防为主，防、抗、避救相结合'的方针，坚持以人为本、尊重生命、保障安全、因地制宜、平灾结合，科学论证及全面评估城市灾害风险，整合协调城市防灾资源，坚守防灾安全底线，统筹防灾战略与任务，综合落实防灾要求，建立健全具备多道防线的城市防灾体系"。

2.《安全韧性城市评价指南》GB/T 40947—2021

该文件明确了安全韧性城市评价目的和原则、评价内容和指标、评价方法和打分与计算方法，适用于各级政府及其相关管理部门、第三方机构开展的安全韧性城市评价活动。该指南围绕承受、适应和恢复特性，聚焦城市人员安全韧性、城市设施安全韧性和城市管理安全韧性，构建了3级评价指标，包含45项定量指标和26项定性指标。

3.《城市和社区可持续发展 韧性城市指标》GB/T 43652—2024

该标准建立了一套关于城市韧性指标的定义和方法，涵盖了经济、教育、能源、环境和气候变化等17个纬度的指标。标准适用于任何承诺以可比和可核查的方式衡量其绩效的城市、直辖市或地方政府，不论其规模和地点。在改善城市服务和生活质量方面保持、加强和加速进展是韧性城市定义的基础，因此，该标准应与《城市可持续发展 城市服务和生活品质的指标》GB/T 36749—2018 一起实施。

二、韧性城市建设相关行业标准及地方标准

1.《国土空间综合防灾规划编制规程》TD/T 1086—2023

该文件确立了国土空间综合防灾规划编制的总体原则，规定了国土空间综合防灾规划的规划编制类型，以及规划编制工作流程，明确了规划编制内容要点和成果要求，适用于省（含自治区、直辖市）级、市（各类地级市级行政辖区）级、县（各类县级行政辖区）级国土空间综合防灾规划编制工作。

2.《城市韧性评价导则》DB11/T 2280—2024

为扎实推进北京市韧性城市建设，北京市应急管理局于2024年6月28日发布《城市韧性评价导则》。该文件确立了城市韧性评价的总体原则，给出了城市韧性评价指标、评价方法和评价程序等信息，适用于市、区两级涉及自然灾害、事故灾难、公共卫生事件等重大灾害影响的城市韧性评价活动。

3.《上海市综合防灾安全韧性分区分级建设指南》

上海市自然灾害防治委员会于 2023 年 9 月 5 日印发《上海市综合防灾安全韧性分区分级建设指南》，为进一步推进落实《上海市综合防灾减灾规划（2022—2035 年）》中三级防灾分区综合防灾安全韧性建设要求，规范和引导上海市城市综合防灾安全韧性的统筹建设，有效防范化解重大风险，切实增强城市综合防灾减灾能力，保障城市运行安全。

附录4　国际韧性城市建设相关协议和战略计划

1.《巴黎协定》

该协定要求各国努力减少温室气体的排放，以应对气候变化和全球变暖，这与韧性城市的建设密切相关，因为气候变化直接影响城市的生态环境、自然资源和城市设施的安全，而减少温室气体的排放可以有效减缓气候变化的影响，提升城市的韧性。

2.《联合国可持续发展目标》

该目标提出了17项可持续发展目标，包括减贫、清洁能源、促进经济发展等，与韧性城市建设的目标和原则高度契合，可以帮助城市促进经济、保护环境、增加社会和谐度，并提高城市的韧性和可持续发展能力。

3.《仙台（Sendai）框架》

《仙台（Sendai）框架》是一个关于减少灾害风险的国际协议，是2015年联合国世界防灾大会通过的重要文件，明确了全球减轻灾害风险的指导方针，旨在通过减少灾害损失和保护生命和财产，促进可持续发展。这个框架与韧性城市建设的目标和原则密切相关，因为它要求各国要提高城市的防灾意识和能力，减少城市在灾害时的损失和影响，增强城市的韧性。

4.《联合国2030年可持续发展议程》

该议程明确了可持续城市发展的目标和原则，强调了建立韧性城市的重要性，并提出了相关指导原则和行动计划。

5.《纽约市韧性战略计划（OneNYC2040）》

《纽约市韧性战略计划（OneNYC2040）》提出了众多的城市韧性战略计划，包括改进交通系统、提高建筑环保标准、改善社区基础设施和应对气候变化等。

6.《兵库行动框架》和《兵库宣言》

第二次世界减灾大会于2005年1月18—22日在日本神户召开，总结了多年来国际社会在减灾方面积累的经验和存在的差距，并在此基础上审议通过了《兵库行动框架》和《兵库宣言》。《兵库行动框架》确定了今后10年（2005—2015年）的减灾战略目标和行动重点，强调应使减灾观念深入今后的可持续发展行动中，加强减灾体系建设，提高减灾能力，降低灾后重建阶段的风险。行动框架提倡开发一项能应对所有灾害的早期预警系统，并将其纳入2015年之前的优先考虑事宜。

《兵库宣言》强调国际社会应吸取印度洋海啸教训，在防灾减灾方面加强合作。宣言重申联合国应在减少灾害、降低灾害风险方面发挥至关重要的作用。宣言指出，必须加强21世纪全球减灾活动，各国应在国家政策中优先安排减少灾害风险，国际社会应加强双边、区域及国际合作，包括通过提供技术援助和财政援助，增强易受灾发展中国家，特别是最不发达国家和小岛屿发展中国家减少灾害影响的能力。

参 考 文 献

［1］ 何江. 城市风险与治理研究［D］. 北京：中央民族大学，2010.

［2］ UNISDR. Terminology on disaster risk reduction［EB/OL］.（2009）［2023-12-25］. https：//
www. undrr. org/publication/2009-unisdr-terminology-disaster-risk-reduction.

［3］ IPCC. Climate change 2023 synthesis report［EB/OL］.（2023）［2023-12-22］ https：//
www. ipcc. ch/report/ar6/syr/downloads/report/IPCC _ AR6 _ SYR _ SPM. pdf.

［4］ UNISDR. Living with risk：a global review of disaster reduction initiatives［M/OL］.（2005）
［2023-12-22］. https：//www. unisdr. org/files/657 _ lwr1. pdf.

［5］ UNISDR. 2009 UNISDR terminology on disaster risk reduction［EB/OL］.（2009）［2023-12-22］ht-
tps：//www. preventionweb. net/publication/2009-unisdr-terminology-disaster-risk-reduction.

［6］ UNDRR. Disaster risk［EB/OL］.（2023）［2023-12-22］https：//www. undrr. org/terminology/dis-
aster-risk.

［7］ REISINGER A，MARK H，CAROLINA V，et al. The concept of risk in the ipcc sixth assessment
report：a summary of cross-working group discussions. intergovernmental panel on climate change.

［8］ UNDRR. Understanding risk［EB/OL］.（2023）［2023-12-22］https：//www. undrr. org/building-
risk-knowledge/understanding-risk.

［9］ 中华人民共和国应急管理部. 国家突发公共事件总体应急预案［R/OL］.（2005-8-7）［2023-12-25］
https：//www. gov. cn/yjgl/2005-08/07/content _ 21048. htm.

［10］ UNDRR. Disaster risk management［EB/OL］.（2023）［2023-12-25］ https：//www. undrr. org/
terminology/disaster-risk-management.

［11］ UNDRR. Disaster risk reduction & disaster risk management［EB/OL］.（2023）［2023-12-25］ht-
tps：//www. preventionweb. net/understanding-disaster-risk/key-concepts/disaster-risk-reduc-
tion-disaster-risk-management.

［12］ 朱浒. 中国灾害史研究的历程、取向及走向［J］. 北京大学学报（哲学社会科学版），2018，55
（6）：120-130.

［13］ 张涛，范学辉，王萍. 对中国传统救灾思想的认识［N］. 光明日报.

［14］ 陆晓冬. 先秦时期的救荒防灾思想及其现实意义［J］. 浙江经济高等专科学校学报，2000（4）：
74-78.

［15］ 夏明方. 民国赈灾史料三编［M］. 北京：国家图书馆出版社，2017.

［16］ 夏明方. 救荒活民：清末民初以前中国荒政书考论［J］. 清史研究，2010，78（2）：21-47.

［17］ 让-保罗. 波瓦希耶. 里斯本 1755［M］. 无境文化，2019：1-255.

［18］ 张京祥. 西方城市规划思想史纲［M］. 南京：东南大学出版社，2005：77-99.

[19]　RAYFIELD J A. Tragedy in the Chicago Fire and Triumph in the Architectural[M].

[20]　MURPHY J. The great fire[M].1995：1-144.

[21]　World Meteorological Organization（WMO）. WMO atlas of mortality and economic losses from weather，climate and water extremes（1970—2019）[EB/OL].（2021）[2023-12-25]. https：//library. wmo. int/idurl/4/57564.

[22]　联合国. 仙台框架中期审查：全球在减少灾害风险方面取得的进展"微弱且不足"[A/OL].（2023-5-18）[2023-12-25]. https：//news. un. org/zh/story/2023/05/1118062.

[23]　ALEXANDER D E. Resilience and disaster risk reduction：an etymological journey[J]. Natural Hazards and Earth System Sciences.

[24]　GODSCHALK D R，BEATLEY T，BERKE P，et al. Natural hazard mitigation：recasting disaster policy and planning[M]. Washington DC：Island Press，1999.

[25]　戴维·R·戈德沙尔克，许婵. 城市减灾：创建韧性城市[J]. 国际城市规划，2015，30（2）：22-29.

[26]　邵亦文，徐江. 城市韧性：基于国际文献综述的概念解析[J]. 国际城市规划，2015，30（2）：48-54.

[27]　吴志强，鲁斐栋，杨婷，等. 重大疫情冲击下城市空间治理考验[J]. 城市规划，2020，44（8）：9-12.

[28]　UNDRR. 审查《建立更安全的世界的横滨战略和行动计划》[R/OL].（2004-12-20）[2024-4-22]. https：//www. unisdr. org/2005/wcdr/intergover/official-doc/L-docs/Yokohama-Strategy-Chinese. pdf.

[29]　联合国.《减少灾害问题世界会议报告》[R/OL].（2005-3-16）[2024-4-22]. https：//documents. un. org/doc/undoc/gen/g05/610/28/pdf/g0561028. pdf? token = 6XqCH0renU0LpGqKqg&.fe ＝true.

[30]　UNDRR.《2015—2030 年仙台减少灾害风险框架》[R/OL].（2015-4-7）[2024-4-22]. https：//www. unisdr. org/files/resolutions/N1509742. pdf.

[31]　UNDRR. Making cities resilien[EB/OL].[2024-4-22]. https：//mcr2030. undrr. org.

[32]　The Rockefeller Foundation. 100 Resilient Cities[EB/OL].[2024-4-22]. https：//www. rockefellerfoundation. org/100-resilient-cities.

[33]　The Rockefeller Foundation. City Resilience Index[EB/OL].[2024-4-22]. https：//www. rockefellerfoundation. org/report/city-resilience-index.

[34]　UNDRR. My city is getting ready. Is yours?[EB/OL].[2024-4-22]. https：//mcr2030. undrr. org.

[35]　邵亦文，孙瑶. 城市如何构建韧性? 规划方法与治理路径[M]. 广州：华南理工大学出版社，2022.

[36]　内阁官房. 国土强韧化とは?[EB/OL].[2024-4-30]. https：//www. cas. go. jp/jp/seisaku/kokudo_kyoujinka/about. html.

[37]　東京都. TOKYO 强靭化プロジェクト～「100 年先も安心」を目指して～[EB/OL].[2024-4-

30]．https：//tokyo-resilience. metro. tokyo. lg. jp.

[38]　苗婷婷，鞠豪．美国韧性城市的建设经验及对中国的启示[C]//中国城市发展报告．北京：社会科学文献出版社，2023：332-347.

[39]　陶希东．超大城市韧性建设：美国纽约的经验与启示[J]. 城市规划．

[40]　NYC Mayor's Office of Climate & Environmental Justice. One NYC 2050 building a strong and fair city［R/OL］．（2019-4）［2024-4-23］．https：//climate. cityofnewyork. us/wp-content/up-loads/2022/10/OneNYC-2050-Summary. pdf.

[41]　朱正威，刘莹莹，杨洋．韧性治理：中国韧性城市建设的实践与探索[J]. 公共管理与政策评论，2021，10(3)：22-31.

[42]　CLARY B B . Evolution Hazard and Natural Structure Policies of[J]．2011.

[43]　KNEELAND T . The disaster relief act of 1974[J]. Playing Politics with Natural Disaster，2020.

[44]　Stults，Missy. Integrating climate change into hazard mitigation planning：opportunities and ex-amples in practice[J]. Climate Risk Management，2017，17(C)：21-34.

[45]　SCHWAB J C ，TOPPING K C . Hazard mitigation and the disaster mitigation act[J]．2010.

[46]　FEMA. The disaster mitigation act of 2000：20 years of mitgation planning[EB/OL]. (2020)［2023-12-21］. https：//www. fema. gov/blog/disaster-mitigation-act-2000-and-hazard-mitigation-grants.

[47]　FEMA. The disaster mitigation act of 2000 and hazard mitigation grants[EB/OL]. (2020)［2023-12-21］. https：//www. fema. gov/blog/disaster-mitigation-act-2000-and-hazard-mitigation-grants.

[48]　FEMA. National preparedness［EB/OL]. (2020)［2024-03-19］. https：//www. fema. gov/emer-gency-managers/national-preparedness/goal.

[49]　U. S. Department of Homeland Security. National response framework[EB/OL]. (2019)［2023-12-21］. https：//www. fema. gov/sites/default/files/2020-04/NRF＿FINALApproved＿2011028. pdf.

[50]　FEMA. FEMA lays foundation for strategic plan：engages stakeholders and initiates efforts to in-still equity，increase resilience and readiness posture.

[51]　FEMA. State mitigation planning policy guidance［EB/OL］．（2022）［2024-4-8］．https：//www. fema. gov/sites/default/files/documents/fema＿state-mitigation-planning-policy-guide＿042022. pdf.

[52]　FEMA. Hazard mitigation plan status［EB/OL]. (2023)［2024-4-8］. https：//www. fema. gov/emergency-managers/risk-management/hazard-mitigation-planning/status.

[53]　FEMA. Hazard mitigation planning for states［EB/OL]. (2023)［2024-4-23］. https：//www. fema. gov/sites/default/files/documents/fema＿state-mitigation-planning-fact-sheet＿2023. pdf.

[54]　FEMA. Local mitigation planning policy guide (FP 206-21-0002)［EB/OL]. (2022)［2024-4-23］. https：//www. fema. gov/sites/default/files/documents/fema＿local-mitigation-planning-policy-guide＿042022. pdf.

[55]　The City of New York. A stronger，more resilient New York.

[56]　(日)梶秀树，(日)冢越功，著．杜菲，王忠融，译．城市防灾学：日本地震对策的理论与实践[M]. 北京：电子工业出版社．2016.

[57]　日本内阁府．防灾计划[EB/OL]．［2023-12-21］．https：//www. bousai. go. jp/taisaku/keikaku/

index. html.

[58] 陈智乾，胡剑双，王华伟．韧性城市规划理念融入国土空间规划体系的思考[J]．规划师，2021，37(1)：72-76，92.

[59] 内阁官房国土强韧化推进室．国土强韧化地区计划制定指南基本篇(第六版)[R]．2019.

[60] 广岛县安义郡网站．国土强韧化地域计划与地区防灾计划的区别[EB/OL]．(2023)[2023-12-21]. https：//www. town. fuchu. hiroshima. jp/site/kikikannrika/29402. html.

[61] 姚国章．日本灾害管理体系：研究与借鉴[M]．北京：北京大学出版社，2009.

[62] 新加坡宜居城市中心．一个韧性的新加坡[EB/OL]．(2018)[2024-05-16]. https：//www. clc. gov. sg/research-publications/publications/books/view/a-resilient-singapore.

[63] 伦敦市政府．伦敦城市韧性战略规划[EB/OL]．(2020)[2024-05-16]. https：//www. london. gov. uk/sites/default/files/london _ city _ resilience _ strategy _ 2020 _ digital. pdf.

[64] 尚春明，翟宝辉．城市综合防灾理论与实践[M]．北京：中国建筑工业出版社，2006.

[65] 杜雁．城乡规划编制技术手册(第二版)[M]．北京：中国建筑工业出版社，2020.

[66] 翟国方．城市公共安全规划[M]．北京：中国建筑工业出版社，2016.

[67] 惠劼，张洁璐．城乡规划原理[M]．北京：中国建筑工业出版社，2022.

[68] (日)山行与志树，(伊朗)阿尤布·谢里菲．韧性城市规划的理论与实践[M]．北京：中国建筑工业出版社，2020.

[69] 史斌，刘弘涛．城市防灾减灾规划的理念比较与路径整合[J]．西部人居环境学刊，2022，37(2)：100-106..

[70] 吕悦风，项铭涛，王梦婧，等．从安全防灾到韧性建设——国土空间治理背景下韧性规划的探索与展望[J]．自然资源学报，2021，36(9)：2281-2293.

[71] 翟国方，何仲禹，顾福妹．韧性城市规划理论与实践[M]．北京：中国建材工业出版社，2021.

[72] 中华人民共和国自然资源部．国土空间综合防灾规划编制规程：TD/T 1086—2023[S]．2023.

[73] REED S，FRIEND R，TOAN V，et al. "Shared learning" for building urban climate resilience-experiences from Asiancities[J]. 2013..

[74] SELLBERG M，WILKINSON C，PETERSON G D．Resilience assessment：a useful approach to navigate urban sustainability challenges[J]. Ecology & Society.

[75] Mayor's Office of Climate Resiliency. Financial district and seaport climate resilience master plan [R]. 2021.

[76] 杨富平．城市震害单元化应急管理与救助仿真研究[M]．北京：北京师范大学出版社，2007.

[77] 黄崇福．自然灾害风险分析与管理[M]．北京：科学出版社，2012：341-348.

[78] 岳文泽，吴桐，王田雨，等．面向国土空间规划的"双评价"：挑战与应对[J]．自然资源学报，2020.

[79] 徐姚．强化科技资源部署提升自然灾害防范能力[N]．中国应急管理报，2022-3-6(4).

[80] 黄卫东，王嘉，等．城市更新中如何实现低碳韧性协同发展法．

[81] 黄卫东，王嘉，等．城市更新的治理创新[M]．北京：中国城市出版社，2023：187-190.

[82] ISO. ISO 31000：2009，risk management – principles and guidelines. 2009.

[83] UNISDER. Risk awareness and assessment in living with risk[R]. 2002.

[84] 政府间气候变化专门委员会. 政府间气候变化专门委员会第五次评估报告第二工作组报告——气候变化 2014：影响、适应和脆弱性——A 部分：全球和部门评估[M]. 剑桥大学出版社.

[85] UNISDER. Global assessment report on disaster risk reduction，making development sustainable：the future of disaster risk management[R]. United Nations，2015.

[86] UNISDER. Global assessment report on disaster risk reduction，unveiling global disaster risk[R]. United Nations，2017.

[87] 董孝斌，叶谦，韩战钢，等. 一种区域台风灾害刚韧性系统动力学模拟方法.

[88] F，R A. Statistical method from the viewpoint of quality control[J]. Nature，1940，146 (3692)：150.

[89] 杨富平，城市震害单元化应急管理与救助仿真研究[M]. 北京：北京师范大学出版社，2007.

[90] 杜菲，岳隽，等. 面向单元化风险管理的人居安全格局构建——以深汕特别合作区为例[J]. 规划师，2020，36(7)：80-86.

[91] 刘希林，尚志海. 自然灾害风险主要分析方法及其适用性述评[J]. 地理科学进展，2014，33 (11)：1486-1497.

[92] 权瑞松. 典型沿海城市暴雨内涝灾害风险评估研究[D]. 上海：华东师范大学，2012.

[93] 王增长. 建筑给水排水[M]. 北京：中国建筑工业出版社，1998.

[94] 冯爱青，高江波，吴绍洪，等. 气候变化背景下中国风暴潮灾害风险及适应对策研究进展[J]. 地理科学进展，2016.

[95] 中华人民共和国住房和城乡建设部. 室外排水设计标准：GB 50014-2021[S]. 北京：中国计划出版社.

[96] 李航. 统计学习方法[M]. 北京：清华大学出版社，2019.

[97] 尹占娥. 城市自然灾害风险评估与实证研究[D]. 上海：华东师范大学，2009.

[98] 史培军. 中国自然灾害风险地图集[M]. 北京：科学出版社，2010.

[99] PENNING-ROWSELL E C，CHATTERTON J B. The benefits of flood alleviation：a manual of assessment techniques[M]. UK：Gower Technical Press，1977.

[100] 周瑶，王静爱. 自然灾害脆弱性曲线研究进展[J]. 地球科学进展，2012.

[101] 赵思健，黄崇福，郭树军. 情景驱动的区域自然灾害风险分析[J]. 自然灾害学报，2012，21 (1)：9-17

[102] MCBURNEY P，PARSONS S. Chance discovery and scenario analysis[J]. New Generation Computing，2003.

[103] IPCC. Synthesis report of the ipcc sixth assessment report（AR6）[R]. 2023.

[104] TOKYO. 強靱化プロジェクト「100 年先も安心」を目指して[R]. 2022.

[106] 王军，叶明武. 城市自然灾害风险评估与应急响应方法研究[M]. 北京：科学出版社，2013.

[105] FEMA/NIBS. Multi-hazard loss estimation methodology earthquake model[M]. Washington，D. C. 2015.

[106] GALBUSERA L，GIANNOPOULOS G. GRRASP Ver 3. 3 installation and user manual

　　　　　[M]. 2019.

[107] MOUSE. An Integrated Modeling Pakage for Urban Drainage and Sewer System User Guide [M]. DHI Water & Environment，2003.

[108] 史吉康. 面向城市更新的城市中心区避难疏散仿真模拟与优化研究[D]. 天津：天津大学，2019.

[109] 叶仕浓. 基于 Netlogo 和社会力模型的慢行交通仿真研究[D]. 深圳：深圳大学，2020.

[110] 夏陈红，王威，马东辉，等. 综合防灾规划中多灾种风险评估技术研究[J]. 上海城市规划，2020(6)：105-111.

[111] 王军，李梦雅，吴绍洪. 多灾种综合风险评估理论与方法[J]. 世界地理研究，2023.

[112] United Nations Office for Disaster Risk Reduction (UNDRR). Global assessment report on disaster risk reduction Geneva，2019 [R]. Geneva Switzerland：UNDRR，2019.

[113] Inter Agency Standing Committee and the European Commission. INFORM report 2020：shared evidence for managing crises and disasters [R]. Luxembourg，Luxembourg：Publications Office of the European Union，2020.

[114] 周靖，马石城，赵卫锋. 城市生命线系统暴雪冰冻灾害链分析[J]. 灾害学，2008，23(4)：39-43

[115] 徐姚. 强化科技资源部署提升自然灾害防范能力[N]. 中国应急管理报，2022-3-6(4).

[116] 王凯，蒋国翔，罗彦，等. 适应气候变化的国土空间规划应对总体思路研究[J]. 规划师，2023，39(2)：5-10.

[117] 周可婧，焦胜，韩宗伟. 沿海城市洪涝高风险区土地利用管控——纽约市的经验与启示[J]. 国际城市规划，2022，37(5)：121-130

[118] 俞茜，李娜，王艳艳，等. 荷兰多层次洪水风险管理策略及给我国蓄滞洪区的借鉴[J]. 中国防汛抗旱，2022，32(4)：20-24.

[119] Planning Policy Statement 25：Development and Flood Risk Practice Guide [EB/OL]. [2024-6-24]. https：//floodresilience. net/resources/item/planning-policy-statement-25-development-and-flood-risk-practice-guide.

[120] 山田邦博，上野雄一，佐藤伸朗，等. 災害に強い首都「東京」形成ビジョン[C]//災害に強い首都「東京」の形成に向けた連絡会議. 東京：東京都都市整備局，2020：1-32.

[121] 秦静. 应对气候变化的国土空间规划洪涝适应性策略研究[J]. 规划师，2023，39(2)：30-37.

[122] 韦仕川，杨杨，栾乔林，等. 美国地质灾害防治的经验总结及启示——灾害防治的"规划软措施"[J]. 灾害学，2014，29(3)：156-161.

[123] MARINO S A. Landslide risk assessment in Italy[J]. John Wiley & Sons，Ltd，2012.

[124] OLIVIER L，CHRISTOPH H，HUGO R，et al. Landslide risk management in Switzerland [M]. Springer，2005.

[125] 李利，邹亮，罗兴华. 抗震韧性城市的规划与建设策略[J]. 城市与减灾，2022(5)：33-38.

[126] 王丽丽，魏正波，等. 我国沿海地区应对气候变化的空间管控方法研究[J]. 规划师，2021，37(4)：11-16.

[127] 全国人民代表大会常务委员会. 中华人民共和国安全生产法[R]. 2009.

[128] 中华人民共和国应急管理部. 危险化学品重大危险源辨识：GB 18218—2018[S]. 北京：中国标准出版社，2018.

[129] 刘应明. 合理规划"橙线"[J]. 现代职业安全，2014(4)：20-23.

[130] 许亚萍，施源. 高度城市化地区空间安全管制手段创新探索——以深圳市橙线划定及管理为例[J]. 规划师，2019，35(7)：60-63.

[131] 深圳市城市规划委员会. 深圳市橙线规划[R]. 2009.

[132] 陈艳艳，刘小明，梁颖. 可靠度在交通系统规划与管理中的应用[M]. 北京：人民交通出版社，2006：56-58.

[133] 陈珊珊，王健. 高质量发展背景下的存量空间规划和治理体系——以内江市实践为例[J]. 西部人居环境学刊，2023，38(3)：80-86.

[134] 深圳市市场监督管理局. 救灾物资储备标准指引：DB4403/T 345—2023 [S]. 2023.

[135] 李宁，吴吉东. 自然灾害应急管理导论[M]. 北京：北京大学出版社，2011：105-106.

[136] 邢伟，余坤明. 应急指挥中心规划及建设要点研究[J]. 广播电视网络，2023，30(11)：41-43.

[137] 中华人民共和国住房和城乡建设部，国家市场监督管理总局. 城市综合防灾规划标准：GB/T 51327—2018 [S]. 北京：中国建筑工业出版社，2019.

[138] 深圳市市场监督管理局. 救灾物资储备标准指引：DB4403/T 345—2023 [S]. 2023.

[139] 王昊，罗鹏，武艺萌，等. 平战结合理念下体育场馆作为临时应急医疗设施应用研究[J]. 建筑学报，2023(S1)：32-37.

[140] 王以中，朱成宇，袁文平，等. 城市生命线风险防控[M]. 上海：同济大学出版社，2019.

[141] 中华人民共和国住房和城乡建设部. 工程抗震术语标准：JGJ/T 97—2011[S]. 北京. 中国建筑工业出版社，2011：7.

[142] 奚江琳，黄平，张奕. 城市防灾减灾的生命线系统规划初探[J]. 现代城市研究，2017(5)：75-81.

[143] 刘茂，李迪. 城市安全与防灾规划原理[M]. 北京：北京大学出版社，2018.

[144] 项勇，苏洋杨，邓雪，等. 城市基础设施防灾减灾韧性评价及时空演化研究[M]. 北京：机械工业出版社，2021.

[145] 刘彦平. 城市韧性与城市品牌测评——基于中国城市的实证研究[M]. 北京：中国社会科学出版社，2021.

[146] 王军，刘耀龙. 城市韧性评估理论、方法和案例[M]. 上海：华东师范大学出版社，2022.

[147] 《现代汉语词典》(第 7 版)[M]. 北京：商务印书馆，2016：305.

[148] 任心欣，俞露，等. 海绵城市建设规划与管理 [M]. 北京：中国建筑工业出版社，2017.

[149] SPAANS M，WATERHOUT B. Building up resilience in cities worldwide – Rotterdam as participant in the 100 Resilient Cities Programme[J]. Cities，2016，61(JAN)：109-116.

[150] FEMA. About us[EB/OL]. [2024-1-2]. https：//www. fema. gov/about.

[151] ERIC G. Resilient Los Angeles[R]. Los Angeles：City of Los Angeles，2018.

［152］ Urban Redevelopment Authority. Who we are［EB/OL］.［2024-6-26］. https：//www. ura. gov. sg/ Corporate/About-Us.

［153］ DEWIT A，RIYANTI D，RAJIB S. Building holistic resilience：Tokyo's 2050 strategy.［J］. The Asia-Pacific Journal：Japan Focus，2020：1-15.

［154］ 寺尾和彦. 国土強靭化の基本概念と国の施策［J］. Journal of Rural Planning Association.

［155］ 滕五晓，加藤孝明，小出治. 日本灾害対策体制［M］. 北京：中国建筑工业出版社，2003.

［156］ 東京都総務局総合防災部防災計画課. 東京都国土強靭化地域計画［R］. 2016.

［157］ 国土交通省，都市局，都市計画課.「安全なまちづくり」?「魅力的なまちづくり」の推進の ための都市再生特別措置法等の改正について［EB/OL］.（2020-6-10）［2024-6-4］. https：// www. mlit. go. jp/toshi/city_plan/content/001406990. pdf.

［158］ 日本国土交通省. 防災・減災等. のための都市計画法・都市再生特別措置法等の改正内容 （案）について［EB/OL］.（2020-2-7）［2023-12-28］. https：//www. mlit. go. jp/policy/shingikai/ content/001326007. pdf.

［159］ 北京市人民政府. 平谷区：统筹旅游产业发展与公共安全 打造"平急两用"乡村振兴金海湖核 心区［R］. 2023.

［160］ 师尚红. 日本灾害教育研究及其启示［J］. 中国减灾，2020(23)：54-57.

［161］ 喻尊平. 美国灾害应急管理体系及社区志愿者队伍建设的启示［J］. 中国减灾，2013(7)： 55-58.

［162］ 范文婧. 日本防灾体制中政府与 NPO 协作机制研究［D］. 重庆：西南政法大学，2015.

［163］ Japan Earthquake Reinsurance Co，Ltd. Annual Report 2017［R/OL］.（2017）［2023-12-28］. ht- tps：//www. nihonjishin. co. jp/pdf/disclosure/english/2017/en_04. pdf.

［164］ Ministry of Finance，Japan. Outline of Japan's Earthquake Insurance System［EB/OL］.（2022） ［2023-12-28］. https：//www. mof. go. jp/english/policy/financial_system/earthquake_insur- ance/outline_of_earthquake_insurance. html.

［165］ 深圳市减灾委员会办公室，等. 深圳综合减灾社区创建实施方案(2021—2023 年)［R］. 2021.